东大哲学典藏·萧焜焘文丛

自然哲学

萧焜焘　著

创于1897
The Commercial Press

2018年·北京

图书在版编目（CIP）数据

自然哲学 / 萧焜焘著. — 北京：商务印书馆，2018
（萧焜焘文丛）
ISBN 978-7-100-16656-0

I．①自… Ⅱ．①萧… Ⅲ．①自然哲学－研究 Ⅳ.
①N02

中国版本图书馆CIP数据核字（2018）第218114号

（萧焜焘文丛）

自然哲学

萧焜焘 著

商 务 印 书 馆 出 版
（北京王府井大街36号 邮政编码 100710）
商 务 印 书 馆 发 行
三河市尚艺印装有限公司印刷
ISBN 978 - 7 - 100 - 16656 - 0

2018年10月第1版　　开本 640×960 1/16
2018年10月第1次印刷　印张 33 3/4 插页 2

定价：138.00元

未敢忘却的记忆

萧焜焘先生离开我们已经二十年了。也许,"萧焜焘"对当今不少年轻学者甚至哲学界部分学者来说是一个有点陌生的背影;然而,对任何一个熟悉当代中国学术史尤其是哲学发展史的学者来说,这却是一个不能不令人献上心灵鞠躬的名字。在学术的集体记忆中,有的人被记忆,或是因为他们曾经有过的活跃,或是因为他们曾经占据的那个学术制高点,当然更有可能是因为他们提出的某些思想和命题曾经激起的涟漪。岁月无痕,过往学者大多如时光映射的五色彩,伴着物转星移不久便成为"曾经",然而每个时代总有那么一些人,他们沉着而不光鲜,沉潜而不夺目,从不图谋占领人们的记忆,但却如一坛老酒,深锁岁月冷宫愈久,愈发清洌醉人。萧焜焘先生的道德文章便是如此。

中国文化中诞生的"记忆"一词,已经隐含着世界的伦理真谛,也向世人提出了一个伦理问题。无论学人还是学术,有些可能被"记",但却难以被"忆",或者经不住"忆"。被"记"只需要对神经系统产生足够的生物冲击,被"忆"却需要对主体有足够的价值,因为"记"是一种时光烙印,"忆"却是一种伦理反刍。以色列哲学家阿维夏伊·玛格利特提出了一个严肃的问题:"记忆的伦理"。它对记忆提出伦理追问:在被称为"灵魂蜡烛"的记忆共同体中,我们是否有义务记忆某些历史，同时也有义务忘却某些历史？这个命题提醒我们：记忆不只是一个生理事件，也是一个伦理事件；某些事件之所以被存储于记忆的海马区，本质上是因为它们的伦理意义。记忆，是一种伦理情怀或伦理义务；被记忆，是因其伦理贡献和伦理意义。面对由智慧和心血结晶而成的学术史，我们不仅有记忆的伦理义务，而且也有唤醒集体学术记忆的伦理义务。

我对萧先生的"记"是因着本科和研究生两茬的师生关系，而对先生那挥之不去的"忆"却是超越师生关系的那种出于学术良知的伦理回味。四十年的师生关系，被 1999 年元宵节先生的猝然去世横隔为前后两个二十年。前二十年汲取先生的学术智慧，领略先生的人生风采；后二十年在"忆"中复活先生的精神，承续先生未竟的事业。值此先生书稿再版之际，深感自己没有资格和能力说什么。但经过一年的彷徨，又感到有义务说点什么，否则便缺了点什么。犹豫纠结之中，写下这些文字，姑且作为赘语吧。

萧先生对于学术史的贡献留待时间去写就。当下不少学者太急于将自己和对自己"有意义的他人"写进历史，这不仅是一种不智慧，也是一种不自信。我记住了一位历史学家的告诫：历史从来不是当代人写的。学术史尤其如此。我们今天说"孔孟之道"，其实孟子是在死后一千多年才被韩愈发现的，由此才进入人类学术史的集体记忆；要不是被尘封的时间太久，也不至于今日世人竟不知这位"亚圣"的老师是谁——这个问题如此重要，以至于引起了"不知孟子从哪里来"的现代性的困惑。朱熹、王阳明同样如此，甚至更具悲剧色彩，因为他们的思想生前都被视为"伪学"，百年之后方得昭雪，步入学术史的族谱。我不敢妄断先生在未来学术记忆中的位置，因为学术史上的集体记忆最终并不以任何人的个体记忆为转移，它既考量学者对学术的伦理贡献，也考量学术记忆的伦理，这篇前言性的文章只是想对先生的学术人生或道德文章做一个精神现象学的还原：萧焜焘是一个"赤子"，他所有的学术秉持和学术成就，他所有的人生成功和人生挫折，都在于一个"真"字；不仅在于人生的真、学术的真，而且在于学术和人生完全合而为一的真。然而正如金岳霖先生所说，"真际"并非"实际"，学术和人生毕竟是两个世界，是存在深刻差异的两个世界，否则便不会有"学术人生"这一知识分子的觉悟了。先生年轻时追随现代新儒学大师牟宗三学习数理逻辑，后来专攻马克思主义哲学，又浸润于德国古典哲学尤其是黑格尔哲学，是国内研究黑格尔哲学的几位重要的代表性前辈之一。先生治学，真实而特立，当年毛泽东论断对立统一规律是唯物辩证法的核心，先生却坚持否定之否定规律是辩证法的核心，这就注定了他在"文革"中的命运。但是1978年我们进校师从先生学哲学时，他在课堂上还是大讲"否定之否定"的"第一规律"。当年，《中国社会科学》杂志复刊，约他写稿，先生挥笔写就了他的扛鼎之作《关于辩证法科学形态的探索》，此时先生依然初心不改，坚持当初的观点。萧先生是最早创立自然辩证法（即今天的科技哲学）学科的先驱者之一，但他首先攻克的却是"自然哲学"，建立起自然哲学的形上体系。直至今日，捧着这本当代中国学术史上最早的《自然哲学》，我们依然不能不对他的抱负和贡献满怀敬意。他试图建立"自然哲学—精神哲学—科学认识史"的庞大哲学体系，并且在生前完成了前后两部。遗憾的是，"精神哲学"虽然已经形成写作大纲，并且组建了研究团队，甚至已经分配好了学术任务，先生却突然去世，终使"精神哲学"成为当代中国学术史上的"维纳斯之臂"。

萧先生对东南大学百年文脉延传的贡献可谓有"继绝中兴"之功，这一点所有东大人不敢也不该忘记。自郭秉文创建东南大学起，

"文"或"秉文"便成为东大的脉统。然而1952年院系调整，南京大学从原校址迁出，当年的中国第一大学便只留下一座名为"南京工学院"的"工科帝国"。1977年恢复高考，萧先生便在南京工学院恢复文科招生，第一届规模较小，第二届招了哲学、政治经济学、中共党史、自然辩证法四个专业。我是七八级的。我们那一年高考之后，招生的批文还没有下发，萧先生竟然做通工作，将我们46位高分考生的档案预留，结果在其他新生已经入校一个多月后，我们的录取通知才姗姗来迟，真是让我们经受"烤验"啊。然而，正是这一执着，才使东大的百年文脉得以薪火相传。此后，一个个文科系所、文科学位点相继诞生。可以毫不夸张地说，萧先生是改革开放以后东大百年文脉延传中最为关键的人物，如果没有先生当年的执着，很难想象有今日东大文科的景象。此后，先生亲自给我们讲西方哲学，讲黑格尔哲学，讲自然辩证法，创造了一个个令学界从心底敬重的成果和贡献。

1988年以后，我先后担任先生创立的哲学与科学系的副系主任、主任；先生去世后，担任人文学院院长。在随后的学术成长和继续创业的历程中，我愈益感受到先生精神和学术的崇高。2011年，我们在人文学院临湖的大院竖立了先生的铜像，这是3700多亩东大新校区中的第一尊铜像。坦率地说，冒着有违校纪的危险竖立这尊铜像，并不只是出于我们的师生之情。那时，东大已经有六大文科学院，而且其中四个学院是我做院长期间孵化出来的。东大长大了，东大文科长大了，我强烈地感到，我们还有该做的事情没有做，我们还有伦理上的债务没有还，趁着自己还处于有记忆能力的年龄，我们有义务去唤起一种集体记忆。这是一种伦理上的绝对义务，也是一种伦理上的绝对命令，虽然它对我们可能意味着某些困难甚至风险。在东大哲学学科发展的过程中，我们曾陆续再版过先生的几本著作，包括《自然哲学》，但完整的整理和再版工作还没有做过。由于先生的去世有点突然，许多事情并没有来得及开展。先生生前曾经在中国人民大学宋希仁教授的建议和帮助下准备出版文集，但后来出版商几经更换，最后居然将先生的手稿和文稿丢失殆尽，造成无可挽回的损失。这不仅是先生的损失、东大的损失，也是中国学术的损失。最近，在推进东大哲学发展、延续东大百年文脉的进程中，我们再次启动完整再版先生著作的计划。坦率地说，所谓"完整"也只是一个愿景，因为有些书稿手稿，譬如先生的"西方哲学史讲演录"，我们未能找到，因而这个对我们的哲学成长起过最为重要的滋养作用的稿子还不能与学界分享。

　　这次出版的先生著作共六本。其中，《自然哲学》、《科学认识史论》是先生组织大团队完成的，也是先生承担的全国哲学社会科学重大项目的成果。《精神世界掠影——黑格尔〈精神现象学〉的体系与方法》（原名《精神世界掠影——纪念〈精神现象学〉出版180周年》）、《从黑格尔、费尔巴哈到马克思》是先生在给我们讲课的讲稿的基础上完成的。《辩证法史话》在相当程度上是先生讲授的历时两学期共120课时的西方哲学史课程的精华，其内容都是先生逐字推敲的精品。《自然辩证法概论新编》是先生组织学术团队完成的一本早期的教材，其中很多作者都与先生一样早已回归"自然"。依现在的标准，它可能存在不少浅显之处，但在当时，它已经是一种探索甚至是某种开拓了。在这六本先生的著作之外，还有一本怀念先生的文集《碧海苍穹——哲人萧焜焘》，选自一套纪念当代江苏学术名家的回忆体和纪念体丛书。现在，我们将它们一并呈献出来，列入"东大哲学典藏"，这样做不只是为了完成一次伦理记忆之旅，也不只是向萧先生献上一掬心灵的鞠躬致意，而且也是为了延传东大的百年文脉。想当年，我们听先生讲一学期黑格尔，如腾云驾雾，如今我居然给学生讲授两学期 120 课时的《精神现象学》与《法哲学原理》，并且一讲就是十五年；想当年，先生任东大哲学系主任兼江苏省社会科学院副院长，如今我也鬼使神差般在江苏社会科学院以"双栖"身份担任副院长，并且分管的主要工作也与先生当年相同。坦率地说，在自我意识中完全没有着意东施效颦的念头，这也许是命运使然，也许是使命驱动，最可能的还是源自所谓"绝对精神"的魅力。

"文脉"之"脉"，其精髓并不在于一脉相承，它是文化，是学术存续的生命形态。今天已经和昨天不一样，明天和今天必定更不一样，世界日新又新，唯一不变、唯一永恒、唯一奔腾不息的是那个"脉"。"脉"就是生命，就是那个作为生命实体的、只能被精神地把握的"伦"，就是"绝对精神"。"脉"在，"伦"在，生命在，学术、思想和精神在，直至永远……

樊 浩

2018 年 7 月 4 日于东大舌在谷

写在《自然哲学》《精神哲学》前面

关于自然辩证法作为一个独立学科，它的体系结构以及基本理论的探讨，一直是大家十分关注的一个问题。

自然辩证法似乎是一门新兴的交叉的边缘学科，其实是非常古老的。它旨在研究我们生存于其中的这个自然界是如何形成、演化的。两千多年以前古希腊米利都学派就是以研究世界的本原或始基（arche）开始其哲学生涯的。自然哲学是自然辩证法在古希腊的表现方式。

因此，自然辩证法首先要加以探讨的便是宇宙的构成问题，这就是哲学本体论问题；其次，自然辩证法要加以探讨的是宇宙的演化问题，这就是哲学宇宙论问题，从广义上讲，它涉及天体起源、生命起源、人类起源等方面。用今天流行的但未必确切的术语来讲，这些都属于所谓自然观问题。

我认为，研究宇宙自然的构成与发展，不能停留在追求一个永恒不变的实体上，而应该看到宇宙自然总是活动在时间之流中，因此，宇宙自然有它自己的历史行程。历史地看待宇宙自然，就要求我们对宇宙自然不但要进行横向的结构解剖，更要求对它进行纵向的过程追踪。这样一来，自然辩证法就必须以历史辩证法作为其延伸与补充。否则，它将是不充分的、不完全的。

漠漠洪荒 历尽沧桑

我们首先接触到的是地球和地球上的存在物，以及日月星辰。人们合理地追溯到这个人类视野所涉及的自然界，在没有人类以前是不是存在，如果存在是一个什么样子？那浩渺的太空，那无际的碧海，那幽冥的地底又是一个什么样子？对如此等等进行想象和估猜，人们便做出了关于宇宙自然的神话解释。

人类理论思维的能力逐步获得了发展，开始客观地观察宇宙自然，试图对其本原做出概括，概括的结论虽然是不足道的，但提出追溯万物之源的问题，说明人类的智慧已进入到哲学意识的高度，从此人类逐步发展与加强了运用概念进行思维的本领，为哲学与科学的前进开拓了道路。

对我们生存于其中的这个世界的确切的命名是"宇宙"，东西南北、古往今来，它从空间和时间刻画了这个世界。这个世界是一个四维的整体发展过程。

那么，什么是"自然"呢？"自然"是宇宙的本性或本原（nature or arche），即构成宇宙的基质。关于本原的探讨，直到亚里士多德提出"实体"（substance）范畴才真正具有了哲学的意义。

关于实体的探讨与论述，构成了哲学本体论（ontology）的内容。本体论的研究就是关于宇宙的自然或本原的研究。宇宙的质的规定性就是存在及其演化过程。如果孤立看待存在演化过程之中的诸环节，则存在为多；如果视存在的演化为一整体过程，则存在为一。因此，自然首先表现为：存在与过程、一与多的"质量统一体"。

什么是"存在"（onto、being）？宇宙万事万物，尽管千差万别，但有一通性，即都是"存在"，存在、有、是，是一个意思，它是事物最普遍的质的规定性。现在进一步追问：如何规定存在？三维空间是存在的抽象，它从数量上、形式上精确地刻画了这个"存在一般"（being in general）。三维空间是存在的内在的量。存在还有外在的量。宇宙是唯一的存在还是众多存在的组合？巴门尼德说存在是唯一的；德谟克利特则认为是众多的，它们就是原子。从唯一的存在进而到确立最高的存在，从而走上了论证上帝存在的道路；众多的存在发展到确立科学原子论，从而走上了论证物质结构学说的道路。

物质结构的探讨，科学地、深入地揭示了宇宙构成的奥秘，使我们得以大体上如实地描述我们生存于其中的这个世界。但是这种静态的结构解剖，给人的印象是点状的网络平面，事物在时间之流中经历的变迁，它的历史行程所留下的动态特征，这些就难以确切表述。存在必须在过程之中才是现实的，孤立的点状存在，虽然也可以叫作存在，但它是转瞬即逝的、行将幻灭的存在，而不是现实的存在。我们说存在处于过程之中，此语尚不确切，应该讲：存在即过程（process、becoming）。因此，自辩证法而言："being = becoming"。存在与过程的统一，抽象地加以表述就是：三维空间加一维时间。于是，自然又可以表现为："时空统一体"。

我们说自然是质量统一体、时空统一体都未能明确揭示自然的运动与发展的根源。宇宙是恒动的、永变的。谁使之变动？为什么以这样一种方式变动？变动有无终结与开始之时？如有，开始之前、终结之后又是一个什么情景？诸如此类问题，哲学与科学中有种种解答，但是不能认为都讲清楚了，今后能否讲清楚，也没有什么把握。漠漠洪荒，历尽沧桑，面对造化的无穷巨变，惊叹之余，使人油然而生穷究宇宙底蕴之感。

宇宙万物的变动，合乎常情的解释是：外力推动。由外力推动而产生的运动的一个最基本的形式是"位移"。但是，推而广之，若说宇宙天体也是外力推动，那么就只有求助于宇宙天体之上的万能的上帝的指头了。外力推动说必然导致宗教，因此，想寻求宇宙变动根源的科学解释，只能向内追索，反求诸己。亚里士多德首先提出：自然为本原，本原为对立，对立是事物变动的内在根源。这一观点，对亚里士多德而言，虽然尚有不确切之处，但应该说是亚里士多德辩证法天才的活的萌芽。正是在这一点上，黑格尔、马克思、恩格斯充分而确切地发展与丰富了"对立"这一辩证法的基本概念。

宇宙万事万物作为一个整体，自身产生否定其自身的因素，形成内在的对立或矛盾，对立矛盾双方通过斗争，达到对立的扬弃、矛盾的转化，出现新旧递嬗，旧事物消亡，新事物产生。因此，自然最终表现为"对立统一体"。

如果说，自然首先表现为质量统一，基本上还属于感性直观方面，表现为时空统一，基本上属于抽象的知性分析方面，那么，自然表现为对立统一，就显现了宇宙内在的辩证本性了。从质量统一过渡到时空统一，然后归结到对立统一，这就是宇宙作为一个四维整体的辩证发展过程。

物华天宝　人杰地灵

宇宙的普遍规律是永恒的、绝对的，不依人们的意志为转移的。这只是一种简单的抽象的说法。目前任何自然科学理论都是以地球为中心的。黑格尔甚至说出"太阳为行星服务"这样的话。这样的话也未必就是什么唯心主义，它无非说明科学研究总有一个出发点，有一个中心，有一个目的。无出发点、无中心、无目的的"三无科学"是没有的。因此，宇宙的普遍规律不是永恒的而是历史的；不是绝对的而是相对的；也不能简单地排斥人，当地球上出现了人，关于宇宙的研究就不能不考虑人的因素在客观上所起的或大或小的作用。

因此，关于宇宙整体的研究不能不从地球出发，以人为中心，以服务于人类社会为目的。宇宙的纯客体的研究必然要进展到关于宇宙的最高花朵，即作为精神实体的人的历史发展的研究。

人不是一个永恒的物种，他是在地球漫长的发展过程中逐渐演化形成的，其关键是"劳动"。此点已是人所共知的常识。从此，人在生物学的意义上最终与禽兽相区别而成其为人。但人尚未真正地成其为人。

自从人类社会有了私有制，有了阶级，有了人剥削人的现象，在政治经济学的意义上，多数人由于劳动的异化重新沦为禽兽；少数人由于游离于生产劳动过程之外，从而丧失了人之所以为人的劳动本质，实际上也不复成其为人，徒有人的外观而已。

劳动的异化必然导致劳动的复归。为彻底消灭剥削的革命斗争，实质上是人进入社会领域之后，要求在政治经济学的意义上也成其为人的斗争。劳动人民虽然由于劳动的异化丧失了人的生存条件，过着非人的牛马生活，但由于劳动技能的不断精进，实际上在改造世界、推动社会前进的过程中起决定作用，而且人通过工艺技术生产的锻炼，又不断提高其智慧水平，丰富其精神境界。因此，人类征服自然，理顺社会关系，从而掌握自己的历史命运的那一天必将到来，这绝不是什么呓语或幻想。

人是宇宙自身产生的否定因素、能动力量。有了人，宇宙才有了一面反观自照的镜子，才有了真正的客体与主体的对立，才有了自觉推动沉睡的宇宙定向前进的力量。河山巨变，人在地球上铭刻了自己的印记，现在正在超出地球，向其他遥远的星球进军。人类观测所及，已达 200 亿光年的难以想象的遥远地区；人类剖析所及，已达 10^{-23} 厘米的微观领域。这是目前人类所能达到的限度，可以期望将来还将向外延伸，向内推进。但是，目前不可达到的领域，即完全排除人的影响的领域，不能认为是现实的宇宙，只能是潜在的宇宙。虽然根据推测，它是存在的，但对人类生存而言，是可以略而不计的。现实的宇宙是不能脱离人的，潜在的宇宙只能是设想的，因而是不现实的。把我们生存于其中的这个自然界，区分为所谓天然的与人工的，在哲学上是毫无意义的，在科学上是毫无价值的。"人类社会"和它的"外部自然界"是完全不可分离的。

人在宇宙的发展中同时发展自己。剥削的消灭，劳动的复归，是人类改造自然与社会的历史性胜利，是人的内在本质的完全实现的中介环节。人必须在与自然社会的颉颃中继续前进，在精神世界中达到自我的完全实现。这就是说，要在意志、感情、思维领域中完全实现自己，即达到克服盲目任性的倾向，摆脱外在偶然性的支配，掌握历史的客观必然性，从而获得完全的自由与真正的解放。

人从生物学的意义上通过劳动成其为人；人从政治经济学的意义上通过劳动的异化，大部分丧失了人的生存条件而沦为禽兽，小部分丧失了人的劳动本质变成了衣冠禽兽；通过劳动的复归，人重新恢复了人的尊严，并进一步在精神领域净化自己，完全显现了人的本质。这就是人的脱毛三变的自我实现过程。这个过程简单说来就是："生物的人—现实的人—完全的人"。共产主义奋斗的目标是在改造世界的同时也改造自己，即不单在生物上、政治经济关系上成其为人，而且要在意识精神上成为一个完全的人。因此，自然辩证法，由于自然界中产生了人，从而有了人类的历史，便必须进而发展为历史辩证法。甚至文学家巴尔扎克也意识到这一点，认为社会是"大自然中的一种自然"。

历史辩证法是自然辩证法必然的延伸、补充与完成。它们是一脉相承的。

宇宙之花　人生之光

人的意识精神活动，首先是向外驰骛，把自己的能力视为当然的。它认识、观察与解剖外部世界，精审入微，取得了巨大的成功。但它一旦反躬自问自己的意识精神活动、自己的认识能力时，却一时难以找出它们之所以正确的根据。"认识自己"是希腊德尔斐庙镌刻的格言，但人类认真地探索自己，自西欧而言，严格讲，从康德才开始。精神现象的历史与逻辑的发展，从现象到本质予以揭示的研究，迄今为止，只有黑格尔在唯心的神秘的浓雾掩盖下才完成了这一伟大的历史勋业。

原始人为了生存必须结成群体，群体的发展，通过民族、家庭、国家等社会组织形式，构成了人类社会的发展。合群性便成了人的社会本性。

群居生活中逐渐形成了共同信守的行动规范，以协调与维护社会群体。这样就形成了人类社会的政法与伦理关系。政法关系与伦理关系均属行为规范，不过政法是强制性的，伦理是舆论性的，二者相互补充，都是为了巩固与发展人类社会，使其免于崩溃的危险。

如果说，政法与伦理有硬软之分，那么，伦理与道德便有客观与主观的分野。伦理是客观精神，道德是主观精神。道德属于自我修养，它对尚有客观效准的政法、伦理规范，自觉服从，身体力行，就好像这些规范完全出自内心，不如此做，便深感内疚，无地自容。但道德修养并不是培养奴才性格。当政法、伦理规范一旦失去了它的客观有效性及历史的必然性时，它不但不能维护社会的生存，而且将导致社会的崩溃。这时道德修养受高度社会责任感的驱使，一反温顺驯良之故态，拍案而起，以自我牺牲的精神，无条件地担负起挽救社会沦丧之使命。此时道德感升华到神圣的地位。历史上开拓社会前进的英雄，便是这种崇高的神圣道德的典范。

政法、伦理、道德是人类的意志的表现。意志的粗野的感性实体是"欲望"，那原始的情欲与冲动，人与禽兽并无二致。人类从野蛮进入文明，欲望被控制在社会许可的规范之内，并从而升华为意志。意志不能完全脱离情欲，没有情欲的所谓意志是僵死的，不可能转化为历史的行动。黑格尔曾经讲过："假如没有热情，世界上一切伟大的事业都不会成功。"巴尔扎克也说："激情是人世间各种事物中真正绝对的东西"，它成了意志力的内在的动因。但意志并不是纵情任性，它如果不符合历史发展的必然，即不合理，那只是莽撞的盲动，也不可能成功。因此，意志一定是有情合理的。它的展开，通过三个环节："强迫的—舆论的—自觉的"。因此，政法、伦理、道德是意志自身辩证发展过程的内在环节。

情欲升华为"意志"（will），净化为"感情"（feeling）。感情不可究诘、不容分析，但又澎湃于心，波澜迭起。感情是人生的斑斓色彩，人生而无情等于槁木死灰。仇恨与爱情、痛苦与欢乐、依赖与拼搏等等感情表现是每一个人都具有的。黑格尔甚至说：痛苦是人类的特权。因此，且莫诅咒苦难的人生，正是有了苦难才成其为人生，而苦难的克服才有真正的欢乐。乐从苦来，这是人生真谛。

自然的灾难、社会的坎坷，使人惶惶不可终日。他感到自己渺小，总想托庇于一个巨大的神灵支撑他虚弱的灵魂，于是产生一种宗教感情。宗教感情是人类感情脆弱的、消极的方面，有待克服的方面。安慰，是不可缺少的，它可以帮助人渡过无边苦海，重建生活的信心。基于宗教感情而建立的各种宗教，虽然起着麻痹作用，但也有安慰的镇痛作用。

坚强的人不需要安慰，更不需要宗教。鲁迅说：直面惨淡的人生，正视淋漓的鲜血！能杀才能生。不朽的文学巨著，永恒的艺术珍品，正是人类这种勇敢无畏、乐观向上的健康感情的结晶。

文艺作为一种意识形态的表现形式是多种多样、难以尽述的，一般讲，有雕刻、建筑、绘画、诗歌、音乐。它主要表达人的感情、情调（pathos），这是一种不可名状的内心感受，因此表达的手段愈具体，它就愈受限制，愈落入名状之中，而流于概念化、形式化。从雕刻到音乐，逐步摆脱了物质的羁绊，名状的限制，无任何意义的音符组成的曲调有极大的自由，它可以没有沾滞地抒发感情。因此，音乐的熏陶能梳理紊乱的感情，使个人情操日臻化境。

历史是一种综合的意识形态，它不以记述以往的事件与人物为满足，而是使往昔的时代重新复活，紧紧抓住过去与现在的联系。因此，历史是人类感情之流宣泄奔腾的长河，在历史发展过程中，有多少可歌可泣的事件，有多少叱咤风云的英雄，有多少诡谲奸诈的佞臣……总之，一切的政治纷争，一切的伦常突变，一切的爱情纠葛，一切的创造发明，无不包容在历史的巨变中。所以，历史的意思是指拉丁文所谓"发生的事情"本身。这种综合的、直观的、过程递嬗的、不断更替的历史之流，孕育了一种人类的深邃的感情，这就是"历史感"。历史感是辩证思维的现象形态，是逻辑分析的必要补充，是从感情到思维过渡的桥梁。

于是，感情经历了这样一个发展过程："脆弱的—健康的—综合的"；与其相应的意识形态是：宗教、文艺、历史。

历史的画卷，包罗万象，记述、刻画了整个人类生存的流程。然而，它的底蕴、本质，尚有待揭示。这就是说，揭示宇宙人生的哲理。只有对宇宙人生进行哲学的思考，才能揭开宇宙的奥秘，启示人生的含义。

哲学或理论科学作为一种意识形态，是意识形态自身发展的完成。它的本性是由感性通过知性发展到理性。它的特点是用概念形式揭示宇宙人生的实质。

不要把哲学的内容讲得过分狭隘而空洞。哲学在其他意识形态发展的基础上，又经历了一个自身的发展过程，最后形成一个自身不断前进的"辩证概念系统"。这里提出辩证概念（Begriff），主要是想与知性概念（conception）相区别。辩证概念是过程（becoming）的反映，它是动态的、综合的、具体的；知性概念是存在（being）的反映，它是静态的、分析的、抽象的。

人类思维功能的发展，使人类精神（human psyche）获得了最恰当的表现。思维功能的发达则是人类作为主体、作为精神实体趋向成熟的表现。

精神作为思维的客观物质基础是人类的心理状态。这种心理状态也可以叫作精神状态或者叫作灵魂、心灵。关于人类心理状态的研究，开始是思辨的，和传统哲学是不可分的。冯特以后，它才成为一门实证科学。从此对于精神的分析就有了可靠的客观的科学根据。

心理状态的发展离不开大脑神经活动以及语言文字等表达工具。心声活动是统一的，甚至是共生的。因此，心理与语言是思维这样一种意识形态的"感性实体"。

心理与语言活动要能成为可传递的、可理解的，必须有共同的规律，即所谓"人同此心，心同此理"。于是产生了逻辑和数学这一类知性思维方法。这样的知性分析活动是思维的本质显现的中介。因此，逻辑和数学是思维这样一种意识形态的"知性导体"。

知性，就是人类的健康理智。知性思维能力对于一个人而言是起码的，甚至某些高等动物，例如黑猩猩之类，也有简单的知性思维能力。这就是说，知性尚不足以圆满地体现思维的本质，它是过渡到思维本质完全实现的桥梁。

思维的辩证能动性、辩证复归性、辩证过程性才是它的最本质的东西。思维的这个本质就是"理性"。知性思维有待发展。关于存在的静态的、分析的抽象反映，必须向关于过程的动态的、综合的具体反映过渡，这就是说：知性思维有待发展为理性思维。理性思维的出现，标志着人类精神的成熟，此时，人类在精神领域完全实现了自己，从而变成了完全的人，并且完成了物质与精神的统一、宇宙与人生的统一。此时，思维的解放、精神的自由也得到了实现。这一切也意味着共产主义理想的实现。

理性思维就是一种解放，就是精神的自由状态。解放与自由，绝不是蔑视现实，对现实采取抽象的虚无态度，它是现实事物之间的必然性联系的揭示，现实事物辩证发展过程的展开。解放与自由：对于主体而言，就是自我的完全自觉；对于客体而言，就是真理的显现；对于人生而言，就是幸福的享受；对于情操而言，就是深情的热爱。因此，思维的解放与精神的自由，意味着主客交融，天人合一；善与美统一于真，意志与感情统一于理性。

代表着这种理性思维的意识形态就是理论科学或哲学。理论科学或哲学深刻地、全面地反映了存在与过程的本质及其运动变化。辩证发展性、整体概括性、具体真理性，是理论科学或哲学有别于其他意识形态的特性。理论科学或哲学是思维这样一种意识形态的"理性整体"。

从思维的"感性实体"、"知性导体"到"理性整体"是思维自身发展的三个环节，它体现了思维自身的辩证运动。

这个辩证运动不是干瘪的、无生命的。它包容了全部意识形态，把它们作为自己的不可分割的内在联系的有机构成因素。

这个辩证运动不是单纯的从感性、知性到理性的哲理运动。它将伦理与情理作为其自身发展的过渡环节，从而构成了意识形态的整体运动。

这个辩证运动也不是单纯的精神活动。它将自然界与人类、宇宙与人生的客观辩证发展过程作为自己的客观物质基础，它又将自己作为这个基础的必然的延伸与补充。

宇宙自然的辩证法、人类生长的辩证法、社会精神的辩证法，构成辩证法自身的整体发展过程。宇宙自然必然地包摄着人类自身的生长，对它们的统一的研究，可以称为"自然辩证法"。人类自身的生长必然地向社会人生和精神现象过渡，从而达到辩证进展的完成，对这个辩证进展的研究是自然辩证法研究的继续，可以称为"历史辩证法"。自然与历史通过人作为中介而连成一体。因此，孤立地研究所谓自然辩证法是达不到真理的，孤立地研究所谓历史辩证法也只能是虚幻的。只有掌握"自然—人类—历史"这条线索，才能从整体上抓住辩证法的精髓。

【作者附记】这曾是我给江苏省自然辩证法研究会成立大会提供的一篇论文。它是我负责的国家社会科学"七五"规划重点课题《宇宙自然论》（现正式定名为《自然哲学》）和《意识形态论》（拟更名为《精神哲学》）这个哲学系统的主导的与基本的思想的结晶，是我多次为课题组成员论述我的构思的要点。全文简要地概括了从《自然哲学》向《精神哲学》过渡的辩证发展过程。因此，可以把它视为这两本书的一个纲领（《精神哲学》预计来年出版）。

目　录

第一篇　物质论

第一章　物质作为哲学范畴的历史演变 ... 3

第一节　关于万物本原的探索 ... 3

　　一、本原问题提出的哲学意义 ... 4

　　二、本原问题提出的初始状态 ... 5

　　三、本原或始基的成熟形态 ... 6

第二节　从神秘的数到事物的量的规定性 ... 10

　　一、数量的客观性与其神秘色彩的表面性 ... 11

　　二、万物源于数的合理因素及其局限性 ... 13

　　三、事物量的规定性的研究是以后科学发展的
　　　　指导原则 ... 16

第三节　从唯一的存在到事物的质的规定性 ... 20

　　一、存在对万物的普适性 ... 20

　　二、存在的静态特征 ... 21

三、事物的质的规定性是量的规定性的进一步发展 ... 23

第四节　从万物的流变到事物的过程性 ... 25

一、存在静态的瞬时性与存在动态的过程性 ... 25

二、过程性是流变的中断 ... 27

三、从唯一的存在到众多的存在，从众多的存在复归于
统一的存在 ... 28

第五节　哲学唯物论的形成 ... 29

一、严格意义上的哲学的诞生 ... 30

二、哲学唯物论发展的曲折与转折 ... 32

三、哲学唯物论的潜在发展 ... 36

第二章　物质作为科学概念的历史演变 ... 42

第一节　关于众多的存在的设想 ... 42

一、众多存在划分的极限，不可再分的单位 ... 42

二、不可再分的相对性 ... 45

三、论质点 ... 46

第二节　客观元素及其分合的动因 ... 49

一、元素概念的变化 ... 49

二、爱力与恨力、吸引与排斥 ... 51

三、力的外在性与动因的内在性 ... 52

第三节　从思辨的原子论到实验的原子论 ... 53

一、德谟克利特的原子论 ... 54

二、道尔顿的原子论 ... 55

三、现代基本粒子学说 ... 57

第四节　单子论在克服原子机械离合中的作用 ... 59

一、精神单子与微粒子 ... 60

二、从抽象到具体复归于抽象的圆圈形运动 ... 61

三、从具体到抽象复归于具体的圆圈形运动 ... 63

第五节 微观世界的物质结构分析 ... 64

一、粒子结构的矛盾普遍性 ... 65

二、微观物质的波粒二象性 ... 67

三、层次递进的无限深入性 ... 69

第六节 质量、能量、场与信息 ... 71

一、质量与能量 ... 71

二、场与质能的关系 ... 73

三、主客、心物与信息 ... 75

第三章 关于物质科学概念上升到哲学范畴的探讨 ... 80

第一节 物质的量的规定性与质的规定性 ... 80

一、外在的量与内在的量 ... 81

二、外在的质与内在的质 ... 85

三、物质是质量统一体 ... 89

第二节 物质的科学分析与知性抽象 ... 90

一、物质的分合观 ... 91

二、物质的时空观 ... 96

三、物质是时空统一体 ... 102

第三节 物质的两极性与过程性 ... 104

一、两极对立的客观运动 ... 104

二、现实过程的有限性与过程转化的无限性 ... 109

三、物质是对立统一体 ... 114

第二篇　宇宙论

第四章　物质的演化与宇宙的生成 ... 121

第一节　宇宙自然的物质本性 ... 121

一、物质演化的系统化 ... 121

二、演化与稳恒的两极对立 ... 126

三、混沌—秩序—混沌 ... 129

第二节　宇宙自然的发展 ... 134

一、从潜在的到现实的展开过程 ... 134

二、从有限的到无限的突破过程 ... 136

三、从间断的到连续的统一过程 ... 138

第三节　宇宙自然的规律性 ... 143

一、宇宙自然的无界有限性 ... 143

二、宇宙自然的内在和谐性 ... 147

三、宇宙自然的天人合一性 ... 150

第五章　宇宙自然的认识论 ... 158

第一节　认识的两条进路 ... 158

一、常识的整体观的分化 ... 159

二、科学的分析观的前进 —— 现代宇宙学 ... 163

三、哲学的辩证观的形成 —— 哲学宇宙论 ... 169

第二节　对宇宙自然的认识的历史回顾 ... 175

一、传说中关于宇宙自然的直观幻想的描述 ... 176

二、自然哲学中关于宇宙自然的思辨虚构与天才猜测 ... 180

三、实证科学中关于宇宙自然的观测与理化机制的

分析 ... 184

第三节　当代哲学宇宙论的探索 ... 188

　　一、现代宇宙学假说的科学实证性与哲学思辨性 ... 189

　　二、宇宙的极大与极小问题 ... 195

　　三、关于宇宙自然整体性的哲学表述问题 ... 200

第六章　宇宙自然的内在否定性 ... 206

　第一节　宇宙自然的动力学 ... 206

　　一、外力推动的局部性与表面性 ... 207

　　二、内部分化的自身否定性与演化更新性 ... 213

　　三、整体发展的守恒性与复归性 ... 218

　第二节　宇宙自然的客体存在的异化 ... 222

　　一、特定的时间与空间条件产生了客体的否定因素 ... 222

　　二、宇宙自然的能动性的发展 ... 226

　　三、客体存在中形成了主体意识 ... 227

　第三节　宇宙自然的花朵 ... 230

　　一、生长原则的普适性 ... 231

　　二、无机自然界的生长原则的特点 ... 233

　　三、有机自然界的生长原则的特点 ... 236

第三篇　生命论

第七章　宇宙自然辩证发展的跃进 ... 243

　第一节　生命的潜在形态 ... 243

　　一、原始大气和能量的混沌性 ... 243

　　二、前生物有机单体的无序性 ... 249

　　三、从无序到有序 ... 254

第二节　生命的胚胎形态 ... 256

一、非随机聚合体的自排序 ... 256

二、生物大分子的形成 ... 261

三、多分子体系及细胞结构的形成 ... 265

第三节　生命的现实形态 ... 267

一、生命的本质属性 —— 自调节性 ... 268

二、生命过程的无限性 —— 自复制性 ... 271

三、生命系统的现实性 ... 277

第八章　生命的进化与突变 ... 280

第一节　生命进化观 ... 280

一、生命现象的分支发展 ... 281

二、植物的生长 ... 286

三、动物生命的发展 ... 287

第二节　生命体的发展 ... 292

一、体质进化 ... 292

二、生命机体的适应与进化 ... 295

三、生命个体的完成 ... 308

第三节　生命的突变 ... 320

一、人类出现的自然选择与社会前提 ... 321

二、人脑的发育与成长是人兽区别的关键 ... 332

三、人脑的物质结构与功能 ... 342

第九章　意识精神现象是物质世界派生的非物质现象 ... 347

第一节　大脑、神经系统与意识的形成 ... 347

一、意识形成的物质基础 ... 348

二、心理现象的产生和发展 ... 357

三、社会影响促进意识功能的完善 ... 360

第二节 意识功能的自身发展 ... 366

一、客观反射性 ... 367

二、主观感受性 ... 371

三、个体意识 ... 377

第三节 意识的主观能动性与行为目的性 ... 381

一、意识反映客观的能动性与择要性 ... 382

二、适应性与目的性 ... 387

三、自然目的性与社会目的性 ... 392

第四篇 技术论

第十章 生命与技术 ... 399

第一节 从适应到自适应 ... 400

一、适应的本能状态 ... 400

二、自适应的能动状态 ... 402

三、技术活动的生理基础 ... 404

第二节 技术是主观目的性转化为客观现实性的中介 ... 408

一、生命存在与持续的需求形成主观目的性 ... 408

二、社会实践是主观目的性的客观表现 ... 412

三、实践中形成的技术手段完成主观目的性向客观
现实性的转化 ... 415

第三节 生产劳动对技术的形成与发展的决定作用 ... 420

一、生产劳动是人类社会行为从本能到自觉的转变 ... 421

二、技术对劳动的量的增长与质的变化的反馈作用 ... 422

　　　　三、技术作为劳动方式与文化现象的双重作用 ... 424

第十一章　技术的本质及其自身的发展 ... 428

　第一节　技术的本质 ... 429

　　　　一、人类生产劳动技能的结晶 ... 430

　　　　二、生产劳动活动的知识体系 ... 435

　　　　三、物与人的交互作用的显现 ... 439

　第二节　技术自身的发展 ... 442

　　　　一、技术从属于生产阶段 ... 442

　　　　二、技术指导生产阶段 ... 444

　　　　三、技术自身的科学理论化阶段 ... 449

　第三节　关于技术体系的构思 ... 453

　　　　一、技术的社会性 ... 454

　　　　二、技术构成因素的分析 ... 458

　　　　三、技术发展趋向性的探讨 ... 462

第十二章　技术发展与社会运动 ... 468

　第一节　技术日益成为社会生产力发展的核心 ... 469

　　　　一、体力劳动日益为技术设备所代替 ... 469

　　　　二、体力劳动者日益智能化 ... 473

　　　　三、体力劳动日益由主体活动变为客体活动 ... 476

　第二节　技术实现的社会条件 ... 480

　　　　一、经济效益是技术能否实现的前提 ... 481

　　　　二、政治文化是技术实现的制约因素 ... 483

　　　　三、工程技术对社会各领域的深刻影响 ... 486

第三节　工程技术与实践唯物主义 ... 491

　　一、工程技术概念的普遍化 ... 492

　　二、当代科学技术综合理论的中介作用 ... 495

　　三、革命实践是工程技术的哲学灵魂 ... 500

自然哲学向精神哲学的过渡 ... 505

第一版后记 ... 508

第一篇

物质论

宇宙自然的本质是"物质"。关于物质，古今中外有种种议论，我想从哲学和科学两个方面的历史发展中，探讨物质范畴与概念的演变，从而确立我们的物质观。

物质是宇宙自然的基石，是探讨宇宙论、生命论、技术论的出发点，因此，"物质论"就成了《自然哲学》的导论。

第一章　物质作为哲学范畴的历史演变

哲学的志趣就在于从整体上把握这个世界。然而呈现在我们眼前的这个世界，却是五彩缤纷、支离破碎、杂多无序的。整体的齐一性与现象的杂多性是对立的。因此，马克思指出："哲学把握了整个世界以后就起来反对现象世界。"① 所谓把握整个世界，就是掌握了作为整体的世界的"齐一性"，而齐一性的探求就是透过现象抓住本质，扬弃多样性达到统一性。

"物质"作为哲学范畴正是对世界的齐一性的一种真理性的见解。

第一节　关于万物本原的探索

孕育马克思主义哲学的西欧文化根源于古希腊。古希腊人无所不包的才能，保证了他们在人类发展史上为其他任何民族无法企及的地位。所以，马克思说："最新哲学只是承继赫拉克利特和亚里士多德所开始的工作。"② 虽说各个国家、民族的哲学都有不少关于"物

---

① 《马克思恩格斯全集》第 40 卷，人民出版社 1982 年版，第 136 页。
② 《马克思恩格斯全集》第 1 卷，人民出版社 1956 年版，第 128 页。

质"的真知灼见，但我们只把古希腊哲学家开辟的道路，作为我们研究的出发点。

一、本原问题提出的哲学意义

在万物纷陈的杂多的现象世界中一切好像是漠不相关的、彼此离异的，因此，人们的原始的感受处于一一对应的关系之中。这种感受的表面性、孤立性、多样性是显而易见的。这时尚无整体意识的升起，也缺乏统率一切的本领。整体性要求是人类哲学思考的萌芽。人们企图在现象世界之中，探寻那一以贯之的东西。"多中求一"表明人类智慧的成熟，这个成熟时期，在古希腊大约处于公元前6世纪前后。这时人们关心他们生存于其中的这个世界的起点与基础。起点与基础问题的提出，标志着哲学本体论与宇宙论的诞生。

本体论着重研究宇宙的根源，宇宙论接着研究宇宙的演化。因此，有什么样的本体论就有与其相应的什么样的宇宙论。

宇宙根源的研究，在古希腊自然哲学家那里就是关于"本原"或"始基"（arche）的揭示。它的原始形态一般讲是以某一个或几个感性的个体物作为万物之源。

本原问题提出的哲学意义不在于他们具体的结论，例如说，万物源于水，万物源于火。它的意义在于人们已具有了世界齐一性的思考，要求从整体上来看待这个世界。

它的意义还在于人们已不满足于感性直观，对世界仅止于常识性的表面描述，而力图洞见那隐藏于事物后的那个本质性的东西。这样就把人们的认识提高到科学与哲学的高度。也就是说，科学知性与哲学理性日益发达了。

它的意义还在于本原的规定奠定了物质结构探讨的基础。物质结构的探讨不但是本体论的客观依据，而且是实证科学，特别是物理学和化学研究的中心。

本原或始基，这样一个古老的、简单的哲学范畴，有如一个精神细胞，几经裂变，形成了一个意蕴深远、内容繁复、体系恢宏的科学与哲学世界，它从整体上、本质上刻画了我们生存于其中的这个现实世界。

二、本原问题提出的初始状态

万物本原问题的提出，世界文明古国大体在相近的年代，即公元前 6 世纪左右。这也反映了人类智力趋向成熟的时期，东西方也差不多。只是以后的发展，不同时代、不同国家，快慢不等、特色有别而已。

古希腊自然哲学家提出的本原，例如，水、火、气等等，自今日的水平而观之，当然是肤浅不真的。但是，相对于亿万年人类的进化而言，它表明当时的人已不满足感觉对象的罗列，而企图探求那个统率万物的隐蔽的内在实质；他们也不愿简单地承认万物的定在，而立意追溯万物的起源与消亡，即探讨万物的生灭过程。这一切说明人类思维水平的飞跃提高、哲学意识的萌发。

但是，又应该看到，当时人类抽象知性思维与辩证理性思维的能力仍然处于萌芽状态，还未充分发达，感性直观、触发领悟还占一定位置，因此，论证分析、整体综合的本领还比较欠缺。在这一情况下，他们虽有抓根本、求始基，在事物的多样性中追求统一性的愿望，但又无法摆脱感性物体。他们将一种感性物体驾凌于其他感性物体之上，未能深入到事物的内在本质，因此，仍然是直观性的；他们的判断也经不起反复推敲，不能进行科学论证与哲学阐明，因此，仍然是常识性的。

始基的直观性与常识性当然低于实证科学的水平，但它从宇宙自然整体提出问题，比起实证科学拘泥于细节、见木不见林、胶着于个体的态度，又高于实证科学，从而达到了一种朦胧的哲学意境。因此，我们对古希腊的始基的评价，着眼点是他们第一次提出哲学本体问题的气魄，而不是他们解决问题的答案。

古希腊人在始基问题上的困难是具有感性外观的个体物如何能表达具有普遍本质的统一物。必须扬弃感性才能达到理性，必须扬弃个体才能达到整体。因此，万物的始基只能通过感性而又扬弃感性以概念的形式加以把握。

只有到了毕达哥拉斯、巴门尼德、赫拉克利特、亚里士多德才初步摆脱了这一困境，达到了关于始基问题的哲学回答。

三、本原或始基的成熟形态

毕达哥拉斯抓住了事物的量的规定性，巴门尼德抓住了事物的质的规定性，赫拉克利特抓住了事物的过程性，亚里士多德则集古希腊哲学之大成，从数量与质量统一、殊相与共相统一、存在与过程统一出发，提出了"实体"（substance）这一哲学范畴。"substance"的科学与哲学含义迄今尚未穷尽。从某种意义上来讲，尔后西欧哲学派别的产生与发展都是围绕这一概念而展开的。因此，直到"实体"的提出，严格意义上的哲学才正式诞生。

古希腊人通过几个世纪的努力，终于解决了他们的困惑，克服了感性个体表达普遍本原的矛盾，奠定了后世对我们生存于其中的这个客观世界进行科学分析与哲学思考的基础。

因此，古希腊人关于万物本原的探索是科学的前奏、哲学的萌芽。这个人类智慧的开端，在西欧一开始就铭刻了古希腊人特有的印记。它从此规定了西欧的文化、哲学、科学的特色。概而言之，这些特色，可以概括为"外向进取性"、"数量精确性"、"抽象分析性"、"整体概观性"、"神人有别性"。 这种希腊精神，成为以后西欧文化、哲学、科学的发展的根源，历久不衰地规定着西欧意识形态的构成。

外向进取性表明古希腊人对宇宙人生的一种态度。 黑格尔曾经认为希腊人的性格类似朝气蓬勃的青年。 他对宇宙人生充满深情热爱，对呈现在眼前的一切感到新奇惊讶；他积极向外探索，未遑内省。 这种外向型的性格，必然导致精神向外驰骛，观风云之变幻，探宇宙之幽微，穷自然之至理，发造化之隐蔽。 他面对客观世界的无穷进展，步步紧逼，锲而不舍，这样就培育出一种不断进取的精神。 这种外向进取的态度，激励人们勇于开拓、天天向上。 这一特征决定了从古希腊到西欧的哲学与科学的主要取向：向大自然索取！克服险阻推动社会前进！

数量精确性在西欧哲学与科学发展中的影响是极为深刻的。 它成了一种科学操作与哲学思辨的技巧。 思维的条理性、语言的严格性、体系的逻辑性等等无非是数量精确性的引申。 这种精确性的追求，恰好是与外向进取精神合拍的。 征服大自然的成功，有赖于对大自然的正确认识，而认识正确的重要保证之一是精确无误的计算。 航天技术的高难度的精确性，基本上不容许有什么误差，才能保证飞行器起飞、运行与回收。 对当代技术的一些精微计算，实在令人叹为观止。 这样的精确性，绝不是什么僵化、静止、形而上学。 任何一个事物的构成，总有一定的数量、比率。 这些对一个事物而言，都是常数。 它决定事物的性质、运动与变化。 这种恒定的精确性寓于作为一个动态结构的事物之中，它绝不是僵化不动的，恰恰相反，它有如一个动态结构的"支架"。 有了这个支架，才能运动。 散了架子，便坍塌了，无从运动了。

数量精确性的要求不但对实证科学的研究是绝对必要的，对哲学训练也是不可或缺的。哲学经常遭到世俗的误解，以为它不过是灵机一动闪现的思想火花，或即兴发挥的警言隽语。这些也许对诗人、文学家较为切合，但对一个真正的哲学家是无缘的。哲学头脑的形成，首先是知性思维训练，即思维的逻辑与数学训练。这有点像京剧艺术，演员如没有那一招一式的十分严格刻板的程式磨炼，就不可能有台上出神入化的娴熟表演。那种一丝不苟的逻辑与数学训练是相当枯燥乏味的，但是，没有这样的技巧训练，就不可能有清晰的思维。而清晰的思维是辩证思维、哲学沉思的基础。因此，数量精确性好比给哲学沉思提供了一个"章法"，它将有效地防止思维的混乱，达到思维灵活但不混乱。"活而不乱"正是哲学沉思的特色。

抽象分析性的静态孤立、去皮见骨的特征是十分明显的。它正是数量精确性的要求必然导致的后果。庄子讲的庖丁解牛的故事很能说明这种抽象分析的方法。庖丁对文惠君说："始臣之解牛之时，所见无非全牛者。三年之后，未尝见全牛也。"（庄周：《养生主》）这就是说，庖丁刚开始操刀解牛时，呈现于眼前的是一只从来未曾剖析过的浑然一体的"全牛"。经过三年操作，反复解剖分析，摸透了其筋骨脉络结构，于是眼中便无全牛了。这就是一种去皮见骨的分析精神。分析不是简单的拆零，而是了解事物的构成因素，从而更深刻地把握其整体。因此，抽象分析只是认识事物过程中的中介环节，必须综合复归于整体，才能达到对事物的真理性认识。

整体概观性是古希腊人辩证法天才的表现，是通过知性分析，而又扬弃知性分析，进入辩证综合的结果。辩证的综合不是机械的凑合，而是把握整体的各个组成部分在关系中所表现的性能，并透悉种种关系的辩证联系的特征，从而洞见其有机组合。当然古希腊人并没有达到这样的认识高度，而是模糊地、笼统地意识到事物的整体性并如是而观之。这种原始的综合意识，当然不能与精确的知性分析抗衡，原始综合为抽象分析所取代，这是思维前进运动的必然趋势。但是原始综合所表明的辩证意向，却是抽象分析的僵死性所不可企及的。因此，在更高的层次上，分析必然又复归于综合。这是辩证的综合、整体的概观。这种高级的思维运动，第一次完整而深刻的表述是由黑格尔做出的，马克思、恩格斯全面地加以唯物地改造，使它达到了时代的顶峰。马克思、恩格斯的杰出贡献是西欧继承的希腊精神的现代科学形态，是西欧科学与哲学研究的最高成就。它把资产阶级的思想远远抛到后头了。

神人有别性说明了西欧传统的哲学精神的限度。长期以来宗教控制了人们的精神生活，不少科学家、哲学家，研究的是自然科学，宣扬的是唯物主义，但另一面又未能完全摆脱宗教的影响与控制。上帝君临世界，人类是他的臣仆。神人的界限是十分分明的。即令是黑格尔有天人合一、人定胜天的思想的萌芽，但他仍然采取了与宗教调和的态度，认为宗教是他的绝对精神的现象形态，而绝对精神是宗教的理论形态。马克思哲学之所以是划时代的，就是达到了自然与人生的统一、思想与历史的统一、客观与主观的统一，而且确立了人类在自然界的主人翁地位。这就是说，马克思在继承了西欧传统的希腊精神之后，突破了神人有别性的局限，达到了天人合一、人定胜天的高度，从而把这样一个高超的但又朦胧的中国传统理想在现实的科学的基础上落实了。

铭刻了古希腊人特有印记的西欧意识形态，作为马克思哲学的历史传统的理论营养，使得马克思哲学茁壮成长。它刚刚经历了百余年的发展，方兴未艾，绝未过时，只是我们的研究未能全面深入罢了。

第二节　从神秘的数到事物的量的规定性

人类对客观物质世界的抽象，首先看到的是它的数量关系。凡物莫不有数：千山万水、百兽率舞、氢二氧一、圆周 π 率……总之，任何事物都有一个外在的数、内在的量。数量的普遍性是客观的，并非臆造的。问题在我们如何确切掌握诸事物的量的规定性。

毕达哥拉斯初识"数"为万物之源，这个见解比古希腊自然哲学家在事物的感性外观上做文章要深刻得多。他才真正抓住了物质的最基本的特征之一。问题只在于：数为万物的基本属性而非全部属性，数为万物的基本属性而非万物产生的根源。

毕达哥拉斯学派"由于他们见到了表现于数目中间的和谐系列（musical scales）的变奏与比率；——从而认为一切其他事物的全部性质似乎也可以用数目来加以规范，而且数目看来在整个性质中是居于首位的，于是他们设想数目的组成要素也就是所有事物的组成要素，因而整个宇宙是一个和谐系列、也是一个数目"[1]。由此可见，他们认为宇宙并非一片混沌，而是有秩序的，这种秩序（κόσμος，cosmos）就表现在数量的比率与和谐的系列上。毕达哥拉斯学派关于宇宙的数的规定性的揭示，是一个天才的发现。后世物理学等自然科学的研究无非是确证并发现各种数量关系，并利用不断改进的仪器设备，日益精确地测定出有关客观物质世界的各种数据而已。

毕达哥拉斯学派与伊奥尼亚学派相比，显然包含较少的感官直觉和较多的抽象思维，这不能不认为是人类思维一个巨大的跃进。他们所揭示的关于物质世界的量的规定性，除对物理、天文等自然科学的发展有深远影响外，由于他们偏重于抽象思维，因而具有浓

---

[1]　Aristotle, *Metaphysica*, 895^b 32-36, 896^a 1-3.

郁的哲学思辨意义。黑格尔曾经指出："数是处于感性的东西和思想的中间，古人对于这一点也曾经有过明确的意识。亚里士多德引证柏拉图（《形而上学》I，5）说：在感性的东西和理念以外，其间还有事物的数学规定；它与感性的东西有区别，因为它是不可见（永恒的）、不动的；它与理念不同，因为它是一个杂多的东西并具有相似性，而理念则绝对只与自身同一并且自身是一。"[1]

从亚里士多德到黑格尔，都明确认识到数目的中介性，它是感性到理性的中介，因而它正是"知性"的具体表现，从而使数学成了一门典型的知性科学。

数目的中介性质，说明了它的分析、解剖的特征，而且突出和实现了知性的严格性、精确性的要求。世界在知性的利刃下，进入严整的数列之中，剖析入微、分毫不爽，从而达到了对世界的精确认识。知性分析或数学分析，使我们从感官常识性地观察这个世界，进而科学地认知这个世界，并过渡到哲学地把握这个世界。毕达哥拉斯学派对此便有比较明确的意识。

一、数量的客观性与其神秘色彩的表面性

毕达哥拉斯的"数论"，其实是他观察宇宙万物之后抽象、归纳的结果。他说："万物莫不有数。数目就其本性而言是居先的。"[2]诸如水、火、土、气、音阶、比率、天体序列等等都有一定的数量与比率关系。这些都不是感性物体，而必须通过感性物体而又扬弃感性物体，抽象地掌握。因此，数量客观性并不等于感官具体性，而是事物的外在规定性与内在本质性。量的规定性的掌握，是我们科

---

[1] 黑格尔：《逻辑学》上卷，商务印书馆 1966 年版，第 227 页。

[2] Aristotle, *Metaphysica*, 985^{b}26-27.

学地认识进而哲学地把握客观世界的必由之路。

毕达哥拉斯有揭示物质的第一基本特征的历史功绩，但我们往往将他作为第一个唯心主义者而加以摈弃，原因主要在于他这个"数"被蒙上了一层神秘的油彩，并添加了一些宗教的荒诞无稽的解释。例如他的那个作为宇宙永恒象征的神符"四元图"，虽具有极其引人入胜的数字游戏的技巧性，但并无多大的客观现实意义。至于将一些社会政治伦理概念，诸如正义、真理、善良、机会等等，与某一数目字对应起来，那就更加不值一提了。

数量、比率等关系是客观物质世界最基本的特征之一，但也是最简单的。其实，数目是最无思想性的东西，最抽象单薄的东西，它远远不能穷尽物质的丰富内容，更不能独立出来作为万物之源。

黑格尔说："思想愈是富于规定性，也就是愈富于关系，那么，用数这样的形式来表述它，也就愈是一方面含糊混乱，另一方面则任意独断而意义空洞。"[①]因为绝对数量化的结果，便是把错综复杂的、含义丰富的物质关系弄得简单而抽象了。由于过分简单而抽象，就弄得意义含糊混乱；由于数量关系的严格精确性与僵直性，就弄得意义独断空洞。总之，以数概全，意绝情泯，活生生的宇宙自然就变成了一具僵尸了。所以，黑格尔说：如若认为"数比思想能够把握和表现的还表现得多，那却是发了疯"[②]。

因此，我们既不能过分夸大数的决定性的作用，也不能认为数不过是人心的自由创造。我们认为：（1）数虽是抽象的为感官不可捉摸的，但它却是客观的为物质自身所固有的；（2）关于数的神秘的宗教解释，并非数的内在秉性，而是迷惘失据的脆弱的人类心灵

---

① 黑格尔：《逻辑学》上卷，商务印书馆 1966 年版，第 228 页。
② 黑格尔：《逻辑学》上卷，商务印书馆 1966 年版，第 229 页。

强加给它的；（3）数目的应用是有限度的，它不可能穷尽事物的本质特性，而且事物的本质特性也难以全部数量化，某些物质特性的数量表示，仅仅有外在的符号的意义。它对于实证科学用于实验目的是十分重要而有效的，但对穷究物质底蕴的哲学思辨却无决定意义，甚至由于它的表面性、简单性、无思想性而是有害的。

二、万物源于数的合理因素及其局限性

　　黑格尔认为，"数"是由感性向理性过渡的中介，因此，具有明显的典型的知性特征。他说："数被认为是内在直观的最适宜的对象"，"数是思想自己外在化的纯思想"，数具有"内在的、抽象的外在性"，因此，数就具备了这样一种特点，即它"构成用带着感性的东西来把握共相这种不完善的情况的最后阶段"。① 于此，黑格尔用了一系列在形式逻辑中自相矛盾的措辞来表述"知性的中介性"，是十分富于启发性的。

　　内在与外在、直观与抽象、思想与存在、感性的东西与普遍的共相等等在形式逻辑中都是彼此对立的，若纠集于一身则是自相矛盾的。而"数"恰好具备了即此即彼的矛盾：数不是直观的外在对象，却是一种外在性的思想。因为它是外在的，因而为直观所把握；因为它是思想的，因而又是内在的。所以它成了"内在直观"的对象。数又是"思想自身"的客观化、外在化，从而具有了客观存在的性质，不是那样不可捉摸了。一个巴掌五个指头，这个数目是直观可感的，似乎是存在于思想之外的。数的外在性的抽象却是内在于心的，即成了一种抽掉了感性的丰富多彩性的思想。于是，数就处于"以感性个体表达普遍本原"这种不完善情况的最后阶段，即

---

① 黑格尔：《逻辑学》上卷，商务印书馆1966年版，第226、227页。

彻底摆脱感性外观的"思想"呼之欲出了。

因此，数是内在与外在的结合、感性直观与抽象概括的结合、思想与存在的结合、感性的东西与普遍的共相的结合。但是，这种结合尚未能水乳交融、臻于统一，而只是内在与外在交替、直观与抽象交替，从而使感性直观的东西具有了一定的抽象内在性，使抽象概括的东西具有了一定的内在直观性。这正体现了知性中介的特点：相互对立的东西交替过渡，彼此"搀和"（Synsomatien）[①]，但又未能融合统一。

数使我们认识物质世界由常识通向科学、翘望哲学，以致在早期科学与哲学的发展过程中，如黑格尔所讲的："我们在科学史中，看到很早便用数来表示哲学问题。"[②] 毕达哥拉斯的"数论"正是如此，可以将它视为西欧实证科学发展的起点，哲学思维有待完善的表现。

由于"定量化"是科学的绝对要求，故"定量化"在哲学中只有中介的作用，而且最终是必须被扬弃的。基于这种认识，这里必须进一步论述一下"数"在科学与哲学中所起的作用。

首先，"数"的普遍性的揭示奠定了科学研究中"量的规定性"的客观现实性的基础。物理、化学莫不基于此，就是生物、社会科学也日益趋于定量化了。定量化的结果，使对事物感性外观的性状的不大可靠的甚至是假象的经验性的常识描述，为精确的数量比例或更为复杂的数学公式或数学模型所取代，从而使得对事物的定性及演变有了极为明确的识别方法。数的运用，对各种不同学科、不同领域也是有层次、有特色的。例如，一般讲，宏观领域的计算是

---

① 参见黑格尔：《精神现象学》上卷，商务印书馆 1962 年版，第 170 页脚注。
② 黑格尔：《逻辑学》上卷，商务印书馆 1966 年版，第 227 页。

精确的，微观领域则是概率的，社会领域多半是模糊的。数的运用的推进的限度是哲学，任何哲学数学化的企图不但是徒劳无益的，而且是十分有害的。哲学家需要严格的数学训练，在于训练头脑以及吸取科学知识，属于打基础的性质，而不是要将哲学数学化。

其次，至于用数来表示哲学问题，仅仅具有象征的意义，毕达哥拉斯学派的哲学就是这样。"一、二、三"在他们那里不是简单的数目字，而是个体、整全、分别、特殊、对立、过程等的符号象征。一、二、三的后面有其不属于一、二、三的丰富的哲学内容。因此，在这里数目只有符号象征的意义，它们有待做出理论的说明。如果只就数论数，它们自身不会有什么更多的深刻理论内容。因为仅就数目本身而言，它们是无思想性的，以无思想性的东西来表示深邃的哲学思想，显然是不完善的、简单化的，只能起某种标记作用。

因此，用数来反映哲学思想是很不完善的，有很大的局限性。因为"数既然只是以外在的、无思想的区别为基础，那样的作业便只是无思想的、机械的作业"[1]。这些区别与关联是从对象之外加之于对象的，无思想介入其中，反而使得真正的客观的区别与联系无法显示。例如，"一、二、三、四与元（或一元）、二元、三元、四元还与完全简单的抽象概念接近；但是当数应该过渡到具体关系时，还要使数仍然与概念接近，那便是徒劳的"[2]。毕达哥拉斯便做了这种徒劳无益的蠢事。他力图使事物的极端复杂的关系，适应无思想的数的相区别与关联的关系，甚至于臆造"现实存在"以符合他赋予数而数本来没有的意义。例如太阳系有九大星球，他认为不够圆满，因为"十"才反映"圆满"，于是主观捏造一个"对地"的星球以凑

---

① 黑格尔：《逻辑学》上卷，商务印书馆 1966 年版，第 230 页。
② 黑格尔：《逻辑学》上卷，商务印书馆 1966 年版，第 228 页。

足十个，这显然是非常荒谬的。

所以，黑格尔指出："采取数字的范畴，想从而为哲学的科学的方法或内容规定什么东西，这根本是糊涂的事情。"[①]

三、事物量的规定性的研究是以后科学发展的指导原则

前面已经略为涉及事物量的规定性问题。它对物质结构问题的科学研究，乃至对自然科学、技术科学、社会科学、人文科学的研究的不可或缺性是无可怀疑的。我们甚至可以说："数量"是科学的灵魂。

西欧传统的"科学精神"是实证科学的精神。实证科学以观察、归纳、实验作为其特征，其中贯穿着量的规定性。

实证科学的出发点是观察。观察，它的感觉经验特征是十分明显的。感觉经验的出发点确立了自然科学研究的唯物主义前提；知性分析则深入事物内部，精确地测定其数量关系。它们并不是彼此对立的，对近世科学的发展都是不可缺少的。当然，如若它们各自孤立进行，并将其原则绝对化，就势将变成主观唯心主义或客观唯心主义。爱因斯坦便指出过："经验始终是数学构造的物理效用的惟一判据。"还指出："纯粹逻辑思维不能给我们任何关于经验世界的知识；一切关于实在的知识，都是从经验开始，又终结于经验。"爱因斯坦承认经验对形成科学知识的重要作用，表明了他的自发的唯物倾向。但是，作为一个理论物理学家，他更加看重知性分析的作用。因此，数学高升到科学母后的地位。爱因斯坦又说："我们推崇古代希腊是西方科学的摇篮。在那里，世界第一次目睹了一个逻辑体系的奇迹，这个逻辑体系如此精密地一步一步推进，以致它

---

① 黑格尔：《逻辑学》上卷，商务印书馆 1966 年版，第 230 页。

的每一个命题都是绝对不容置疑的 —— 我这里说的就是欧几里得几何。"于是，他坚信，"我们能够用纯粹数学的构造来发现概念以及把这些概念联系起来的定律，这些概念和定律是理解自然现象的钥匙"①。爱因斯坦便曾试图使用一组美妙的数学方程统一所有的物理定律，这显示了他对知性思维的执着与对量的规定性的渴求。当然，梦想用纯粹思维把握实在，完全不顾及作为实在知识的起点与终点的"经验"，那就未必正确了。

归纳，其实也是一种逻辑方法，即与演绎相对峙的另一种知性思维方法。它旨在从庞杂的经验事实中，抓住某些可以精确表达的普遍特征，即所谓从特殊到普遍的推理。这种推理与经验科学体系的建立更加相洽。因为一个推演系统的基本概念与基本命题的确立往往是通过归纳而获得的。例如，刻卜勒就是在第谷·布拉赫（Tycho Brahe）极为详细的精确的行星运动记录的基础上归纳出和证明了行星运动的三大规律的。

而实验则是理论的根据。不能简单地将它归结为对某种推论结果的印证。实验之所以成为实证科学精神的核心，在于它的目的是探求真理，在于它可以用来发现原因与公理，从而推动科学进一步发展。实验技术当然需要物质工具，例如仪器等，但是，还有比物质工具更重要的精神工具。实验的精神工具就是"归纳法"。可见实验不过是实行归纳的一种物质的操作手段，一种检验的方法。不过实验的灵魂却在于"真正的归纳"。真正的归纳不同于简单的"枚举"，而是选择典型的例证进行深入的全面的分析，从而找出其中的数量关系，测定必要的各种数据，做出精确的量的规定。可见无论是归纳或实验都是不排斥知性思维的，而数量分析又是决定性的。

---

① 以上所引各节，见《爱因斯坦文集》第 1 卷，商务印书馆 1983 年版，第 312—318 页。

由此看来，实证科学的研究甚至可以说就是关于事物量的规定性的研究，量的规定性成了科学发展的指导原则。

以量的规定性贯穿的经验、归纳、实验，作为科学发展的指导原则，意味着上升到哲学高度来看问题。资产阶级的思想家将这种实证科学精神概括为"实证主义"（Positivism）。实证主义首先由法国的孔德倡导，不久便风靡各国了。它主张：（1）一切关于事实的知识都以经验的实证材料为依据；（2）在事实的领域之外，则是逻辑和纯数学知识，也就是关于观念关系或纯形式的科学。因为实证主义坚持以观察的经验为证明的原则，所以它必然是反神学的和反形而上学的。这个哲学概括其实是片面不真的。

首先，观察与经验固然可以作为自然科学研究的出发点，但观察的表面性与经验的局限性决定了它们不能作为证实"科学真理"的基础。

其次，它将知识区分为彼此独立的两类：事实的与逻辑的，强调可以证实的即可以目证的所谓关于事实的知识，而鄙视所谓纯形式的科学，甚至认为有些形式推导而无经验证明的东西是不科学的。这种对知识的截然划分倒真正是不科学的。因为经验的东西不经过逻辑思维的分析与综合，是绝不可能上升为知识体系的，它只能是一些零碎的观感，而不是知识。而所谓形式的科学，也不是头脑里凭空杜撰出来的，它是客观世界最本质最普遍的联系的反映，因此，直接或间接仍是与观察、经验相关的。将知识从技术的角度、从方便出发，依据其某些特征进行分类，这样划分当然是可以的，但若厚此薄彼就不对了。

最后，实证主义反对神学还是有积极意义的，但笼统地反对形而上学就不对了。我认为：（1）把事实与逻辑、经验与数学完全对立起来，结果是只承认感性直观的东西为真实的，而逻辑、数学推导、知性分析所得出的结论却是虚幻不实的，这是不对的。（2）形而上学是研究事物的本体与宇宙的演化的，它扬弃了感性直观的表面性、局限性与暂时性，从整体上把握客观事物的本质及宇宙的演化过程。它是人类理智的追求，是对客观实在的揭示。因此，不能认为是虚幻的，较之感性直观，它才是真实可靠的。由此看来，把以观察、归纳、实验为特征的"实证科学"概括为"实证主义"，歪曲了实证科学的本性。我们不能把17世纪兴起的"实证科学"与18世纪炮制出来的"实证主义"混为一谈。

实证科学重视事实、经验，强调归纳、实验，但是它并不排斥知性分析，也不弃绝概念体系，相反更为重视理论体系的建构。爱因斯坦便非常看重这一点，他说："这种体系的结论是理性的产品；经验内容及其相互关系都必须在理论的结构中表示出来。"[1]因为材料不经理性的处理，构成理论体系，就不能叫作科学，无非是一堆杂乱无章的感性素材，或彼此无必然联系的、不能说明任何问题的数据。

实证科学从事实出发，通过感性直观，从而进行知性分析，然后由实验做出鉴定。这已成为探寻科学真理的行之有效的程序了。通过这样的程序而获得的知识，才是对自然界的真知，人类只有掌握了这样的知识，才能征服自然界。

实证科学经过20世纪科学的飞跃发展，虽然没有脱离观察、实验的出发点与数学知性分析的论证手段，但是，实验与观测手段的性能大大提高了，实验仪器日趋复杂了，理论分析更加深入了，这一切说明它们相互之间渗透交融的趋势，观察、实验已不仅仅是感性的了，而且有一定的知性分析与理论概括能力了。

---

[1] 《爱因斯坦文集》第1卷，商务印书馆1983年版，第314页。

第三节　从唯一的存在到事物的质的规定性

客观物质世界的"量的规定性"的发现是人类认识"物质"的本质属性的巨大成就。但是孤立的"量"没有依托，它有如游魂见不得天日，始终是一个幻影。像哪吒的游魂凭借荷叶凑成人形物而作为物质依托还魂一样，量的规定性必须附丽于一个依托物才能成为现实的，而不是飘忽的。

巴门尼德提出的"唯一的存在"便是这样的依托物。"唯一的存在"的提出，受到黑格尔高度的赞扬，但是一般的唯物主义者对它却是贬之又贬的。"唯一的存在"为后世宗教所利用作为对上帝论证的本体论的根据，这并不是它本身的过错；它的孤立静止的特征只是一种片面性的表现。总之，这些都不能把它置于死地。相反，它的主流还是应该肯定的。"存在"（being，Sein）这一范畴的确立，意味着人类对"物质"的认识深入到了哲学本体论层次。这就是说，"存在"从哲学高度揭示了物质的"质的规定性"。

一、存在对万物的普适性

黑格尔有一段评价巴门尼德而经常被人引用的话："哲学史开始于爱利亚学派，或确切点说，开始于巴门尼德的哲学。因为巴门尼德认'绝对'为'有'，他说：'惟有有在，无不在。'这须看成是哲学的真正开始点，因为哲学一般是思维着的认识活动，而在这里第一次抓住了纯思维，并且以纯思维本身作为认识的对象。"① 在这里，黑格尔对巴门尼德的赞赏，主要可归结为两点：（1）真正确切地道出了宇宙的普遍本质，这个本质就是"存在"，千差万别的事物，抽出

---

① 黑格尔：《小逻辑》，商务印书馆 1980 年版，第 191 页。

其差别性，共性就是存在；（2）这个感官触及的物质世界，如止于感官触及，所得的不过是倏忽即逝的映象，甚至是与事物本质相左的假象，唯有透过感觉映象而为纯思维坚执住的，本身也成为了纯思维的东西，才是哲学的对象，才能成为哲学范畴，"存在"便是这样的范畴。在这里，只要我们将"存在"视为万事万物的共性的抽象，就不是唯心的，而是深刻的唯物的。当然巴门尼德并没有达到这一步。

黑格尔想得也许没有这样明朗彻底，但蕴涵了这样的想法，还是比较清楚的。问题仅仅在于不要将这个纯思维的存在绝对化，超乎客观物质世界之外，以及人类精神世界之外，变成一个外在的超物质的支配一切的精神实体。巴门尼德正由于跨出了这一步，便走进客观唯心主义的门槛之内了。

黑格尔关于存在的论述，唯心的出发点是十分明显的，但是巴门尼德的"唯一的存在"的唯心倾向则是比较暧昧的。如果我们把它向唯物的方向引导，则可把它看作是对宇宙万物的"质的抽象"，即找出了万事万物的"共性"，这样则仍有其合理之处。因此，我们可以把"唯一的存在"视为关于事物的"质的规定性"的滥觞。于是，毕达哥拉斯揭示事物的量的规定性于前，巴门尼德则揭示事物的质的规定性于后。他们共同奠定了以后西欧科学与哲学发展的道路。

"存在"是事物的最普遍的本质属性，万事万物均属存在，概莫能外。以致"存在"成了哲学本体论的核心范畴，成了科学物质结构论的客观前提。而"物质"作为一个哲学基本范畴，一般都以"客观存在"或"客观实在"来加以规定。

二、存在的静态特征

"存在"的形成，其实是知性抽象的产物。黑格尔虽然是辩证法大师，但是作为他的逻辑学的起点的"纯存在"，他自己也认为是个纯粹的抽象。他说："这种纯有是纯粹的抽象，因此是绝对的否定。这种否定，直接地说来，也就是无。"[①]有即是无，似乎是不可思议的，在逻辑上是自相矛盾的。其实就辩证法看来，还是好理解的。黑格尔解释说："物自身是无规定性的东西，完全没有形式因而是毫无内容的。"[②]康德的那个物自身是剥离了任何属性、一无所有的客观存在，既然任何的经验内容都没有，任何的形式属性也没有了，它就是黑格尔的那个"纯有"。这里的"纯有"只能是"空无"。退一步，从形式逻辑而言，这也是可以论证的。最普遍的存在是至大无外的，即它的外延无限大，包罗一切，应有尽有。外延无限大，内涵无限小而趋于零，即等于无。

这个空无的"存在"，实质上是个体的抽象。个体的知性抽象的静态特征是十分明显的。知性的考虑，不涉及个体的变易过程，事物的过程性在它的视野之外。因此，存在正是事物的静态特征的概括。客观事物如果全无相对静止的状态，则它便是永远地不间断地流逝着的，如果这样，世界上就绝没有一个"个体物"的存在。我们说存在是静止的，不能说是完全错的，只能说它指出了事物成其为该事物的一个侧面、一个决定性环节。因此，我们应该承认事物的这种相对稳定状态，否则它势将处于瞬息万变之中而不可能成形而为我们所认知了。问题只在于：不能将存在的稳定状态绝对化，从而否认事物的过程性。

黑格尔思辨地论述了纯存在从简单到复杂、从抽象到具体的辩证前进运动。如果去掉他的那个唯心的出发点，即将纯存在看成是

---

① 黑格尔：《小逻辑》，商务印书馆 1980 年版，第 192 页。
② 黑格尔：《小逻辑》，商务印书馆 1980 年版，第 192 页。

纯思想的产物，而将其视为客观事物的质的抽象，那么他的观点仍有其合理之处。在哲学思想的历史发展中，黑格尔沟通了巴门尼德与赫拉克利特的对立，在理论上阐明了存在的静态结构与动态过程的一体性，从而达到了存在与演化（being and becoming）的辩证统一。这些对我们探讨物质的哲学理论内容是富有启发意义的。

三、事物的质的规定性是量的规定性的进一步发展

事物的量的规定性只表明"界限"的设定，界限自身并不能显示任何思想内容，诚如黑格尔经常讲的："数"是最无思想性的东西。这个数量界限，仅仅表明事物的量的增减与区分，而这种量的增减与区分仍有待说明。这种"说明"就是事物的质的规定性的揭示。

质的规定性表现为一定的数量关系，这种"数量关系"究竟具有什么意义，它对质的确定与变迁究竟具有什么意义，仍然有待经验的、理论的、科学的、哲学的说明。这一切就不是单纯的数量力所能及的了。

现在"定量化"成了一种科学时髦与哲学向往，仿佛一门科学的概念定理不能转化为符号与方程式，就算不上是一门真正的科学；而哲学的所谓现代化，重要的一步就在于使用精确的数学的"科学语言"代替经验的自然语言与理性的思辨论断。固然，马克思曾经讲过科学如不能数学地精确化就算不得是科学这一类话，但是这类话的用意主要指数学的应用对实证科学是不可缺少的，不能将其绝对化。实证科学发展的基础仍然是观察、经验、实验、归纳，没有这些科学作业，数学是无用武之地的。而且数学也不是先验的产物，它也深深根植于宏观事物与人类的实践活动之中。

黑格尔对数的局限性，看得是相当清楚的，批判得也是十分尖

锐的。他认为数学式的无限进展不可能达到永恒，他引用了哈莱
（Haller）的诗篇：

> 我将时间堆上时间，世界堆上世界，
>
> 将庞大的万千数字，堆积成山，
>
> 假如我从可怕的峰巅，
>
> 晕眩地再向你看，
>
> 一切数的乘方，不管乘千来遍，
>
> 还是够不着你一星半点；
>
> 而我割掉一切乘积，
>
> 你便全然现在我的面前。

黑格尔认为连诗人也看到了数的局限性，诗人的结论也是："只有
放弃这种空洞的无限进展，才能使真正的无限物呈现在他的面前。"[①]

至于哲学的探讨，无疑地需要数学式的知性思维，但哲学与科
学对待数学的态度是完全不同的。科学要固持数学知性，作为它的
形式框架与脉络线索；哲学只是通过它进而扬弃它，克服它的离析
性与无思想性，从整体上把握世界，从内心深处对世界进行沉思，
达到豁然领悟、与天地同游、与造化融合的意境。这种哲学意境是
"数量"永远不可企及的。因此，哲学的定量化绝不是什么现代化，
而是取消哲学或将哲学降低到实证科学的水平。

由此看来，量的规定性只是我们研究这个客观物质世界的起
步，而不是全部。它必须进入"质"的各个层次，即经验的、理论
的层次与科学的、哲学的层次，作为其局部因素发挥不同的或大或

---

① 黑格尔:《逻辑学》上卷，商务印书馆 1966 年版，第 247 页。

小的作用。

各个层次的质的规定性，加深了、具体化了"量的规定性"，从而使一般的外在的抽象的量具有了某种内在特征，一定的理论内容，于是有了思想性而显现出一定的意义。可见，"质的量"才是现实的量，质与量在现实中是不可分离的。只是知性分析为了便于操作的缘故，才把它们从观念上加以分开。

我们对"物质"认识的第一步便是见到它的量与质的特征。凡物莫不有量；凡物皆有定质。这样的认识，古希腊哲学家基本具备，也为后世所因袭并进一步向纵深发展。由于它自身具备的真理性，它绝不可废弃与取代，只能加深与丰富其含义。

第四节　从万物的流变到事物的过程性

宇宙万事万物是恒变的，这是辩证法的基本观点。万物流变，从整体而言，是永恒的、不可遏止的。所谓生生不息，变化迭出，这便是宇宙的"永恒"状态。

但是，这个永恒流逝变迁的宇宙，并不完全像那个一泻千里的江河，抽刀断水水更流，它是根本切不断的。宇宙的流变具有过程性。"过程性"既意味着流变的持续，又意味着流变的中断。过程的这种内在矛盾正好是这个永恒变化的宇宙的可知性的客观根据；过程的这种有起有迄性正好表明其自身的完整性；但是过程能成为现实的，又必须依附于存在，"存在的过程性"！只有存在才是过程的实体。

一、存在静态的瞬时性与存在动态的过程性

我们经常把"存在"与"过程"对立起来，其实这种"对立"

只是表面的。如果把存在视为一个孤立的质点，它的知性抽象便是三维空间。"三维空间"是存在的孤立的抽象的静态描述。但是，现实之中一个质点绝不可能是孤立的，即令截断它与外界的种种联系，它自身也在时间之流中。随着时间的流逝，它根据自身的特点，或长或短地经历着产生、变化与消亡的过程。这个生灭过程，表明了存在的动态特征。而存在的静态表现，并不在存在的动态之外，彼此外在地对峙着。它只是那组成动态过程的旋起旋灭的"一瞬间"的存在。

"一瞬间"是难以捕捉与精确计算的，它就是存在的点状性。这个点状性的动态感受就是"一瞬间"即瞬时性。瞬间存在便是存在的客观静态表现。瞬间，起即是灭、灭即是起，起灭成了同一的。这个同一性不是抽象的而是具体的。矛盾的同一、生灭的同一，表现为不断更替前进的"存在"动态过程。

因此，瞬间存在自我否定、不断更替形成了"过程"。但是，过程并不是成线的而是成串的，这就是说，一个过程有它的上限与下限，即有起有讫。起讫构成一个过程。这个过程就是现实存在，或如黑格尔所命名的："特定存在"（Dasein）。从其作为一个有限的整体而言，作为特定存在的这一动态过程又显示出存在的相对静止性。动与静，同存在与过程一样，并不是外在地绝对地对立的，原也是一体共生的。

"瞬时性"从哲学上加以规定，它就是"非存在"（non-being），就是"无"，就是"否定"。因为它以自我否定、不断更替为其本质。但是，正是那个捕捉不住、稍纵即逝的一瞬间，才是"存在"的现实表现，才是真实的"有"。因此，存在的本质是非存在；有的本质是无。归结起来说，存在以否定作为其本质。"否定"是永恒的，因而可以视为绝对地静态的，即所谓"恒变"不变。

　　"过程性"说明万物瞬变的节奏。瞬变并非平铺直叙的、线性的，它是具有周期性的圆圈形运动。这个圆圈形运动既是封闭的又是开放的。当其封口时，意味着特定过程的整体运动的完成，即一个特定存在的终结。在这一过程的始终，该特定存在基本上是该特定存在，它内部生长的否定环节尚不足以打破其"定在"。于此显示了运动着的过程的相对静止性。当封闭的圆圈被突破成为开放的，这就意味着过程的转化，"转化"是生灭交替的契机，那个旧的灭即是新的生，即旧的特定存在被扬弃，新的特定存在产生，从而开始新的圆圈形运动。特定过程的转化的无限性，才是那宇宙恒变自身。因此，宇宙恒变实乃相对静止不断扬弃的连续过程。

二、过程性是流变的中断

　　"转化"便意味着过程的连续性的中断。没有"中断"就没有宇宙千差万别的事物，就没有思维、语言的可能性。整个宇宙只能是迷蒙一片向着那无垠的远方奔腾，对此，我们除了对其出神以外再无其他作为。因此，过程的连续性是客观的、必然的、现实的，而连续性的中断却是连续性的客观性、必然性、现实性的根据。而没有中断的连续性则是神秘的、不可知的，只有线性的直线延伸，并无真正的具体的进展。

　　但是，这个"中断"却不是将事物一刀截断，彼此完全隔绝，而是藕断丝连、似断非断、环环相扣。拿亚里士多德的话来讲，这个"中断"有如一个"界面"或"限面"。界面像一层无厚度的薄膜，界乎前后两过程之间。前一过程的终点即后一过程的起点。两点交融，似分不分，既意味着前后有别，又意味着新旧衔接。

　　这一"中断性"的辩证理解是十分重要的，它既克服了神秘主义的偏执，也消除了知性抽象的僵化。"切不断、断有界、界似分、分亦合"，这就是"过程的连续性的中断"，亦即"辩证转化"的哲学含义。

三、从唯一的存在到众多的存在，从众多的存在复归于统一的存在

"唯一的存在"，从哲学上来讲，昭示着哲学本体论的萌芽；从日后宗教上来讲，就成了论证上帝的工具；而从古希腊自然哲学的水平来看，它不过是原始的感性直观"枚举"而得的结果：此一存在，彼一存在，无一非存在，于是从而归纳曰，宇宙乃一存在。因此，我们不能对"唯一的存在"做过高的评价，尽管对于当时而言，这种概括还是非常杰出的，对后世影响也是深远的。

唯一的存在，是对宇宙整体性的知性抽象，是对万物均为存在的归纳，它本身却空无所有。正因其为无，它才能普适万物。

从无到有曰生，从有到无曰灭，生灭交替曰变。在变易过程中，形成特定存在的系列，即众多的存在。"众多的存在"的具体形态首先为德谟克利特所揭示，那就是"原子"。原子学说拓宽了日后科学地分析物质结构的道路。两千多年以来，科学家们循着这条道路不断前进、不断突破，业已取得日益精确的巨大的成果。

但是，无论科学上的物质结构学说走到哪一步，它的出发点总是：存在的众多性。众多的与唯一的，似乎彼此对立。然而，以辩证的观点而言，唯一的存在的内在否定性，扬弃其自身，转化为众多的存在，是以多为一的否定形式。一分为二，便是从一到多。哲学上的多不是常识的感性的，譬如说：夜空，繁星点点；恒河，沙砾层层。这些是感官所触及的外在的彼此漠不相干的多。哲学上的"多"意味着整体因自身否定而分化，因此，"多"实际上指的是"否定性的过渡环节"。那么，"多"向哪里过渡呢？众多必须复归于统一；特定的存在必须复归于统一的存在。这个统一的存在便

是"物质"。无论科学上发现的基本元素有多少，它们的形态如何不同，它们总归是物质的变换。因此，基本元素尽管质量有别，数量殊异，但它们只能是物质的特定形态。正如恩格斯所讲的：世界的多样性统一于它的物质性。因此，"物质"范畴的揭示绝不是可有可无的，绝不能把它看成是不能落实的单纯的抽象。有了它，才能把散沙般的世界凝结成一个物质整体。

"物质"范畴的确立，表明"存在"通过科学分化，复归于哲学的统一。如果说：那个原始的唯一存在基本上属于常识范围；则众多的存在便已进入知性分析的科学领域；而统一的存在便达到了多样性的辩证统一，从而高升到哲学的王国了。

第五节 哲学唯物论的形成

摆脱知识总称的严格意义上的哲学的诞生，我认为不是在巴门尼德，而是在亚里士多德这里。与其说亚里士多德集古希腊哲学的大成，不如说他开创了西欧严格意义上的哲学的发展道路。他提出的"实体"这一范畴才真正具有了哲学的意义与韵味。

如果说，米利都学派的常识性、直观性的物质观的提出，只是哲学唯物论的前奏；那么，毕达哥拉斯学派与爱利亚学派从理智出发，在唯心的框架以内、神秘气氛的笼罩之下，对实际上是物质的量与质的两个基本特征，做出了初步的理论分析；而赫拉克利特又抓住了事物的过程演变的特征，从而将质量统一体纳入时间序列之中，这样就为建立哲学唯物论孕育了胚胎；到了亚里士多德提出"实体"范畴才奠定哲学唯物论发展的基础，他的唯物倾向为近世基于实证科学而产生的哲学唯物论指明了前进方向。

一、严格意义上的哲学的诞生

众所周知，古希腊的"哲学"是人类全部知识的总称，直到现在这种观点在欧美大学中仍有残余影响，哲学博士称号的获得者不一定是哲学专业的学者，而可能是学化学、物理等学科的。严格意义上的哲学是形而上学或理论物理学或关于宇宙自然的基本理论、第一原理的研究。这样一个研究领域是到亚里士多德时代才逐步形成的。

这样一来，便将哲学基本上框在"本体论"、"宇宙论"、"心灵学说"的范围之内。此三者，本体论是基本的。所谓本体论，就是关于存在的学说。本体论一词来自拉丁文"ontologia"，onto 意即存在，logia 可译为学说。

本体论是哲学的核心，它研究世界的本原、万物的构成。如前所述，这种探讨在古希腊开始于米利都学派，成熟于亚里士多德。

亚里士多德认为："科学所研究的主要对象，乃是最基本的东西，为其他事物所凭依的东西，乃是其他事物借以取得名称的东西。"[1] 这个东西是什么呢？就是"substance"。此词可以译为实体或本体。实体概念的形成是哲学思维成熟的表现，它是存在概念的深化，是物质概念的完成。亚里士多德指出："'substance'一词之使用，如果不把它置于多种含义之中，则它至少仍然有三个主要对象：本质、共相以及种属（常被设想为每一事物的实体），此外，还有第四个，那就是'托载体'。这个托载体称谓一切其他事物，而它自己却不被称谓。"[2] 本质、共相、种属，这是好理解的。问题是这个"托载体"（substratum）究为何物，它有点类似佛家所说的"自性"，

---

[1] Aristotle，*Metaphysica*，1003^{b}15-20.

[2] Aristotle，*Metaphysica*，1029^a.

形象地说，它又有点像一个托盘承受他物，而本身不被承受。它为其他事物所依托，使它们可因此而得名。例如，砖瓦木石……独立均不能成其为"屋"，必须以"屋"统率之才成其为"屋"。因此，这个"substratum"，乃诸物之所依，诸性之所归，乃物之所以为物的"自性"。本质、种属、共相作为实体，应与托载体统一加以理解，它们之间没有什么严格区别。亚里士多德说："托载体与本质，以及二者的复合体均可称为实体，而且也就是共相。"[①] 中世纪以后，就更多地使用"共相"（universal）这一概念来论述亚里士多德的实体了。

作为共相的实体，首先应该是"这一个"（this），也就是个体。其次应该是"物质"，也就是一个完全的实在（the complete reality）。再次它也应该是原因和原则。亚里士多德指出：共相"某些人也在完全的意义下将其视为原因与原则"[②]。亚里士多德关于作为实体的共相的见解是相当卓越而深刻的。

他把共相看成就是个体，既不是凌驾于个体之上的造物主，也不是抽象指谓个体的空洞名称。这样就避免了宗教唯心主义与狭隘经验主义的偏执，正确地开辟了唯物论前进的道路。因为共相的理性特征与个体的感性特征、自知性思维的水平看来是互相矛盾的，亚里士多德的高明之处，在于他的辩证法的天才，看到了矛盾双方原来是同一的。

他把共相看成是物质实体，一个完全的实在，而不是头脑里自生的抽象概念，也不是外在的精神实体。这样就避免了主观唯心主义与客观唯心主义的臆造，坚持了完全的客观物质发展的观点。

----

① Aristotle, *Metaphysica*, 1038ᵇ.
② Aristotle, *Metaphysica*, 1038ᵇ.

他还考虑将共相作为事物的原因或原则。这一点他是有疑虑的，而且也是颇为费解的。我想是不是可以设想：共相作为实体，它的形成不是外面的原因，而是"自因"；它的运动变化不是外力，而是根据自身具备的规律、自己运动的原则。关于这一点，亚里士多德似乎是不明确的，往后斯宾诺莎、莱布尼茨、黑格尔才有明确的论述。

亚里士多德关于本体问题的探索，意味着一个哲学上的难题的突破，即共相与殊相、普遍与个别如何统一的问题形将突破。亚里士多德认为共相寓于殊相之中，殊相也不能脱离共相，变成彼此不相干的要素。他曾举动物为例："'动物'不能脱离特殊的动物而存在，而构成动物的诸要素也不能独立。"[1] 无疑地，这一分析不但是唯物的，而且包含了辩证法思想。

二、哲学唯物论发展的曲折与转折

哲学的一些根本观点，未必总是后出的超过历史上的，因此，我们不要以为古希腊人的哲学只是一些陈旧的古董。马克思说："由于这种异常的客观的素朴性，希腊人将永远是我们的老师，因为这种素朴性把每一事物可以说是毫无掩饰地、在其本性的净光中亮出来——尽管这光还是晦暗的。"[2] 希腊人发射出来的智慧之光永远是我们哲学征途中的指路明灯。罗素也看到了这一点，他说："一切支配着近代的各种假说，差不多最初都是希腊人想到的；我们对希腊人在抽象事物方面的想像创造力，几乎是无法称赞过分的。"[3] 因此，往后的哲学，不少竟低于古希腊的水平。例如，中世纪的哲学不过

---

[1] Aristotle, *Metaphysica*, 1038^{b}30-35.

[2] 《马克思恩格斯全集》第40卷，人民出版社1982年版，第148页。

[3] 罗素：《西方哲学史》上卷，商务印书馆1981年版，第66页。

是古希腊哲学变了调的回声。例如，唯实论不过是柏拉图学说的变种；唯名论虽说有某种唯物倾向，但比起亚里士多德的共相学说来就极其肤浅了。

近世西欧哲学的发展，由本体论转向认识论。唯物或唯心这类本体论上的论断，为经验主义或理性主义这类认识论上的论断所取代。经验或理性与唯物或唯心，并不是一一对应的。经验与理性，各有其本体论的前提，它可以是唯物的，也可以是唯心的。

认识论的研究，从认识对象的剖析，转而到认识能力的考察，它加深了物质论的研究，即不单纯研究主体，还进而研究主体以及主客体之间的关系。显然，这样一来，对物质的研究更加全面了。

近代与中世纪的重大区别是：近代突破了宗教神权的禁锢，在复活古希腊思想中，强调了人类的尊严与独立的地位。一般讲，近代哲学反对封建愚昧、尊重知识。无疑地，从广义上讲，这具有明显的唯物的现实倾向。这一倾向的第一个最杰出的代表，便是剑桥三一学院出身的培根。

培根的举世皆知的名言：人有多少知识，就有多少力量，他的知识和他的能力是相等的，只有倾听自然的呼声（使自己的理智服从于自然）的人，才能统治世界。知识属于认知范围，能力属于意志范围，二者是同步的。人有了知识及相应的能力，就能成为这个世界的主人。而知识与能力的获得，有赖于洞察自然、了解自然。这就是说，必须从唯物的立场出发，才能获得知识、培养能力。

洞察与了解自然，首先应该尊重经验。什么是经验？培根并不将其视为感觉现象的罗列，而认为是感觉材料的理论概括。经验要进一步上升为科学，成为真理，便须条理化上升为概念系统，并通过实验予以印证。培根便认为实验的目的在于探求真理，在于用来发现原因与公理，从而推动知识进一步成为科学真理。他还强调归纳法在取得真知方面的重要作用。他说:"我们惟一的希望就在于一种真正的归纳。"[①]"我们所应当注意的对象不是形式,而是物质,是物质的结构和结构的变化,以及简单的作用和作用或运动的规律;因为形式乃是人心的虚构,除非你打算把那些作用的规律称为形式。"[②]培根的这些观点,无疑地,有明显的唯物倾向。因此,培根认识论上的经验主义,其本体论的前提是唯物的,并为后世实证科学的发展奠定了坚实可靠的理论基础。

笛卡儿,我们通常把他作为认识论上理性主义的代表而与培根相对立。其实,他却从另一条道路走向了唯物主义。马克思便说:"笛卡儿的唯物主义成为真正的自然科学的财产。"[③]笛卡儿认为广延是物质性的东西的本质,这一看法虽说是不完全的,但是不错。他从这一观点出发,认为天地是同样一种物质造成的,因为它们同属具有广延性的东西。他把运动归结为位移,这当然是不够的,但是,他把运动视为客观的,并且肯定地说,我们的思想并不能在物质中造成任何变化,物质中全部形态差异都是依靠位置运动的。笛卡儿关于宇宙的物质统一性、运动的客观性及其对物质形态差异的决定性等的看法,撇开其论证不够完整确切等缺点外,应该讲是很有价值的唯物观点。

以培根、笛卡儿为代表的经验主义与理性主义,从两个不同侧面反映了我们对宇宙自然的唯物的认识,并开拓了实证科学迅速发展的前景,以致在自然科学家与技术专家中,至少在他们的专业领域内,唯物的观点已是不言而喻的了。

马克思说:"英国唯物主义和整个现代实验科学的真正始祖是培

① 《十六—十八世纪西欧各国哲学》,商务印书馆1975年版,第10页。
② 《十六—十八世纪西欧各国哲学》,商务印书馆1975年版,第18页。
③ 《马克思恩格斯全集》第2卷,人民出版社1957年版,第166页。

根。在他的眼中，自然科学是真正的科学，而以感性经验为基础的物理学则是自然科学的最重要的部分。"[①] "但是，用格言形式表述出来的学说本身却反而还充满了神学的不彻底性。"[②] 然而，英国的上层人士、庸人们怀抱着对"唯物主义"一词的偏见，宁可容忍"不可知论"而完全不能容许唯物主义。恩格斯却指出："从十七世纪以来，全部现代唯物主义的发祥地正是英国。"[③] 甚至那个不可知论也不过是一种羞羞答答的唯物主义。

在现代唯物主义的兴起中，法国也紧紧跟上了英国，而且进一步深入发展了唯物主义。马克思说："法国唯物主义和英国唯物主义的区别是与这两个民族的区别相适应的。法国人赋予英国唯物主义以机智，使它有血有肉，能言善辩。他们给它以它过去所没有的气概和优雅风度。他们使它文明化了。"[④] 当然，法国唯物主义者爱尔维修、拉美特利等固然深受英国唯物哲学的影响，但是他们的哲学的产生也有其国内根源。马克思曾经指出："拉美特利利用了笛卡儿的物理学，甚至利用了它的每一个细节。"[⑤] 由此看来，培根与笛卡儿乃是西欧近代唯物主义的始祖。

他们的唯物哲学意味着哲学唯物论的发展的一个转折。如果说，过去的唯物主义一般还是常识性的思辨性的，而且只是一种倾向，并与宗教神学有着千丝万缕的联系，那么，以培根、笛卡儿为代表的哲学唯物论则是科学性的分析性的，而且业已成了一种形态并建基于实证的自然科学特别是物理学之上。那时，机械力学获得了充

---

① 《马克思恩格斯全集》第2卷，人民出版社1957年版，第163页。

② 《马克思恩格斯全集》第2卷，人民出版社1957年版，第163页。

③ 《马克思恩格斯全集》第22卷，人民出版社1965年版，第339页。

④ 《马克思恩格斯全集》第2卷，人民出版社1957年版，第165页。

⑤ 《马克思恩格斯全集》第2卷，人民出版社1957年版，第166页。

分的发展，并显示出强大的变革现实的力量，以致它的原则越出了自己的狭隘的领域，上升为各个学科的普遍原则了。因此，17 世纪的哲学唯物论深深打上了机械力学的烙印。

唯物论原则的普及得之于科学的繁荣昌盛，唯物论科学形态的产生说明它排除了臆想的成分与宗教神秘气氛的干扰。唯物论真正成了任何知识体系的一种方向正确的指导思想。但是，近代唯物主义又为机械力学所禁锢，没有能力正确圆满地解释机械运动以外的更高级的客观运动形态，因此，它抵制不住唯心论与宗教信念的反扑。它必须继续开拓，到它的论敌的头脑中汲取灵感，到它们的心脏中寻求力量。于是，它仿佛在唯心论与宗教的反扑中败退了，其实，它正深入唯心论与宗教的头脑与心脏之中，瓦解它们并从中获得了继续生长的养料。

三、哲学唯物论的潜在发展

培根开创的唯物的经验主义到贝克莱、休谟手里蜕变为主观唯心的经验主义，不过，当休谟论述感觉产生的根源时，却回避了精神或物质的抉择，认为感觉是由我们所不知道的原因开始产生于我们心中的。这种观点，在历史上就把它叫作不可知论或怀疑论。

贝克莱是一位大主教，他当然不能容忍唯物论的存在，因此直率地提出了"存在就是被感知"这样的主观唯心主义的命题。即令这样，他还是与中世纪僧侣有不同之处，这就是他承认"感知"的作用，这样就较少"神圣性"而较多"现实性"。因为人的感觉代替了上帝的良知而占有理论的出发点与基础地位了。这表明宗教唯心论的退却，唯物论的浸润。

休谟则认为有无导致我们感觉的客观存在，我们不知道。这一讲法至少是没有断然否认客观存在。因此，休谟的观点是默认了唯物的前提，这就说明唯物的思潮是不可抵挡的。至于休谟的因果论，其结论虽然是不正确的，但是它摧毁了唯心论关于因果关系的臆测以及宗教因果报应的宿命论的观点，对唯物论的发展仍然是有益的。

休谟的观点深深影响了德国的康德。康德早年是以数学家、天文学家的面目出现的，因而他自发地有某种唯物倾向是很自然的。他开初热衷于经验主义特别是休谟的不可知论，把这些因素融会到大陆理性主义的传统之中。休谟讳言物质实体的客观存在，康德比休谟前进一步承认物质实体的存在，那就是"物自体"（Ding-an-sich）。物自体外在于心，对人心起某种激发作用。不管他的论述是如何晦涩而不彻底，但承认有一个物自体外在于心，就说明他有明确的唯物立场。这个物自体是"客观实在"的抽象，剥去了物体的感性外观，离开了物体的各种属性，它的可感特性与内在本质统统没有了，变成了一个赤裸裸的存在。无任何特性与本质的存在，其实是非存在，是无。物自体既然是空无，当然是不可知了。

黑格尔率性一笔勾销了这个形同空壳的瘦骨嶙峋的物自体，好像是后退了一步。他将纯存在作为他的哲学体系的起点。其实纯存在就是无任何特点与本质的存在，它不过是康德物自体的别称。严格讲来，黑格尔并未抛弃康德，倒是从康德的唯物立场出发的。问题只在黑格尔树立"绝对精神"这样一个外在的精神实体作为宇宙的本原，"纯存在"不过是绝对精神的自在状态，这样就使得他的哲学具有了客观唯心论的外观。诚如列宁所讲的，黑格尔的体系唯心到什么程度，内容就现实到什么程度。这就是说，唯心的外壳之内，却具备了唯物的内容。

黑格尔体系，从纯存在到绝对精神的发展过程，照他看来，并不是物质自身的发展，也不是从物质上升到精神的发展，而是精神意识自身的生长发育过程。黑格尔这个唯心的前提，如果我们暂且撇开不管，单就其现实内容加以分析，便可以看到整个体系之中充满了辩证的分析与唯物内容，这是机械唯物论者所不可比拟、望尘莫及的。

黑格尔是深知知性科学的利弊的，他通过对知性科学的剖析，扬弃了知性科学上升到哲学理论。例如，科学的要义在发现概念与规律，黑格尔的高明之处在于不把规律看成是单纯的知性抽象。他说："意识经验到规律就是存在，但同样地也经验到规律就是概念，而只在这两种情况相结合时，即既是存在又是概念时，规律对于意识才是真的；规律所以为规律，因为它既显现为现象，同时自身又是概念。"[①] 黑格尔对规律的论述是别开生面的。规律不是从客观事物之中抽象出来，然后又驾凌于客观事物之上支配客观事物的。它首先根植于存在或现象之中，它们的生灭演化过程是规律自身的显现；但是规律又是过程的内在本质与必然性的揭示，是存在或现象之中的恒定的决定的因素。只有这两种情况相结合，规律才具有真理性。这一辩证思想对我们研究科学规律及哲学原则都有很深刻的指导意义。

黑格尔对实证科学的兴趣并不亚于培根与笛卡儿，而且还善于将一些科学操作方面没有多大思想性的东西，纳于哲学思辨的领域做出深刻的理论说明。我们都知道，"实验"是实证的自然科学的基本特征与主要手段。关于实验，他有更为深刻透彻的说法。照他看来，实验是理性本能论证规律的一种手段。他说："理性本能在做试验的时候，要想发现在什么情况下会发生什么现象，因此从表面上看，好像规律只会因实验而愈来愈深地沉入于感性存在里去；使感性存在毋宁在试验过程中消失了。"[②] 实验虽然以感性事物为对象，但

---

① 黑格尔：《精神现象学》上卷，商务印书馆 1962 年版，第 169 页。
② 黑格尔：《精神现象学》上卷，商务印书馆 1962 年版，第 169 页。

它意图论证的是其中所包含的规律性，这就恰好要扬弃那些属于感性外观的东西，从而发现规律的纯粹条件，即"实验是要把规律整个地纯化为概念形式的规律并将规律的环节与特定的存在之间的一切关联完全予以消除而已"①。实验，从表面上看，从具体操作来看，它与思辨是针锋相对的；其实从其根本目的来看，却是相通的。它们都是试图论证规律的普遍性。所以，"实验的结果就把作为一定物体的属性的那种环节扬弃了，就使宾词从它们的主词那里解放出来了"②。实验，使个别物体的属性的感性外观及特殊性消失，从而升华出一般物质概念；换言之，实验使代表一般性的宾词，摆脱了代表个别性的主词，从而获得独立存在。从此，它不再叫作物体，也不叫作属性，而叫"物质"了。黑格尔指出：酸、碱、电、热、氢、氧，都不叫物体或属性了，它们都是物质。

从物体的个别性到物质的普遍性是一个思想认识上的飞跃。黑格尔指出："物质不是一种存在着的东西，而是一种像共相那样的存在或像概念之为存在那样的存在。"③物质虽然来自感性存在的东西，但业已扬弃了它们的个别性，成了共相、概念，因而它又是非感性的了。因此，物质"可以说是一种非感性的感性存在，一种非物体性的却倒是对象性的存在"④。黑格尔关于物质概念的哲学表述，实在是妙极了。他既肯定了"物质"的感性存在的基础，又突出了它的非感性的特征；既强调了它的非物体性，又明确了它的客观存在性。这里是极富于辩证色彩的。

最后，黑格尔归结道：实验工作的目的"就是要从感性的存在

---

①　黑格尔：《精神现象学》上卷，商务印书馆 1962 年版，第 169 页。

②　黑格尔：《精神观象学》上卷，商务印书馆 1962 年版，第 170 页。

③　黑格尔：《精神观象学》上卷，商务印书馆 1962 年版，第 170 页。

④　黑格尔：《精神观象学》上卷，商务印书馆 1962 年版，第 170 页。

中解放出纯粹的规律来，我们看到，规律就是概念，就是寄寓于感性存在之中却又在其中独立自存、自由活动的概念，就是沉浸于感性存在之中而又不受其约束的那种简单的概念"[1]。

黑格尔对实证科学的目的与手段所进行的哲学考察，将物质结构的科学研究提高到哲学理论的分析水平。他并不排斥客观的感性现象世界，相反，物质概念、科学规律是不能脱离感性存在的，而科学实验便在于规定概念、掌握规律，因而又要扬弃感性存在。这种提法的深刻性在于：它摈弃了常识习见，这种习见以为概念、规律是驾凌于感性存在之上的纯粹抽象；而实验却是浸沉于感性存在之中的单纯的具体作业。

哲学唯物论的潜在发展是在不可知论、唯心论的外壳之内默默进行的，但是却有突破性的成就，长期以来往往因其表现为唯心论的形式而为我们所忽视，其实它们对加深我们对唯物论的哲学理解是不可缺少的。这些思想成了马克思主义唯物论的直接先驱。

关于物质范畴的哲学规定，我们做一个简略的历史考察，这个历史的考察与物质范畴的逻辑构成是一致的。

"物质范畴"具有量的规定性、质的规定性、流变过程性、客观实体性。这些特性不是孤立平列的，而是相互联系、辩证进展的。

这样一个辩证进展的逻辑系列，是与历史进程基本吻合的。从毕达哥拉斯学派的"数论"开始，合理地过渡到爱利亚学派的"唯一的存在"的分析，并从唯一的存在的探讨，发展到众多存在的设定，往后又有存在的变易问题的提出，这就是对古希腊哲学具有一定的代表性的赫拉克利特的哲学。亚里士多德的"实体"范畴的提出，对之前的思想做出了高度的哲学概括，对物质范畴做出了真理

---

[1] 黑格尔：《精神观象学》上卷，商务印书馆 1962 年版，第 170—171 页。

性的表述。往后关于物质的探讨无非是实体范畴的充分展开罢了。

以亚里士多德的实体范畴、共相学说作为出发点，通过中世纪哲学研究的停滞局面，迎来了伟大的文艺复兴与近世哲学在实证科学的基础上获得的空前的发展，哲学家面向自然、尊重经验、依靠理性、进行实验，从主体与客体结合的基础上，进一步挖掘了实体的含义，深化了物质范畴。

德国古典哲学虽说是通过思辨的折光，间接地论述了知性分析、科学实验、物质范畴等问题，但大大提高了物质范畴的哲学浓度，为马克思主义的物质观提供了理论基础。

马克思主义物质观的确立是对西欧哲学唯物论的合理的批判的承继，它必须得到现代科学技术理论的营养，才能得到进一步的发展。物质范畴要在科学技术发展的基础上升华，才不再是纯粹思辨的，而是有血有肉的。因此，我们要丰富物质范畴，就要在它的抽象的思辨的论述的基础上，对科学技术关于物质结构富有成果的探讨进行哲学的考察。

第二章　物质作为科学概念的历史演变

古希腊时代，哲学范畴与科学概念是没有严格区分的，或者可以说是同一的。这一阶段第一章已有论述，因此就没有必要完全重复了。不过，本章仍然要从众多的存在谈起，因为它可以视为日后实证科学兴起的起点。

第一节　关于众多的存在的设想

关于众多的存在的设想，主要表现在德谟克利特与伊壁鸠鲁开创的"原子论"中。这个古代的原子学说，并非实验的结果，仍然是思辨的产物。但是，这个设想比较符合客观物质世界的本来面貌及发展趋向，虽说细节中有很多猜想成分及谬误，但仍具有强大的生命力，成了日后自然科学中物质结构学说的萌芽。

一、众多存在划分的极限，不可再分的单位

亚里士多德曾经指出："最早的哲学家们，绝大多数都认为只有物质性原则才是万物的原则。"[1] 这个物质性原则一般指的就是构成万

---

[1]　Aristotle，*Metaphysica*，983^{b}8-10.

物的元素。作为元素的物质，有三个特点：（1）物质元素作为构成事物的单元是第一性的，（2）物质元素是变化着的事物之中的不变因素，（3）物质元素是事物由以产生并复归于它的基元。这就是说，物质元素是最基本的不可再分的单位，它自身是恒定的，事物起于斯讫于斯。这个物质元素，德谟克利特把它叫作"原子"（atom），atom 在希腊文里就是不可再分的意思。

古希腊哲人关于物质元素的分析，开拓了物质结构探讨的先河。从实验原子学说到当代基本粒子学说，不论如何精深复杂，都是服膺上述三条原则的。至于古希腊学者关于物质结构的具体描述，只不过是历史的陈迹，已没有多大现实意义了。但对当代科学而言，却有胚胎发育的历史意义。

他们所描述的物质元素无非是火、水、土、气之类的东西。这些只是物质的几种现象形态，它们还不是物质元素。只是这些现象是我们常见的物质现象，并表现在客观事物之中。当人们尚缺乏足够的分析能力，只能从表面上观察问题时，火、水、土、气等颇具有一点元素的意味。这只能说是古代人追求元素的一种努力，虽说结果是不可取的，但这种努力的方向是正确的。从古希腊自然哲学家到恩培多克勒，他们只触及了"物质元素的现象形态"，是科学的物质观的先驱者。

当阿那克萨戈拉提出种子说时，说明了古希腊人力图摆脱现象形态深入事物本质的努力。种子作为组成事物的物质单元，数目无限多、体积无限小。种子具有不同的形状与色味，从而组合成无限多样的具体事物。诸种子的离合形成事物的生灭。看来，种子说已开始摆脱物质的现象形态，接近物质元素的概念了。这是一个从现象向本质过渡的中介环节。种子是万事万物的抽象，但它仍然是具有色香味的微粒子的感性物体。它作为一种感性元件，根据不同的排列组合，拼接为各种事物。因此，种子仍然具有明显的感性特征。这正说明它的中介性。它的进一步发展，就是古代原子论了。

德谟克利特的"原子"是一个伟大的创造。它为物质的科学概念的形成指明了方向，奠定了基础。这个"原子"概念的获得，当然不是通过观察、归纳、实验一系列现代科学方法的操作而抽象概括出来的，但仍然是一种知性思维的结果。因为"原子"业已扬弃了事物的感性特征，它不生不灭，绝对充实，不可分割。原子学说的最重要的原则是"原子"离合的观点。"原子"的组合与分离，决定事物的产生和消灭。物质结构由"原子"离合状况构成。离合的特点与条件不同，导致不同性质的结构，从而决定事物的不同性状。

这个众多的存在即"原子"的设想，虽然尚属思辨性的，而非近代实验的，但它所构造的理论框架，迄今仍有其价值。

现在问题在：物质的无限分割，分到什么限度，它便不可再分了，这时便出现了"原子"。古代讲的"原子"与现在所称的"原子"不同。古代原子只意味着达到分割极限、不可再分的单元，它只是人类愿望的一种表示，而不像现在的原子是特定物质结构中一个层次，它外有分子，内有原子核、电子等。现代的科学家探讨物质结构的驱动力，仍然是追求那个不可再分的单元。因为实证科学家的理论素养是知性思维方法而且深受机械力学的影响，所以他们熟悉的是"数学无限性"与"机械分割方法"。例如，数学上"1，1/2，1/4，1/8……"的无限系列；机械分割的典型说法："一尺之棰，日取其半，万世不竭。"这种无限分割的观点，黑格尔称之为恶的无限性，而不是"真实的无限性"。真实的无限总是寓于有限之中，在有限形将突破向相继而来的另一有限转化时，这破立之间便是真实的无限的显现。

但是，恶的无限也并非真正的恶，在知性分析范围以内，它竟然是一个不可弃置的原则。那无穷的进展，培育出一种向外求索、不断进取的精神，这正是当代实证科学精神。这种精神虽然没有达到理性的辩证精神的高度，但在有限的范围内，却产生了现实的效益。科学家孜孜以求，原先以为分子是最后的不可再分的；随着科学技术的进步，才知道分子由原子组成，而原子又可分为原子核与电子；循此前进已深入到基本粒子层次，目下夸克好像不可再分了，但将来科技手段更加先进的时候，又安知夸克不可再分呢？

"不可再分"是从古代原子论到现代基本粒子论所追求的目标。但是，当科学家们宣称他们所发现的粒子是最后的不可再分的粒子时，之后的科学实践又推翻了他们的结论，发现那个粒子仍然是有结构的，而不是纯一的，因而仍是可以解析的。因此，"不可再分"只有相对的意义。

二、不可再分的相对性

现在有一种"物质无限可分"的抽象说法，这种说法理论上的绝对性所导致的形而上学性是十分明显的。没有"有限"与之对应的"无限"是数学的无限性、恶的无限性，它在知性分析范围内是绝对的，进入辩证理性综合范围就只有相对的中介的意义，因而也就是不真实的。

"无限可分"与"不可再分"是对立的。科学家想穷究底蕴，力图发现那不可再分的单元，两千多年的科学实践证明：这是徒劳的。虽说"夸克禁闭"又给他们的这种奢想一点慰藉，但我们只能说，目前我们还没有找到解放夸克的手段而已。而某些哲学家从推论出发，提出无限可分的观点，以为是一大发明，其实适足以暴露其疏狂无知而已。恩格斯早就明确指出过事物可分性的限度。他说："在化学中，可分性是有一定的界限的，超出了这个界限，物体便不能起化学作用了……同样，在物理学中，我们也不得不承认有某种——对物理学的观察来说——最小的粒子。"[1] 就拿上述机械分割为例，这个 1 尺长的木棒无限对分下去，从数学上来讲，似乎是不可穷尽的；但从木棒的物理性能来讲，却是有明确限度的。当分割到一定限度时，1/x 的木棒没有了，而是"纤维素"了。因此，纤维素分子的出现，便是一尺之棰的机械分割的限度。

但是，这个限度只有相对意义，只表示机械分割的终结。在分子水平上又将出现不同量不同质的分化。因为"分子"只是事物无限变化之中的一个关节点，它的出现，并不意味这个变化系列的终结，而只是规定事物变化的质的差别。分子出现后，又将出现一系列质量交替的变化。

因此，特定事物的可分性不是无限的，而是有明确界限的；但界限的突破，产生新事物，又开始不同质不同量的变化，却是持续的。

由此可见，不可再分是相对的而不是绝对的。将不可再分绝对化，势将堕入形而上学的泥坑，断送科学的前程。而无限可分又不能抽象化，它只意味着事物界限的突破，它现实地存在于"有限"的转化过渡之中。至于数学的无限性只是抽象的理想的。

三、论质点

科学家设想的或经过验证的各种物质结构的最小单位，例如原子一类粒子，都是具有广延性的。这就是说，不管它如何地小，总是一个物质实体。从逻辑推导上来讲，有外就有内，内外是相依的。那么，再小的物质实体总有其内部结构，构成它的元素才是最小的。

---

[1]　恩格斯：《自然辩证法》，人民出版社 1971 年版，第 222—223 页。

这样它自己就不能成其为最小单位了。为了消除这一逻辑矛盾，科学家们便构想出一种所谓至小无内的"质点"这样一种抽象概念。

在知性科学研究中，为了得出精确结果，往往采取理想的方法，即抓住对象的主要环节，对次要因素则有意忽略不计。这既是为了计算的方便，也是出于方法上的考虑。这就是知性抽象的秘密之所在，它的精确无误的数据、漂亮机巧的公式、天衣无缝的推导的骨子里面，却锁禁了一片杂多，它们一旦造反，这个构造精巧的科学殿堂便将颓然倾圮。这就是历史上一些科学体系为一种更精巧更普适的体系取代的原因。例如，统治物理学界两百余年的牛顿体系终归为爱因斯坦体系所取代，或至少是给予了不可少的补充；而爱因斯坦又面临玻尔的挑战。现在，普利高津等人指出："人们会想起玻尔对原子模型的著名的表述，他的原子模型把物质归纳成由电子或质子组成的简单行星系统。另一次大振人心的时刻是当爱因斯坦想把物理学的一切定律都浓缩到一个'统一场论'中去的时候发生的。当时，在统一那些在自然界中已被发现的几种基本力方面，确实取得了很大进展。然而，这个基本层次的东西毕竟只是一个幻象。无论向哪里看去，我们发现的都是演进、多样化和不稳定性。"[①]普利高津代表被科学家锁禁的那些被认为是"次要因素"的东西造反了。他认为那些在科学研究中占绝对统治地位的各类普适的僵化的理想"模型"不过是幻象。科学研究今后的道路，必须注意那些"可以忽略不计"的东西；必须看到随机性与不可逆性的不可忽视的作用；必须重新发现时间。

在牛顿力学中，首先揭示出来的"质点"便是一个理想的抽象概念。当我们研究地球围绕太阳运转时，理想的办法是：忽略地球

①　普利高津等：《从混沌到有序》，上海译文出版社 1987 年版，第 33 页。

的体积、形状，即忽略掉它的空间属性，而将其视为空间中具有质量的一个点。这样便形成所谓质点概念。爱因斯坦对"质点"做了如下的描述："可感觉的物体显然是质点概念的根源；人们把质点设想为一种类似于可动物体的东西，但剥夺了这些物体的广延性、形状、空间方位等特征，以及一切'内部'性质，而只留下惯性、移动以及力的概念。物体曾在心理上引导我们形成'质点'概念，而现在它本身却必须被看作是由许多质点组成的质点系。"[①] 由此看来，科学家对客观物质运动保留什么，剥夺什么，有他自己的主观尺度与既定立场，很难讲有什么纯客观态度。质点概念恰好是适合牛顿的心愿的，即牛顿的"这种理论纲领本质上是原子论的和机械论的。一切事件都要用纯粹机械的方式来解释——也就是说，完全要被解释为一些按照牛顿运动定律的质点运动。"[②] 因此，"质点"就成了原子论与机械论的高峰，成了牛顿力学的基石与逻辑起点。由于牛顿力学在宏观范围取得了巨大的成功，于是风靡一时，致使机械力学观点在科学研究中占据了绝对统治地位，并深刻影响了当时的哲学探索，出现了机械唯物论。

　　"质点"固然是从机械力学的立场进行的知性抽象，但由于它对宏观现象的解释有很大的普适性，以致人们相信，它可以解释所有的自然现象，包括生命现象，甚至人类的思维活动。这样一来，万事万物都可以解释为一个"质点系"，从而使"质点"具有了哲学本体论的意义。爱因斯坦指出：质点成了"我们表示实在的惟一形式"，成了"实在的惟一代表"。[③] 牛顿的"质点论"是在高层次上的古希腊"原子论"的复归。

---

① 《爱因斯坦文集》第 1 卷，商务印书馆 1983 年版，第 293 页。
② 《爱因斯坦文集》第 1 卷，商务印书馆 1983 年版，第 293 页。
③ 《爱因斯坦文集》第 1 卷，商务印书馆 1983 年版，第 293 页。

但是，"质点"却是一个接近于数学与哲学的抽象概念，它不同于原子。原子属于物质结构的一个层次，它有广延、体积与形状；质点则是没有广延的，因此，无内外、无结构，而是理论上一个不可再分的单位。质点是古代原子论关于众多存在设想的高度知性抽象的结果。但是，它对解释五彩缤纷的物质世界是无济于事的，因而必须返回现实世界中，通过物质结构的具体分析，成为可以验证的东西。这个可以验证的东西，就是"客观元素"。

第二节　客观元素及其分合的动因

"客观元素"是在物质概念从本原性探讨向结构性分析的转变性过程中出现的。物质结构的分析，将宇宙万物的生灭过程归结为元素的结合与分离。那么，元素的离合如何可能？这就进入元素分合的动因的思考。

一、元素概念的变化

在亚里士多德时代，本原或始基（ἀρχή）与元素是通用的。ἀρχή 指万事万物的起点与基础，这个起点与基础就是"元素"。亚里士多德是颇为赞赏恩培多克勒的元素说的。恩培多克勒的元素说可以视为近代化学与物理学中化学元素与基本粒子的胚胎形式。

恩培多克勒认为能够化生万物的，有四个元素，即火、气、土、水。为了强调其重要性，他用四个神的名字来称呼它们。他说："你首先要听到那化生万物的四个根：照耀的宙斯，养育的赫拉、爱多纽，以及内斯蒂，它的泪珠是凡人的生命之源。"[①] 神圣的"火、

---

① 《西方哲学原著选读》上卷，商务印书馆 1981 年版，第 41 页。

气、土、水"是万物之根、生命之源。它们不能产生，也不能消灭，却能互相穿插，互相转化，此起彼伏，永无止境。

其实，火、气、土、水并非不可再分的元素，而是复合物或混合物，这在现在已成为常识了。恩培多克勒把它们视为元素，说明他在科学上的幼稚性，而亚里士多德乃至黑格尔看重它们，却在于它们哲学上的象征性。

古代人感到火、气、土、水是万物包括人类生存须臾不可离开的东西。火的变灭性、气的包容性、土的生长性、水的滋润性，确实是万物之根、生命之源。古代人从万物之中筛选出这四种东西，作为万物与生命的根源，不但说明他们富于想象力，而且也证明他们有一定的科学选择能力与哲学概括本领。因此，我们不要用当代化学元素学说与基本粒子学说的成就去讪笑他们的无知。

黑格尔在他的《自然哲学》中，试图对这四种元素做出哲学的解释，这个方向是可取的，但他的解释却是晦涩而勉强的。他说："火是物质化了的时间或自我性（与热同一的光），是绝对不止息的、有毁灭作用的东西……火是一种毁灭他物的活动，同时也毁灭自身"，"火仅仅是包含在对立中的能动性，而不是精神的能动性；要起毁灭作用，火就必须毁灭某种东西；它如果没有任何材料，那就会消失"。而"空气潜在地是火"，"熄灭了的火，就是水"。"水与空气相比，更是土质的东西"。[①] 如果说，古希腊将火、气、水、土作为元素虽说有科学的幼稚性，但仍有常识的合理性，那么，黑格尔的这些说法，却是用凝重的思辨语言表述了对这些物质形态的常识的现象观察。其中除把火象征性地说成是"物质化了的时间"有一定的哲学韵味外，其他说法并无深意，而且有些说法是违反常识

---

① 黑格尔：《自然哲学》，商务印书馆1980年版，第150—152页。

与科学的。例如，黑格尔认为水火对立，物体在火中燃烧，在水里则不然，其实，钾、钠等可以在水中燃烧。总之，古代这种元素说是历史的陈迹，想在它们身上赋予什么哲学意义是一件白费气力而很少报酬的工作。

不过，应该注意的是它的科学与哲学的开创意义：（1）它试图确定万物化生的最根本的物质元素；（2）它将万物生灭根源归结到物质自身的相互渗透、相互转化，不到物质之外去寻求动因；（3）它奠定了科学地探求物质结构的道路。这一切都是极有价值的。

二、爱力与恨力、吸引与排斥

恩培多克勒用一对非常富于感情味道的名词来描述物质运动变化的动因。他认为，爱与恨这一对力量是万古长存的，物质永不停息地变动，它的结合与离散，实由于爱与恨所致。他说："在一个时候一切在'爱'中结合为一体，在另一个时候，每一件事物又在冲突着的'恨'中分崩离析。"[①] 爱与恨原是人类两种对立感情的表现，把它们借用来表示物质元素分合的动因，只是一种拟人的说法。古代人表达问题的不恰当的措辞是可以谅解的。

其实，所谓爱力与恨力，作为促使物质元素离合的力量，实际上讲的是物质元素之间的吸引与排斥的关系。吸引与排斥普遍地存在于宇宙之中。没有吸引，宇宙就将分崩离析，不复存在；没有排斥，宇宙就将收缩一团，陷入无底的黑洞，就不会出现千差万别的各种自然物。恩格斯指出："一切运动的基本形式都是接近和分离、收缩和膨胀，——一句话，是吸引和排斥这一古老的两极对立。"[②]

---

① 《西方哲学原著选读》上卷，商务印书馆1981年版，第43页。
② 恩格斯：《自然辩证法》，人民出版社1971年版，第55页。

吸引与排斥作为导致物质元素分合的两种相反的力量，它们的机械力学性质是十分明显的。一般讲，吸引与排斥只是一种外在的推动力，而不是元素的内在动因。而且吸引与排斥也必须通过元素的内在动因才能实现其作用。那么，导致元素分合的内在动因是什么呢？

三、力的外在性与动因的内在性

恩格斯曾经批评过"力"的概念的滥用，他指出：关于力的概念"是从人的机体在周围环境中的活动中借来的。我们常说肌肉的力、手臂的举重力、腿的弹跳力、肠胃的消化力、神经的感受力、腺的分泌力等等，换句话说，为了避免找出我们的机体的某种机能所引起的变化的真实原因，我们就造出某种虚构的原因，某种和这个变化相当的所谓力。以后我们就把这种简便的方法搬到外在世界中去，这样，有多少不同的现象，便造出多少种力"[1]。于是，"力"就成了一种掩盖我们对"动因"无知的搪塞之词。

本来"力"是机械力学范围内的一个特定的概念，由于两百年来牛顿力学在科学领域的支配地位，使得"力"不胫而走，歧变成了一个普适一切的范畴。"力"的滥用的结果，是这一概念在自己的领域之外就变得毫无结果了。

在牛顿力学中，力与时空、质点一起共同表征着物理实在。力乃是质点之间的相互的作用。对于单个质点来说，固无所谓相互作用，力也就没有任何意义。按照牛顿第一定律，即惯性定律，要使一个质点运动或改变其运动状态，就必须有外力作用于质点之上。如没有外力推动，一个质点就将保持其静止或匀速直线运动的状态。

---

[1]　恩格斯：《自然辩证法》，人民出版社 1971 年版，第 63—64 页。

根据牛顿理论的解释，太阳作椭圆形运动，是由于太阳对行星的吸引力和作用于行星之上的垂直于吸引力方向的切线力共同作用的结果。这个神秘的切线力来自何方？是谁推动了行星？牛顿的外力推动说却难以说明。外力推动说的困难在于推动者与被推动者的分离。那最后的推动者必然是一个物质世界以外的、自身不被推动的东西。这个东西便是"上帝"、"上帝的最初一击"！这当然不是科学，而是神学的创世说。外力推动说在其自身领域内，都有难以克服的困难；运用到其他领域，其捉襟见肘的情况就可想而知了。

因此，元素分合的动因不能到"力的避难所"中去探寻，而只能在物质元素自身之内加以解析。近代自然科学中，"能量"概念的提出，推进了元素分合动因的研究。能量潜藏于元素之中，甚至可以说，能量是元素的内在本质。孤立的元素可以没有力的相互作用的表象，但它总是具有特定的质量与能量的。"能量"才是元素运动与变化的内在源泉，它可能是一种潜能，有待外力的触发，但能量的释放却是自身散发的而不是外力加之于它的。由此，我们可以说：能量就是元素运动变化本身。

物质能量问题的突出，为哲学上"自己运动"的原则奠定了科学基础。如拿哲学的语言来加以表述：能量就是事物自身产生的否定其自身的因素，即内在否定性。这就是事物的内在动因，自己运动的原则。

第三节　从思辨的原子论到实验的原子论

物质元素学说是原子论的先驱，但是，火、气、水、土作为化生万物的四根，它们本身并不是恒定不变、不可再分的基元，它们都是可以通过物理、化学的手段加以分解的。可见组合它们的因素更加根本。"原子论"将这种物质分割的思想进行到底，认为理论上可以有一个不可再分的单元，这就是原子。

一、德谟克利特的原子论

古代原子论是德谟克利特的思辨的创造。他认为一切事物都由原子组合而成，而原子既不能创造又不能消灭，是一切变化之中恒定不变的东西。至于一切事物都是有成毁的，它们由原子组合而成、分离而亡。原子在其运动中不断离合，构成事物的变化生灭交替的过程。我们对他的学说无须详述，重要的是探讨这一学说的性质及其对今后哲学与科学发展的影响。

德谟克利特的原子论是科学特别是物理学尚未从哲学中分化出来以前的产物，因此，这个学说基本上是属于哲学本体论范围。由于当时尚没有必要的实验手段，因此，这种原子论是从直观想象出发，通过思辨构造出来的。但是它却预言了尔后科学原子论乃至基本粒子学说的走向，在物质结构理论中起了导向的作用，因此，德谟克利特的原子论，在哲学理论发展中影响较小，而在科学发展中影响历久不衰，我们可以把它视为科学地研究物质结构的先驱。

德谟克利特的原子论后来在物理学与化学研究物质结构中，有三点贡献：（1）物质不是单一的客观存在，而是多元的；（2）多元结构的物质可以划分为微小粒子，其微小程度是有层次的，它的最终目标在于达到一个不可再分的单位；（3）这个单位叫作"原子"，原子作机械的漩涡运动。这些原则几乎都为以后的自然科学家所信奉，基本上为实验所验证。

德谟克利特的原子论在哲学理论上是有缺陷的：（1）关于不可再分的绝对化问题。虽说后世实证科学秉着向内无穷探索的劲头，不断突破以往设置的不可再分的具体限度，但不可再分总是科学家梦想达到的目标，它就像耕牛前面高悬的一绺干草一样，成了一个可望而不可即的东西。这正是科学的知性追求无法达到的东西。（2）它的机械离合观。机械离合只是离合的初级阶段，那外在撞碰所产生的机械运动，并不能全面深刻地阐明微粒子的各种不同性能、不同层次、不同样态的变化，反而将事物的运动变化简单化了。（3）它的直观性与思辨性，说明了这种理论尚处于常识性阶段，它必然会在科学发展的历史进程中，为知性科学研究取得的成果所扬弃。

二、道尔顿的原子论

　　道尔顿的原子论是在近代化学实践与理论的基础上产生的。它洗净了古代原子论的思辨色彩，扬弃了古代原子论的直观的常识性的猜测，立足于科学实验的基础之上，虽说未必是完全而彻底的，但却是可信的。它在现实的基础上验证了某些德谟克利特的论断。

　　18世纪末，近代化学开始从古代炼金术中摆脱出来，具备了近代科学的实证形态。定量问题提到了科学的首位，绝对精确化成了实证科学追求的终极目标。定量分析与精确化要求的深度与广度，随着科学技术的进步日益提高与扩大。走在这一科学进军最前列的是"化学"。拉瓦锡在化学的定量研究上做出了突出的贡献。他首先指出：在化学变化的过程中，物质既不丧失，也不增多。这就是有名的"物质不灭原理"。什么叫化学元素呢？他说，化学元素就是不能用化学方法分解为更简单的东西的那种物质，从而指出：元素是"化学分析所达到的真正终点"，并把自己知道的23种可信的元素列为一张表。[①]

　　定量分析在化学研究方法中占有极为重要的地位。化学家重视

---

① 参见梅森：《自然科学史》，上海译文出版社1980年版，第423页。

物质的数量关系，年轻时代曾任数学讲师的伟大哲学家康德对数学作用的强调，加深了这种倾向。康德认为一切自然科学都是实用数学的分支。于是，化学家们努力寻求化学变化中的具体数量关系，相继提出当量比例定律、定组成定律等，它们都是通过定量的化学实验得出的。前一条定律是李希特于 1791 年提出的，他发现和一块已知数量的物质 B 化合的一块物质 A 的重量，如果完全和同等重量的物质 C 化合，那么物质 C 也将与同样已知数量的物质 B 化合。经过这一发现后，人们就制定出一个当量表，表明化学元素相互化合的相对数量。后一条定律是由普鲁斯特于 1797 年提出的。他发现，不管一种化合物是怎样形成的，它所含各种元素的重量比总是一样的，其比例就是元素的当量。普鲁斯特还是第一个把混合物和化合物明确加以区分的人，混合物的成分可以用物理方法分离出来，化合物则只能通过化学分解析出。

这种化学元素的定量分析，使得中世纪长期被冷落的古代原子论重新复活起来。从牛顿开其端，到约翰·道尔顿得到充分展开。"道尔顿是从牛顿的气体由原子组成而原子的相互排斥是随距离的增加而减弱的观念开始的。"[1] 在牛顿理论的基础上，道尔顿根据经验事实，规定了一系列经验性定律，构造了实验的原子论。从此，原子论才成为真正的科学理论而不是哲学的臆测。

道尔顿的实验的科学原子论，奠定了客观地现实地研究物质结构的道路，它在科学理论导向方面一直支配着科学家的头脑：（1）它继承了古代原子论的遗绪，强调了物质结构的多元性；（2）它特别重视定量分析与精确性，日后几乎成了自然科学研究的准绳；（3）它对不可再分的执着追求，迫使物质结构的研究不断深入，使看来难以

再分的单元不断被突破,从而孕育了当代基本粒子学说。道尔顿的原子论实现了关于原子探讨从思辨哲学向实证科学的转化。

三、现代基本粒子学说

现代基本粒子学说所依据的哲学原则,和德谟克利特、道尔顿相比,并无本质上的不同。他们都承认宇宙万事万物的构成是物质的,但不是单一的,而是众多的物质元素。

基本粒子学说超过前人之处,在于它拥有无与伦比的技术手段,能够在前人却步的地方,突破那被认为是不可再分的极限,层层推进,不断发现微粒子的深层结构。它证实原子并不是不可再分的、最后的,它由原子核与电子所构成。原子核也不是不可再分的,它由质子与中子所构成。质子与中子也并非恒定的,它们相互撞碰时,产生超子、π 介子、κ 介子等强子,此外,还有 μ 子、中微子等等。从电子、质子到中微子,统称为"基本粒子"。

科学的进步表明:基本粒子也不是最后的,它们也有其内部复杂结构,关于它们的结构,当代研究的结果提出了夸克模型或层子模型。一般认为,三个夸克构成质子、中子、超子等量子;一个夸克和一个反夸克构成 π 介子、κ 介子等。关于夸克的研究现在尚未得出满意的结果,因为迄今尚未有打出夸克的手段。即令如此,人们已设定夸克并非单一的,也是有结构的,那深入夸克之内的层次,被命名为"亚夸克"。

毛泽东在 20 世纪 50 年代和 60 年代多次指出,基本粒子并不基本,还可再分。他的这一思想推动了国际粒子物理学的研究,并为科学实验所证实。1977 年,在美国夏威夷举行的第七届国际粒子物理学讨论会上,为纪念毛泽东这一思想对粒子物理学的贡献,美国科学家建议把比夸克更深层的物质粒子命名为"毛粒子"。毛粒子便相当于亚夸克层次。

关于亚夸克是否存在的问题，现在尚未能完全证实，但基本粒子的研究表明：物质向内探索，层层剥进，是没有终极的。这样一来，原子论关于终极单元的追求是永远达不到的。若果如此，科学研究岂不是变成了没有结果的无效劳动吗？这个问题，科学本身是回答不了的，只能依靠哲学来加以阐明。

哲学肯定每一个发展层次的有限性，即它在特定时空之中的现实性，因而每一个层次的存在是确定无疑的，哪怕它的存在仅仅是一瞬间，它总是存在。因此，即令是瞬间存在，它也不是虚无。

在经验的现实的自然界里，抽象的数学无限性，只有理论上的可能性，而无存在的现实性。真实的无限性存在于层次的变化转换之间。在宏观世界里，个体的存在与生灭是显而易见的；在微观世界里，那个存亡生灭的界限就不明显了。粒子的瞬间存在，说明了它的个体性与存在的确实性，但是，当这一"瞬间"趋于零时，粒子处于旋起旋灭、即有即无的状态，即所谓"共振态"时，就使得患有单一的知性思维的痼疾的一些科学家们感到莫知所措了。20世纪以来，科学家们开始突破知性思维的僵直性，在承认事实的基础上，辩证地处理了微观世界的波与粒、连续性与间断性的关系问题，提出了"波粒二象性"的概念，较好地描述与解释了亦波亦粒、旋起旋灭、即有即灭的状态。现代基本粒子学说证实了客观自然界自身的存在与演化是一个辩证发展过程。"辩证法"并不是人类头脑里自生的东西。

现代基本粒子学说比原子论更富于辩证色彩，更少机械性，还在于对"还原性"的态度。原子论把事物的千差万别的属性还原为各种单元的排列组合与数量差别。而基本粒子学说则日益倾向于物质结构具有无限层次的思想。原子论还认为物质结构愈向上愈复杂，而那个作为基元的东西最简单，万物的多样性可归结为原子的单一性。基本粒子学说则发现物质结构层次递进，深层次结构并不一定十分简单，基本粒子也形同一个具体而微的包含无限多样性的大千世界。由此可见，基本粒子学说突破了原子论的还原论的机械轮回的形而上学的框架，把世界的发展看成是一个辩证运动。这表明：现代自然科学自发地接近了辩证法。

自然科学的发展必然趋向"辩证的综合"。莱布尼茨虽然是一个数理逻辑学家、技术专家，但是，他的"单子论"却是道地的哲学唯心论。然而，就在这个唯心体系之中，却蕴涵了丰富的辩证法思想。单子，这样一个"精神原子"，对现代物质结构学说的辩证化，应该说有很大的启迪作用。

第四节 单子论在克服原子机械离合中的作用

在物质结构理论的历史发展的论述中，我们突然插入一段标准的哲学唯心的本体论，也许是不大和谐的。其实不然，由于科学的物质结构理论过分拘泥于知性思维，缺乏辩证的灵活性，因而就难以准确地动态地把握"物质结构"的瞬息万变的状态。

莱布尼茨更多地是一个数学家、技术专家，他的精致的唯心的本体论，实有其客观的科学的基础。因此，马克思给库格曼写信时说："你知道，我是佩服莱布尼茨的。"[①] 马克思佩服他才智超人、思想深邃，远通古希腊德谟克利特、亚里士多德，近涉法国的笛卡儿、荷兰的斯宾诺莎，他是一个博学多才、富于开拓性的人物。他的"单子论"是物质结构理论的必要补充。

----

① 《马克思恩格斯全集》第 32 卷，人民出版社 1975 年版，第 489 页。

一、精神单子与微粒子

海涅说过这样一句话:"这个思想家(按:指莱布尼茨)的勇气表现在他的单子论里面,单子论是从一个哲学家头脑中想出来的一个最引人注目的假设。"[①] 这里说的"头脑中想出来的"倒不一定说它就是主观自生的,它只与"实践验证过的"相对应。单子论没有验证过,所以只是一种假设。但这是一种天才思想的闪光,它抓住了物质论的科学探讨中最缺乏的东西。

我们曾经指出过,以德谟克利特为代表的古代原子论,虽说其倾向是唯物的,但这种学说也是头脑中想出来的一个未曾检验过的假设。因此,莱布尼茨的单子假设并不比德谟克利特的原子假设更抽象。道尔顿以来的原子论是 17 世纪以来实证科学兴起的产物,它不是单纯从头脑中想出来的,而是得到经验的检测与数学的证明的。这种实证科学的新风,对莱布尼茨产生了深刻的影响。他说:我曾进入经院哲学家的藩篱很深,但当我还很年轻的时候,数学和当代作家们使我跳出那个圈子。他们那种机械地解释自然的美妙方式吸引了我。可见莱布尼茨是深受数学、物理、笛卡儿、斯宾诺莎的影响的,即受近代机械唯物论及数学、实证科学的影响的。因此,莱布尼茨的单子论从理论上来讲是根植于实验的原子论而又扬弃了它的机械性与无思想性的一个天才杰作。

关于对众多的存在的认识的历史进展,大致可以归纳为四个阶段,两个圆圈:古代原子论—实验原子论—精神单子论—基本粒子论,前三个阶段构成第一个圆圈形运动:从抽象到具体复归于抽象;从第二阶段到第四阶段构成第二个圆圈形运动:从具体到抽象复归于具体。"精神单子论"是第一个圆圈的真理性阶段,第二个圆圈的

[①] 海涅:《论德国宗教和哲学的历史》,商务印书馆 1974 年版,第 61 页。

中介阶段。

二、从抽象到具体复归于抽象的圆圈形运动

古希腊原子概念的形成，主要地是对宏观事物多样性感性直观的简单抽象，而且加添了不少想象的成分。他们只是天才地猜测到了物质构造及其运动变化的粗放的轮廓，当然其中若干细节是经不起推敲与检验的。因此，这种理论是建立在"简单抽象"与"主观想象"的基础之上的。

实验的原子论扬弃了这种简单抽象与主观想象的产物，在古代原子论正确的大方向的指引下，通过观察、归纳、实验，进行精确的知性抽象，从而掌握了原子的质量结构与运动规律，并在科学实践中得到比较满意的验证。因此，这种理论是建立在"观察实验"与"知性分析"的基础之上的。

精神单子论扬弃了这种观察实验与知性分析的产物，以实验原子论取得的科学成果作为背景材料，通过精神的作业，进行理性的综合，从而克服了实验原子论的机械性与无思想性，得出了"精神单子"这样一个大胆假设。

这个圆圈形运动，即"从抽象的众多存在到具体的物质实体复归于抽象的精神实体的过程"。从物质实体到精神实体是不是一个倒退呢？我们认为它是物质概念深化的一个必经步骤，并不是倒退。

莱布尼茨设定有无限多的精神实体，这些实体便叫作"单子"（Monad）。单子不可分，它似乎具有若干物理质点的性质。其实，牛顿的质点与莱布尼茨的单子同样地都是理想的，不过是牛顿将质点看成一个理想的物质单元，莱布尼茨则将单子看成一个理想的精神单元。这个精神单元的建立，以绝对的众多性与个体的实体为基

础，然后从毕达哥拉斯派那里借用了"单子"一词，为这个精神实体命名。莱布尼茨指出：这个单子不是别的东西，只是一种组成复合物的单纯实体。所谓单纯，就是没有部分的意思。而在没有部分的地方，是不可能有广袤、形状和可分性的。这些单子乃是自然界的真正的原子，简言之，也就是事物的元素。由于只有通过组合而形成的东西，才有产生和消灭，单子是组合事物的基元，其自身不被组合，因此，单子无生灭。

由此看来，单子论乃古代原子论与实验原子论的统一。它复活了德谟克利特猜想的原则，并吸收了道尔顿研究的结果，将它理想化，用单子来加以表述。因此，所谓精神实体，乃理想性的"实体"之谓。实体，按亚里士多德的看法，它深藏于事物之中作为事物之支撑，它是无形的，只能为思想以概念的形式加以把握。从这个意义上讲，说它是精神性的，也是有道理的。因此，我们不必在"精神"两个字上去纠缠于唯物与唯心问题，仅看它实质上提供了什么。黑格尔指出："莱布尼茨哲学中重要的东西是两条原则，即个体性原则和不可分割性原则。"[①] 这两条原则正是从古希腊到近代一脉相承的，而又没有得到清晰的论证的。莱布尼茨做了必要的论证，虽说是浅薄的，但总算是一种理论概括。除此而外，单子不生不灭问题的提出，也是物质不灭原理的空谷同声。

莱布尼茨的单子论虽说蒙上了浓重的唯心主义的迷雾，但对自然界的真正的原子、事物的元素的本质属性及变化规律的探索仍然做出了令人注目的贡献。它不但哲学地概括了关于原子论的历史研究，也开拓了科学地研究物质结构的前进道路。

---

① 黑格尔:《哲学史讲演录》第 4 卷，商务印书馆 1978 年版，第 185 页。

三、从具体到抽象复归于具体的圆圈形运动

如果我们把近代物质结构学说，即实验的原子论作为运动的起点，那么，精神单子论就变成了物质结构探讨继续前进的中介环节。运动的机械性以及动因的外在性是实验原子论的缺点，它虽可以合理地解释客观物质世界的部分现象，但却不能统摄物质世界的全部运动变化。"单子论"的可贵之处便在于超越了机械性与外在性，提出了事物自己运动的原则。莱布尼茨在他的《单子论》中指出："单子的自然变化是从一个内在的原则而来，因为一个外在的原因是不可能影响到它内部的。"① 照他看来，单子没有可供事物出入的窗子，偶性也好、实体也好都进不去。

那么这个导致自然变化的内在原则是什么呢？是单纯的一中之多。单子作为单纯实体有其自身的一个特殊系列的变化，这样就造成了单纯实体的特殊性与多样性。

这个一中之多，不是一般认为的整体与部分的关系，而是单一体自身的变化。变化显示的诸相，是自我更迭、此起彼伏的，因此，这个"多"不是一一并存的，而是暂时的现象；这个"多"也不是"一"的肢解，而是"一"的自变。于此，可以看出这里的思路已超越了知性思维的外在机械离析的道路，进入动态的辩证思考了。

莱布尼茨把一切的单纯实体或单子命名为"隐德来希"（ἐντελεχια，entelecheia）。这个词是从亚里士多德那里借用来的，意指：它自己就是目的及目的的实现，即一种内在目的性的实现，自己运动的扩展。如莱布尼茨所讲的："因为它们自身之内具有一定的完满性（ἔχουσι τὸ ἐντελές），有一种自足性（αὐτάρκεια）使它们成为它们的内在活动的源

---

① 《十六—十八世纪西欧各国哲学》，商务印书馆 1975 年版，第 293 页。

泉，也可以说，使它们成为无形体的自动机。"① 显然莱布尼茨接受了亚里士多德的生长发育的观点，强调物质实体内部生长起来的"精神作用"，这就是说单子是内在的灵魂。因此，他不同意笛卡儿的"动物是机器"的主张，更不用说人是机器了。他曾说：那些要把低等动物改变或退化成单纯机械的看法，也未必是正确的。所以，莱布尼茨看重的不是外在的机械力量而是内在的精神力量。费尔巴哈正确指出：在莱布尼茨看来，有形实体已经不像笛卡儿所认为的那样，只是具有广延性的、僵死的、由外力推动的块体，而是在自身中具有活动力、具有永不静止的活动原则的实体。在这里，莱布尼茨通过神学而接近了物质和运动的不可分割的（并且是普遍的、绝对的）联系的原则。从而列宁指出：大概马克思就是因为这一点而重视莱布尼茨。

因此，这个物质与运动不可分割的联系的原则、事物自己运动的原则，就是单子论中所包含的合理因素，恰好是这一点，正是实验的原子论所缺少的。于是精神单子论就成了由实验原子论向基本粒子论过渡的中介环节。基本粒子论吸取了自己运动的原则，复归于观察、实验的基础上，唯物地处理了物质与运动的结合问题，这样就克服了知性思维的偏执，不但是唯物地而且基本上是辩证地来进行物质结构问题的全面而深入的探讨了。

海涅所宣称的莱布尼茨大胆提出的引人注目的假设，在卓越的科学家的关于微观世界的物质结构的探讨中得到证实了。

第五节　微观世界的物质结构分析

在上述辩证精神的驱动下，科学家们自觉或不自觉地深入到

_____

① 《十六—十八世纪西欧各国哲学》，商务印书馆 1975 年版，第 295 页。

物质结构的更深层次，那里出现的一系列反常现象，使他们不胜惊异，宏观世界常规的方法失灵了，知性思维不够用了，精确性把握不定了。他们尊重客观，开拓前进，"原子"已不再是一个天才的猜测了，也不再是一个简单的物质实体了。科学家有如剥笋似的层层揭示了微粒子的内部结构，做出了一系列令人惊异的发现，从1900年普朗克提出"能量子"假说以来，通过爱因斯坦、玻尔、卢瑟福、德布罗依、薛定谔、海森堡、查德威克、安德生与尼德迈尔、盖尔曼，直到1974年丁肇中与里希特发现 J/ψ 粒子从而证实胶子的存在。不到一个世纪，你看科学家们在微观领域深入到了何等的程度！

科学家向微观世界进军，对物质结构有了一个既全面而又具体的认识，其中贯穿着不以科学家主观愿望为转移的客观自然的辩证法。

一、粒子结构的矛盾普遍性

微观世界与宏观世界一样也充满着矛盾，粒子结构无不处于矛盾的状态之中。矛盾是普遍存在的，但是，表现形态又各具特色。因此，重要的是要对粒子结构各个层次的矛盾进行具体分析。

各个层次的粒子结构都是一种多元的结构。各组元之间既对立又协同，它们之间通过相互交换或共用彼此的子部分而实现其相互作用。在同一物质层次中，结构又不是单一的，而有多种不同结构，结构不同，组元的交换及其子部分也不同，因而交互作用也不同。"相互交换"与"子部分"起着矛盾的发展与转化过程中的"中介"作用。而所谓"中介"，只是起着调节、联系、过渡的作用。"子部分"与各组元间的关系，不是外在的类属关系，而是在各组元既矛盾又协同的关系中，一种形将消失的东西，它不能成为独立的第三者。

辩证法思想就建基于客观物质世界存在着的"相互作用"之上。目前，科学家认定客观存在四种基本的相互作用，即强相互作用、电磁相互作用、弱相互作用和引力相互作用。1924 年，费米和狄拉克首次用"虚光子"交换模型解释了电磁相互作用的机制。这一模型认为：电磁相互作用是通过带电粒子之间交换光子而实现的。一个带电粒子释放出一个光子，这个光子被另一个带电粒子所吸收，从而实现了它们之间的"相互作用"。带同性电荷的粒子交换光子的结果，使粒子之间趋于分离；带异性电子交换光子的结果，使粒子之间趋于结合。因此，"光子"既由一个带电粒子所产生，又为另一个带电粒子所吸收，它旋起旋灭，从而在实现电磁相互作用中起了中介作用。

汤川秀树受到电磁相互作用的机制的发现的启发，提出"虚冗介子"交换模型，用以说明核子之间的强相互作用，也获得成功。原子核中，质子与中子之间的强相互作用是通过 π 介子传递的。介子带电可正可负，其所带电量与一个电子电荷数值相等。如果质子发射一个正介子，则将失去电荷变成一个中子，而中子俘获了这个正介子就变成了一个质子。还有一种另外的转变方式：一个中子发射一个负介子而变成一个质子，质子俘获了这个负介子就变成了一个中子。1947 年，鲍威尔从宇宙射线中发现了 π 介子，与汤川秀树的计算相符，介子的质量大约为电子的 273 倍，汤川秀树的"虚 π 介子"交换模型便得到了证实。

弱相互作用的机制则可以用"虚 $\omega^{\pm}$ 和 Z° 粒子"的交换模型来描述。后来科学家在实验中发现了实 $\omega^{\pm}$ 和 Z° 粒子，这个交换模型也得到了证实。

至于引力相互作用的中介是什么，尚在探索之中。爱因斯坦曾预言有一种作为引力相互作用的中介的"引力波"的存在。1978 年，美国科学家泰勒等人宣布通过对双星的观测，间接地证明了引力波的存在。

总之，四种相互作用通过某种中介而实现，这是客观自在的辩证发展过程，它与思辨的辩证法几乎是完全吻合相通的。

通过科学假设与科学实验，对客观存在的相互作用的探讨，是发展与深化辩证思维的重要途径之一。这种具体的富有特色的引人深思的又可验证的科学作业，是有十分丰富的辩证因素的。相互作用的内涵尚未穷尽，作为相互交换的"中介"，即承前启后、变换转化的环节，并不是千篇一律的。不但四种作用各不相同，就是一种作用，其转换也有不同状态。例如，在一个粒子结构的特殊矛盾状态中，如果各组元之间的相互作用是通过共用彼此的子部分而实现的，这种相互作用就是直接的；如果各组元之间的相互作用是通过交换彼此的子部分而实现的，这种相互作用就是间接的。科学研究中，这类具体的断定，好像是纯粹操作性的，其实不然。"中介"如没有这些具体的规定作说明，就是僵化的公式与空洞的口头禅。

微观世界的物质层次的推进与演化，粒子多元的矛盾结构的形成，都源于它的内在否定性。这个内在否定性，成了发展了的否定，就具体表现为诸种相互作用。诸种相互作用通过中介而实现，这就是活生生的辩证转化自身。这一切，预示着科学复归于哲学、哲学融会于科学。

二、微观物质的波粒二象性

波粒二象性是微观物质的动态的本质特征。"波性"意味着运动的连续性，"粒"性意味着运动的间断性。波无明确界面，无确定轨道，它弥漫于整个空间，波与波之间是可以叠加的。而粒子则有明确界面，有确定轨道，它在空间的分布是密集的，粒子与粒子不可以叠加，它们在空间中处于毗邻关系。对于宏观客体，由于普朗克常数是一个可以忽略的量，因而波就是波、粒就是粒，两者之间的界限是显而易见的。但对微观客体而言，普朗克常数是不可忽略的，因为它是微观现象量子特性的表征。于是，微观客体既是波又是粒，是连续与间断对立统一的客观物质运动的表现。

那么，在微观世界，波粒又是如何统一的呢？德布罗依对此做了机械的解释。他认为波与粒机械地结合于单一的直观图像中：电子骑在自己的波上。那么，波粒如何产生？如何相关？二者为一还是各自独立自存？诸如此类的问题，都是讲不大清楚的。德布罗依为了摆脱理论上的困境，考虑完全抛弃粒子概念，将其视为波的一种表现形式，即将粒子想象成为波的一种紧凑结构。这个紧凑结构叫作"波色"。但是，不论波色的结构如何紧凑，也不能形成为一个粒子。因为粒子是十分稳定的，它不可能随着时间弥散开，而所谓"波色"，即令在绝对真空之中，也将随着时间扩散、迅速解体。这种科学家想象的产物很快被抛弃了。

德布罗依之后，出现这样一种说法，认为波性与粒性是互相排斥的，根据人们习用的知性逻辑规则，它们不能组合成一种无矛盾的统一图像。但是，在微观世界中，微观物质的波性与粒性又是客观存在的，问题在如何合理地解释这种现象。我们不能为了避免这种矛盾现象，简单地抛弃波性或者粒性，而只能根据实际情况，承认波性或者粒性。这就是说，两种相互排斥的现象，在不同情况下，都可以分别予以承认的。这种想法，仍未解决物质波粒二象兼备的问题，仍是分别地予以承认。

玻恩曾对此发表意见："曾经有人说，电子有时候表现为波，有时候表现为粒子，也许就像一位大实验家显然是在对理论家的翻筋斗发脾气的时候嘲笑说的，每逢星期天和星期三就换过来。我不能同意这个看法。"[1] 玻恩试图用概率概念来描述波粒二象性问题，他认为概率具有某种实在性。但是这种构思也未必是很恰当的，这里就不一一备述了。

总之，科学家的种种解释，都未能将波与粒两种似乎不能融通的现象，真正将其融合为一体。其原因是，粒与波均属经典概念，也就是说，它们是严格知性思维的产物，因此，用以处理微观客体时，就难免捉襟见肘了。恩格斯曾经说过，科学的发展再也不能逃避辩证的综合了。微观世界的发展，要求科学家必须习惯于辩证思维。因此，波粒二象性问题、连续与间断的问题，只能依靠科学家自觉地提高其哲学、辩证法水平来解决。至于哲学家于此能够做些什么呢？更加无能为力！他们必须认真搞懂这方面的科学成果，才能开始辩证思考。那么，"波粒二象性"可否用"波粒一体性"来代替呢？续则为波、断则为粒，断续之间，亦波亦粒，波粒二象，实为一体。当然，这样的设想，还有待具体的说明与实验的校正。

三、层次递进的无限深入性

随着科学对微观世界的研究的不断深入，人们对"物质无限可分性"有了更为确切全面的认识。前已表明"物质无限可分性"的绝对化是不恰当的。而较为确切的说法应该是：层次结构递进是不可穷尽的，也就是说，用层次递进的无限深入性来代替物质无限可分性的提法。这一命题的含义是：凡物质由大到小都有结构，即有内外之别。"至小无内"的点，只是数学的抽象，现实物质世界中是不存在的，它不过是微粒子的理想状态而已。这种结构，由大到小，

---

[1] 玻恩：《我这一代的物理学》，商务印书馆 1964 年版，第 127 页。

环环相套，不断深入，这种深入是无限的。无论结构的大小，它作为一个完整的结构是有限的。有限的结构，总是可以被打开，分析其组成部分的。这些组成部分，作为深层次的结构，仍然是有限的，亦即它仍然是可以被解析，进入更深一个层次的。

科学家刻意从事物质的分割，并且总是希望分割出构成因素来，他们层层推进，成果辉煌。但是，现在却碰到了难题，这就是"夸克禁闭"现象。质子、中子这一类构成原子核的微粒子，通称为强子。1964 年盖尔曼发现强子并不是最后的，它们是由一种更基本的粒子所组成。这种粒子就叫"夸克"（quark）。但是，迄今尚没有可能将夸克从强子结构中解析出来，得出单独存在的自由夸克。即使采用世界上功率最大的 4000 亿电子伏特的加速器，进行质子与质子、中子与中子对撞，也不能将夸克"轰"出来。量子色动力学的研究表明：强子由三个夸克组成，它们被八个胶子粘在一起。当夸克之间距离很小时，它们之间的相互作用也很小；当夸克之间距离增大时，它们之间的相互粘胶力反而大大增加。若距离无限远，粘胶力便趋于无限大了。它表明，单个夸克永远不能被分割出来，这种性质便叫作"夸克禁闭"。这样看来，物质分割已走到尽头了，德谟克利特的原子不可再分的设想实现了。

我们认为，物质实体不可再分的提法是不对的，不可再分意味着物质已没有内外、没有结构了。不可再分的物质是绝对的抽象，是虚空的数学的点。物质无限可分性的提法也是不对的，这是一个无穷的系列，不可能形成任何可以认定的物质结构。我们认为比较恰当的说法是：物质结构是有限的，这就是说，它是完整的、有起有迄的、可以捉摸的。物质结构是分层次递进的，这就是说，层次是可以打破深入里层的，层次递进是无限的。"夸克禁闭"只说明目前我们的科学认识与技术手段尚未能打破其禁区而已，而不是永无可能的。总括起来，我们是不是可以说：物质结构的有限性与层次递进的无限性的统一。这就是我们对微观世界的物质结构的一个辩证分析的结论。

第六节　质量、能量、场与信息

微观世界的物质结构分析的成就，深化了物质概念。作为物质的科学概念的深化过程，实质上就是向作为物质的哲学范畴的不断递进过程。在这个过程中，对质量、能量、场与信息诸概念，在科学分析的基础上进行哲学的思考是十分必要的。

一、质量与能量

"质量"是一个典型的实证科学的物质概念，它的经验形态是事物的体积；它的抽象形态是空间。"质量"首先由牛顿所规定，意即"物质之量"，表明为关于物质的一种量度。物质粒子的不可再分性、广延性、不可入性，提供了"质量"的客观根据。它反映了物质的粒子性质。物体的质量与其所包含的粒子数有着内在联系。粒子的数目与运动无关，因此，质量并不能显示事物的运动变化的性质，它是关于物质的静态的空间描述。在机械力学占统治地位的时代，几乎可以说，质量就是物质。质量守恒定律曾被视为物质不灭原理的实证科学的表述。当能量概念出现以后，物质表现出与质量迥异的特征，致使有人惊呼：物质消灭了。

其实，当人们突破"外力推动"的狭隘的机械观以后，发现物质与运动不可分割的内在联系，这时"能量"概念便应运而生了。"能量"是物质运动属性的表征。所谓"能"就是运动。运动的量，就是能量；运动形态的转化，就是能量的转换；运动不灭，就是能量的守恒。所以能量的转换和守恒定律乃是运动不灭原理的实证科学的表述。

物质的能量特征的揭示，说明实证科学已开始摆脱了机械论的束缚，实际上接受了莱布尼茨的"自己运动"的原则，运动是物质内在的固有的属性。静态的"质量"与动态的"能量"不可分割地联系在一起，较全面地刻画了物质的本质，物质是一个活生生的能动的实体。质量与能量，即 m 与 E 的关系，不再是两个彼此独立、毫无联系的物理量。科学家甚至用精确的数学公式来表述二者的联系与转换的关系了。爱因斯坦的质能关系式 $E = mc^2$ 便是关于质量与能量的关系的著名的为世所公认的数学表达式。这一表达式证明二者相互依存、相互转化的辩证联系。质量在能量的影响下，已不再是牛顿意义下的、处于特殊运动状态下的物质的"静止质量"。根据狭义相对论，质量的大小不是恒定不变的，它的增减与物质的运动速度有关。科学家总结出质量与速度的关系式为：$m = m_0 / \sqrt{1 - (v/c)^2}$。这一公式又将质量与运动的相互关系，用数学的精确公式表述出来了。

实证科学对物质的静态与动态的研究，用数学的知性精确性表达了物质的哲学范畴的原则规定。作为物质质量的实体是"质点"，质点表示了物质的"间断性"。这种间断性就是物质的"外在点状性"。质点不具有内在的动因，因此，它对物质的描述是不完备的。从单子的能动性受到启发，我们认为物质的"外在点状性"之中，通过自我分化，从而显现了一种内在的潜能，这就是上述的实证科学的"能量"，这个能量，我们认为就是哲学上讲的"内在否定性"。质量与外在点状性、能量与内在否定性，是一一对应的。因此，科学上的"质量与能量的统一"与哲学上的"外在点状性与内在否定性的统一"在逻辑上是等值的。

物质不单是质能统一体的点状存在，它还有其连续性的一面，它的表现形态，就是所谓"场"。"场"概念的形成，说明了我们关于物质问题的探讨又向前迈出了一步。

二、场与质能的关系

微观世界的一个非常普遍的主要特点就是间断性。点状性或粒子性便是这种间断性的一种表现。但是由于它的客观辩证的实质，这种粒状存在物又确实具备了一种看来截然相反的性质，即发展的连续性。"场"概念便是这种连续性的一种表现。"场"与"粒子"一样，也具有质量和能量，所以，它和粒子一样，也是物质存在的一种基本形式。

从古希腊原子论到近代原子论、牛顿力学，由于将物质粒子与运动分离，当他们论证粒子作"旋涡"一类运动时，必须设定一个运动的场所，这就是所谓"虚空"。原子与虚空是配对并存的。现代"场论"的出现，否定了这种没有客观根据的"虚空"的设定。

经典力学由于它的机械性，只能描写自由度数目确定的物理系统。如果系统中的粒子处于生灭递嬗过程之中，那么，自由度就将作相应的增减，这种状况出现，经典力学就无能为力了。

这一理论上难点的出现，促使了经典的电磁场理论的产生。它能够描述电磁波的生灭过程。电磁场所包含的自由度是无穷多的。电磁波的生灭，可以理解为自由度的激发和退激发。所以场论越过了粒子的潜能静止状态，而能描述粒子处于动态势的生灭递嬗状态。

但是，经典电磁场论还是一种过渡形态，它不能解释光子的存在，不能反映微观世界的波粒二象性。于是出现了"量子场论"。量子场论，把虚空看成是量子场的未激发态，即基态，它处于能量最低状态，虽然尚无实粒子存在，却有各种虚粒子的生灭与转化。

所以，虚空，并非空无所有，它是以量子场形式存在的物质的一种能级最低的运动形态。这样一来，粒子与虚空的牢不可破的界限就被打破了。量子场论，既能反映微观世界的波粒二象性，又能反映粒子的生灭递嬗过程。

现代场论方兴未艾，引力场论、规范场论、统一场论，不一而足。这些属于专门范围，我们就不加介绍了。我们应该探讨的是：场作为物质存在的一种基本形式，对物质范畴的哲学理论内容的开拓有什么启迪。

场论彻底打破了经典的物质概念，那具有不可入性的"点"变成了变幻不定的"流"。"流"在人们心目中总好像是不踏实似的，其实它才更真实地把握了物质的全貌。它不是虚幻的，和粒子一样也是一个物理实在。

波粒二象，给人的印象总是彼此隔离的，场论从科学实践中论证了亦波亦粒、波粒一体。在微观世界中，波粒生灭交替，波粒不是两极共生，而是一体演化。

如果说能量概念的引入，松动了粒子的僵硬性，使得作为质能统一体的物质有了内蕴于中的生机，那么，场论的提出，则撤除了粒子的界限，粒子成为了一份一份的波，波行的起伏间歇又显现为粒。因此，场论阐明了作为物质的质能统一体的连绵演化过程，它是对这统一体的进行着的运动的动态描述。

这种动态描述阐明了作为哲学范畴的物质的"弥漫扩展性"。形象地比喻一下：物质有如一团氤氲凝聚的雾气，"一团"仍属粒子，弥漫扩展，似有界又无定界，似粒子又不是粒子，它宛如流水行云，实是一段连续运动的波。

场论的成就，提供给哲学洞察物质的本性以丰富的想象力，但是，不论"场"概念蕴涵了多少哲学因素，作为物质演化的最高成就的人类及人类精神，总在它视野之外。物质概念的研究再向前跨越一步，就不能不超越作为纯客体的自然界，进入人类世界及精神世界，即进入主体性世界。

客体向主体转化、物质向精神转化，它们的中介是什么呢？是"信息"。

三、主客、心物与信息

把"信息"作为物质概念的最新形式是近年的事，而且还是颇有争议的。有人做过详细统计，关于"信息"的定义多达70余种。

"信息"原来是属于通信系统的一个专门的技术词汇，并无深意。一般讲，一个信息系统，由信源、信道、信宿三个子系统组成。所谓通信，就是信息的传递过程，"信源"发出消息，"信道"传递消息，"信宿"接收消息。关于"通信"的理论与实践的确定属于技术科学与工程技术范围，不属于哲学范围。我们感兴趣的是"信息"移植到哲学领域后，它究竟具有什么意义。

信息在通信领域是一个最基本的概念，如果在别的领域完全没有意义，那么，它就只是特定领域的专用术语，就不能成为一个具有普遍性的哲学范畴。但是，人们发现，从宇宙自然到人类社会、从无机物质到有机生命，信息都以不同形式不同特点存在着。例如，我们远及天边、深入夸克，大都依靠电磁波传递信息。蜂蚁虫豸等也无不有自己传递信息的本能，至于人就更不用说了。因此，信息在自然界及人类社会是普遍存在的，是一个从自然物质到人类精神中无不贯穿着的客观存在着的东西。因而，它是物质生灭演化过程之中所固有的一种属性。

客观世界的万事万物是彼此相关的。事物的相关性是信息的前提，而信息正是这类相关性的纽带。物质的质能关系的变化，以信息作为标记；物质系统的组织性与复杂性，以信息作为量度。因此，正是通过信息，物质运动才得以表现自己的存在。

在信息的传递过程中，固然它要以物质作为基础，但它只是一性能，通过质量与能量的转换，达到传递意识观念的目的。因此，信息运动是有目的的。关于目的性问题，是科学与哲学研究中一个千古聚讼的问题。一般讲，社会目的、人类行为的目的性是容易讲清楚的，而自然界一般生物机体的内在结构之中有无目的性机制，就有意见分歧了。康德以来，自然科学家与哲学家突破了机械论的樊篱，重新开始目的性问题的探讨。自然界的发展与进化，显示出一种目的倾向。门牙尖锐，为了割断食物；臼齿平凹，为了研磨食物，如此等等，自亚里士多德以来，历代传颂，无非说明，天生万物，各有职司，均有目的。这种可见的所谓目的性，其实是一种"适应性"，适应性是本能的天然的。而目的性是"意志"的表现，一般认为"意志"行为是人类的特性之一，顶多高等动物，例如黑猩猩之类略有表现，自然界一般事物，特别是无机界是谈不上什么意志不意志的，因而客观自然界，没有目的性问题。近年以来，科学的深入发展，提出了"自组织理论"，大大开拓了关于目的性问题研究的思路。我们可以说：目的性概念不是人类行为所独有的，而是普适一切的。

一个自然系统的各个子系统的相互联系、转化过渡，是协调一致的，显示出一个系统运转的规则性、有序性。协同学（synergetics）的创始人哈肯（Hermann Haken）曾经讲过：好像有一种神秘的力指使子系统应该如何作用。这个哈肯所谓的神秘的力，可以理解为"自组织的目的性"，我们把它叫作"自然目的性"。自组织理论表明物质自身具有目的性机制。这种物质客观变化——失稳、临界点、自组织、有序化——形成的有序动态稳定结构，已为贝纳德对流、激光、贝洛索夫—札包廷斯基反应等实验结果所证实。

因此，自然目的性概念不是主观设定的，而是客观证实的。本来目的性的根本特征是种内在的自我规定性，从亚里士多德的"隐德来希"、斯宾诺莎的"自因"、莱布尼茨的"自己运动"、黑格尔的"内在否定性"到马克思的"主观能动性"，对此都有系统明确的论述。现在这一系列的思辨阐述与当代科学实验的成果会合了。内在的自我规定性的本质在于扬弃外在机械因果性，它强调了主客交融，因此是一种"交替因果性"。所谓交替因果，指系统内在因果交相作用，形成自成起结、自身圆满的因果链。基于这种因果链，自组织系统在没有从外部环境输入组织的指令下，可以自发地形成一种新的整体结构，从而表现出一种自主性、自我决定性。这就是哲学上所说的主观能动性。这也就是物质实体中的一种内在目的性机制。

自然目的性的确证，为人类社会目的性的形成与发展奠定了客观物质基础；人类社会目的性的升华，又显示了自然与人类一体、天人合一的宇宙人生整体发展的趋向。

信息在自然目的性向社会目的性的发展中起着十分重要的作用。维纳等人在解释目的性行为时曾说：这种行为趋向于一个终极条件，这条件是：行为客体与另一客体或事件发生确定的时间的或空间的相关。这就说明了：（1）目的的趋向性，（2）行为的恰当性，（3）达标的择优性。"信息"恰好具备了这些目的性的特征。信息的终端趋向总是信宿，信息的传递总要通过恰当的手段，而信息的选择总是要符合宿主的要求。这里起关键作用的是"信宿"。如果说，信源是目的性的潜在状态，信道便是目的性实现的过程，而信宿才是目的性的实现。信息只有达到信宿终端才能判定它符合目的的程度。信宿充分显示了客观进程中主体性的出现，也是自然目的性提升到社会目的性的关键。

信息传递的手段可以是天然的、生理性的，也可以是工艺性的，总之，是物质实体性的。但信源则可以由天然物自身显示出来，例如化石、某种元素的放射，可以给人以地质年龄的信息；而信源更多地是由有机体、人类所发布的，例如，禽兽发情时的嚎叫，人类情感、意志与智慧的传递。不管信源是天然呈现的或主体发射的，它必须通过信道，得到信宿的反映与理解，这就是说，必须由物及于心，由客体进入主体。

物质发展的必然趋势是产生异己的精神力量，认识发展的必然趋势是由客体的把握深入到主体的反思过程。信息在这客观物质发展的重大转折过程中，起着中介作用。作为中介的信息，亦物亦心，亦客亦主。因此，信息具有心物中介性。

具有心物中介性的信息，是物质概念行将向其对立面转化时的一个"临界特征"，又是精神出现前的一个"临产朕兆"。因此，它作为物质概念却具有依存于物质的"非物质性"，它竟然是一个非物质的"物质概念"。

实证科学关于物质结构理论的探索取得了巨大的成功。在众多的存在这一方向正确的哲学前提的引导下，对质量、能量、场与信息做出了既具体精微又富于辩证理性的研究。它不但为人类社会的进步做出了实际的贡献，而且丰富了作为哲学范畴的"物质"的理论内容。(1)外在点状性，(2)内在否定性，(3)弥漫扩展性，(4)心物中介性，这就是我们探索关于物质结构的科学理论的历史发展，进行哲学观察得出的结果。

哲学的"物质范畴"的历史发展，从它的量的规定性、质的规定性、流变过程性，最后归结到"客观实体性"。我们指出：以后关于物质范畴的探讨，无非是实体范畴的充分展开罢了。几千年来关于物质结构的分析，大大加深了物质实体的理论深度。我们可以认定：作为物质的"客观实体"，根据实证科学研究的结果，它具有上述四种属性，这四种属性不是外在平列的，而是层层递进，辩证相关的。更加值得注意的是，物质正在临产之中，即以物质为母体又与它相异的"精神胎儿"即将呱呱坠地了。

第三章 关于物质科学概念上升到哲学范畴的探讨

我们关于物质的哲学范畴与科学概念的历史发展的探讨表明，它们彼此是相互渗透、你我难分的。哲学的物质范畴，从数论、存在论、过程论，归结到实体论。物质作为"客观实体"是哲学的最高概括。它的理论容量几乎是无限的。科学的物质概念是对物质属性的具体分析，它每深入一个层次，便揭示出客观实体一种本质属性。科学的作业与哲学的沉思是相辅相成的。

然而，如何从科学概念上升到哲学范畴，不是简单的移植所能奏效的。对"物质"做一纵向的历史回顾是十分必要的，历史进程提供的概念推移的线索，为我们对"物质"进行横向的逻辑结构的分析，提供了客观背景与理论素材。在这一基础上，对物质概念进行全面的解剖，然后辩证地予以"把握"（apprehension）。apprehension，就是圆融贯通、默契于心的意思。因此，对哲学范畴的"把握"不单是一种知性的理解，更重要地是要达到一种玄思的意境。

第一节 物质的量的规定性与质的规定性

数量与质量是"物质"的基本特征，早在公元前 6 世纪左右，人们便已正确地觉察到这一点了。数量分析是典型的知性思维方式，它独立发展的成果是"数学"，数学内容的丰富性、严谨性以及对知性科学的绝对必要性，已为大家所共知。我们于此看重数量，乃是由于它是物质的首要的规定性。质量问题是物质的定性问题，它在数量的增减与变化的基础上，给事物的性质做出规定。量与质是物质的基本属性。物质，首先呈现在我们面前的是一个"质量统一体"。

一、外在的量与内在的量

自然界中万事万物，大至总星系、小至夸克，无不具有量的规定性：星系的空间尺度是 10^{18}—10^{21}m，质量是 $10^{0.9}$—10^{12}g；原子核的空间尺度是 10^{-14}—10^{-15}m，质量是 10^{-22}—10^{-24}g 等等。在量的规定性中，它的系列性与度规性交织前进。系列性表示了数的连续递进，度规性表示了数的间断转化。因此，量的规定性的辩证实质，首先表现为连续与间断的统一。数，是量的表示。数目显示了系列性，单位显示了度规性。

数目的连续递进，累计叠加，就是"计数"。例如，牧羊人要点数羊群，天文学家要测量星等。这种计数是从事物的外延方面来进行计量，它看重事物的个体形象，进行外在的增减，并不涉及计量物的性质。"算术"就是这种简单的计数的方法与技巧。它只注重那彼此漠不相关的"一"的叠加或递减、倍增或份除，而忽略这个"一"所代表的感性个体。"计数"给人类上了数学的第一课。

可见"计数"游离于事物之外，是一个外延的抽象的量。它只能告诉你有几个，此外再无任何意义。当从数的外延进入数的内涵，就出现了"序数"。序数，是内涵的量、与他物相关的量、表示某种质的差别的量。例如，"第一"，可以说明事物与他物相较，它最早出现，或质地最好等等。序数扬弃了计数中的杂多性、漠不相关性，体现了事物的外在单纯性从而与他物的相关性。序数成为了一种持续的流动，在流动中，产生了联系与差别，并在与其联系并有差别的他物的量的规定性中，获得自身的量的规定。例如，百层高楼，共有多少层，这是计数，不问各个层次的区别与联系。第一层、第一百层，则显示出其联系与区别来：一个顶天，一个立地；一个是迎客服务厅，一个是旋转餐厅，如此等等。因此，序数因对象不同，有各种不同的含义，使它超出了一般数目的局限性。

但是，不论是作为外延量的"计数"，还是内涵量的"序数"，都是外在地表现事物的某种数量关系，如大小、距离、位置、顺序等，因此，它们同属客观事物的"外在的量"。外延的量的漠不相关的特征是十分明显的，内涵的量既然涉及到物与物之间的联系与区别，能否也可以说是"漠不相关"的呢？我们认为，与内在的量相比较，它只涉及感性个体物之间的表面联系与外在差别，仍然属于感性直观方面的，它们之间无必然联系与内在差别，因此，这种联系与差别仍然可以看成是漠不相关的。因此，要真正把握物质的量的规定性，就不能满足于外在的量的规定性的获得，而应进一步析出其内在的量。

"内在的量"不是通过单纯的感性观察所能获得的，必须进行多次反复深入的考察与剖析，才能求得决定该事物的关键性的"定量"，这个定量就叫作"数据"。例如，在物理实验中，测试一段线路的电阻、电流、电压等，通过反复测量，获得若干组数据，然后对它进行深入剖析，即可得出反映部分电路性质的欧姆定律。因此，数据扬弃了计数与序数的外在性，而深入事物内部掌握其内在的数量关系。这种内在的量，揭示事物的本质及其运动规律。追求数据，是实证科学的起跑点。

　　"数据"，处于感性事物与概念之间，通过实验等手段得出的数据（包括图像）是最无思想性的东西，如不纳入概念系统之中，用以说明事物的生灭变化，这些干瘪抽象的数字、图像与符号是没有任何意义的。黑格尔对这一类知性"智慧"是很轻蔑的。他认为它之所以受到轻蔑，"是由于这种智慧毫无价值招来的"[①]。因为，这样一些数据、符号、图像如不概念地加以把握，就会变成意义混乱空洞的僵死格式。20 世纪 80 年代初，国外已有人编制软件程序，使电子计算机通过若干组数据分析归纳，自动得出欧姆定律。这表明先进的技术可以快速而准确地代替人脑进行运算，但另一方面，电子计算机的电子机械的运转并不能完全等同于人脑，它能模拟而不能思想；它得出的只是一些符号所组成的关系式，如不通过人脑进行概念思维，那些数据、符号、关系式是毫无意义的。

　　数据的一种特殊表现形式即"比例"。比例更深入地抓住了事物的量的内在相关性。所谓比例，就是用两个定量的联系，来表示事物的内在的量的特征的一组数据。两个量组相互依存，各在其与对方发生关系中才能显现自身的价值。它们构成了一个辩证统一体。两个定量，变化与共，即比例中一项改变，整个比例关系亦相应改变。比例失调，将引起事物的性质改变、社会关系的震荡。例如，氢与氧的比例改变，水将变成双氧水，这个化合物性质也改变了；货币发行量与货币需求量比例失调，便将造成通货膨胀、物价失控，或资金短缺、生产萎缩的恶果；人口的男女性比例破坏，就将导致严重的社会问题。总之，比例是协调各种关系的一个关键性数据。所谓"比例恰当"就是善于制衡。大自然是善于制衡的，地球上的生态平衡，是多少万年物质客观发展的结果。各类事物相互

----

① 黑格尔：《逻辑学》下卷，商务印书馆 1966 年版，第 363 页。

制约、协调发展，仿佛有一位天才的总设计师，经过精确计算，比例配置恰到好处。前述自然目的论可以说明这一问题。人类社会要摆脱无政府的混乱状态，就要追求整体发展中各个子部分的恰当比例。这已不单是一个计算的问题了，而是一门综合艺术。

在数量关系中，也有无限与有限问题。比例关系中，包含着有限与无限的统一。"比例"可以化为分数，如"1∶3"可以写成"1/3"。"1"与"3"在比例或分数的关系中，彼此相依，将一个有限数"1/3"，变成为一个小数的无限系列，$1/3 = 0.3333\cdots\cdots$数的无限系列寓于有限数之中。另一方面，"1/3"的恒定值不变，但可以有一个表示该恒定值的"1/3"的倍数系列：2/6，3/9，4/12······另外，分数还可以用一个包含无穷个项的分式来表示，如$1/(1+x)$这个分式，即"$1 - x + x^2 - x^3 + x^4\cdots\cdots$"因此，用比例或分数表示的量的规定性，既具有稳定性，又可以用有限的确定的形式表示数的无限性。这个没有尽头的数列，总是达不到终点的，但由于比例或分数之故，变成现实的可以捉摸的了。

从比例、分数关系中表示量的有限与无限的统一，还是十分浅显的、初步的。我们可进一步在大自然的变化中，探索量的有限与无限的统一。宇宙之大也是可以测量的，从地球、太阳系、银河系、河外星系到总星系，每一个层次的大小、年龄都是可以比较精确地计量的。目前人类观测所及，已达200亿光年的难以想象的遥远地区，形成时间可以追溯到200亿年以前；微粒子虽小也是可以测度的，从分子、原子、原子核、粒子到夸克，人类剖析所及，已达10^{-23}cm、能量达到10^7电子伏特的微观粒子领域。这是目前人类科技水平所能达到的限度，可以期望将来还可向外延伸、向内推进。人类的这种对自然界的量的探索活动，是一个不断超越自身规定的无限进展：从设置界限到界限的突破，然后又复归于界限。这个界限与界限的否定的统一，无不以作为"度"的量为其转化的标志。

量是一个无限进展的系列，如不与作为"度"的定量相联系，则是一种没有间断的无限连续。这种数学的无限性，斯宾诺莎称之为"想象的无限性"，黑格尔称之为"恶的无限性"。这种无限性坚持对有限量的不断超越，但又始终停留在单纯的抽象的否定上。单纯的否定，是没有肯定结果的回答，回答被无限地推到那无穷遥远之处，无论你递进了多少，前途仍是一个无穷遥远的未知数。这样的无限性，说它是想象的、恶的，就在于它不是现实的、真实的。

但是，无论是想象的也好，恶的也好，在现实生活中是不存在的，在研究领域、数学的王国中，却仍有其一定地位。因为世事万变，人各一面，逐个追踪，劳而无功，我们一般只设定一理想状态来进行研究，例如，几何学中的"点"无体积、"线"无宽度、"面"无厚度。这些都是不现实的，但不能不如此设定而理想地加以把握。数学的无限性，也当作如是观。譬如说，渐近线无限接近坐标轴等。因此，诸如此类的数学上的无限性，应该是允许的，而且它提供的某些思辨的乐趣，还是相当美妙的。

二、外在的质与内在的质

在物质的量的规定的基础上，从事关于物质的"质"的探讨，这是一个必然趋势。物质的"量"基本上是抽象的，而"质"基本上是具体的。量是质的基础，质是量的限度。

"质"首先呈现在我们面前，是一个感性物体，具有"感性具体性"。客观世界，万物纷陈，使你眼花缭乱。五官所及，譬如眼之于亮、耳之于声、舌之于味，摄取了各种感性素材，捕获了外界的各种信息。这是我们认识客观物质世界的通道与起点。列宁说：

"不通过感觉，我们就不能知道实物的任何形式，也不能知道运动的任何形式。"① 人类的感觉是由动植物的感受性发展而来的，植物也有某种程度的感受性，例如含羞草的闭合，当然这种"感受"是无意的刺激反应，与人类的感觉有原则区别。低等动物，例如环节动物、节肢动物便具有刺激感应性。这种刺激感应性，随着生物的进化，逐渐发展到人类感觉功能的形成。感觉是人类认知功能的低级形式，而且不具有独立的性格，它与人类的知觉、思维等高级反映形式一道起作用。

感觉所反映的是客观事物的个别属性。它的存在形式是不能综合形成物象的"感性素材"。感性素材有如砖瓦木石是建筑材料，它不能提供房屋的形象，只提供建房的材料。所以，感性材料只是一种"质材"，它尚未对事物做出质的规定性。然而，"质材"是掌握事物的质的规定性的基础与出发点，没有它，就谈不上"质"的把握。

感性素材是客观存在，而为感觉分别摄取的。主体感觉单纯地摄取，对其无所增损，它只是事物表现的感性外观的构成因素，因此，它的外在性是十分明显的。它只是一种"外在的质"。

人的感官通过各自的特殊渠道，摄取客观事物有关方面所显示的感性素材。如只止于感觉，则支离破碎，在主体方面不能形成一个整体形象。所以，必须进一步将互不相干的感性素材，统摄成为该事物的一个综合的整体形象。这样，就产生了"知觉形象"。知觉形象是对感性素材的扬弃，它与感性素材比较，有三个特点：（1）整体性。感性素材所面对的是客观事物的个别属性，而知觉则产生客观事物的整体形象。这个整体形象不过是客观事物全貌的摹写与复

———————————

① 《列宁选集》第 2 卷，人民出版社 1972 年版，第 308 页。

制，但求外部形似，而未深入该事物的内部。因此，感觉与知觉，只有反映客观事物的部分与全体之分，尚无本质的不同。（2）相对稳定性。感性素材往往随环境的变迁不断改变，人们难以捕捉，稍纵即逝，古人常以"感觉之流"来描述它，认为它是靠不住的，因为它有变动性，几乎没有稳定性。而知觉形象则从整体上组织了诸感性素材，即令外界条件有所变更，它仍能保持相对的稳定性。这个相对稳定的形象，才使我们初步了解了事物的质的特征，为进一步深入了解其本质开辟了道路。（3）综合性。如果说，感性素材的摄取基本上是分析的，如从玫瑰花中分别摄取色、香、刺，这是人类的视觉、嗅觉、触觉分别起作用的结果。那么，知觉形象则是综合的结果。这个综合作用不能小看，当代科学技术的先进产物——电子计算机也没有这个本领。它尽管在记忆的速度、容量、准确度等方面大大超过人类的水平，但是在捕获、分辨客观事物的模糊信息方面，构造整体形象方面，远远不如人的诸认识器官，因为计算机只能处理感性素材，而不能摄合知觉形象。

当感觉尚未生起以前，眼前所对的是一个个浑然一体的未加分解的客观对象。感觉生起，五官与对象的特定部分一一对应、分别摄取，客观对象化整为零，这是感觉分析的结果。知觉则将分析所得的诸感性素材摄合为一整体的知觉形象。由未经分析的客观对象，到感性素材，复归于整体的知觉形象，这是一个从"一"到"多"复归于"一"的辩证发展的圆圈形运动。诚然，这个复归的"一"较之那个混沌的"一"高出一筹，人们终于将外在对象在自己头脑里复制出了一个"知觉形象"，它不是囫囵吞枣的，而是经过感觉分析了的。人们可以骄傲地说，我们对事物有知了。但是，这种知觉仍属感性直观范围，人们对决定该事物之所以为该事物的内在本质尚一无所知。

　　无论是感性素材的摄取，还是知觉形象的摄合，它们所揭示的都是外在的质。外在的质，只是对事物的真知的引导，真知却在于对事物的内在本质的掌握。事物的内在的"本质实体"才是事物的真面目。

　　本质实体只能通过思维而为概念所把握。思维的功能及其复杂性是人类所独有的。关于脑科学的研究，已逐步揭示了它的繁复的生理机制；而哲学的发展，更加洞悉了思维的进化过程，人类思维活动如何经历了一个漫长的历史发展，跻身于辩证思维的高峰。这个隐蔽在客观物质世界深层的它的"哲学灵魂"终于逸出为人所把握了。

　　本质实体是对知觉形象的否定，它扬弃了知觉形象的感性外观，概念地把握了物质的内在实质，因而具有如下的特征：（1）内在性。本质实体超越了知觉形象的表面性，深入到物质内部，抓住了决定其根本属性的因素，即本质性、实体性。本质性、实体性之所以是内在的，是由于它不能为感性所触及、为经验所描述。它是物质的"概念"所具有的理论内容。（2）抽象性。本质实体扬弃了知觉形象的现象性，挖掘了构成现象形态的原因。要成为现象形态的原因，这个原因就不能具有现象形态，因而只能是抽象的。我们所说的抽象不等于空洞，而是科学的抽象，不是远离自然物质世界，而是更加接近更加深刻地反映了自然物质世界。（3）统率性。本质实体扬弃了知觉形象的个体性，推出了统率构成物质诸因素的"实体"。前已论及，实体是一个典型的根本的哲学范畴，它是事物所赖以命名的东西，是诸性之所归、万物之所依的东西。因而，它是万物的真正本原。

　　这个具有内在性、抽象性与统率性的"本质实体"，它的内涵是极其深厚的，首先，它表现为："质量统一体"。

三、物质是质量统一体

无论是从历史发展还是逻辑结构来看，人们对物质的认识，首先从物质的数量关系开始。物质的这个数量本质特征，特别是从外在的量来看是一目了然的。数是物质结构不可或缺的东西，也是科学研究矢志追求的东西。因此，马克思认为，一门学科只有成功地运用数学时，才算达到了真正完善的地步。

量的变动是质的产生与变化的原因。质的描述，如果没有量的分析作依据，则将是不确定的无根的游谈，不能认为是有科学依据的。另一方面，质的追求又是量的研究的目的。单纯的量是无思想性的、无意义的，它只有与质相结合，才有了思想性，才有了意义，才有了生命。因此，质与量是统一的。物质实体首先便是这样的"质量统一体"。

这个质量统一体，有如下特征：

（1）它是对知觉形象的超越。因为知觉形象属于感性直观范围，所谓"超越"就是超出了这个范围。这就是说，质量统一体不是形象的，而是概念的。但是质量统一体又未能摆脱对知觉形象的直接依附。知觉形象有如一个血肉丰满的人身，而质量统一体则是内在的支撑他的骨骼系统。这种对形象的直接依附，又使它仍然保存某种感性直观的特征，譬如，X光造影，影已剥除了人身血肉，尚保存人形之构架。因此，质量统一体竟是超越与依附的统一，感性直观与非感性直观的统一。

（2）它具有物质结构的框架性，并为量的离析性所控制。因此，"质量统一体"在质上尚未能完全摆脱外在的机械拼凑，在量上尚未能完全扬弃数量的离析分割。但是，它的总的倾向又表明它已在这种外在的质量关系中，抓住了它们之间的内在的辩证联系。辩证性动摇了机械框架性，统一性扬弃了离析分割性，从而达到机械离合向辩证统一过渡，外在拼凑向内在相关过渡。

（3）它作为物质实体的表现形式，只是属于浅层的，不过是一个开端，尚未深入底蕴，充分体现"物质实体"。物质实体的表现具有层次性，质量统一体是物质实体的浅层结构，相对于深层次而言，它只是表面的。这就是说，它对知觉形象实行了抽象，但抽象得还不够；它向本质实体迈进，但掘进得还不深，因而保留着两栖过渡的痕迹，只起着跨越鸿沟的"跳板"作用。这样看来，质量统一体的这种浅层表面性，使它成了由知觉形象的终端向本质实体开端转化的临界点，这个临界点就是终端与开端的结合、形象与实体的结合。

"质量统一体"的这种统一、过渡、结合，充分说明了它所包含的内在矛盾性。它受到了感性直观的纠缠，又感到了知性抽象的引诱。但是，它既已勇敢地迈出了一只脚，就只有拼命向前，奋力拼搏，拔出被"感性直观"拖住的另一只脚。因此，它只有全心全意扑进"知性分析"的怀抱，才能免于在矛盾的漩涡中沉落。

"质量统一体"前进的必然趋势，只能是对物质实体进行知性抽象的成果，这个成果便是："物质是时空统一体。"

第二节　物质的科学分析与知性抽象

虽然量与质已充满了知性的特征，但是我们的侧重点是把它们看成是物质的基本属性，并看到它们如何从感性直观向知性抽象过渡转化。这是对物质进行科学分析与知性抽象的前奏。只有对物质进行分析抽象，才有深入物质实体核心的通道。因此，几个世纪以来，科学家们关于物质结构研究所取得的丰富的杰出成就，绝不是可有可无的，这是一种关键性的"通道"建设。

一、物质的分合观

近代实证科学的发展，使人们不再满足于对事物感性外观的笼统的印象，进而要求对事物的细部做深入的了解，因此，对客观事物肢解离散的"知性分析"方法应运而生，而且取得了意想不到的成功。知性分析的方法是一种静态描绘、缕析入微、刻意追求精确的量的规定性的方法。它是实证科学的灵魂，对物质结构的探索几乎是绝对必要的。

物质实体的"质量统一体"的表现形式，拉开了知性分析的序幕，在质量统一的认识的基础之上，更深入地从事物质结构的分合的探索。我们通过对事物整体的解析，分别了解构成它的各个部分，从而认识整体的结构；通过对事物联系的分割，分别了解联系诸方面的地位与特征，从而确切把握联系的原则；通过对事物变动的静态模拟，以确定变动的根由与形态从而追踪变动的行程。当然以这种孤立、割裂、静止的办法，去研究变动不居的事物，难免捉襟见肘、力不从心。但是，它确也能深刻把握事物的各种构成因素，并以此为据推知事物的全貌。因此，对事物的知性分析，不但是有益的，而且是绝对必要的。没有练就知性分析这种真功夫，就谈不上对事物的辩证综合、动态把握。

实证科学对事物的辨识，首先是"同异"问题。事物的外在的形似及外在的差别，这是感官所能辨别的。知性科学研究，不止于形似与差别，而是进一步了解事物的内在的同一性与差异性。形似的顶点是"自同"，而差别的界限只是"非己"。这些原则是如此地空疏，最终变成了形式逻辑的推导根据，很难据此辨别与确认客观物质世界的同异。

知性的科学分析，固然要以形式逻辑的原则作为它的出发点，但它必须涉及实物，对它进行分合对比研究。知性所到之处，那尚未加以解剖的原始综合的实物，被弄得支离破碎，而将这些"碎片"再统率为一整体时，却止于"机械拼合"，未能真正复归于整体。物质所经历的这种分合，是"原始综合—知性分析—机械拼合"的过程，它分是分得清了，可是正如歌德所讲的，可惜缺乏其间的精神联系。尽管如此，这仍然是实证科学的最高成就，虽说它有僵化的片面性的毛病，但这种科学操作仍然是杰出的，而且为"辩证综合"提供了必不可少的前提。

近代实证科学的研究，一般讲，从实物出发，分析其同异问题。牛顿研究天体和地面的运动同一性；道尔顿在千变万化的事物中寻求构造它们的同一物质基元；迈尔、焦耳等人通过对物质不同形式运动的转换，发现了带有普遍性的能量守恒和转化定律；等等。因此，从差异之中寻求同一，是认识深化、科学进步的起点与标志。

虽然科学的同异已进入实物的分析，但它的思考方式，基本上仍在知性范围之内进行。根据哲学的辩证思维来衡量，"同一"有抽象与具体之分。抽象的同一性为知性思维所坚持，具体的同一性为辩证思维所把握。在知性思维里，同一与差异是泾渭分明的。同一是排除差异的同一，差异是没有同一的差异。同一与差异，外在对峙，强调自身相同而与他物相异。因此，这种抽象的同一性，正如恩格斯所讲的，在日常生活范围内还是必要的和有效的，但面对复杂多变的自然世界、人类社会、精神领域，就远远地不能适应了。例如，林奈根据客观事物的表面性状的同异所进行的分类，其实是十分肤浅不确的。现代分子生物学则深入到生物内部的微观生理机制寻求同异，根据构成生物的某种蛋白质的组分（细胞色素 C）的同异，作为生物分类的标准。以此为准，人同其他生物的区别就具有高度的量的精确性，从而克服了外部性状的表面特征描述的模糊性。如人同黑猩猩的细胞色素 C 的结构没有差异，同猴的差异有 1

处，同鸡的差异有 11 处，同酵母菌的差异有 40 处。这样，就在更深的层次上更精确地揭示了物种的亲缘关系。这样的当代的科学进步，虽然深入事物的里层，但仍明显地具备知性思维的特征，只是更多地掌握了事物的内在的量而已。追求数据，仿佛成为了实证科学家的"职业病"。天长地久有时尽，此恨绵绵无绝期！"感情"是很难量化的。就是自然界，如果讲到底，同异也是难以截然划分的，一多也是相对的。显然，脱离"家事"范围，知性思维的同异、一多观，就难以为继了。如黑格尔所讲的：一种"辩证的逼迫"！客观物质的发展，迫使科学家不得不跨入哲学的门槛，考虑具体的同一性或辩证的同一性问题了。这是一个思维活动的飞跃，对深受知性思维禁锢的实证科学家而言，这却是"炼狱之火"。如不经过炼狱之火的陶冶，科学理论行将陷入绝境。

所谓辩证的同一或具体的同一，乃是包含差异于其自身之中的同一。这种差异不是外在的差别与区分，而是事物自身生长出来的否定其自身的差异。事物自身的同一性与内在差异性，形成真正的自相矛盾、自己与自己对立。这既是事物自身固有的动因，又是新旧递嬗、过渡转化的契机。

具体的同一性不是哲学家的空想与杜撰，而是物质发展深层运动中普遍存在的。吸引与排斥、正电与负电、分解与化合、同化与异化、遗传与变异等等，都是具体同一性的客观现实表现。这一切，单靠知性思维是难以讲清楚的，因而迫使我们进入辩证思维之中。

当然，实证科学之所以成其为实证科学，端赖知性思维为其开辟道路。它对自然界乃至人类社会深入剖析，从而达到了对自然界与人类社会的客观认识，并增强了人类改造客观世界的能力与主观能动性，这一切基本得力于知性思维方法。因此，说什么"辩证法"可以代替知性思维直接取得实证科学的成果，这只是一种神话。在实证科学研究中，知性思维方法是绝对不可弃置不用的，正如语言交谈中，不能没有形式逻辑一样。

知性思维的静态特征、分割手段、纯量规定、片面取材、孤立定性，这既是它的特点，又是它的弱点。在特定对象的研究中，还可以变成无可置疑的优点。

当然，在探讨辩证思维的发展时，我们要注意上述种种局限性。这些局限性归结起来是：（1）它无视自然界与人类社会的整体性，（2）它跟不上科学自身发展的整体化趋势。

事物作为"整体"，有两个重要特征，其一是综合性，其二是有机性。整体与部分之间不是外在的机械拼合，而是根据其构成规律，相互之间产生一种不可替代的特殊联系，从而具有某种特定的性质与功能。部分只能在整体之中，占据它应有的地位，发挥其应有的作用。整体在综合各部分的基础上，产生各部分单独不能具备的，决定整体性质的"新质"。这个新质制约着各个部分，部分丧失了它的独立的性格。部分根据规定，相互配合，共同发挥整体功能。此点，在有机生命中至为明显，即令在无机物中也莫不如此。它们的诸构成因素配置的数量与形式不同，产生的整体效应也不同，诸构成因素所起的作用也迥异。譬如，手足之于人体，手足脱离肌体便成死物；氧原子数量不同，整体就有氧与臭氧之分。

整体的综合性、有机性，乃是物质系统的表征。以系统论为核心的当代科学技术综合理论，客观上科学地论证了物质的整体性原理。而物质的整体性原理，又从哲学上指明了当代科学技术发展的综合化、整体化趋势：一个纵横交错、相互渗透的科学体系的网络系统已呈现在我们面前。在这个科学网络之中，分化依然在迅速进行，但综合则更加显著。

这个整体化趋势，从四个方面进行：（1）在一门学科之内进行。

即学科内的各个分支、各种理论的相互渗透、相互结合。例如，现代物理学中，力图将四种相互作用统一起来。（2）在几门学科之间进行。即在学科的中间地带形成交叉学科。例如生物学与物理学交叉产生生物物理学。（3）在一门综合学科中进行。即从不同侧面研究一个综合对象。例如空间学科、环境学科。（4）在多学科融合的基础上进行。即当代科学技术综合理论的形成。例如控制论、协同学等。这一个方面特别重要，因为它们实际上成了"辩证法"的最新的科学论证。而且由于它们向各个领域全面扩张，使我们面临自然科学、技术科学、人文科学大一统的局面。这正是科学技术发展整体化的集中表现。

同异、全分，都是知性分析中的基本概念，如上所述，它们都离不开"内外"问题。在哲学范畴中，也有不少与"内外"有关，例如，形式与内容、现象与本质等都可以视为"内外"的特殊表现。总之，科学与哲学中诸多概念与范畴都与"内外"有关。可见"内与外"是一个最基本的概念与范畴。

我们日常语言中，有所谓"内外有别"。但从哲学上来看，却是"内外一致"的。黑格尔说："外与内首先是同一个内容。凡物内面如何，外面的表现也如何。反之，凡物外面如何，内面也是如何。"[1] 如果将内与外分别加以规定，则"内表示抽象的自身同一性，外表示单纯的多样性或实在性"[2]。那么，内与外是截然相反的。其实，内外是不可分割的，区分内外只是知性偏执的一种表现。歌德在《自然科学的愤激的呼吁》一诗中写道：

自然没有核心，也没有外壳，

---

① 黑格尔：《小逻辑》，商务印书馆 1980 年版，第 289 页。

② 黑格尔：《小逻辑》，商务印书馆 1980 年版，第 289 页。

　　一切都是内外不可分的整体。

　　因此，黑格尔提醒大家"特别须避免认内为本质的，为根本所系，而认外为非本质的，为不相干的错误"[1]。

　　内外一致、表里如一是关于"内外"的辩证观点，不仅自然界一切，当作如是观，就是往往有着内外有别、表里不一的复杂情景（例如，伪善，外表似善、内心可诛）的社会人生一切，也应作如是观。黑格尔曾深刻指出："人诚然在个别事情上可以伪装，对许多东西可以隐藏，但却无法遮掩他全部的内心活动。"[2]"人的行为〔外〕形成他的人格〔内〕。……人不外是他的一系列行为所构成的。"[3] 由此看来，外表现象是入门的向导，察言观色是探索内心秘密的钥匙。

　　我们从哲学与科学的结合点上，论述了"物质的分合观"。通过"同异"、"全分"、"内外"的论述，可见科学的物质结构学说与哲学的物质理论，原来是相通的。物质结构学说沐浴在哲学的灵光之下，就有了精神；物质哲学理论落实到科学的实践之中，就有了血肉。

二、物质的时空观

　　恩格斯说："物质本身和各种特定的、实存的物质不同，它不是感性地存在着的东西。"[4] 我们关于物质分合的考察，虽说已经进入知性分析范围，也触及到辩证领域，但尚未能完全摆脱感性地存在着的东西。因此，仍属在感性的指引下，进行物质的知性分析。而真正要触及"物质本身"，就不能不扬弃一切感性因素。那么，实存

---

① 黑格尔：《小逻辑》，商务印书馆 1980 年版，第 290 页。
② 黑格尔：《小逻辑》，商务印书馆 1980 年版，第 293 页。
③ 黑格尔：《小逻辑》，商务印书馆 1980 年版，第 292 页。
④ 恩格斯：《自然辩证法》，人民出版社 1971 年版，第 233 页。

的物质的体积，就被抽象为"空间"；它的生灭过程，就被抽象为"时间"。物质作为存在及其演化过程，就成为"时空统一体"。

所谓"空间"，乃是物质的质量的知性抽象。亚里士多德曾经说过："空间乃是一事物……的直接包围者。"[①] 这句话当然说得有点笨拙，但其含义实指事物占有的位置，即是说，物质无论如何的小，在宇宙中总非虚无，而是存在（有）。因此，空间以存在（有）为内容。这个存在如何表现呢？如何显示其为有呢？那就是它具有"体积"，体积由物体的长、宽、高三维构成。体积也者，物所见之于外者也。若见之于内，它就是物质的广延性。见之于外的体积与见之于内的广延的统一便是"空间"，于是空间就成为了物质的存在形式。这一规定基本上是与亚里士多德的论述相通的。

自宇宙的整体性而言，空间是连续的，至于宇宙中的一个物体，则是一个特定空间。特定空间意味着连续空间的区分，而区分则意味着"间断"。间断是连续中的间断，它只是宇宙的整体发展的连续过程中的一个环节。所以，现实的空间乃是连续性与间断性的统一。由于空间的间断性，才能构成物与物之间的界限与区别，才有物质表现的多样性；由于空间的连续性，才能构成物质发展的整体性，才有物质世界的统一性。

空间作为物质的知性抽象，似乎丝毫也不涉及物质整体的质的差别性，而仅仅具有量的规定性，如"m^3"表示物的体积。其实，空间与物质是不可分离的：空间是物质感性外观的扬弃，物质是空间的现实形态。二者乃是一回事。因此，我们不能脱离物质实体来谈空间，将它看成一个空无一物的"容器"；更不能将它看成主观直觉的形式。因为空间总是充实的空间，绝不能和它的实体——物质

---

① 亚里士多德：《物理学》，商务印书馆 1982 年版，第 100 页。

相分离；而物质存在的形式总是空间，绝不是脱离空间的赤裸裸的抽象存在。因此，物质是空间的存在本质；空间是物质的存在形式。

但是，空间又总是一个抽象，抽象就是抽去其感性外观的东西。那么，空间既抽象又充实，亦即"空间是非感性的感性与感性的非感性。自然事物存在于空间中，自然界必须服从外在性的束缚，因此空间就总是自然事物的基础"[①]。可见，空间与自然物是一体的虚实两面；由于"虚因实显"，空间是非感性的感性；由于"以实就虚"，空间又是感性的非感性。这绝非文字游戏，故弄玄虚，而是极其高超的辩证法。

科学实践也证明了物质与空间不可分的原理。物质结构的层次性、物质运动形态的多样性，决定了现实空间的特征。在宏观世界，空间表现出纯几何特性，它似乎只是物质与运动的场所，与物质运动并无内在联系。但科学实践进一步深入，"相对论"揭示出：即使在宏观世界中，空间也不是纯几何的，它的特性为物质运动所决定。当物质处于不同的运动状态下，时空表现出不同特性，物质运动速度愈快，空间的相对论效应愈加显著。当从宏观世界进入宇观世界时，空间、物质、运动之间更加深刻地呈现出联系的有机性。宇观空间不再是欧氏几何的平直空间，而是"弯曲空间"，弯曲空间是由物质及其分布 —— 引力场所决定的。物质的质量愈大，分布的密度愈大，则引力场强度也愈大，因而，时空的曲率也愈大，即空间广延愈弯曲、时间绵延愈迟缓。反之亦然。另一方面，从宏观世界进入微观世界，情景却更为异常。首先，微观客体的时空测度出现了不确定性，即海森堡在量子力学中所发现的著名的不确定关系。微观客体的这种时空不确定性，不是测量仪器与手段限制的结果，而

---

① 黑格尔：《自然哲学》，商务印书馆 1980 年版，第 42 页。

是微观物质的性质所决定的。其次，由于微观物质的量子化，作为物质的存在形式的时空亦随之量子化，即微观时空尺度存在着某种最小界限，具有某种分立结构。当然，空间在微观世界、宏观世界、宇观世界所表现的层次性差异并不显著，而是具有推移过渡的连续性。三个世界的中间环节是"宏观世界"，它是人类生存、活动的空间，是空间整体的基础，它收缩为微观、发散为宇观。微观向内掘进，小而又小，塌缩为一点，点之至极，至小无内，这是小的极限；宇观向外发散，大之又大，等同于宇宙，宇宙之至极，至大无外，这是大的极限。理论上至小的点与至大的宇宙，是现实空间的上下极限。空间趋向于至小的点，发散为至大的宇宙，它是"点"的连续性发展系列。我们可以打一个比喻：空间无限压缩就像一个点状性的东西，而点状性的东西没有三维性，因而没有实体性，只是理想的存在，也就不成其为东西。于是，点就成为了"空间的否定"。如果说，空间是自然界的直接外在性的抽象，那么，它不能具有点状性；如果说，空间的"无限压缩形式"（比喻性的说法）无限趋近于一个点，简直就可以把它看成是一个点，那么，它似乎又具有点状性。因此，黑格尔说："空间是没有点状性的点状性，即完全的连续性。"[1]黑格尔这一说法正是从哲学的意义上使用辩证的语言说明空间的特征。这种说法似乎悖乎常识、违反逻辑，但它却深刻掌握了空间自身所具备的矛盾性，如实地反映了这种矛盾，因此说出了关于空间的真理。

时间的哲学特征是更加难于刻画的。自然事物的绵延性是时间，这还不是严格的哲学语言，而是经验的物理的语言。黑格尔说："否

---

① 黑格尔：《自然哲学》，商务印书馆 1980 年版，第 41 页。

定性这样被自为地设定起来，就是时间。"[1] 照黑格尔看来，时间与空间是不可分割的。他指出："一般的表象以为空间与时间是完全分离的，说我们有空间而且也有时间；哲学就是要向这个'也'字作斗争。"[2]

空间的间断性是空间连续性的否定，然而自然事物并不是刹那即逝的，它的存在是有持续性的，虽说各种事物的持续性的久暂悬殊，地球持续存在迄今已达 45 亿年，而蜉蝣方生方死。这种持续性，由于空间的间断性而被否定，使之分裂为许多漠不相干的久暂不一的"持续存在"。而空间的整体的连续性，才是其本质的真理之所在，因而要求其内在的各个环节、那些特定的持续存在的自我扬弃。所谓"时间"，正是这种持续不断的自我扬弃的存在。因此，黑格尔说："时间是否定的否定，或自我相关的否定。"[3] 这就是说，时间乃是不断地否定其自身又复归其自身的连续否定过程。时间的这种连续的否定性，不是虚幻的无所依凭的，它托庇于空间，就是空间的那种演化本质，因此，"空间的真理性是时间，因此空间就变为时间；并不是我们很主观地过渡到时间，而是空间本身过渡到时间"[4]。于是，时间成了空间辩证进展的完成，成了时空辩证运动的真理性环节。这个作为自为的否定性的时间却寓于空间之中，时空原来是一体的。这种时空的一体性观点，显然与四维时空的科学观点是相通的，而且更富于辩证性，而较少知性反思的僵硬性。

讲到这个时空一体性观点时，黑格尔又妙语连篇了："时间是那种存在的时候不存在，不存在的时候存在的存在，是被直观的变

---

[1]　黑格尔：《自然哲学》，商务印书馆 1980 年版，第 46 页。
[2]　黑格尔：《自然哲学》，商务印书馆 1980 年版，第 47 页。
[3]　黑格尔：《自然哲学》，商务印书馆 1980 年版，第 47 页。
[4]　黑格尔：《自然哲学》，商务印书馆 1980 年版，第 47 页。

易。"① 这就是说：时间就是一个变易着的实体，它是自然事物变易原则的表现。所谓"变易"，就是存在时又不存在、不存在时又存在；就是方有方无、有旋即转化为无、无旋即转化为有。因此，时间体现在有无交替的变易过程中，而产生和消逝，即变易自身，换言之，时间即事物的生灭交替过程本身。

时间即变易，它在事物自我扬弃中前进，因此，没有"永恒长驻"的时间，于是在科学中提出了"时间的不可复返性"，它似乎与永恒性是根本对立的。对知性反思而言，这种对立是明明白白的。但是，黑格尔却认为："永恒性这个概念不应当消极地被理解为与时间的分离，好像它是存在于时间之外，也不应当被理解为它是在时间之后到来，因为这会把永恒性弄成未来，弄成时间的一个环节。"② 这就是说，永恒性不是时间的外在对立物，也不是时间的无限延伸。永恒即存在于时间之中，亦即存在于变易之中。一般说，时间由过去、现在、将来三个环节组成。"过去"是业已逝去的"现在"，"将来"是尚未到来的"现在"。业已逝去的与尚未到来的，都是不现实的，事实上是不存在的。唯有"现在"才是现实的、确实存在的。这个现实的"现在"是"过去"的结果，并且孕育着"将来"。因此，真正的现在就是永恒性。由此看来，唯独时间本身，亦即变易本身才是永恒的。时间就是变易，变易就是永恒。这真是辩证法的天才创见，而知性思维却是无法企及的。

然而，知性思维也有它另一方面的优势，它具体刻画了时间的特征，不但有助于实证科学的展开，而且也有助于时间的辩证性的把握。在宏观世界中，时间是一维单向性的、均匀的、连续的。这

---

① 黑格尔：《自然哲学》，商务印书馆 1980 年版，第 47 页。
② 黑格尔：《自然哲学》，商务印书馆 1980 年版，第 48—49 页。

一层次时间的量度单位为宏观世界中的太阳、地球等天体的运动所决定,如年、月、日、时、分、秒等。这种时间观是人类生活中必须遵守的,但没有什么哲学意义,而且严格讲来是非常片面的。一维单向,就没有考虑到它与三维空间不可分割的相关问题。科学自身的发展,修正补充了上述片面观点。相对论指出:在高速运动条件下,时间绵延将缓慢,改变了低速运动条件下所表现的均匀性。现代宇宙学甚至提出,时间是有始点、有开端的。现代物理学的发展,不仅揭示出时间度量的不确定性、时间的非连续性,而且提出时间反演不变性,即时间的可逆性问题,向时间的单方向性提出了挑战。这一系列问题的提出,说明知性分析在时间上所遇到的矛盾,迫使科学家们不得不辩证地思考问题。

科学家们开始自发地走上了辩证综合的道路,比较明确识别空间与时间不是彼此孤立的,而是相互联系的。爱因斯坦突破了时空彼此孤立的观点,意识到时空的统一性问题。数学家闵可夫斯基提出四维世界的概念,即三维空间加一维时间形成"四维时空连续区"。这些科学上的巨大成就,接近了哲学上的"时空一体性"的观点。这一事实,再次说明科学进步与哲学发展的融合趋势。

物理与数学关于"四维时空"的论证,是关于物质及其运动、存在及其演化的知性分析的杰出成就,之所以杰出,在于它接近了哲学上"时空一体"的观点。因此,自知性分析而言,我们可以将物质规定为"时空统一体"。

三、物质是时空统一体

"时空统一体"是关于物质的知性抽象,是我们对物质深入剖析的成果。质量统一体与时空统一体是物质的虚实两种不同表现形式。循实就虚,就应完全摆脱质量统一体残留的感性表述,达到时空统一体的抽象的知性规定。

时空统一体，有如下特征：

（1）抽象性。时空统一体扬弃了质量统一体的形与质的规定性，将物质的内在构成抽象为一个形式的框架。这个形式的框架比质量统一体更难于捉摸，如果说，质量统一体尚具有物体外形的轮廓，那么，时空统一体连这一点点外形轮廓也扬弃了。它抓住的是物质内在构成的要素，那就是广延性与绵延性，这种特性表现为时空构架。内在的本质属性与外在的抽象结构完全是一致的。这个内外统一的性能与结构，才是物质成形有质的基础。这种稳定的科学抽象更加接近物质的真实形态。

（2）孤立性。对事物进行知性分析，要点在于分割，对其同异、全分、内外诸关系的各个侧面，分别加以固定，进行分析对比，揭示其机制，阐明其关系。凡此等等，欲明其义以彰其性，势必分而治之，亦即孤立起来加以解析。这种孤立分治的办法，经常遭到非难。殊不知它才是人类的认识之所以成为可能的先决条件，才是实证科学发达精进的动力。它绝不是什么形而上学的方法，孤立性并不可怕，只要是把它看成是"手段"而不是"终结"，即把它看成是达到对事物整体的辩证综合的桥梁，而不是宣布一切事物都是孤立静止的彼此各不相涉的，则"孤立性"是一种积极的不可缺少的认识手段。

（3）流逝性。其实，孤立性也只是相对的。由于空间的扩展与时间的绵延，时空统一体与质量统一体相比较，它突破了质量统一体的凝固性，将时空的变动糅合到物质实体之中，从而深刻反映了物质所固有的流逝性。这种流逝性尚处于知性分析的范围之中，时间是流逝的静态刻画，有如奔腾的瀑布的静态摄影，我们可以感触到那一泻千里的动的势态，而画面其实仍然是凝固的。因此，这种流逝性的知性把握，只是流逝的一瞬间的定影，它尚未能达到对事物的辩证运动的揭示。不过它却也便于我们进一步对物质进行辩证的综合。

真正的事物的客观流逝性，不是知性思维论述得清楚的，而必须求助于辩证法。物质的流逝变易的特征及其动因，才是物质最本质的东西。这就要求我们对物质的两极性与过程性进行辩证的探讨。

第三节　物质的两极性与过程性

如果说物质作为时空统一体，尚只触及物质的抽象的形式的框架，它的运动变化的本性以及运动变化的动因，却未能得到明确的深入的恰当说明。而这一点才是物质实体的最根本的东西。迄今为止，只有辩证法才能对这一问题做出真理性的陈述。

一、两极对立的客观运动

恩格斯曾经指出："悟性（按：即知性）的逻辑范畴的对立性：两极化。正如电、磁等等自身两极化，在对立中运动一样，思想也是如此。正如在电、磁等等情形下，不可固执一面，而且也没有一个自然科学家想固执一面一样，在思想情形下也是如此。"[1] 两极化表现了一种知性的偏执性，认为两极对立，彼此不相容。恩格斯认为，两极，不可只固执一面，事实上是两极相通的，可以互相转化的。他举出电磁等客观物理运动为例，并认为自然科学家虽说理论上固守知性阵地，事实上也不固执一面。这种两极相通的情况，不但是客观运动的本来面貌，主观思想运动也是如此。这就是说：客观辩

———————
① 恩格斯：《自然辩证法》，人民出版社 1971 年版，第 191 页。

证运动与主观辩证思维是具有必然性的真理，知性思维将为它所吸收并取代是不可避免的。

电、磁等自然现象表明事物是在对立中运动，这种对立表现为"两极化"。所谓两极化，并非两物外在对峙，而是同一个东西的两极。恩格斯说："对综合的自然科学来说，即使在任何一个部门中，抽象的同一性是根本不够的，而且，虽然总的说来已经在实践中被排除，但是在理论中，它仍然统治着人们的头脑，大多数自然科学家还以为同一和差异是不可调和的对立，而不是同一个东西的两极，这两极只是由于它们相互作用，由于差异性包含在同一性中，才具有真理性。"[1] 这就是恩格斯关于同一性与差异性的统一，也就是"对立的同一"的辩证观点的表述。

关于这一辩证法的根本观点，显然是直接来自黑格尔的。这一观点在黑格尔的著作中，以不同方式、不同语言、不同角度，得到反复的论述，现在我们只举出他在《自然哲学》中写的一段话："在内部具有形式差别的物理线上，两极是两个生动的终端，每一端都是这样设定的：只有与它的另一端相关联，它才存在；如果没有另一端，它就没有任何意义。"[2] 所谓物理线，不是数学上理想的线，而是一条实在的线，例如一根细棒或一个向一切维度不断膨胀的物体。这种物体当然是一种感性存在。但是，"两极"作为感性存在的物理实体的两端，却不具有感性的、机械的性质，因为它并不是那根细棒或一个三维实体的可见可触的两端，也不是外在地可以机械地加以切割的，就好像一个躯体可以将他的头足两端切割下来一样。"两极"指的是事物内在矛盾的双方，例如电分阴阳、磁分南北。这两

---

[1] 恩格斯：《自然辩证法》，人民出版社 1971 年版，第 193—194 页。

[2] 黑格尔：《自然哲学》，商务印书馆 1980 年版，第 225 页。

个终端并不是僵化不动的，而是生动的，即是说，它们相互依存、相互斗争、相互转化。

因此，这个客观存在的"两极性"是反映自然界的发展变化的一个全面而深刻的辩证概念。因为这个两极性是客观世界所固有的，在作为物质实体的个体物中，无不包含着差别与对立。差别与对立是物质实体的内在本质，是内在矛盾运动的根源。物质实体作为整体是同一的，而物质固有的内在碰撞，正是物质内在差异与对立的力学语言的表述。这种物质固有的内在碰撞，就是物质两极的对立运动。它具有三个基本特征：

（1）两极是生动的，是活动的源泉。黑格尔从磁的两极性，认识到抽象同一性的片面性与局限性，从而指出同一与差异原来是一体的两极。他说："同一的东西恰恰就其为同一的而言，把自己设定为有差别的；有差别的东西恰恰就其为有差别的而言，把自己设定为同一的。差别就在于它既是它自身，又是它的对立面。两极中同一的东西把自己设定为有差别的，两极中有差别的东西把自己设定为同一的。这是清晰的、能动的概念，但是还没有得到发挥。"[1] 这一观点的充分发挥，就是整个辩证法体系。

同一与差别，自形式逻辑而言，是自相矛盾的。但自辩证法而言，它们是一体的。所谓"一体"并不是拼凑为一体，而是把自己设定为自己的对方，即自身产生否定其自身的因素，自己设置了自身的对立面，亦即事物自身具备了内在否定性。事物成其为一个事物，必然是一个统一整体，因而它是一个同一的东西。但事物又不是一个僵死的抽象物，而是一个活生生的变易转化的实体，既然如此，它自身之内就一定潜在地包含了一个否定它的"异物"，这个异

---

① 黑格尔：《自然哲学》，商务印书馆 1980 年版，第 238 页。

物就是其自身逐渐生长起来的差别性，因而它又是一个有差别的东西。同一性以差别性作为它的本质，就成了具体的同一性；差别性以同一性作为它的根据，就成了内在的否定性。因此，黑格尔说："活动就在于把对立的东西设定为同一的，把同一的东西设定为对立的。"[1]同一之中的差别或统一之中的对立，这就是活动的源泉。然而，在电磁现象的机械物理活动中，这种内在的致动的机制是不完全的。因为其对立双方既是同一的，同时又是独立的。同一的，表明其内在的辩证性；独立的，表明其外在的机械性。这种状况，当物理学尚处于从知性向辩证思维过渡时，是不可避免的。

两极性作为一个清晰的、能动的概念，就在于它不停留在外在的机械活动这种孤立的现象形态之上，而是深入到事物的内在的辩证运动之中，揭示其内部自生的差别性即否定性所形成的对立矛盾运动。这种运动固然表现为声、光、电、化等五色缤纷的物理化学形态，但究其本质而言，无非都是否定性的辩证运动。

（2）两极是彼此相关、相互依存、完全不可分离的。两极对立，并不是两个彼此漠不相干彼此相外的东西之间的关系。在一个较小范围内，看来似乎是两个外在独立的事物，如若有对立的两极化倾向，也一定是这两个东西在一个更大的系统中成了这个系统内的不可分离的两极，因而不能把它们看成是彼此相外的。内与外原来是相对的。当然，"两极化"也不是绝对的，因此，不能把它当作公式到处乱套，"在这种两极性根本不存在的地方，它也常常被人们不分青红皂白地加以应用"[2]，这是不许可的。

在自然科学的探讨中，往往抓住现象的一个侧面，而忽略了它

---

① 黑格尔：《自然哲学》，商务印书馆 1980 年版，第 307 页。
② 黑格尔：《自然哲学》，商务印书馆 1980 年版，第 225 页。

那不可分离的另外一面，以致产生理论概括的片面性弊病。黑格尔在物理研究方面，当然远远不如牛顿、惠更斯这些人，但由于他的深刻的辩证思维，却克服了光的微粒说与波动说的片面性，接近了或预示了现代光学的波粒二象性的观点。他批评牛顿的光线、光束、光微粒学说，认为"都是特别由牛顿使之盛行于物理学中的种种荒唐范畴的一部分"[①]，至于波动理论，也"对于认识光毫无裨益"[②]。他精辟地指出了光的两极性，即间断性与连续性的统一。光作为物质，作为发光体，而与另一物体发生关系，就有了区分，从而形成连续性的中断。对这种分离、间断的扬弃过程就是运动，也就是连续。光的间断性体现为"微粒"，连续性体现为"波动"。至于磁的南北两极、电的正负两端、化学中的化合与分解等等，表明了"两极相关性"乃是自然界中的普遍现象。

两极相关而不可分离是辩证法的一个极为主要的观点。辩证法强调的"一分为二"是内在的有机的，也就是"一体两面"，而那种外在地"一分为二"的机械分割的观点，恰恰是与辩证法的精神完全背道而驰的。

（3）两极并不意味着两个独立的部分包容在一个"集合体"之中。作为一个自身发展的过程的物体的诸环节中，两极性仅仅是这样一些环节的"关系"。

集合体中诸部分与作为发展过程中的诸环节是不同的。前者表明为外在地机械拼凑，后者表明为内在地有机组合。两极性作为一个物体内有机组成的诸环节之间对立、过渡、转化的辩证"关系"，因而具有了功能的性质。所以，绝不能将两极性僵化为一个物体的

---

① 黑格尔：《自然哲学》，商务印书馆 1980 年版，第 124 页。
② 黑格尔：《自然哲学》，商务印书馆 1980 年版，第 126 页。

有形的首尾两端，也不能看成是外在不相干的两物的拼凑。这种硬拉瞎扯而匹配成对的所谓"对子"，实际上正是黑格尔指出的两极性根本不存在的地方。古老的范畴，例如"质量"、"时空"，在黑格尔体系中，属直接性阶段，它们并不能匹配成对，现在将其视为两个对子的却大有人在。至于目前从自然科学概念中硬找对子来"丰富"辩证法范畴的做法，已成为一种时髦了。

两极性是辩证法的精华之所在，它客观地存在于一系列自然现象之中，作为其本质特征。由于大多数自然科学家的思想被禁锢在抽象的同一性之中，不了解同一之中有差异，不了解它们是同一个东西的两极，以致难以辩证地概括其科学成就，得出正确的哲学结论，从而指导其科学事业进一步顺利前进。现在出现另外一种情况，就是将辩证法简单化庸俗化，变成浅薄僵化的形而上学的折中主义公式，到处乱套。这种做法比"不了解"辩证法因而拒绝辩证法的诚实态度还坏得多，因为这是江湖骗子卖假药的伎俩。所以对辩证法做一些正本清源的工作，恢复其科学真理性、哲学深邃性是十分必要的。

辩证法不是思辨的玄学游戏，如不少科学家所设想的那样，它首先是客观物质世界的"物自身"的本质，两极对立的客观运动就是物质自身的运动，这就是自然辩证法的起点。

二、现实过程的有限性与过程转化的无限性

两极对立是外在对峙的机械力学现象的扬弃，它揭示了物质的内在本质，即由内在差异性形成否定性，产生两极对立从而出现矛盾运动。但是它的实质与形式尚未能充分显示出来，因此我们必然要进入关于矛盾运动的过程性的探讨。

恩格斯曾经指出：客观世界中能够充分揭示辩证法实质的是

"化学现象"，他的这个观点是深受黑格尔的影响的。

化学现象之所以能体现辩证运动，在于它较为典型地揭示了事物发展的"过程性"。什么叫作"过程"？过程就是矛盾运动。构成个体的诸环节，可以被规定为一个特殊物体。如果环节独立而成为一个特殊物体，那么，个体便处于分离状态。另一方面，这个特殊物体又相互关联而变为组成一个个体的诸环节。"特殊物体"作为整体的独立性与作为环节的相关性，便构成矛盾。于是，不同的独立物体的同一，就成其为自身固有的矛盾运动，即独立与相关、同一与差异的相互过渡与转化。这种矛盾运动就是"过程"。

矛盾运动的转化过渡，表现为过程的推移。旧过程的终结，好像是向起点复归，其实是推陈出新，事物向更高层次进展。例如，化学过程的推移转化，意味无机领域向有机生命领域过渡。因此，化学过程是一个中介，因为"化学过程是一种类似于生命的东西；我们在这里遇见的生命内在活动会令人感到惊奇。化学过程假如能自动地继续进行下去，那就会成为生命；因此，显然应该从化学方面理解生命"[1]。有机生命的出现，才意味着自然界辩证运动的完成。

由此看来，矛盾运动是"过程"的本质；过渡、转化、复归是"过程"前进的环节；推陈出新是"过程"交替的结果。这样的"过程"是辩证前进运动的完整的表现。

过程性是两极对立运动的完成，两极性必须发展为过程性，才能摆脱知性分离的偏执，达到辩证的真理性阶段。这个过程性，也有三个基本特征：

（1）过程的有限性。黑格尔指出："过程的有限性却在于过程的各个环节也有物体的独立性；因此总体的内容就在于以直接的物

---

[1] 黑格尔：《自然哲学》，商务印书馆 1980 年版，第 325—326 页。

体性为其前提。"[1] 物体的独立性或直接的物体性作为总体过程的前提，说明这个前提的感性存在性质、独立的个体性质，使它显得好像是孑然自立，存在于过程之外。而总体过程却依存于这样的物体。因而，这个外在的感性内容构成了过程的有限性。因为具有感性内容的个体的存毁流逝潜在地集束于个体之中，与时推移，就形成该物的生灭过程。这样的过程有生有灭，也就是有起有讫，所以是有限的。

这个具有感性内容的个体的生灭过程，它作为过程进展的诸环节，却是一个独立的物体，那么，这样的环节就是一些感性的、有差别的东西，因而彼此分离。于是，"过程进展"作为一个现实的活生生的总体，就变为特殊过程组成的圆圈。这些圆圈成串，消长过渡，形成自己的特殊产物，而自己就像泡沫一样湮灭了。这样的过程，还谈不上是从自身出发内在地转变为构成总体的有机环节。这种过程进展的典型表现是"化学过程"。它与有机过程相比，还是有限的。这种有限性在于：第一，它的离合是外在的和不相干的；第二，它的变化是形式的、片面的，例如燃烧，以分裂消解作为其结局，而没有向起点复归的辩证进展；第三，在这种过程中，不同的东西的统一是静止的，它们的统一还没有进入现实的存在；第四，它的片面性的扬弃并不能达到总体性，而是流于另一种片面性；第五，它是一系列的间断过程，这种间断代表过程进展的不同阶段和转折点；第六，它的各个不同阶段表现为特殊的个体的物体形态。关于过程有限性的表现，说明感性的、外在的、无机的主要特征尚贯穿于过程之中，干扰其辩证的转化。

从电磁等物理现象的"两极性"发展到化学的"过程性"，说明

---

① 黑格尔：《自然哲学》，商务印书馆 1980 年版，第 332 页。

了自然界物质变化的必然的辩证综合趋向。 然而这种过程性还是一种深受外在物质羁绊的过程性，因而不可避免地具有了特殊性、有限性。 有限性必须被扬弃，发展为无限性，即从理化现象向有机生命过渡，才是物质客观辩证运动的完成。 有机生命运动由于具备自我补偿、自我复制、自我更新，在消亡中自生的能力，只要一息尚存，它便不会在变化中湮灭，相反，在过程之中，它还能在死亡中成长壮大，这就意味着对过程有限性的突破，发展为无限过程性。

（2）过程的层次性。 黑格尔指出："过程的进展是决定因素，物质个体的规定性只有在过程发展的不同阶段上才有意义。"① 可见"物质个体"的独立性是相对的，它必须被安置在过程进展的一定阶段上才有意义，因此，过程的进展及其阶序才是最主要的。 这就涉及到过程的层次性问题。 从有限到无限是过程发展的决定性一跃。 实际上这一跃并不是一蹴而就的，物质个体不断地生灭转化，就体现了过程的多层次进展。

由于过程是进展的，因此，过程的层次或阶序不表现为一系列静态的孤立的封闭的同心圆；由于过程又是分阶段的，因此，过程的进展便不是无穷的追索，连绵不断，了无尽头。 它是由一系列由低级向高级、由简单到复杂的，开放的特殊的环流所构成的。 黑格尔说："这些过程的总体是一个由许多特殊过程接合成的链条，它是一种循环，循环的圆圈本身就是一个由许多过程组成的链条。"② 黑格尔这段话的辩证内容是十分丰富的，当然有些措辞还是可以推敲的，例如，"循环"、"链条"，颇有点封闭、机械的色彩。 我们使用"环流"可能较少语病。

---

① 黑格尔：《自然哲学》，商务印书馆 1980 年版，第 335 页。
② 黑格尔：《自然哲学》，商务印书馆 1980 年版，第 335 页。

因此，过程的无限进展，既反对了数学式的无穷系列的僵硬的抽象公式，也打破了封闭圆圈的循环，于是过程就成了一系列首尾相接的特殊圆圈的"环流"。有限的特殊过程成为次第展开的高低层次，逐步推进、展开、扩散，于是宇宙的最高花朵——无限生命过程出现。这个无限过程，实际上就是新陈代谢、自我更新的过程。

（3）过程的复归性。过程的层次结构，并不是无穷进展，而是间断与连续的统一。间断将过程的发展区分为阶段、阶序、层次，并使这一阶段自成起结。相对于其他阶段而言，它是一个完整的过程；相对于高一个层次而言，它是其中的一个阶段、一个环节。过程的完整性表现在它的终端向起点的复归性。这就是向本原复归。复归不是原地打圈，而是生成新事物，出现新形态，向更广阔的领域转化。

向本原复归，就意味着对立面的结合、过程的形成。但是在有限的过程里，过程的开端与终结是彼此不同的。正由于起结不同，这种结合还达不到有机生命的无限过程，还与生命过程有所区别。化学过程孕育着生命过程，但还未实现生命；有限过程包摄着无限过程但还未达到真实的无限。因此，这种有限的化学过程的"对立面结合"、"对立面统一"还是潜在的、不现实的，因而是抽象的。它蕴藏着对立面统一，即将发展为对立面统一；它准备着向起点复归，即将达到自成起结的现实的统一体，从而达到具体的辩证综合的真理。

化学现象中过程性的出现，是无机自然界所能达到的顶峰，是自然界两极对立现象进一步发展的必然归宿，是客观辩证运动最终圆满实现的前奏。它必须从有限进展到无限，因此，"我们现在必须造成从无机自然界到有机自然界，从自然界的散文到自然界的诗词的过渡"[①]。自然界发展到有机生命出现，就进入了诗的意境。那个不断自我振作和自我保持的无限过程，才是整个自然界发展的顶峰。

物质发展的这个狠命的一跃，使得沉睡的自在的宇宙开始向生机勃勃的自为的宇宙飞升！物质的有机生命形态，物质发展的现实的无限过程，是珠穆朗玛峰头巍然挺立的雪莲。

三、物质是对立统一体

"物质"表现为依次递进的三种形态：即质量统一体、时空统一体、对立统一体。它们之间的关系是层次叠加、由浅入深、由表及里的。首先呈现在我们面前的是一个尚未完全摆脱感性羁绊的物质实体，即质量统一体；进一步抽象的结果，从而为我们的思维所掌握的，是一个知性构架的时空统一体；最后通过理性的构思，获得一个辩证综合的整体，这就是对立统一体。对立统一体才是物质的本质形态。此三者虽可分别论述，实则内在相关不可分割，构成物质自身的辩证进展过程。

概而言之，物质三态的总体发展过程是：

（1）宇宙的质的规定性就是存在及其演化过程。存在的最初表现为我们感官所接触到的"物体"或曰"物质个体"，例如天地风云、人鱼禽兽等。它们都是直接呈现于我们眼前的"这一个"（this）。"这一个"与感官形成一一对应关系，即感性物体都具有个体性。

物质个体似乎是具体而充实的，其实是流逝变迁、捕捉不住的。由于被感知的物质个体自身变动不居，感知的主体又因情景不同，反映免不了挂一漏万，有所出入，因此，感知的结果是虚幻不真的。

---

① 黑格尔：《自然哲学》，商务印书馆 1980 年版，第 372 页。

但是，物质个体自身并不是虚假的，而是客观实在的。它提供了探索物质范畴的唯一的客观起点。物质范畴不是头脑里臆造出来的，它来自感官触及的物质个体。物质个体是存在的基本状态，是"物质"最初的感性表现形态。

物质并不能脱离物体而独立存在，而寄寓于个别的物体之中。物体自变，并由感而因变，于是物体的个别性与特殊性，感性的表面性与变幻性，使得物体呈现出五光十色的幻象。深藏于物体之中的物质，恍兮惚兮，为其所困扰。于是，此一物质、彼亦物质，前一物质、后亦物质，使得"物质"为"物体"所限，从而具有不确定性，这个缺乏确定性的"物质"，实不能起科学抽象从而统率万物的作用。

但是，物质个体既然是存在的基本状态，它便是存在及其演化过程的体现。物质个体既体现了存在的质的规定性，又从内到外包容了存在的量的规定性。从内来看，如果孤立地看待存在演化过程之中的诸环节，则存在为多，有如影片每一个分解的镜头一样；如果视存在的演化为一整体发展过程，则存在为一，有如影片放映，若干镜头连续为一个整体动作一样。从外来看，诸物质个体正是众多存在的体现。因此，体现在诸物体中的物质，首先表现为一与多、存在与过程的"质量统一体"。

（2）什么是"存在"？存在是物体、物质个体。宇宙万事万物，尽管千差万别，但有一通性，即都是"存在"，存在是事物最普遍的质的规定性。我们说，存在是物体，只是一事一例，并没有对它做出任何规定。相反，存在是对"物体"做出的规定，它自身并未被规定。现在问题在：如何规定存在。

这样，我们就进入了对存在进行知性的分析。任何一个物体，都是有体积的，关于体积的外在抽象的说法，就是凡物体必然占有空间。因此，三维空间是作为存在的物体的抽象。三维空间从数量上、形式上精确地刻画了这个"存在一般"（being in general）。三维空间是存在的内在的量。宇宙是唯一的存在，还是众多存在的组合？众多的存在的客观研究，走上了物质结构分析的实证科学的道路；唯一的存在的探讨，从哲学的概括而言，走上了"存在一般"的知性抽象的道路。

存在一般就是三维空间，它的静态的结构特征是明显的，然而物质个体在时间之流中经历的变迁，它的历史行程所留下的动态轨迹，这些就难以确切地加以表述了。存在必须在过程之中才是现实的，孤立的点状存在，虽然也可以叫作存在，但它是转瞬即逝的行将幻灭的存在，而不是现实的存在。因此，三维空间必须加上一维时间，才是物质的完整的知性形态。我们生存于其中的这个物质世界是一个四维的整体发展过程。这个作为"存在一般"的物质便是一个"时空统一体"。

（3）把物质视为时空统一体，虽说克服了作为质量统一体的物质的不确定性，抓住了它的确定的静态结构，也注意到了它在时间之流中的动态演化的特征，但是，它如何演化、运动、发展，仍然是一个未解之谜。

宇宙是恒动的、永变的。作为构成宇宙的基石的物质自然界不是死物，而是以各种不同形式在不同层次中不断变化的。那么，谁使之变动？为什么是以这样一些方式变动？变动有无开始与终结之时？如有，开始之前，终结之后又是一个什么情景？诸如此类的问题，哲学与科学中有种种解答，在宗教之中甚至有一厢情愿的十分具体而肯定的答案。然而，自古迄今，尚无确切的一致公认的结论。这些解答只不过是一些估计、假设、推测，不少讲法，只有局部的暂时的效应，至于宗教臆造的种种故事就不值一提了。漠漠洪荒、历尽沧桑，面对造化的无穷巨变，惊叹之余，油然而生穷究宇宙底蕴之感。

宇宙万物的变动，合乎常情的解释是：外力推动。由外力推动而产生的运动的一个最基本的形式是"位移"。因推动而引起位置移动，这种运动是真实存在的。我们过去往往由于强调运动变化的内在原因，而非难"外力推动"的表面性与机械性，这实在是一种傲慢而片面的说法。"位移"是空间运动的最基本的形式，亚里士多德甚至认为一切运动变化都可以归结到位移。例如，性质变化，重轻、硬软、热冷等都是密集与分散的表现。而密集与分散又被认为是事物生灭过程中的合与分，即所谓结合而生、分离而亡。合与分必然是发生在空间中的变化。因此，质变、生灭等复杂运动形式都可以归结为空间运动。而空间运动主要表现为位移。因此，位移固然可以在机械力学范围内作为一种基本的运动形式，但从广义而言之，它又可以普适于其他复杂的运动现象，这时，"外力推动"实际上具有了"相互作用"的性质，而"相互作用"却是自然界的辩证本性的表现。可见，外力推动是相互作用的一种简单形态；相互作用是外力推动的一种发展形态。亚里士多德的观点虽然有某些混乱，但是，他已多少看出了事物的"相互作用"的普遍性，而且从重轻、硬软、热冷、合分、生灭等对立关系来看问题，从而提出了自然为本原，本原为对立，对立是事物内在的变动根源的著名论点。应该说，这是亚里士多德的辩证法天才的活的萌芽。正是在这一点上，马克思、恩格斯通过黑格尔，充分而确切地发展与丰富了"对立"这一辩证法的基本概念。

对立这一概念的形成，虽然由来已久，但它的丰富的科学内涵与深刻的哲学精神，却尚未得到充分的发掘。当代科学技术发展的整体化趋势，以及唯物辩证法的广泛运用，使我们日益深刻认识到：

宇宙万事万物作为一个整体，即作为一个统一的物质实体，它自身产生否定其自身的因素，形成内在的对立，对立双方交互作用，形成相互排斥、相互否定的斗争，达到对立的扬弃，产生辩证的转化，出现新旧递嬗，旧事物消亡，新事物产生。如此周而复始，物质在不断自我扬弃中前进。因此，物质实体揭开了它的内在秘密，表明其为"对立统一体"。

如果说，物质实体首先表现为质量统一体，基本上尚未完全摆脱感性直观范围；表现为时空统一体，基本上属于抽象的知性分析范围；那么，物质实体表现为对立统一体，就显现了宇宙物质实体内在的辩证本性了。

从质量统一过渡到时空统一，然后归结到对立统一，这既是物质实体作为一个四维整体的辩证发展的客观进程，也是我们的认识主体从感性、知性到理性的辩证思维的圆圈运动。客观与主观完全是一致的，它们统一于物质世界自身所固有的辩证本性。

物质世界的发展是寥廓无垠的，天外有天，无际无边；物质世界的构成是精微璀璨的，无机有机，生命出现；物质世界的趋势是脱离常轨的，自我异化，创生人类。人类的精神力量，首先体现为一种改造世界的力量，那就是技术。因此，"宇宙"、"生命"、"技术"是物质实体充分展开的三个环节。

据此，物质论的进一步探索，必然归结到宇宙论、生命论、技术论的论述。物质论是我们的《自然哲学》的导言；而宇宙论、生命论、技术论则是我们这个哲学体系的三个有机环节。

第二篇　宇宙论

我们说，宇宙自然的本质是物质实体。物质实体，简言之，是客观实在及其演化过程。这个演化过程便构成整个"宇宙"。

于是，在哲学本体论的基础上产生了宇宙论。古代宇宙论是现代宇宙学的原始形态，如果说古代宇宙论停留于直观的猜测性的常识范围，则现代宇宙学在天文观测的基础上，利用先进的技术手段，对宇宙形成及天体运行进行了宇宙天体物理化学机制的探讨，并得出各种有一定客观根据的"科学假说"，因此，现代宇宙学是观察、实验、知性分析的科学结晶。古代宇宙论为现代宇宙学所扬弃是不可避免的。

然而现代宇宙学的巨大的科学成就，却有待辩证的综合与哲学的阐明。因此，宇宙学复归于宇宙论也是不可避免的。问题在于现代宇宙学是否已经发展到十分充分的程度，辩证综合的客观条件是否已经具备了。此点，我们目前尚难以断定，所以我们关于宇宙论的论述只是一种尝试性的探索。

第四章　物质的演化与宇宙的生成

物质不是一团凝固不动的实体，而是一个不断演化的过程。这个过程的展开，形成各式各类的宇宙物体，从而构成了一个"过程的复合体"，这个复合体便是宇宙。

第一节　宇宙自然的物质本性

物质是宇宙的本原，宇宙是物质演化的整体形态。我们认为物质实体是一个四维整体的辩证发展的客观进程，那么，宇宙自然便是这个客观进程的表现。这就显示了宇宙的物质本性。

一、物质演化的系统化

κόσμος（cosmos），这个希腊字原意是"秩序"，到公元前 5 世纪之初，便用作"宇宙"或"世界"的意思了。可见"宇宙"是与"混沌"（chaos）相对立的。我们先存于其中的这个世界不是混沌一片，而是秩序井然的。因此，宇宙论要探讨的，就是宇宙自身所包含的内在秩序。这就是说，作为物质演化过程的宇宙是一个有内在规律的演化系统。因此，研究宇宙发展的规律性，就是研究物质演化的系统化过程。

物质演化的系统化是逐步实现的。自然科学设定的最初的物质形态，称之为"奇点"，我们目前尚未能透彻了解其性能。物质的演化从"奇点"开始，历经基本粒子、原子、分子，然后进入宏观世界，星球、星系、总星系，在无机自然界发展中，产生胶粒、团聚体，进而产生有机生命的各种进化形式，最后出现了人类、人类世界以及在此基础上派生的精神世界。这就是物质演化的系统化过程。而人类及其精神状态的出现，使得物质世界有了一面反观自照的镜子，于是自在的宇宙形成了一个自为的宇宙。

物质演化的系统化，常常使人惊叹造化的奥妙无穷。宇宙万事万物安排得是如此的和谐而富于节奏，配置得是如此的比例恰当而层次分明。这个天然的巨大的物质系统，其中所蕴藏的"精义"是我们难于穷尽的。

这个系统最明显的特征，首先是它的层次性。恩格斯曾经说："关于物质构造不论采取什么观点，下面这一点是非常肯定的：物质是按质量的相对大小分成一系列较大的、容易分清的组，使每一个组的各个组成部分相互间在质量方面都具有确定的、有限的比值，但对于邻近的组的各个组成部分则具有在数学意义下的无限大或无限小的比值。可见的恒星系，太阳系，地球上的物体，分子和原子，最后是以太粒子，都各自形成这样的一组。"[1] 现代自然科学正是这样按照物质的质量和时空关系来划分层次的，而且都有比较明确的数据。这些数据可参见下表。据下表，可见从总星系到基本粒子，这一系列的物质层次，都有确定的相对应的质量大小和时空尺度，它们是循序递升或递减的。这些数值标志着不同层次之间矛盾的特殊性。但是，数据只是一种标记、一种参考，层次之间的性质差异还

---

[1] 恩格斯：《自然辩证法》，人民出版社 1971 年版，第 248 页。

有待全面的科学分析与哲学说明。例如，原子在质量大小等方面和分子之间的差距远不如分子以上各相邻层次之间的差距那么大，但是，由于原子与分子之间在物理化学性质方面的巨大差异，就自然地分成两个层次了。可见层次之间数量差距的大小，并不成比例地决定层次间性状的差异。数量在无机自然界的作用也是有局限的。至于有机界的物质层次，例如，生物大分子、细胞、组织、器官、生理系统、生物个体、种群和生物群落等，虽然各有其特定的数量关系，但它们的内在矛盾特征远非数量所能表明的，而有机界的层次划分主要依据其结构与功能。现仅就"细胞"这一层次而言，最小的自由生活的单细胞生物、类肋膜肺炎球菌的直径为 1/10 微米，而最大的鸵鸟蛋，其蛋黄直径可达 5 厘米。它们同属细胞层次，但尺度相差五个量级，它实际上又越过了许多中间层次，进入生物个体尺度范围。

物质各层次的质量和尺度范围表

层次	质量范围（克）	尺度范围（厘米）
总星系	2×10^{55}	$1.5 - 2 \times 10^{28}$
星系	$10^{36} - 10^{45}$	$10^{20} - 10^{23}$
恒星	$10^{32} - 10^{35}$	$10^{6} - 10^{14}$
行星	$10^{24} - 10^{30}$	$10^{8} - 10^{14}$
地上物体	$10^{-15} - 10^{24}$	$10^{-5} - 10^{7}$
分子	$10^{-22} - 10^{-15}$	$10^{-8} - 10^{-6}$
原子	$10^{-23} - 10^{-21}$	$10^{-8} - 10^{-7}$
原子核	$10^{-23} - 10^{-21}$	$10^{-13} - 10^{-12}$
基本粒子	$0 - 10^{-23}$	10^{-13}

物质系统的层次，向内深入与向外扩展，在理论上是无限的，但认识的实际界限是随着时代的进步与科技手段的更新而改变。

17 世纪，牛顿力学是对宏观世界的规律的基本总结；20 世纪以来，量子力学把人们带入微观世界。由于广义相对论的指引，我们的认识范围扩大到太阳系、银河系之上，从而进入宇观领域；又由于希格斯场的发现，从而深入到微观以下层次，钱学森将其定名为"渺观"。希格斯场可以解释大爆炸理论中宇宙的形成问题，宇宙是无限的，大爆炸只意味着宇宙中一个局部的生灭过程。跨越宇观的尺度之上，仍有许多宇宙同时存在，这个更高层次，钱学森将它命名为"胀观"。胀观层次中的物理规律，目前我们尚未掌握，因此，它对于我们而言，还只是可能的而不是现实的。

物质系统的层次性表明：这个作为"过程复合体"的宇宙结构的序列演化，有如一个其外无边、其内无里的"套箱"，中间有限、层层转化，两头无限、掘进延伸。

"套箱模型"！如果宇宙可以有模型的话。

其次，物质系统的整体性也是十分重要的。系统论的一般观点认为："整体大于部分之和"，因此，一个系统不是其组成诸要素的简单相加，而是诸要素的有机组合，要素之间相互作用，从而产生某种协同效应，使系统显示出整体性来。

在两个相邻的物质层次的关系上，我们可以看到相互作用而产生的协同效应达到的整体性。小如"原子"，并不能认为它是原子核与电子的简单相加，它乃是原子核与核外电子尤其是外层电子相互作用的产物。在相距甚远的物质层次上，我们也能看到这种整体性，寻求微观的基本粒子反应过程与宏观的天体演化过程之间的相互关系，乃是解释宇宙现象的基础。由此，我们可以看到，在恒星演化过程中，只有达到一定的温度与压力，其中心的热核反应才有可能发生，而这种温度与压力都是由宏观的引力收缩所致。于此，显示了宇宙天体演化过程对微观基本粒子反映过程所起的作用；反之，由于恒星内部热核反应的进行，不仅释放了大量的能量和辐射物质，而且还改变了恒星内部物质的化学成分，使密度和引力分布都发生了变化，从而决定了恒星演化的全部进程。现代宇宙学将基本粒子与天体物理二者结合起来研究，正是从物质系统的整体性着眼的。

物质系统的整体性是宇宙自然统一性的前提。世界的统一性在于它的物质性，之所以在于物质性，乃是由于物质系统的整体性。

"整体演化"，这就是宇宙自然的特征。

最后，物质系统的内在目的性问题也是不容忽视的。一般认为，目的性问题属于人类社会范围，自然界没有目的性问题。这就是说，只承认社会目的性，不承认自然目的性。自然界只有适应性。其实，人类、人类社会、精神世界都是客观物质世界的产物，它们所特有的秉性，不是从天而降或偶然自生的，它们的形成与发展都有其客观物质演化的根源。因此，人类社会目的性，一定有其客观的物质的萌芽形态。当代科学提出的"自组织"理论说明了一个自然物质系统各部分之间协调一致的活动，这种协调一致，就是目的性的萌芽状态。我们可以把它叫作"自然目的性"。自然目的性是目的性的自在状态，社会目的性是目的性的自为状态。

承认自然目的性并不等于承认万物有灵论。万物有灵论是完全抹杀无机与有机、非生命与有生命、无思想与有思想之间的质的差别的。石头也有灵魂，这只是神话、小说中的夸张的或艺术的手法，科学与哲学是不承认的。但是，承认质的差别并不等于完全割断事物之间的内在联系，承认自然目的性正是强调事物之间的内在联系，证明它们不是彼此漠不相关的。

因此，物质系统的演化过程，也可以说是目的性从自在到自为的发展过程。这就说明，物质的发展不是偶然的、任意的，而是有导向、有目的的，因而具备了程度不等的择优性。这就使我们有理由乐观地估计宇宙自然发展的前景。

"目的择优"，是宇宙从自在走向自为的一个关键性环节。

物质演化的系统化的内容，我们归结为三点，即"套箱模型"、"整体演化"、"目的择优"。如果说，套箱模型是静态的描述，整体演化是动态的揭示，那么，目的择优便是客体性中的主体性的透露。我们关于物质的发展与宇宙的发展的看法是完全一致的。

二、演化与稳恒的两极对立

宇宙自然是亘古如斯、周而复始、稳恒不变的呢，还是变化流转、稍纵即逝、不断演化的？这是一个古老的争论不休的问题。"演化"与"稳恒"看来像是根本对立的，其实，是相辅相成、辩证统一的。这个在哲学上为辩证法所阐明了的问题日益得到了科学的证实。由于在宇宙物质系统演化过程中客观存在的两极对立倾向，关于对立统一学说就有了充分的客观科学根据。

演化是绝对的，稳恒是相对的。但又应看到：必须承认稳恒，才能把握演化。演化与稳恒不是不相干的或外在对峙的两件事。它们互为否定，演化是稳恒的否定形式，稳恒是演化的否定形式。

宇宙总有一个形态，因此它必须稳恒；但是宇宙形态确也在不断变化，因此稳恒又只是演化的特殊场合。科学证明：从总星系到生物，所有的个体都在演化，作为其复合体的宇宙当然也在变化，还有膨胀宇宙大范围的结构也在变化之中。所以，宇宙形态的稳恒性与宇宙系统的演化性是统一的。

关于演化问题的科学研究，近年十分活跃，但都是一些探索性的议论，很难认为是完全的真确的。例如，光谱红移、微波背景辐射，这些经过科学实验所取得的成果，无疑地，对现代宇宙学理论研究，有很大的推动作用，不过并不能因此而认为那些宇宙学理论都是真理了。它们各自都有其难以克服的困难，而且各种学说之间往往彼此矛盾。它们迄今仍然是一些不完全的科学假说。

自从康德于 1755 年和拉普拉斯于 1796 年各自提出关于太阳系起源的星云学说以来，就开始打破了天体自古迄今永远如此的僵化观点，认为一切天体、整个宇宙都有自己的形成的历史。从太阳系到整个宇宙的起源和演化，通过物理、化学、地学、数学、哲学与天文学多学科的综合研究，已经取得了许多重要的具体成果。近代牛顿的均匀结构的宇宙模型，认为宇宙是一个无限平直的空间，它的机械的静态的特征是十分明显的。现代宇宙模型是从批判牛顿观点开始的，1917 年爱因斯坦第一次从动力学的观点出发，建立了一个有限无边的宇宙模型。所谓有限，是空间体积有限；所谓无边，是宇宙空间是一个弯曲的封闭体，类似球面，没有边界，且不随时间的变化而变化。爱因斯坦还假设宇宙存有一种斥力可与万有引力相抗衡，从而使宇宙保持静止不动。这仍然是一种静态的宇宙观，显然与宇宙的永恒演化是矛盾的，特别是星系谱线红移、微波背景辐射等宇宙现象的发现，证明这种模型不符合宇宙发展的客观进程，爱因斯坦也就放弃了这种观点。

在现代宇宙学中，几乎没有人怀疑宇宙的演化、宇宙的膨胀。科学家对观测所及的大尺度时空结构和宇宙物质演化，进行统一的理论描述，力图利用一些简化了的假设来说明宇宙的演化现象，建立了不少"宇宙模型"。目前流行的，有稳恒态、等级式、阶梯式等，多达十余种。但主要的有两种：（1）有演化的弗里德曼宇宙模型，（2）无演化的稳恒态宇宙模型。前者认为宇宙是一个膨胀着的体系；后者认为宇宙的性质，在大尺度的时空范围内，稳恒不变，不仅在空间上是均匀的、各向同性的，而且在时间上也处于稳定状态。其实这两类模型都有理论的困难与观测的不符，不但不能自圆其说，而且实践证明不少地方与客观相悖。这点姑且不论，就是它们之间"有演化"与"无演化"的对立也是相对的。因为它们都是反对静态的宇宙观的。稳恒态其实在一定条件下也是膨胀的，因此，稳恒态是一个单调膨胀的宇宙模型，可以视为弗里德曼宇宙模型的一个特例。

大爆炸宇宙学（big-bang cosmology）则是现代宇宙学中最有影响的一种学说。它把化学元素的形成演化与整个宇宙的形成演化联系起来，即将核物理同相对论结合起来，也就是说从宇宙物质系统的整体性出发研究宇宙演化问题。它由于符合几个重要的观测事实而风靡科学界：（1）它主张所有恒星都是在温度下降后产生的，温度下降迄今约 200 亿年，因此任何天体年龄均应小于 200 亿年。天体年龄测量证明了这一点。（2）观测到河外星系有系统的谱线红移，它反映了宇宙膨胀的现象。（3）在各种不同天体上，氦丰度均为 30%。大爆炸理论指出是由于早期高温（100 亿度以上）所造成。（4）1965 年探测到的 3K 微波背景辐射，从定性与定量上都同大爆炸理论预言相符。但是在星系的起源、各向同性分布等方面还有不少困难。例如，最近霍普金斯山天文台对大约 6000 个星系进行观测，发现一道由星系组成的长至少有 5 亿光年、宽约 2 亿光年、厚约 1500 万光年的"长城"。这道长城，离地球约有 2 亿至 3 亿光年。这一发现动摇了过去的那种认为物质是在整个宇宙均匀分布的观点，证明星系的分布是成团状的。这种大尺度天体系统分布的成团倾向是大爆炸理论无法解释的。可见一个理论与某几个观测事实的符合只能说是一种"偶合"，缺乏必然性。只要出现一个相反的经过确证了的事例，它就站不住脚了。

因此，目前的各种有关宇宙演化的科学理论都是成问题的理论。

但是从其理论导向来看，我们都同意宇宙是永恒演化的，但演化却不是绝对的，而是演化之中有稳恒，稳恒是演化的特殊场合。这个理论的或曰哲学的导向，我们认为是正确的。至于实践过程中确证的某些宇宙现象，理论是否吻合，并不是主要的。重要的是以事实作为基础，进一步发掘相关事实，然后比较研究，进行新的理论概括，再通过实践，考察它的普适性。

目前，科学的分析尽管是不完备的，哲学的理论尽管是较空疏的，但都确认一点，那就是：宇宙在演化与稳恒两极对立中前进。

三、混沌—秩序—混沌

演化与稳恒的两极对立是宇宙发展的内在矛盾的表现，这个内在矛盾所表现出来的现象形态或运动形式，我们认为是"混沌（chaos）—秩序（cosmos）—混沌（chaos）"的辩证圆圈形运动。

宇宙的结构与功能的异常复杂性，使人有混沌一片之感。然而混沌之中包含着秩序、规律，这些是人类逐步认识到的，但远远没有穷尽。秩序、规律不是赤裸裸的，它总与混沌偶然交织在一起。《淮南子·天文训》中有一段描写天地宇宙生成的话："天坠（地）未形，冯冯翼翼，洞洞漏漏，故曰大昭。道始于虚霩，虚霩生宇宙，宇宙生气，气有涯垠，清阳者薄靡而为天，重浊者凝滞而为地。清妙之合专易，重浊之凝竭难，故天先成而地后定。天地之袭精为阴阳，阴阳之专精为四时，四时之散精为万物；积阳之热气久者生火，火气之精者为日；积阴之寒气久者为水，水气之精者为月；日月之淫气者为星辰。"这是古代中国的一种臆想式的宇宙观，它是完全经不起科学的推敲的。但是，在这些奇特的语言中，有三个值得注意的词：那就是："大昭"、"虚霩"和"精气"。所谓大昭，就是天地尚未成形时的混沌状态。混沌状态、冯翼洞漏、振搏无形，此乃一片空虚寥廓之境，这就是宇宙创生的起点。宇宙初成，乃是一团氤氲之气，气精凝而生变，形成天地、阴阳、四时、万物、水火、日月、星辰。简言之，就是混沌中产生井然有序的宇宙。这一想法看来还是相当合理的。西方从古希腊到康德以迄现在，不少的哲学家与科学家也有类似的构思。例如康德便认为太阳系是由混沌无序的原始星云发展而来的。他曾精辟地说明"混沌"与"秩序"的关系："大自然即使在混沌中，也只能有规则有秩序地进行活动。"[1] 他还说："我们把宇宙追溯到最简单的混沌状态以后，没有用别的力，而只是用了引力与斥力这两种力来说明大自然的有秩序的发展。"[2] 并进而指出："如果秩序井然而美好的宇宙，只是受到一般运动规律所支配的物质所起的作用的结果，如果自然力的盲目机械运动能从混沌中如此壮丽地发展而来，并能自动地达到如此完善的地步，那么，人们在欣赏宇宙之美时所得出神是创世主的证明，就完全无效了。"[3] 康德不承认宇宙的秩序是神创造的，而是混沌初开，其自身所具备的。恩格斯则更加明确地论述了自然界由"原始星云"这种混沌状态向高度有序的人类社会逐步发展的历史。他还强调自然界的运动是混沌—有序—混沌如此无限演化发展的循环往复的过程。

19 世纪以来，对"混沌与秩序"，即"无序与有序"问题，自然科学进行了精深的研究。生物进化论认为，生物的发展是由无序到有序、由低级到高级的进化过程。人类的出现，是生物高度有序化的标志。而热力学第二定律则指出：在孤立系统中，热量总是由高温物体自动传向低温物体，此即所谓"熵增原理"，它表明高温流向低温，达到热平衡，这就是从有序到无序、从秩序到混沌。在自

---

[1]　康德：《宇宙发展史概论》，上海人民出版社 1972 年版，第 14 页。

[2]　康德：《宇宙发展史概论》，上海人民出版社 1972 年版，第 24 页。

[3]　康德：《宇宙发展史概论》，上海人民出版社 1972 年版，第 4 页。

然科学探讨中，似乎又形成了"无序到有序"与"有序到无序"的两个方向的对立。

近年来，普利高津建立的"耗散结构论"、哈肯创立的"协同学"，从有序与无序相互转化的角度，初步将进化论与热力学第二定律的矛盾统一了起来。它们研究了非平衡系统的自组织理论，指明了系统怎样从混沌无序的初态，向稳定有序的终态演化的过程与规律，并力图描述系统在临界点附近相变的条件和行为。孤立系统由于熵增，由有序走向无序。但是一个远离平衡态的开放系统，则可通过与外界交换物质与能量，从外界获得负熵来抵销自身的熵增。这样就有可能在一定条件下，使系统从一种混沌无序的状态，发展成为一种稳定有序的结构。

根据自组织理论，无序向有序转化，必须具备下列条件：

（1）开放性。产生有序结构的系统必须是一个开放系统，而不能是孤立的、封闭的。这个系统要能与外界进行物质、能量、信息的交流，从而使外部输入负熵大于内部熵增，使系统熵减，至少熵不变，这才有产生和维持有序结构的可能。

（2）非平衡。系统从无序走向有序，必须处于远离热平衡态。在热平衡态附近，不会出现新的有序结构，只有远离平衡态，才有可能从杂乱无序的初态，跃迁到新的有序状态。因此，普利高津说：非平衡是有序之源。

（3）非线性。形成有序结构系统内部各要素之间要有非线性的相互作用。这种相互作用使系统内各要素间产生相干效应与协同动作，从而变无序为有序。非线性相互作用，导致系统有序化的多方向性。

（4）随机涨落。一个系统从无序向有序转化，既然有多种可能，那么，哪一个可能会变成现实呢？一般认为，在这个转化跃迁过程中，偶然性、随机涨落起着十分重要的作用，即通过涨落才能导致有序。

在系统处于不同的状态时，涨落的作用是不相同的。当系统处于稳定状态时，涨落还无重大作用，只是一点小小的干扰而已，而且由于系统自身的抗干扰能力而逐渐衰减，从而使系统能经历微弱的振荡而保持原来的状态。但是，如果系统处于远离平衡的不稳定态，即处于临界点附近，那么，使系统离开原来轨道的涨落不仅不会衰减，反而可能被放大，形成所谓"巨涨落"，从而使系统一下子跃迁到一个新的有序状态。

自然科学对有序向无序转化的研究也同样取得了重要成就。1979 年以后，哈肯等人注意到，一个非平衡的开放系统，不仅可以通过突变从无序转向有序，而且也可以通过突变从有序再进入混沌状态。美国科学家费根鲍姆还提出了从有序走向无序的理论，即所谓周期加倍理论。

科学家在有序与无序的关系的两个相反方向上研究的成果都是切实的、有成效的。但从哲学上，将两个反向运动结合成一个辩证发展的圆圈运动，则更富于哲理性，更为接近客观真理：

"无序—有序—无序"、"混沌—秩序—混沌"的实质是"偶然现象—必然规律—偶然事态"。

第一个无序或混沌是原始的未分化的初始状态，它潜在地包含着有序或秩序。无序或混沌在其发育生长过程中，逐步展现其内在的有序性或秩序。秩序并不是凝固不变的，扰动是经常发生的，它终将被扬弃，复归于无序或混沌。第二个无序或混沌是意识到了其自身的内在有序性或秩序的"无序或混沌"。这个混沌是一个意识其自身、确证其自身的"自由的灵魂"。它摆脱了无意识的原始状态，扬弃了抽象的秩序的中介状态，进入了有序与无序的统一、混沌与秩序的统一的真理状态。

混沌与秩序问题并不是特别新颖的问题，它的实质就是偶然与必然的关系问题。宇宙的混沌杂多的初始状态，似乎无任何规律可循，完全是一个偶然的存在，它每时每刻所发生的多种事态，似乎都是无法预料的。只是在其逐渐演化的过程中才显示出某些规律性，即透露出其内在的必然性。宇宙演化的各种因素与条件，绝没有一个超宇宙的力量为之预先安排。因素的凑合与条件的形成是无法预料也无法为之安排的，在这里是纯粹的偶然性。这种纯粹的偶然性便呈现为混沌杂多的无序状态。但是各种因素既然凑合在一起了，它们各自所固有的性能，在内部一定的相关条件下，又有外部所提供的必要条件，就必然地产生特定的交互作用，而导致各式各样的运动与变化。这些运动与变化是必然的、有规律与秩序可循的。这里所说的内部相关与外部条件，它们自身的变化或更动，则是偶然的、随机的。当外部的撞碰与内部的扰动影响其稳定时，偶然性可以将演化导致另一方向，因此，偶然性并不是对宇宙演化毫无作用的。另一方面，宇宙演化的整体呈现与宇宙事物的现实表现，不是一个干瘪的必然结构支架，而是丰满的、瞬变的、活生生的实体。这就是说，充满了感性的偶然内容。因此，宇宙之中没有干净的孤独的必然性，它总是存身于偶然之中。归根到底，宇宙演化仍然是一个偶然事态，仍然是一片混沌。宇宙是偶然性与必然性的统一，必然性寓于偶然性之中、有序寓于无序之中、秩序寓于混沌之中。

从事科学研究的人特别不喜欢偶然性，以为整个宇宙总是处于铁的必然性之中，殊不知宇宙之所以成为现实的，正由于它是偶然的。现实的宇宙充满了偶然的因素。有了偶然，才有千变万化；有了偶然，才谈得上创造；有了偶然，才有更深层次与更高层次的变动；有了偶然，才有诗情画意；有了偶然，才有人类的真实的生活；

有了偶然，宇宙的存在才具有真理性。

第二节　宇宙自然的发展

关于宇宙整体的研究，不能不从地球出发、以人为中心、以服务于人类社会为目的。宇宙的纯客观的研究，必然要进展到关于宇宙的最高花朵，即作为精神实体的人的历史发展的研究。只有这样的研究才是完整的。

"人"是宇宙自然发展的产物，"人"是宇宙产生的否定因素、能动力量。有了人，宇宙才有了一面反观自照的镜子；有了人，才有了真正的客体与主体的对立；有了人，才有了自觉推动沉睡的宇宙定向前进的力量；有了人，才能使宇宙从潜在的转化为现实的。

一、从潜在的到现实的展开过程

亚里士多德曾经提出"潜能"（potentia）与"现实"（actus）一对范畴。潜能是可能性的存在，这种可能性，在特定条件下，通过运动变化，而成为现实的。而"隐德来希"（entelecheia）便是从潜能到现实的过程与动因。这个"隐德来希"便意味着生长发育的过程。

脱离人的自然界是潜在的，因为它对于人而言，只是一种抽象的可能的存在，没有具体的现实的意义。

潜在的宇宙是随着人类的进步，逐渐展开成为现实的，所谓"三才理通，人灵多蔽"（《后汉书·张衡传》），正好说明了宇宙自然在从潜在的到现实的展开过程中，是以人类的认识为基础的。

人类作为认识的主体，不仅是自然的人，而且是社会的人。他对世界的认识总是有倾向性的，总有其特定的目的性。就是标榜客观研究的自然科学，也有潜在的目的性，归根到底，也要能为人类服务，否则就不能得到发展而濒于消亡。恩格斯便说："天文学中的地球中心的观点是偏狭的，并且已经很合理地被推翻了。但是，当我们在研究工作中愈益深入时，它又愈来愈出头了……我们只可能有以地球为中心的物理学、化学、生物学、气象学等等。而这些科学并不因为说它们只对于地球适用并因而只是相对的，而损失了什么。如果认真地对待这一点并且要求一种无中心的科学，那就会使一切科学都停顿下来。"[1]

当今科学迅猛发展，已远非恩格斯时代所可比拟的了。我们开拓了宇航事业，发展了空间科学技术，宇宙学与基本粒子学说的研究极为深远地扩充了我们的视野。尽管如此，人类的认识仍然未能摆脱从地球出发，以人为中心的认识模式，实际上这也是摆脱不了的。因为各门科学，都是地球上的人从自身的存在与发展出发而进行探索的。

我们观测所及的这个"我们的宇宙"以外的情况如何，我们毫无所知。因而，外宇宙对于我们而言，是潜在的。现代宇宙学、理论物理学的研究表明："我们的宇宙"可能不是"唯一的宇宙"。我们的宇宙之外，可能有无数个宇宙的存在，它们形成一个"宇宙系综"，并以某种几率分布着。我们的宇宙，相对于宇宙系综而言，就太渺小了。它不过是一个对我们有现实性的宇宙而已。

如果我们能取得与"宇宙系综"某种形式的信息传递，则它们就可能为我们逐渐认识，从而由潜在的转而为现实的。

目前我们对外宇宙、宇宙系综的研究还是探测性的，有人认为众多的宇宙可能是经过奇点联系着的不断循环，如果奇点意味着完

---

[1] 《马克思恩格斯选集》第3卷，人民出版社1972年版，第559—560页。

全切断因果关系的话，那么各个循环之间原则上就不可能有任何信息交换了。即使我们从对"我们的宇宙"的认识类比外推，其结论也只是一些无法验证的假设而已。反之，如果由于量子效应，宇宙的每次发展，并不塌缩到奇点，而是按某种几率反弹回来，以不同的初始条件和物理常数开始另一循环的话，这些不同宇宙之间，就可能存在某种程度的因果关系，因而有朝一日，我们也许可能观察到宇宙历史中过去一些循环的余留物。[①]

虽然我们对外宇宙、宇宙系综可以做出种种估猜，其真实性可靠性却是难以断定的。不过，我们认为，我们的宇宙之外的众多的宇宙是独立存在的，但只要它们在我们的视野之外，而且我们目前尚无法感受它们对我们的宇宙的任何影响，那么，它们与我们的宇宙之间可能存在的因果联系便可略而不计，因此，它们对于我们仍然是潜在的。但是随着人类的进展，从潜在到现实势将逐步展开，我们的宇宙的发展是无限的。

二、从有限的到无限的突破过程

潜在的宇宙是无限的，人类认识可能达到的领域总是有限的。作为物质总体的宇宙是恒定的，因而可视为有限的，但宇宙物质系统的组成因素的配置、组合、演化却是无限的。因此，宇宙的有限与无限的关系问题是异常错综复杂的。

关于有限与无限问题，理论概念的分析，目前我们还只能从黑格尔那里得到启发。他说："实有在它的自在之有中，把自己规定为有限物并超出限制；这就发生了无限的概念。超出自身，否定其自身，变为无限，乃是有限物的本性。所以无限物并不是在有限物之上的一

---

① 参见邹振隆：《谈谈人择原理》，《百科知识》1981 年第 10 期。

个本身现成的东西，以致有限物都仍然长留在、或保留在无限物之外或之下。"[1]一个特定存在或一个实物，当它自然而然存在着时，它是一个有限物。所谓有限，表示该物受到特定时空的限制。但是这种限制，随着情景的推移，行将超出限制，从而否定其自身，即限制将被突破。限制的被突破就是无限。因此，无限乃是有限物内在的否定其自身的界限的本性的表现。从辩证法的观点而言，有限与无限是相互依存的，而不是外在对峙的。所谓"限制"，一方面，它表示一物成其为一个特定的实物，就在界限之内，因而是有限的；另一方面，它又表示有一个界限之外的领域，这是有限物推移转化前进的条件，事物的推移转化前进必然要突破这个界限，这就意味着无限。

这种有限不断被设置，而又不断被突破而出现的无限，是真实的无限性。它真实地存在于事物的新旧递嬗的转化的那一瞬间。这种无限性是与所谓恶的无限相对立的。恶的无限性是知性的数学无限性，系列处于不断递进不可穷尽没有尽头的状态。康德认为这种不断超越是令人恐怖的；黑格尔认为这是一种不能实现的无限性，它是存在于有限事物彼岸的东西。他还认为这种无限性之所以令人恐怖"只在于永远不断地规定界限，又永远不断地超出界限，而并未进展一步的厌倦性"[2]。

现代宇宙学中，不少人在建立宇宙模型时深受这种数学无限性的影响，例如，等级式或阶梯式宇宙模型，就认为宇宙是一个层次一个层次无限推进的。其他模型的构造者也很少完全摆脱知性思维的"有限无限观"。在数学上讲的所谓"发散型"无限，或"收敛型"无限，一个讲的是至大无外，一个讲的是至小无内。它们取向

---

[1]　黑格尔：《逻辑学》上卷，商务印书馆 1966 年版，第 135—136 页。
[2]　黑格尔：《小逻辑》，商务印书馆 1980 年版，第 229 页。

相反、性质相同，都是抽象的无限性，而不是真实的无限性。

从外在的量的规定性的角度而言，"恶"无限与"真"无限是相互对应的两极，是发散与收敛两种数学上不同性状的表现。有人将"收敛的"说成是"真"的，这个"真"只是在数学的量的范畴之内而言的，并不是哲学上的真实的无限性。但从内在的质的规定性而言，那种向外推索的无穷进展，与那种向内深挖的无穷掘进，同样地都是恶的抽象无限性。只有那寓无限于有限之中，无限乃有限的发展与突破，才是真实的无限性。

宇宙中任何物质形态，上至总星系，下至原子核，每种形态都是有限的，即作为一个相对稳定的形态而言，是可以穷尽的。但是，形态行将突破，发展而变化，却是无限的。这种无限性，不是那种恶的抽象的无限性，从这一点而言，物质的发展又是不可穷尽的。这种发展的不可穷尽性，从宇观范围看来，确乎有点像是恶的无限进展；从微观范围看来，确乎有点像是没有尽头的无限分割。但是，物质的演化并不等于数学的抽象推导。譬如说，一个数的系列是没有物质内容的，1，1/2，1/4……理论上是可以无限进行的。而物质演化是有实际内容的，它表现为特定时空的物质形态的结集。既是结集，它就有集有散，即有生有灭，因而是有限的。我们说宇宙是有限的，绝不等于说它是僵化的没有发展的。恰好相反，唯其是有限的，它才是现实的而不是抽象的，因而自身便是一个生灭变化的过程。这个过程的进展才是真实的无限。因此，在现实世界中，数学上的那种抽象无限进展只是一种理想状态。而物质系统中的有限与无限，不过是稳定的暂时性与变动的永恒性的统一。

三、从间断的到连续的统一过程

宇宙是连续的，还是间断的？这是一个古已有之的问题。

从古希腊德谟克利特的原子论到现代的基本粒子论，基本上都是主张宇宙间断论的；从古希腊米利都学派开始的以太说到笛卡儿的连续以太论，基本上都是主张宇宙连续论的。直到狄德罗才多少有了一点辩证的观点。他认为宇宙是由不连续的点组成的，是一系列不连续的球。他在《达朗贝尔的梦》中说："在这个活的点子上黏上另一个，又黏上另一个；这样继续不断地黏下去，便得出一个整体的东西来。"这样的连续性是不是一种假定的毗连性呢？不是。他认为连续性"就像一滴水银溶合在另一滴水银里，一个有感觉的活分子溶合在另一个有感觉的活分子里……起初有两滴，接触以后就只有一滴了……在同化之前有两个分子，同化以后就只有一个了"，因此，"两个同质的、完全同质的分子相接触就形成了连续"。[①]狄德罗这段对话，有些措辞是笨拙的，有些想法是表面的，但他却肤浅地看到了事物的连续与间断统一的一面。他没有在绝对对立中思维，这是他的高明之处。

黑格尔虽然是唯心的，但却辩证地思考了间断与连续的关系问题。他指出："量是分立与连续两者的单纯统一，关于空间、时间、物质等无限可分性的争辩或二律背反都可以归到量的这种性质里去。"[②]然后，黑格尔分析"这种二律背反完全在于分立和连续都同样必须坚持。片面坚持分立，就是以无限的或绝对的已分之物，从而是以一个不可分之物为根本；反之，片面坚持连续，则是以无限可分性为根本"[③]。从形式逻辑而言，二律背反是不能坚持的、不能成立的。而辩证法则认为：这种矛盾是客观存在的。黑格尔批评那种片面的观点说："关于空间、时间或物质的二律背反（Antinomie），认

---

① 《狄德罗哲学选集》，商务印书馆 1959 年版，第 135—136 页。

② 黑格尔：《逻辑学》上卷，商务印书馆 1966 年版，第 199 页。

③ 黑格尔：《逻辑学》上卷，商务印书馆 1966 年版，第 199 页。

它们为可以无限分割，还是认它们为绝不可分割的'一'［或单位］所构成，这不过是有时持量为连续的，有时持量为分离的看法罢了。如果我们假设空间、时间等等仅具有连续的量的规定，它们便可以分割至无穷；如果我们假定它们仅具有分离的量的规定，它们本身便是已经分割了的，都是由不可分割的'一'［或单位］所构成的。两说都同样是片面的。"[1] 既然是片面的，当然是不真的。黑格尔认为"只是连续的量"和"只是分立的量"都是没有的，说它们彼此互相反对，只是我们抽象反思的结果。如果我们从整体上把握这个世界，则连续与分离是统一的。譬如说："由一百人构成的分离之量同时也是连续的，而其连续性乃基于人所共同的东西，即人的类性，这类性质贯穿于所有的个人，并将他们彼此联系起来。"[2]

这种客观存在的矛盾，即康德所谓的"二律背反"。如采取康德那种分别予以知性论证的办法，即相反的两个命题同时可以证明为真的办法，黑格尔认为只是"无谓地辛苦兜圈子，那只是用来搞出一个证明的外貌"[3]。知性论证是排除推理的矛盾；而辩证的分析，则以如实地承认客观存在的矛盾为前提。看来，连续性如果与分离性绝对对立，那个切不断的连续性就变成了把握不住的绵绵不尽的流，个体没有了，多样性没有了，它成了一个"神秘的一"，是完全不可理解的，而且也为现实世界所没有的。反之，如果分离性与连续性绝对对立，那个孤立的分离性就变成了捏不拢的一盘散沙，发展没有了，联系没有了，它成了一个"独立的点"，是完全没有意义的，而且客观上也是不存在的。因此，连续之中有分离，分离之中有连续，它们是相互依存的。"既然两个对立面每一个都在自身那里

---

① 黑格尔：《小逻辑》，商务印书馆 1980 年版，第 221—222 页。

② 黑格尔：《小逻辑》，商务印书馆 1980 年版，第 222 页。

③ 黑格尔：《逻辑学》上卷，商务印书馆 1966 年版，第 204 页。

包含着另一个，没有这一方也就不可能设想另一方，那么，其结果就是：这些规定，单独看来都没有真理，惟有它们的统一才有真理。这是对它们的真正的、辩证的看法，也是它们的真正的结果。"①

黑格尔关于连续与间断的分析，当然远远超过了狄德罗的那种表面的常识性的说法，但是那种晦涩的思辨性的论述，对客观自然界的实际存在着的连续与间断问题，只有一般的指导意义，尚未能涉及到具体问题的解析。当代科学技术的发展，如前所述，也陷入连续与间断的困扰之中。关于波粒之争，实质上就是连续与间断的矛盾，各执一端之争，直到波与粒的统一、实物与场的统一，才具体地证实了连续与间断的辩证统一。

因此，宇宙物质结构，既是连续的又是间断的，是它们二者的统一。太阳系便是以太阳为质量中心的连续的引力场；但它又是由恒星、行星、卫星以及其他气团物质构成，这些显示出其自身的某种特征的物质团体，各有其相对的独立性，从而又表现出间断性。微观结构的情况也是相同的，一切显示为连续的波动却具有粒子性，因而又是间断的。所以，从宏观宇宙到微观粒子，都客观地具有连续性与间断性的统一。

连续性与间断性似乎是彼此反对的，但究其实质而言，却是相辅相成的。连续之所以成为连续，正是由于间断的扬弃。反之，连续的中断，便出现所谓间断。间断，是一个事物成其为某一事物的关节点，连续则意味着间断的突破、事物的转化。

在大尺度天区上，连续与间断的统一也是如此的。天体系统具有统一的结构和整体的运动规律，我们的宇宙具有统一的背景，并表现出均匀性与各向同性，这些就是连续性的表现。但是，连续是

---

① 黑格尔：《逻辑学》上卷，商务印书馆1966年版，第208页。

有条件的、相对的，它仅仅是宇宙结构中某一层次的连续性，这个"层次"形成连续的边界，对更大的范围或更小的范围而言，它自成一体，因而又是真实的间断。"时空"连续区也只不过是大尺度宇宙这一层次的背景，它所描述的绝非无限的宇宙。就这一层次本身来说，它是连续的，具有整体的运动，但是，它只是宇宙无限层次的一个环节，因而它又是间断的。

而且任何的连续性都是反映了特定范围的质的同一性，如背景的统一性、运动的整体性、时空的封闭性，这些只是在宇宙特定层次之中才是连续的。这种层次的特定性，既表明对内的连续性，又表明对外的间断性。宇宙结构的连续性表明其质的同一性，宇宙结构的间断性表明其质的区别性。

关于宇宙的连续性与间断性的探讨，不但客观上获得了实证科学的验证，而且在抽象的数学分析中也获得了证明。一般以为数学是所谓"先验的"知识，其实它归根到底是客观世界的反映，因此，数学的进展一定是跟踪于实证科学的进展的。以往的数学，对连续性的研究是主导的，例如，从牛顿、莱布尼茨创立微积分以迄于今，数学主要的是处理连续性问题，即研究连续的渐变过程，因此，这一过程的对应的线、面是光滑的。它处理连续性问题，是相当完美的，但遇到间断问题，就暴露了它的局限性。

近年数学领域已注意到了间断性问题，如非线性方程分支点理论，重整化群理论等等，这样，对客观存在着的某些间断现象就可以比较有效地进行处理。

数学研究达到了连续性与间断性统一的高度，实际上是宇宙自然发展中连续性与间断性统一的客观事实迫使它向着这一方向推进的结果。

宇宙自然的发展，是从潜在的到现实的展开过程，从有限的到无限的突破过程，从连续的到间断的统一过程。

因此，宇宙自然的研究，从潜在的宇宙到现实的宇宙的展开，即自然界产生了人类及人类精神因而成为现实的，亦即天人关系的揭示，是一个起点；而有限的突破而导致真实的无限性是一个中介；那么，整体连续性与个体间断性的统一则是宇宙自然发展的归宿。三个过程的辩证相关，从本质上刻画了我们生存于其中的这个宇宙自然的客观发展。

第三节　宇宙自然的规律性

宇宙自然的规律性，自哲学而言，是很难概括的。迄今为止，马克思、恩格斯在黑格尔的深刻影响下提出的唯物的辩证运动，可以说是对"宇宙自然的规律性"的唯一的正确的说明。这个辩证运动便是对立的统一或否定的否定的圆圈形运动，或谓螺旋形上升运动。

对这一运动的阐明，还得从"界限"问题谈起。

一、宇宙自然的无界有限性

我们要研究的宇宙自然，当然是我们所能直接或间接涉及到的宇宙，即对我们为现实的宇宙。因此，那个我们不能达到的无限大或无限小，对我们而言是不真的。黑格尔便认为那永远不可达到的无限，它的"不可达到，并不是它的高超之处，而是缺憾，这种缺憾的最后根据在于固执有限物本身是有的。不可能达到的东西便是不真；必须懂得这样的无限物是不真的"①。

---

① 黑格尔:《逻辑学》上卷，商务印书馆1966年版，第149页。

　　认真想来，有限物与无限物，如果不采取知性分析方式，而从现实的观点而言，它们原来是一而二、二而一的。黑格尔说："有限物的双重意义是：第一，有限物仅仅就与它对立的无限物而言，是有限物，第二，它既是有限物，同时又是与它对立的无限物。无限物也有双重意义，一是无限物为那两个环节的一个，——这样就是坏的无限物，——再就是这样的无限物，在其中无限物自身和它的他物两者都只是环节。"[①] 这就是说，有限包含着向无限的进展，它才不是僵死的而是现实的；无限不是外在于有限与有限对立的，而是有限的扬弃，并再否定其自身复归于有限，由于无限具有这种"有限—无限—有限"的圆圈形运动的"中介性"，便成了真正的无限物。这个真正的无限与坏的无限的区别在于：真的无限是"达到于零"意即无限达到了有限，它们之间的距离为"零"；而坏的无限是"趋近于零"意即无限趋近于有限，它们之间总有那样一点点距离"点"。无限与有限的吻合，正说明其无限是当前的现实的"有"，是肯定；无限与有限的分离，却是知性的偏执症，是一种思维的缺憾。

　　所以，这个应该加以鄙弃的坏的无限，主要在于它的那个无限进展的虚无性不可取，因为那个直线延伸的无限，是永远可望而不可即的东西，因而也就是一个永远不能实现的东西。而真的无限是圆圈形的进展，没有无限延伸的抓不着的两端，即起点与终点合一，无始无终、即始即终，这才是从有限的运动中抓得住的现实的无限性。

　　前面已经说过，科学家构想的宇宙模型很多，但归结起来只有两类，一类是静态的，例如爱因斯坦的静态宇宙模型；一类是动态

---

① 黑格尔：《逻辑学》上卷，商务印书馆 1966 年版，第 148 页。

的，例如膨胀的宇宙模型。这两类基本上各执一端，一类着眼于有限，一类着眼于无限。

爱因斯坦构想的所谓"有限无边的封闭宇宙"似乎与我们宇宙的无界有限性相洽，其实设想的角度是不同的。

爱因斯坦在《对整个宇宙的考察》一文中说：根据广义相对论，空间的几何性质不是独立的，而是由物质确定的，因此，只有已知了物质状态，并以此作为讨论的依据，我们才能够做出关于宇宙几何结构的结论。由经验我们知道，对于一个适当选定的坐标系，星辰的速度与光的传播速度相比是小的，如果我们将物质看作是静止的，那么对于作为整体的宇宙的本质，我们就能在粗略近似的情况下做出结论。如果要在宇宙中有一个不为零的物质平均密度，无论与零相差多么小，那么这个宇宙就不可能是准欧几里得的。反之，计算结果表明，如果物质是均匀分布的，那么宇宙必定是球形的（或者椭圆的）。因为实际上，物质的细致分布是不均匀的，所以实在的宇宙在个别部分上将偏离球形，即宇宙将是准球形的，但是它必然是有限的。事实上，这个理论给我们提供了宇宙的空间广度与它的物质平均密度之间的简单关系。爱因斯坦这些关于宇宙是有限的、物质是静止的议论，不过是些科学假设，以及由此做出的一些知性推论。推论的最后结果是得出了"空间上闭合且具有均匀分布的物质的宇宙"的结论。这个结论肯定了宇宙的有限性、静止性与封闭性。它偏执了宇宙有限一面，而漠视了宇宙无限一面，这正是知性偏执产生的片面性。

因此，"有限无边"的知性推断，与我们想加以研究的"无界有限性"的辩证思考是不同性质、不同层次的。这种静态模型只反映了宇宙的一个侧面，另一个侧面，即动态方面未能得到反映。宇宙膨胀模型则充分表现了宇宙这一方面的特征。例如，当哈勃发现了大尺度范围内星系谱线红移规律，便使得基于广义相对论的大爆炸宇宙学逐步发展起来。大爆炸理论是宇宙膨胀模型的代表，也是当前最有影响的一种假说。但是，它同样是一种知性的偏执，它偏执了宇宙无限的一面，而漠视了宇宙有限的一面，因此同样有其片面性。

由于宇宙自然发展的客观辩证性，使得科学家开始意识到他们的片面性。他们考虑到只从广义相对论出发来研究宇宙，未能考虑到量子效应问题，因而是有局限性的。将广义相对论量子化，来处理奇点问题是人们普遍期望的一条出路。它将使人们认识到：宇宙不是唯一的，而是一个系综。但有人认为广义相对论不可能量子化，即使可能，在那种连量子力学因果性也没有的地方，它也不会有多大用处了。于是有些理论物理学家，例如英国剑桥学派便认为理论研究已走到尽头了。因为我们将面临这样的问题：或者是在"奇点"之处不再存在物理因果律，或者是在 10^{-33} 厘米之下不再有更深的层次。这实际上又为宇宙划定了界限，因而理论便可穷尽一切了，如霍金所宣称的：我们在不久的将来就可以发现一组完全的、自洽的、统一的物理相互作用的理论，它能描写所有可能的物理观测。然而，科学史提供的历史经验告诉我们，当人们自以为一种理论业已完备时，并不意味理论的终结，而恰好是新的探索的开端。例如我们把"奇点"看作新宇宙的开端，这个开端正是旧宇宙的终结。起讫之间便构成了因果关系。

看来，科学家在处理科学理论感到棘手的地方，正是辩证矛盾所在之处。当他们执着有限时，无限出来挑战；当他们执着无限时，有限出来挑战。如我们从哲学上提出"无界有限性"，从矛盾的统一来看问题，则可能是比较圆满的。因为科学只能研究有形的有限宇宙，而不能越出这个界限，进行"玄思"，因此，进入人们视野之内的宇宙，无论多大、多小，总是有限的。但是我们又说这个"有限宇宙"是无界的，旨在说明它是发展的，而不是僵死的、有终结的。所以，宇宙的有限性又不能绝对化，从而得出宇宙是有终结的结论。"无界而又有限"，既确认了宇宙是有限的因而是现实的，又指出了那个界限不是僵死的而是可以突破的因而是发展的。

"无界有限性"就是宇宙自然的辩证运动的本质的表现。

二、宇宙自然的内在和谐性

宇宙一词可从两方面来加以规定，从外在方面讲，上下左右、古往今来谓之"宇宙"，这就是说：宇宙是一个时空框架；从内在方面讲，秩序、规律、和谐谓之宇宙。

关于宇宙自然的"无界有限性"主要地是对宇宙的时空特征而言的，它的内在和谐性则是对其秩序特征而言的。

宇宙万事万物纷然杂陈，使人眼花缭乱、顾盼失据。但是，认真观察：日月阴阳、时序井然，水火相济，生克有则。这就是说，宇宙演化有其定规定式。这种定规定式就是宇宙的多样性的统一。这种统一性便是宇宙的内在和谐性。

宇宙和谐的观念，自古以来是哲人们对天地生成、万物化生的一个一厢情愿的看法。他们惊叹一切是安排得如此美妙、配合得如此和谐。毕达哥拉斯从乐音的和谐推知宇宙的和谐，认为十才是圆满的象征，不惜主观构造出一个星球"反地"，凑足十大天球的圆满之数。亚里士多德则认为球形是和谐圆满的象征。就是到了哥白尼时代，对宇宙的构思也是从"和谐"、"圆满"出发的。哥白尼在他的名著《天体运行论》中论述他的"日心说"时，主要追求一种具有"完美形式"和"令人惊叹的对称性"的宇宙模型，当时德国天文学家业已获得的新的观测数据、具体的计算结果，其实对确立他的日心说是更为必要的东西，他反而不感兴趣，从未予以深究。

刻卜勒对天体运行三大规律的概括，是在第谷辛勤搜集的极其丰富的精确的天文观测资料的基础上，去芜存菁，并运用高超的数学技巧，从而揭示出宇宙的内在和谐性而得出的。虽说这纯然是一种知性的科学作业，但它仍然是受着对宇宙和谐的追求指引的，要知道刻卜勒这位天文学家、数学家，是深受毕达哥拉斯、柏拉图的思想影响的。1596 年，他在《宇宙的奥秘》一书中，用古希腊人已发现的五个正多面体和当时已知的六颗行星的轨道套叠，构造了一个宇宙模型，这虽说是一种数学神秘主义显示的"和谐"，但却得到从事观测的第谷的赏识。可见，无论理论的或实践的科学家，都从不同角度追求"和谐"。现代宇宙学，如前所述，其最终目的也是追求一个"简单"、"和谐"的宇宙体系。

宇宙的和谐性表现在多样性的统一。这种统一可以概括为三种统一性：

（1）成分的统一。宇宙物质结构的探讨，发现整个宇宙的物质元素是一致的，即宇宙一切无非是若干种化学元素不同的排列组合、聚集离散而形成的。在大尺度宇宙范围内，氦丰度也是极其一致的，所谓"宇宙丰度"理论则反映了元素及同位素在宇宙中的分布规律，证明这一切并非无序可循的。

（2）结构的统一。从基本粒子到大尺度宇宙，无不具有结构。结构形式虽说是多种多样的，但具有"核心"的结构却是一个相当普遍的现象。譬如，星系结构可分为椭圆星系、旋涡星系、棒旋星系等等，似乎它们都有其核心结构，而且现代宇宙学已经把它们的差异在演化理论中统一起来了。而大尺度宇宙的物质均匀分布也反映了结构的统一。

（3）运动的统一。宇宙的运动形态是非常复杂的，但是它们的相互联系、相互转化，却是有一定的法度的，例如无论如何变化，质量守恒、能量守恒，宇宙绝不会因其复杂多变，增加什么、减少什么。宇宙运动的统一性表现为一种"相互作用"。相互作用不能小看，它是维护宇宙整体性的"胶合剂"或谓"神经枢纽"。没有它，宇宙只能是一盘散沙。宇宙的整体性是三个统一的归宿，而相互作用是整体性的联系的纽带与活动的灵魂。目前科学家已经发现四种相互作用，这四种相互作用并不是各不相涉的，它们也是可以统一的。它们之间统一的机制与规律，目前并不十分清楚，尚在探索之中。

总之，成分的统一、结构的统一、运动的统一，构成宇宙的规律、秩序与和谐。规律、秩序与和谐是"现象中同一的东西"，亦即内在的本质性的东西，科学家从事宇宙自然发展的规律性的探讨，取得了许多重要的切实的成果。他们提出的"万有引力"、"物质不灭"、"能量守恒与转化"，是对客观宇宙某一方面的规律性认识；他们还进一步对宇宙的整体发展的规律性进行探索。例如，伽利略的相对性原理、爱因斯坦的狭义相对性原理与广义相对性原理等。科学家的这些巨大成就，尽管有其知性的局限性，但对我们从哲学上把握宇宙整体是有积极意义和不可或缺的。

宇宙自然发展的整体性是以它的内在和谐性为根据的。我们说的"整体性"并不等于单一性，也不等于复多性。"单一性"是同一个东西的叠加，"复多性"是不同事物的拼凑。单一性必归于单调，一个声音的重复，这里没有"和谐"；复多性必归于杂乱，各唱各调，这里也没有"和谐"。和谐是管弦并作、高低齐鸣，各得其所、各守其度、格调有则、统一指挥。因此，宇宙自然的整体发展，如同一首"交响乐"。它多而不乱、齐而不僵，这就是"宇宙的和谐"。宇宙的和谐，其"天籁"也夫！其"自然的齐一性"非"人籁"所可比拟者也。

"内在和谐性"就是宇宙自然的辩证运动的秩序的表现。

三、宇宙自然的天人合一性

讲到"天人合一"就使人联想到中国哲学，这是中国哲学家惯用的一个术语，它似乎与西方宇宙论不相侔的。中国古代惯常讲的"天人相与"、"天副人数"、"天人感应"等等确实充满了神秘迷惘的气氛。例如，董仲舒认为："天人一也"，"天亦有喜怒之气，哀乐之心"。天人感应，天灾于是成为了人祸的"谴告"。他说："国家将有失道之败，而天乃先出灾害以谴告之；不知自省，又出怪异以警惧之；尚不知变，而伤败乃至。"（《汉书·董仲舒传》）这显然是将那个高高在上的"自然的天"变成了具有人格的"伦理的天"，它变成了人间的治乱得失的"检察官"了。如果说，董仲舒的这种天人交感的观点，富有浓厚的政治伦理色彩，那么到了宋明之际，天人关系就比较玄虚，富有一定的哲理性了。程颢便认为"天人本无二，不必言合"（《二程全书·语录》）；朱熹则说："天人一物，内外一理，流通贯彻，初无间隔"（《朱子语类》）。程朱哲学的"天"，既不是"自然的天"，也不完全是"伦理的天"，而是"本体的天"。"天理"是人必须遵循的准则，这个准则并不是外在于人给人以规范的，而是人之所由出、人之所以为人的内在法则。所以，"天人不二"、"天人一物"。其实这样的"天理"并非独立自在的，它本存乎人心、羁于尘世。这些特定历史时期的尘世的凡人之间的"世道伦常"被绝对化、神圣化了，因而它更强而有力地捍卫与巩固"现存的社会秩序"。

可见，中国古代哲学中的"天人合一"的思想，虽有其时代的必然性及某种抽象的合理性，但它始终与政治伦理、宗教迷信纠缠不清，以致使得它在宇宙论的科学分析的哲学阐述方面似乎很少有值得称道的东西。我们于此主要地乃是从自然科学与唯物辩证法的角度来研究天人合一问题。

1937 年狄拉克提出了所谓"大数假说"，他发现了宇宙间一些自然常数的相关性。他认为：（1）氢原子中静电力和万有引力之比，$a_1 = 2.3 \times 10^{39}$；（2）光线穿过我们的宇宙所用的时间与穿过一个原子所用的时间之比，即以原子单位量度的宇宙年龄，$a_2 = 7 \times 10^{39}$；（3）以质子质量单位表示的宇宙总质量，$a_3 = 1.2 \times 10^{2 \times 39}$。这三个无量纲的大数在物理学上是宇观世界、宏观世界与微观世界的主要表征，而且是它们之间相互联系的纽带。狄拉克看到这些比数是如此地接近，认为一定有其自然的客观原因。他由此推广，认为在宇宙中，一切出现于宇宙学与物理学基本定律中的无量纲大数，都可以表示为：$(10^{39})^a$，即都与宇宙年龄 t 的 a 次方成正比。狄拉克发现的这个数量的相关性，到 70 年代又得到进一步推广，认为物理世界在不同尺度的结构上的各种物质形态，从宇宙到原子，包括人类这个层次，基本上由几个物理常数所决定。更值得注意的是：在宇宙中存在着种种巧合关系，如行星大小为宇宙大小与原子大小的几何平均，人的质量是行星质量与质子质量的几何平均。这些"天"数的比例的和谐一致，是令人惊异的。但是这一切只有相对的意义，有不少理论上相悖的地方，这就是说，这个假说尚未能完全证实。

有人便认为狄拉克所提出的大数不是永远相同的，我们人类之所以发现它们是相同的，是由于宇宙的演化，达到了人类的出现与生存，从而使我们认识到了这点。反过来说，当宇宙演化到使大数比值接近时，才有人类出现的可能。

因此，比值只是一种外在的讯号，它后面应该有更深层的客观原因。于是，大数假说出现后，又有一种所谓"人择原理"出现。

即用人类的存在，来说明宇宙的初始条件以及基本物理参数之间的关系。人们发现这些参数的巧妙配合，是人类生存的客观条件。时空为什么是四维，万物间为什么有引力等等，都是人类生存所必需的。这一原理的理论困难仍然不少。首先，它只是一种事后的说明，并未提供更多的宇宙演化的特征；第二，用人类的生存来说明宇宙的关系，颠倒了正常的因果关系，因为宇宙演化在特定条件下出现人类，而不是宇宙准备一切来迎接人类的诞生；第三，它只能说明各种耦合常数和质量比例的大数量级，而不能给出其精确数值。

现在我们对"大数假说"与"人择原理"的了解还是很不完全的，它们自身的理论也是很不完备的。这些都有待科学家进一步探索。我们并不轻信它们，但看重它们，这是因为自然科学家开始触及"天人关系"问题。当然我们并不迷信"数值相近"决定人类的产生的说法，这种说法似乎具有了精确的量的规定性的外观，实际上却增加了偶然的神秘色彩。我们也不赞成"人择天"的说法，这种说法使人觉得一切客观的自然条件仿佛都是为人类产生预先安排好了的，实际上说"天择人"也许更加接近真理。

"天人关系"是宇宙论研究的一个不可回避的问题。如何全面地论述"天人关系"目前尚无成熟的定见，我们认为：三重天、三种人、三层关系三个问题有待探讨。

（1）三重天问题。我们所谓的"三重天"不是天的外在层次，而是天的内在的质的进展。首先是"自然的天"，然后是"伦理的天"，最后是"本体的天"。

我们研究天地宇宙问题，只能从地球出发，环绕人类的生存与发展来进行。因此，天最初是一个与地相对应的概念，天地泛指宇宙自然。"自然的天"就是指天地之间的这个客观自然界，我们目前对这个客观自然界的认识已达 200 亿光年左右的总星系领域。"地"

的概念是相对的，对于我们而言，"地球"是我们的地；对另一星球而言，地球就是它的天体了。关于自然的天，上面已有了详尽的阐述。它是一个巨大的发展变化着的物质系统。其所属的诸子系统均有其生灭过程，诸多的生灭过程交错，构成宇宙自身永恒不断的变化。在这几乎是不可穷尽的各种物质运动形态中，根据某种几率的分布，总会在某个时刻、某个场合，出现产生人类这样一种智能生物的条件。譬如说，太阳系中的地球，便具备了人类的产生与发展的客观自然条件。太阳系其他行星，例如火星上是否有智能生物存在，以前是一个科学家争论的问题，自从人类发明了太空探测器，从火星上传来的信息，使人们倾向于火星上并无类人生物的存在。至于其他星系情况如何，我们的科学家尚无足够的资料断言。

因此，我们目前唯一地只能根据地球上所发生的一切说话。客观自然界当然是无限的，但我们最熟悉的是从地球扩散出去的自然界，太阳系是我们的自然界的第一圈层，然后是银河系、河外星系、总星系。距地球越远，我们所知越少，关于它们的知识多半是猜测性的。我们并不赞成"地球中心论"，而是实事求是地主张：探测宇宙只能以地球作为起点。关于自然的天的探索是现代宇宙学的任务。

这个以地球为起点的由近及远的无限扩展的自然界对人类是现实的，它的各种关系协调平衡，基本上适合于人类的生存。人类的生存不但适应自然界给予的（given）条件，而且改变这些条件，因为人类社会及其精神的逐步发展使得人类逐渐增长的能力，可以改变自然条件以满足自己生存与发展的需要。

人类的出现是宇宙自然发展的奇迹，人类是宇宙的花朵。有了人，宇宙才从潜在的成为现实的、从自在的变为自为的。因此，人的宇宙才是我们的兴趣之所在。这个人的宇宙是人类影响所能达

到的宇宙，人对宇宙施加影响从而改变某些物质的天然形态，只是
人作为宇宙自身产生的一种仿佛是异己的力量而对宇宙自身施加的
影响，这纯属宇宙自身的变化。把人施加了影响的自然界，说成是
"人工自然"、"人化自然"都是不恰当的，有语病的。

　　我们说的人力所及的自然界，是人类的宇宙、现实的宇宙，它
就是"人类世界"。人类连同他的生存的自然环境，就是人类世界。
我们把这个世界叫作"伦理的天"。伦理，一般说，它指的是人类
社会共同信守的行动规范。我们于此，把它的含义敞开一点，那么，
我们所谓的"伦理"意指：人的宇宙之理。它是在自然法则的基础
上产生的关于人类世界的法则，以及宇宙与人类亦即天人之间的交
往法则。人类作为宇宙的最高产物，与宇宙一道受客观自然法则的
支配；人类作为宇宙自身产生的异己的力量，他有自身发展的独特
法则；人类与宇宙的交往，由消极被动转到积极主动，宇宙的发展
烙上了人类的印记，宇宙从人类获得它自己的自觉意识。这样一来，
"自然的天"就进展到了"伦理的天"。自然的天就是自在的宇宙，
伦理的天就是自为的宇宙。

　　伦理的天是自然的天的特殊形态，或者说是物质的天的非物质
形态，因此它归根到底要受自然物质系统的制约。不承认这一点就
不是唯物主义者，但它一旦出现，而且主动行事，便有其自身发展
的逻辑，并具有改变天然条件的可能性，当然改变时，必须顺应与
服从客观事物的性能与规律。不承认这一点就不是一个辩证唯物主
义者。

　　自然的、物质的与伦理的、人类的，是宇宙自然发展自身出现
的"内在的对立"，如将其看成是"外在的对峙"而各执一端，那就
是机械论与唯心论。

　　其实宇宙自然的这个"外在的对峙"是不真的，天人并不是相

分的，而是合一的。"内在对立"是作为整体的宇宙自然的分化状态，这种分化状态是中介性的、过渡性的。这就是说，分化要复归于统一。这个寓分于合的统一就是"天人相与"、"天人合一"、"天人一体"。这个天就是以人作为其本质的天，它就是"本体的天"。

本体的天是自在自为的宇宙，是实体性的现实宇宙，是一个自身恒变的无限的物质系统。这就是我们的天人合一的宇宙观。

（2）三种人问题。人不是生来就是现在这个样子，以后仍会不断出现变化，但是人类的发展可以概分为三个阶段，即"自然的人"、"现实的人"、"完全的人"。

自然的人也就是生物的人，他们尚未从动物之中分化出来，纯然是一个"自然物"。人类只是宇宙万事万物之中一个物种，并无特别优异超越之处。

自然的人经过长期发展，不但生理上产生了跨越兽类的变异，而且形成有组织的群体，从而跃迁为现实的人。现实的人也就是社会的人。社会的人生活于错综复杂的社会关系之中，深受社会关系的制约，这种制约显示了人与自然界相区别、卓然独立的特征。天人相分，是宇宙自然发展的决定性的一跃。

客观自然与人类自身构成的社会，与人类处于矛盾斗争之中。人类想征服自然为我所用，人类想摆脱命运自由生活，主观的祈望与客观的桎梏冲突，激励人们奋勇前进。一旦人类能够认识自然、改造世界，一旦人类能够自己掌握自己的命运，这就意味着天人和谐、协调发展、安生乐生。这时的人就是"完全的人"。完全的人从脱离自然而又复归自然，从天人相分进而到天人合一。

因此，三种人与三重天是相应的。天人发展是和谐一致的。

（3）三层关系问题。天人关系可以分为三个层次。第一个层次是"天人不分"；第二个层次是"天人相分"；第三个层次是"天人合一"。这个层次的划分，表示宇宙的辩证圆圈运动。天人不分表示宇宙虽然生成，但人类尚未出现。犹如一株植物虽然已经枝叶繁茂，但尚未含苞待放。花潜在地包含在植物的生长过程之中。一旦时机成熟，宇宙之花盛开，也就是说，宇宙的精华——人类产生了。人类的产生，意味着天人相分，客观与主观、物质与精神的对立的出现。天人相分出现的对立，是推动沉睡的宇宙前进的动力。有人类活动于其中的宇宙才是现实的、生机勃勃的。人类活动的质的提高，使其能自觉符合自然与社会的发展，从而达到客观与主观、物质与精神的统一，这就意味着天人合一。它仿佛回复到天人不分的原始状态，但却是在更高层次上的复归，因为它不但是自在的，而且是自为的。

在这三个层次的递进过程中，人的主观能动性、行为目的性的逐步提升，是一个十分值得注意的问题。宇宙发展的三步跨越，人的作用的发挥是至关重要的。征服自然，改造世界，与命运作抗争，显示了"人定胜天"的伟大力量。这不是唯意志论，只表示人对待天的一种态度：与天奋斗，其乐无穷！与地奋斗，其乐无穷！与人奋斗，其乐无穷！"天地人"是宇宙的整体，人生存于其中，只能进行不懈的斗争，才能显示宇宙及自身的价值。

我们关于宇宙自然规律性的描述，不具有知性规律的精确性，但却避免了知性规律的外在僵死性。它是对"宇宙自然的辩证运动"的描述，次第揭示了这个运动的本质、秩序与归宿。"无界有限—内在和谐—天人合一"构成宇宙自然的圆圈形的辩证运动。

物质的演化是宇宙生成的基础，宇宙是一个自身发展变化的巨大的物质系统。因此，宇宙论不过是物质论的进一步展开。

宇宙自然的天人合一的特征，预示了一个物质系统自身产生的非物质因素的逐步形成，那就是：自然生命与人类精神。自然生命是物质发展的顶点，它孕育着人类精神，而人类精神正是物质派生的非物质因素。

因此，我们要进一步探讨宇宙自然的认识的深化问题，从而过渡到宇宙自然的内在否定性问题。

第五章　宇宙自然的认识论

我们试图客观地描述"物质的演化与宇宙的生成"，然后探讨我们如何认识它。这样分别加以叙述，逻辑上是讲得通的，但是，实际上，演化与生成的描述，无法回避认识问题；而认识问题，如不是一般的认识论，而是关于宇宙自然的，那就不可避免地要涉及物质的演化与宇宙的生成。因此，基本材料将是雷同的，只是论述的角度有所不同罢了。

宇宙自然是人类生存的空间，是人类的衣食父母。它使人类萌生敬畏仰慕之心，常怀穷究底蕴之感。因此，对宇宙自然的认识，是人类实践活动与理论思考的最早内容之一。天文、地学、数学、几何、历法、气象等古老的学科，都直接间接以宇宙自然的某一方面的现象作为其研究内容。我们关于宇宙自然的整体研究，便是在上述一些实证科学研究的基础之上展开的。

第一节　认识的两条进路

一般的人类认识活动的初始形态总是直观的、笼统的、表面的、整体的。浩渺苍天，无垠大地，念天地之悠悠，独怆然而涕下。人类对宇宙直观的感受是：巨大无穷，深感自己的渺小，不觉悲从中来，唯有嘘泣感叹而已。因此，人类对宇宙自然的初识只能是直观的、动情的。原始的神话，多半是这种"初识"的描述。虽说古今中外那些开天辟地的神话，其内容是荒诞不经的，但其中也多少蕴藏了一些合理的种子。我们对宇宙自然的科学认识与哲学把握，只能从经验与理性开始。

常识的、科学的、哲学的，这是我们对宇宙自然的认识逐步深化的三个层次。"常识"是起点，"科学"是中介，"哲学"是归宿。然而在人类的实际认识过程中，科学阶段与哲学阶段往往是交叉的，互为因果的。

一、常识的整体观的分化

人类对宇宙自然的认识的起点，最初总是将其作为一个整体（as a whole）来加以考虑。中国《淮南子·齐俗训》有云："往古来今谓之宙，四方上下谓之宇。"照他们看来，"宇宙"是一个包容万物的"时空整体"。古希腊人用"cosmos"来规定"宇宙"，说明宇宙不是"混沌"（chaos），不是杂多一片，而是一个有内在秩序相互联系着的整体。这类认识对宇宙还是做出了适当的抽象概括，例如，其中隐含了"时空"、"秩序"等知性概念。其实早期人类关于宇宙的看法比上述观点更加形象，更加富于比喻性。

常识的整体观，是以人所处的位置为基础来进行描述的，所谓天上地下、天高地远，是人类直观经验的结果。在人类看来，蓝天紧紧包裹着大地，人位于天地之间，脚踏大地、头顶蓝天。古代撒玛利亚人认为地如大盘，天如覆锅，天地之间日月星辰周转运行。这种描述类似中国古代的"盖天说"：天如盖笠、地法覆盘。古代巴比伦人和埃及人则认为宇宙好似一个密封大箱，地如箱底。这种种比喻，是人类感性直观与想象虚构的产物。

这种看法虽说很少有科学价值，但是仍然有三点合理因素：（1）整体性。它将天地以人为纽带联成了一个整体。整体观的优胜之处在于它是从相关的角度来看问题，事实上宇宙万事万物是相互依存的，它们是一体演化、联系共生的。因此，整体观中包含了辩证法因素。（2）相对性。它评天说地是以人所处的位置作为出发点的。人的位置的变换，影响与决定对宇宙的描述，如果人站在另一个天体上，描述的情景就大不相同了。相对性说明，同一宇宙由于参照系不同，描述的结果也不相同。宇宙描述的多角度，从多角度对比理解是相当合理的。（3）经验性。它是人类耳濡目染的结果，虽有其外在的表面性、经验的肤浅性与构想的虚幻性，但从客观经验出发，还是有其可取之处。

这种常识性的宇宙观，在其发展过程中，逐渐加强了思辨的成分。虽说仍然是从日常生活的观察经验出发，但也有不少知性析取的因素被揭示出来。毕达哥拉斯学派以数的和谐原理为依据建立了宇宙模型，亚里士多德提出多壳层水晶球模型等就是古代较为精致的宇宙模型。这些模型的常识经验特征仍然是主要的。因为在当时情况下，想科学地详尽地辨析宇宙的结构、组成因素及其相互联系，主客观条件都相当缺乏。他们只能笼统地直观，再辅以想象的成分。但是，古代宇宙学说也作出了一些天才的预示并提出若干重大问题，从而推动后人进一步研究。因此，除了他们的认识有其合理之处外，内容上也有其值得称道之处。

（1）关于宇宙统一性与和谐性问题的提出。古代人对宇宙本原的探讨，是他们对宇宙统一性的追求的表现。他们总觉得千差万别的事物有一总的根源，公元前 6 世纪左右，古希腊的自然哲学家的最初尝试，推动了关于宇宙统一性的研究。"统一性"就是哲学上的"本体"的特征，它成了以后哲学与科学研究的目标。和谐性乃宇宙的错综复杂的关系如何自相融洽的表现，实即宇宙内在秩序与规律性的特征。"和谐性"的目标，推动着科学宇宙学与哲学宇宙论不断前进。

宇宙的统一性与和谐性问题，就是宇宙的本质及规律问题，古代人对这一问题的回答虽然是不足道的，但问题却是万古常新的，时至今日仍然是一个有待解决的问题。

（2）形质天的有限性和宇宙的无限性问题。古代人整体直观所能达到的结果，只能是日常生活经验范围内的比喻性的有限的"形质天"，如上所述："天如盖笠，地法覆盘。"这种深受经验局限的描述，是与当时人的思维能力与接受能力相适应的。

但是，另一方面，天长地久、茫茫天际、绵绵不尽的宇宙的不断的变幻，在古代人中也是有所感触的。《墨经·上》有云："久，弥异时也；宇，弥异所也。"什么叫作"久"呢？久者，"合古今旦莫"。什么叫作"宇"呢？宇者，"冢东西南北"。《墨经》中的"久"与"宙"字相通。所以墨家的宇宙观是：遍历所有的时空。其中包含了宇宙时空无限性的思想。庄周也有宇宙无涯的感叹。他说："天之苍苍，其正色邪？其远而无所至极邪？其视下也，亦若是则已矣。"[①] 到了汉代，宇宙无限性的思想就更加明确。张衡便说："宇之表无极，宙之端无穷。"（《灵宪》）于是中国古代宇宙论中产生一种所谓"宣夜说"，它认为并无固定的天穹，天不过是无边无涯的气团，"天了无质，仰而视之，高远无极，眼瞀精绝，故苍苍也"（《晋书·天文志上》）。古希腊哲人亦有类似的想法。古代这些"宇宙无涯"的说法，看来与"形质天"的"宇宙有限"的描述是对立的，其实都是从感性直观出发的。因此，它们不过是感性范围内两种极

---

① 《逍遥游》，陈鼓应：《庄子今注今译》，中华书局1983年版，第3页。

端的观点而已。你看，所谓"仰视"、"眼瞀"，不都是观察吗？但是，感性范围内的差别，却也揭示了宇宙的复杂性。它从表面上提出了有限与无限问题，这正是宇宙论中一个根本问题。

（3）关于天人关系问题。我们现在把天人关系问题作为哲学宇宙论的最高层次来加以探讨与发挥，其实这是一个古老而原始的问题。古代人是从自己的切身利害的感受而提出这个问题的。他们无法正确解释天道与天象，更难以理解世道与人情。以天道天象来阐明世道人情，又以世道人情窥测天道天象。"天人相与"、"天人感应"等宗教伦常观念，使天人关系神秘化了。他们对天人关系的解释，也是从感性的、实用的原则出发的。虽说这样一些神秘的唯心的说教必须抛弃，但是，它们对天人关系的不可分割性的提示，仍然是有其现实意义的。

关于宇宙自然的常识性的整体观，不唯在观察思考的方式上有其合理之处，就是它那些无甚科学价值的结果，也给人进一步思考问题的启示。它的分化形成了关于宇宙自然探讨的两条"进路"（approach）：一条是科学之路，一条是哲学之路。

科学的单骑独进，形成关于宇宙自然的"科学的分析观"；哲学则深化了常识的整体观，跃进到关于宇宙自然的"哲学的辩证观"。科学的分析观的前进，达到了"现代宇宙学"的高度；哲学的辩证观的形成，开拓了"哲学宇宙论"的前景。这两条进路，在历史发展过程中虽说并行不悖，但是每每彼此交叉、相互影响。而从逻辑的进程、理论的结构来看，它们又构成层次递进的连续发展过程："常识的整体观—科学的分析观—哲学的辩证观"。常识是起点，科学是中介，哲学是归宿。因此，科学分析是对常识整体的分化解剖，虽说整体的联系遭受到了损害，但整体的结构、细部的探索、关系的根据，组成的因素、演化的模式、运动的规律等等却搞得一清二楚了。这是关于宇宙自然研究的极为重要的一环，没有这样一些精深的研究作基础，哲学的思辨就形同梦呓，它只能将古老的常识描述涂上一层神秘的理论色彩。哲学宇宙论的任务，就在于在科学分析的基础上，突破其僵死性、割裂性，使它生动起来、燃烧起来，复归于一个活生生的洞悉其底蕴的整体，这是一个包含知性分析于其中的辩证综合。

二、科学的分析观的前进——现代宇宙学

关于宇宙自然的科学分析，直接继承了常识的感性直观的客观经验系统，从而有了一个明确的唯物的出发点。这是它取得巨大成就的可靠保证。

天文、地学、几何、测量等是人类对宇宙现象与人类生活特别相关部分的科学研究的最初成果。这些研究，最初其应用价值往往大于它的理论意义。它们的研究方法主要是"观测的方法"，观测的经验特征是异常明显的。在观察、测量中，主要凭感官判断，数学的应用也是极简单的，止于比例、相似以及方圆等一般的几何图形等，这些用以辅助五官观察已满够了。当然上述诸学科的现代进展，与它们古代开创时代相比，已不可同日而语了。但不管有多么大的进展，经验观测仍然是科学地探究宇宙奥秘的不可废弃的基本手段。

近世关于宇宙自然的研究，仍然是以观察测量作为起点的，但是机械力学的影响是极其深刻的。哥白尼研究了托勒密天文学，发现行星既不会在不同的均轮上也不会相对于本轮的中心作匀速运动。因此，像这样的理论似乎既不十全十美，也不能充分令人满意。哥白尼从行星易位受到启发。这种理论认为所有行星的偏心轨道都可以平均太阳（mean Sun）为中心作圆运动而得到，而该圆球又绕地

球中心运动。 这一行星易位的观点，对日心说来讲是一个启示：原来地球也可以被放置在一个球面上，日夜绕轴转动。 哥白尼坚信地球围绕太阳转动是真实的，但不少人却认为这不过是一个数学上的虚构。 直到 17 世纪，刻卜勒修正了日心说，指出行星运动的轨道是椭圆的，并在他的《宇宙的神秘》(*Mysterium Cosmoqraphicum*，1596) 一书中，首次试图描述行星周期与它到太阳距离间的关系，他假定太阳对行星有一作用力，它随距离大小而增减，并迫使行星沿着轨道运动。 这样就巩固了日心说的地位，以后又有伽利略的倡导，从而得到了广泛的信从者。

这样看来，力学、物理学的介入，高深的数学的广泛应用，大大开拓了科学地研究宇宙的领域。 于是"天体力学"(celestial mechanics) 就成了研究宇宙自然的"科学明星"。 天体力学是通过数学分析，建立在牛顿对太阳系天体运动研究的基础之上的。 牛顿曾经为后来的科学家提出了两类问题：平方反比律的地位和万有引力的可能原因；根据精确的平方反比律计算行星、卫星和彗星的各种运动，使其结果达到观测的精确度的可能性。 天体力学的发展，需要数学的技巧。 牛顿之后，通过不少科学家与数学家的努力，"天体力学"日益成了一门精确的实证科学。 拉普拉斯与拉格朗日在建立天体力学上起了重要作用。 他们研究太阳系的稳定性问题，拉普拉斯写出了他的《天体力学》(*Mécanique céleste*)。 他证明：不论行星质量如何，只要它们按相同的方向绕太阳运行，则太阳系一定是长期稳定的。 虽然天体力学的方法，曾经引起疵议，但它们预言了海王星的存在，并于 1846 年发现了它，这就标志着天体力学方法和牛顿万有引力理论的胜利。

如果我们认为，作为关于宇宙自然研究的力学时代的研究特征，关于天体的几何与力学现象的描述与分析还只是观测天体的位置与运行的辅助手段，那么，进入 19 世纪，天文学家就不满足于指出天体的具体位置、运动的轨迹、天体间力的相互吸引与排斥这一类外在的几何图形与力的交互作用。他们开始着眼于那些遥远的星球的物理、化学性质的探讨，先前认为这是不可能办到的事情。1859 年，基尔霍夫（Kirchholf）发现具有某一特定谱线的物体，其谱线有强烈的吸收能力。随后他将太阳光谱与实验室光谱做了对比研究，从而确认天体组成中有地球上的九种元素。这种"光谱分析"的新方法大大拓深了关于宇宙自然的研究，与此相应，分光镜这类先进仪器的使用，使"天体物理学"（含化学）应运而生。这样的研究开始并不为人所理解，因为不少天文学家为传统所束缚，所谓"位置天文学"仍居于主导地位。较少受位置测定影响的美国，使"天体物理学"有了用武之地。所以天体物理学虽发轫于德国，却盛行于美国。天体物理学的主要方法是，通过对恒星的光谱分析来阐明天体的演化过程。到 1910 年前后，天体物理学的方法已为人所接受，并与传统的位置天文学合而为一，成了一门崭新的统一学科，以致什么叫"天文学"有待重新加以规定。天体物理学的研究以及新仪器的使用，提供了星体的径向速度和化学方面的信息，另外由于照相技术的应用，对于无法用望远镜直接观测的星体也可以分辨识别了。天体物理学关于整个宇宙自然的物理化学过程的研究，又逐渐加深了对宇宙自然的内在的物理化学机制的认识，为复归于对宇宙自然的整体把握，提供了客观的科学基础。

在天体物理学卓有成效的研究基础上，到 20 世纪 30 年代左右星际无线电波的发现，导致观测天文学的一个显著质变，天文学已不再立足于"可见"的基础上，而是向肉眼以及光学望远镜根本不可能视及的领域进军了。这一领域，我们可以用不同于视觉波长的电磁波谱对天体进行观测。此时，人类还可以发射探测器进入远离地球的高空，以观测不能穿透大气层的辐射。这一切最新的科学技术成就，为"现代宇宙学"铺平了前进的道路。

现代宇宙学是关于宇宙自然的科学研究的当代最新成就。它使用了最先进的仪器设备，如射电望远镜、火箭运载系统等，使人类接收来自天体的信息超出了可见波长的限度。这不但间接地扩大了观测范围，而且使对天体构成、运行机制等有更加切实的把握成为可能。特别是由于物理、化学以及电子技术的运用，把宇宙的神秘的面纱抖落了。现代宇宙学，在天体力学、天体物理学关于宇宙自然的细部精确的研究的基础上，复归于整体把握的考虑了。

（1）宇宙自然整体结构的探索。现代宇宙学考虑的不是某一个特殊的天体现象，而是宇宙自然的整体结构。因此，"宇宙模型"的构思，成了它的主要科学作业。有趣的是：对这个巨大无垠的宇宙整体的探索，却与基本粒子结构的研究紧密联系起来了。这是一个宇宙的自身发展着的巨大物质系统的大统一过程。我们对宇宙整体的认识再也不是囫囵吞枣的了，再也不止于表面的虚构了，而走向从物质微粒结构的演化来描述这个宇宙整体结构。科学家所构思的这些宇宙模型，尽管是很不完善的，都是一些随时可以被推翻的"假设"，但是，它们却宣告了关于宇宙自然的科学研究已进展到这样一个程度，即要求"辩证的综合"了。

所以，宇宙学（cosmology）与天文学其他分支的不同之处在于：它从整体的角度来研究宇宙的结构与演化。作为宇宙学研究对象的天体系统，随着科学的进步而不断扩大。古代的宇宙，不外乎是大地与天空；哥白尼时代的宇宙，只达到太阳系范围；20 世纪以来，天文观测的尺度大大扩展，达到 100 亿—200 亿光年的时空区域。现代宇宙学所研究的，就是现今观测直接或间接所及的整个天区大尺度的特征，即大尺度时空的性质、物质运动的形态和规律。

大尺度的系统性特征，在目前观测所及的天区上，已经发现的有：①河外天体谱线红移，②微波背景辐射，③星系的形态，④天体时标，⑤氦丰度，⑥河外天体计数。在这些大尺度上出现的天象，反映出大尺度天体系统的特性。它的结构、运动和演化并非小尺度天体系统的简单延长，显然它们之间存在质的区别。因此现代宇宙学是天文学的一个重大进展，标志着宇宙自然的研究从科学分析进入了整体综合。

从上述观测事实出发，科学家开始进行宇宙整体结构的设计，这就是建立"宇宙模型"（cosmological model）。宇宙模型是对观测可及的大尺度时空结构和宇宙物质演化的统一的理论描述。宇宙模型都是建立在一些简化了的假设之上的。模型是否站得住，取决于它的假设能否解释已观测到的事实，能否经得住新发现的考验。在已有的各种宇宙模型中，热大爆炸宇宙模型，能说明的观测事实最多，但仍然有不少理论上的困难与观测上的悖谬。

如果说，在大尺度天区内观测到的事实是无可辩驳的，但各种解释还是极不肯定的，因为其中包含了推导的根据不全的成分，还有猜测幻想的因素，所以目前我们对各种模型都要抱存疑的态度，唯一可以完全肯定的，就是现代宇宙学的"包容分析于其中的整体的宇宙观"。整体的宇宙观，意味着科学向哲学的靠近。

（2）先进的科学技术得到综合利用。从前关于宇宙自然的研究主要是位置的观测，而观测工具在伽利略以后发展起来的是光学望远镜。随着科学技术的迅猛发展，光学望远镜有了巨大的改进，大大提高了它的观测能力。此外，分光镜、射电望远镜，以及多种多样的物理、化学分析仪器的发明，特别是近年以来，火箭、卫星的发射，各种探测器的研制，还有登月舱、宇宙飞船、空中实验室的制造与使用，这些东西的综合利用，使人类观测与分析的本领，获得了惊人的进步。

而且，宇宙自然的研究，不是天文学家独家的事业了，差不多所有的自然科学家与技术专家都卷入了这一伟大的事业之中，而哲学家也将由此摆脱空疏的困境，对宇宙自然可望做出有科学根据的合理的思辨了。

（3）太空人类世界的憧憬。大地是人类之母，"天宫"、"月宫"只是人类的梦想。人类不能脱离地球而生存，这是不言而喻的。现在，由于人类确切了解了太空的部分性状及客观条件，人们可以登月也可以航天了。这就证明：目前的科学技术条件，可以实现人类在太空短时期的停留。

人类能否找到一个适宜于人类生存的"宇宙岛"，而且有足够的技术能力乘槎远航呢？"嫦娥奔月"的梦想实现了。现在有人认为火星总有一天会变成为一个适宜于居住的星球。他们设想，把激光反射镜或巨型反射镜装在环绕火星的轨道上，可能导致火星两极的冰冠融化，把二氧化碳和水蒸气释放到大气中，从而产生"温室"效应。200 年内，火星的温度可能会上升到足以使简单遗传工程处理的微生物生长发育起来。10 万年内，绿色植物也许能产生足够的氧气，使人类能在火星上生存下来。"乘槎远航"也绝非是诗人的幻梦，工程师将来有可能造出一艘"太空帆船"，在上面装备数千平方米极薄的塑料风帆。这些风帆将借助太阳的辐射能，并以光子推进作动力，向月球滑行。这些也许是属于科学幻想的东西，但绝不是完全无稽的。太空人类世界通过漫长的岁月逐渐实现，并非是完全不可能的。

关于宇宙自然的科学分析，"观测"是一根首尾贯穿的红线，它的进展可以分为三个阶段，即天体力学阶段、天体物理学阶段、现代宇宙学阶段。它们分别是"外的捕捉"、"内的解析"，以及内外结合的"整体把握"。于是,科学分析的终点便转向哲学的辩证综合。

三、哲学的辩证观的形成——哲学宇宙论

常识的整体观是以观测为主的笼统直观,它的肤浅性、表面性、猜测性使它与"科学分析"比较,相形见绌,因此,它成为历史的陈迹而为科学的分析观所取代是不可避免的。

但是,常识的整体观的全面观察、相互联系的思考方法又是不可废弃的。而科学的分析观的剖析入微、分而治之的方法,虽然带来了精确性、实证性等好处,但也招致了僵死性、片面性等坏处。因此,复归于"辩证综合"才是纠偏求全的必由之路。

复归于整体的概观,不是倒退到常识的整体扫描,而是在科学分析的基础上,对宇宙自然的"整体结构"进行哲学的阐述。于此,我们提出关于宇宙自然的"系统观"、"恒变观"、"三才观"作为哲学宇宙论的最基本的观点。

(1)系统观。它不是常识的整体观的简单回归,而是包含科学分析于其中的整体性。这就是说,宇宙自然的"系统观"既克服了科学分析的外在离异性、孤立并存性,又汲取了科学分析的物质演化性、客观验证性。它凭借科学分析的确实成果,从而整体上把握了宇宙自然的"系统结构"。

这个系统结构,首先是一个物质的演化系统。它把这个世界看成是一个独立存在的物质整体,这个整体亘古如斯地存在着,它自身的客观存在就是"原因",没有什么在它自身以外的原因。它就在那儿,日复一日、年复一年地存在下去。因此,宇宙自然是一个"独立自生的存在物",一个天然的"物质整体"或"物质系统"。

其次,这个系统结构是一个有核心的层次井然的环状弥散体,

而且环环相套、不断扩展、无限深远。譬如说：以地球为中心的"地月系统"，以太阳为中心的"太阳系"，以棒状转轴为中心的"银河系"，等等。这个有核心有层次的环状弥散体，就是对物质整体性的描述，就是物质系统的图像。

最后，这个系统结构所属各子系统的纵横两向都是无限的，而各系统作为一个子系统，在彼此相关中演化，从生成到消灭，证明都是有限的。子系统上下左右相关是有规律可循的。天文学、宇宙学的研究，就在于揭示这些生成与演化的规律性。

"系统"就是"秩序"（cosmos）的集合，因此，宇宙自然作为一个"物质系统"就是一个有秩序的整体。显然，它已超越了那个混沌一团的常识整体，也超越了那个机械拼凑的科学集合体，而上升到辩证联系的有机的"系统整体"了。

系统整体是扬弃了机械集合向常识整体在更高层次上的复归。

（2）恒变观。宇宙自然是客观存在的，有其存在的自身原因、存在的基本形态、存在的内在规律。但是，这个存在绝非静止不变的，而是变动不居的。这个万千的花花世界之所以如此繁复多彩、绚丽多姿，就在于它"恒变"。恒变就是永恒的变易，即所谓"唯变不变"、"唯易不易"。

我们所谓的变易，就是实证科学所称的演化。大化流行，万物滋生，消长交替，世界更新。因此，变易演化，是宇宙自然的根本属性。哲学上，一般认为"客观存在"或谓"物质"是宇宙自然的实体性的表现，而"变易演化"只是实体的各种外在表现。照我们看来，更为确切的表述应该是：客观存在就是变易演化自身。变的恒定性、易的不易性，使它获得了"永恒的实体性"，这个永恒实体性的实证科学的表述就是：四维整体发展过程。"物质"不是僵死的客观存在，而是活生生的变易过程。存在即过程！因此，物质就是四维整体发展过程，它的哲学灵魂就是那个"变易"的永恒实体性。

"变易"之所以能成其为"实体"，在于它所具备的自相矛盾的性格。如果说，万事万物，无一不变，唯一的例外，就是变易本身不变。而"实体"之所以成其为"实体"，就在于其恒定不变，可作为诸物之"法式"。因此，舍变易本身而外，无物可以作为"法式"。"变易"作为实体乃逻辑的必然。

变易之道有三，一曰"易位"，二曰"易形"，三曰"易性"。此三者，从事理而言，具有由外及里、由量及质的层次递进的特点；从事态而言，具有交义并作、主从相依的多元组合的特点。

所谓"易位"是机械力学运动，"易形"是物理运动，"易性"是化学运动。它们是变易的三个基本层次，体现了宇宙自然的位置转移、形态改变、性质变化的层层深入的特点。它们之所以是基本的，就是因为宇宙自然千变万化都可归结为"三易"的不同结构的集合。因此，"三易"乃变易的基本原理。

"三易"可以视为变易的"简易"原则，它制约着复杂的变易"事态"。生命现象、社会现象、精神现象，是"三易"的多元组合而显现的"事态"。当然，多元组合并非外在拼凑，它们是有机结合。机械杠杆、声光电化集于一个生命体，例如人类一身之中，它们已不复是那种简易的"三易"了，而是生命整体之中，彼此相依、不可分割的整体的一个构成因素了。因此，"三易"为变易的"简易原则"；"三象"为变易的"复杂形态"。"三易"、"三象"，能穷宇宙之变乎？庶几乎可！

最后，还有一个变易有无导向的问题，这就是说，宇宙自然的演化是不是都是"进化的"？有无退化现象？其实，进化与退化是"一事两议"，即对一件事情所发生的两种议论。比如说：人类的尾巴退化了，却是人类"从猿到人"的进化的表现。因此，进化与退化不是绝对对立的。但是，在宇宙自然的变易过程之中，万事万物相互依存、相互制约，因而逐步产生客观适应性、自然目的性、社会目的性，从而使得变易有了"导向"：适者生存！择优汰劣！因此，"进化"还是变易的主要趋向。

变易的"永恒实体性"、变易的"三易"、"三象"从简易到复杂的层次性、变易的导向的进化性，阐明了宇宙自然变易的性质、形态与趋向。它超越了存在与演化对立的观点，而将二者融合为一体了。

（3）三才观。前面我们已论述过狄拉克的大数假说和迪克的人择原理。他们从现代宇宙学的科学研究出发，发现了宇宙的发展与人类的生成之间的数量关系。"10^{39}"是一个奇妙的数，居然"科学地"论证了"人副天数"这一古老的神秘的命题。狄拉克认为，宇宙演化间，两个大数大致相同，不能认为是一种巧合，一定有其客观的自然的原因，只是我们尚不知道它。一旦我们掌握了更多的关于原子论和宇宙学的资料，就可以解释了。迪克进一步认为，两个大数之所以相同，是由于宇宙演化恰好达到了能产生人类的时期。这些假说，目前还只能认为是猜测性的，还不是一种确切的科学理论。它的意义在于给理论一种启示，即宇宙与人的关系，亦即天人关系，这个过去纯然属于伦理、宗教、哲学的古老问题，已列入科学家的重大科研课题之中了。

宇宙的发展，到了一定时期，条件具备，使人类得以产生并得到发展。天给人以生存与发展的条件，人不断改变自己并创造条件，以利于自己的生存与发展。人类的认识与行动，无非是认识自然、适应自然、改造自然。因此，天人关系的研究，是人类一切研究的出发点与归宿点。从古迄今，从来就没有什么完全脱离人的科学研究与哲学探讨。

在宇宙系综这个大系统之中，我们生存于其中的这个切近的宇宙，是一个子系统。这个子系统，我们通称为"天地"，"人"顶天立地，介乎其中。因此，这个子系统，我们可以把它叫作"天地人系统"，或曰"三才系统"。

《易系辞下传》有一段话："《易》之为书也，广大悉备，有天道焉，有人道焉，有地道焉。兼三才而两之，故六，六者，非它也，三才之道也。"（第十章）现在我们借用《易经》这一段话，并汲取其某些合理思想，来论述我们的"三才观"。

《易经》以三画为三爻而成一卦，三画象征天、人、地的三个位置。《易经》作者又看到了宇宙间万事万物"两两相对"的情况，诸如阴阳、昼夜、水陆、男女等等。为了表示这种普遍对立的情况，合两个三爻为一个六爻卦，从下而上，为初、二、三、四、五、上，是为六爻而成一卦。六爻两两相对而三分，"初二"为地位、"三四"为人位，"五上"为天位。用卦爻来决定吉凶祸福，以致发展为卜筮巫祝之类迷信活动，这是对《易经》的滥用与错用，这些我们可撇开不谈。这里，令人感兴趣的是：六爻三位，隐含辩证法的模式。天、人、地三位，均两两相生，都是一个对立统一体。而天与地又以人为中介，联系成为一个"宇宙整体"。

天与地的概念是相对的，自另一个天球观测地球，地球也是一个天球。因此，天地就是孕育人类生成的"宇宙自然"。

因此，与人类生存密切相关的"天体"是地球。地位在"初二"说明了它的基础地位；人位在"三四"，居下卦之颠、上卦之基，说明它处于由下向上的中介地位；天位在"五上"，会阴阳而协和三才，说明了它的综合地位，有点类似黑格尔所宣称的"否定之否定"显现为真理的阶段，这样，我们就可以把地、人、天纳入辩证的圆圈运动之中。

我们可以把"天地"统一称之为客观自然界，也可以把"天地"相分，"天"代表"精神世界"，它的人格化便是"神灵世界"，而"地"则代表"自然世界"。至于"人"则指在自然世界基础上形成的"人类世界"。这样一来，所谓"天道"就是精神世界的规律性，"人道"就是人类世界的规律性，"地道"就是自然世界的规律性。而所谓"三才之道"便是自然、人类、精神三个世界的总规律。

三个世界，"自然"是宇宙的基干，"人类"是宇宙的花朵，"精神"是宇宙的智慧之果。宇宙三分，不是分割为平列的三个部分，而是宇宙辩证发展的逐步提升的三个有机联系的环节。自然孕育了人类，人类产生了精神，精神使"潜在的宇宙"逐步变成"现实的宇宙"，使"自在的宇宙"逐步成为"自为的宇宙"。

现实的宇宙、自为的宇宙，并不是以人为中心，更不是把人当成是宇宙的创造者或把神化了的精神实体例如上帝当成是宇宙的创造者。人类是宇宙自然的产物，仍然是我们的出发点。但是，人类一旦出现，自然的变化之外，人类施加影响而产生的变化，首先在地球范围内逐渐加强，现在影响所及已达到其他天体了。所谓"现实的"，意味着人类的认识与行动所能影响到的；所谓"自为的"，意味着人类作为宇宙自然的最高产物，不是单纯顺应自然的，而是能根据自然的内在规律性，对自然进行改造，以适合人类的生存与发展的，人类是宇宙自然的"能动性"的结晶。

因此，现实的、自为的宇宙是人力所能及的宇宙，这个"人力"从地球向外扩散，力度愈来愈弱以趋于零。"零"是一个不确定的界限，随着人类的进步、科学技术的发展，"零界"不断外推、不断内进。目前我们观测所及，接近200亿光年的遥远天区；我们剖析所及，已到夸克、胶子的程度。这个上下限之间便是我们的宇宙，现实的宇宙、自为的宇宙。

至于那个"潜存的宇宙"、"自在的宇宙",我们深信其必有,只是暂时不为我们所知罢了。"六合之外,存而不论!"我们进一步说:"零界"以外,信而不疑。

我们的宇宙是"小宇宙",包含"小宇宙"并无限延伸或无限掘进的天区与微观世界,就是没有定界的"大宇宙"。我们的现代宇宙学只涉及到"小宇宙"范围,我们的哲学宇宙论还可以想到"大宇宙"领域。

我们的"三才观"是从宇宙学的科学研究出发的,然后提出六爻三位三道的设想,归结到两个宇宙的联系与区分,从而阐明了天人之间的辩证关系。

我们对宇宙自然的认识,常识的笼统直观是认识的出发点,而科学分析与哲学综合,是认识的两条进路,它们相互影响,携手共进。另一方面,它们又逻辑地构成一个认识的辩证进程:"常识的—科学的—哲学的",常识是起点,科学是中介,哲学是归宿。只有进入对宇宙自然的哲学认识,才算达到了真理阶段。

第二节 对宇宙自然的认识的历史回顾

逻辑的与历史的,基本上是一致的。人类认识的逻辑层次为:常识的、科学的、哲学的,人类认识的历史发展,基本上也是这样一个顺序。关于宇宙自然的神话传说、近世以来以虚构幻想编织起来的自然哲学、当代实证科学的知性分析,随着历史的前进,逐步开拓了视野,加深了对宇宙自然的外部条件与内在机制的认识。而哲学的辩证综合与整体概观,随着时日推移,日臻完备。

历史的回顾,有助于理论观点的把握。宇宙自然认识的历程的探讨是理论分析的必要的补充。

一、传说中关于宇宙自然的直观幻想的描述

原始人穴居野处，抵御自然灾害的能力极低，赖以为生的果腹御寒之物，几乎仰赖于自然的现成的东西。因此，他们敬畏自然、崇拜自然。由此看来，宇宙自然给予原始人最初的感受，是属于情感的。他们把宇宙自然看成是一个异己的强大的威慑力量，他们在宇宙自然的暴虐下呻吟，又仰赖它的恩赐。

原始人在艰苦的生活磨炼中，智慧日开，包围着他们的自然现象，诸如日月升沉、星移斗换、风云陡变、雨雪纷飞等等，都引起他们的惊异，触发他们的思想。他们试图解开宇宙自然之谜，并尝试利用自然的力量为自己的生存服务。于是宇宙自然最初的图景，由原始人通过直观幻想描述出来。这些描述多半是拟人的、比喻的。这样的描述，现在看来是不足道的，但是力图描述与认识宇宙自然，却是一个不朽的课题。别看现代宇宙学如何精深，似乎可信，其实仍然充满了幻想猜测的成分。

远古人观测天象，实乃生产与生活的需要。世界各文明古国差不多同时积累了大量天文、气象、历法、地理等知识。

天象观测的最原始手段是肉眼观测。显然，肉眼观测所得只是一些有限的粗糙的经验记录，而且多半是口头流传下来的。远古人凭借着这些材料，在幻想与猜测的帮助下，编织出不少优美的甚至是天才的关于宇宙自然创生的神话故事。这些神话传说，虽然经不起科学的检验，但仍然是发人深思的。

古代两河流域的撒玛利亚人认为天地日月星辰是类人的但法力无边的神创造的。他们塑造了一尊"空气之神"安尼尔，开天辟地，包揽日月星辰，形成宇宙。我们中国也有盘古开天辟地、女娲补天造人之说。这种"神创说"差不多世界各文明古国都有过，而且讲

法大同小异。这一方面说明了各民族的智力发育相近，一方面揭示了当时人们只能从最熟知的自己出发，做比喻性的引申。

犹太教集"神创论"的大成。早期犹太人为了树立上帝的绝对权威，在《圣经·旧约》的"创世纪"中，虚构了上帝在六天之内创造了天地万物、鸟兽虫鱼乃至人类的故事。

"神创说"当然是荒谬的，甚至是有害的。但是，它的出现有其历史根源以及心理的需要。远古人智力不高、知识有限，能提出问题就是认识上的一大跨越，至于回答问题，只能就近取譬、推己及物。他们既然有了问题，而且是他们敬畏崇拜的对象的问题，心理上就要求得出一个满意的回答。世界原来是神创的，一切都是神的安排。这样，心理上就安顿下来，感到心安理得了。

还有所谓"神"的问题，只要我们不把它树立为"偶像"供奉起来、虔诚膜拜，这个词仍有其积极意义：非人力所能做到的，其"神"也欤？宇宙自然的变化，很多不是人所能驾御的，这里就有"神"。我们不迷信偶像神，但承认自然界有其自身的超人的力量决定它自身的变化，这个超人的力量就是"神"。这是我们关于"神"的唯物的解释，当然远古人不会想得这么多。

因此，不能将古代的"神创说"与日后的宗教迷信等量齐观。"神创说"是古代人对宇宙自然的认识不成熟的表现，而"迷信活动"是愚昧与被愚弄的表现。

关于宇宙自然在古代人心目中的模式，各民族的构思似乎也有类似之处，大都以日常生活所及为依据，加以描绘。中国古代便有"天如盖笠、地法覆盘"的说法，古代撒玛利亚人也有类似的比喻。还有天圆地方的讲法。现在问题在：圆圆的天盖怎么浮悬在上空不会掉下来？于是进而补充说，周围有八根柱子支撑着。埃及有类似的说法，不过擎天柱只有四根。关于这类故事，说得最好的莫过于关于共工怒触不周山的神话。《淮南子·天文训》："昔者共工与颛顼争为帝，怒而触不周之山，天柱折，地维绝。天倾西北，故日月星辰移焉；地不满东南，故水潦尘埃归焉。"共工闯了大祸，天倾地裂，原来是撑天的柱子被触断了。于是古人又想出补天合地的故事来。《淮南子·览冥训》有云："往古之时，四极废，九州裂；天不兼覆，堕（地）不周载；火爁炎而不灭，水浩洋而不息……于是女娲炼五色石以补苍天，断鳌足以立四极，杀黑龙以济冀州，积芦灰以止淫水。"这位女娲氏可谓是一位创天造地的"真神"了。传说中的女娲，古神女而帝者，人面蛇身，一日中七十变，无怪乎她法力无边了。这些充满幻想的浪漫神话，实在有其不朽的魅力，犹如儿童的"天真"，虽属幼稚，但极其可爱，是成年人不可能复得的。

　　人们逐渐摆脱了关于宇宙自然的神话故事的描述，重视观测经验的积累，对天象有了比较切近客观的了解，他们所取得的成果，不少与当代观测计算所得非常接近。东汉张衡对日月地运行的关系就有比较准确的了解。他们还造出比较精密的仪器来测量与模拟天体运行。张衡在西汉耿寿昌发明的"浑象"的基础上加以改进，将利用齿轮运转的浑象与表示时间的漏壶联系起来，随着时间推移，浑象绕轴旋转，一天一周。这个水运浑象就能比较准确地显示日月升沉、群星起落。张衡还做了一个瑞轮蓂荚与水运浑象结合使用，以表示月亮的圆缺。这些精巧天文仪器的发明，确证张衡熟知日月地的运行关系。他还著有《浑天仪图注》，可惜失传了。他对天地的描述较盖天说更为接近于真实。他说："天体圆如弹丸，地如鸡中黄……天之包地，犹壳之裹黄。"他还有了南北极与赤道的概念，以入宿度（赤经差）和去极度（极距）表示太阳的位置，并对春分、秋分、夏至点、冬至点的方位都有准确的测定。张衡还接触到了宇宙的有限与无限的关系问题，认为所观测到的天区是有限的，而整个宇宙则是无限的。他说:"通而度之,则是浑矣……过此而往者,未之或知也。未之或知者,宇宙之谓也。宇之表无极,宙之端无穷。"(《灵宪》)在公元之初,就能有此看法,是令人钦佩的。

以张衡为代表的这种实地观测的作风,表明了对宇宙自然的一种"诗意的憧憬"让位于一种"科学的态度"。这是人类关于宇宙自然认识的一个重大转折点,它预示着人类的宇宙观的新的进展正在逐步形成。

从神话传说到实地观测,是古代宇宙观的基本情况。它具有下述三种性质:

(1)拟人的比喻性质。初民面对这个天苍苍、野茫茫、日可炙、月冰凉、风呼啸、水盈江的宇宙自然,感到惊讶、欢欣、恐惧、迷惑而试图理解其底蕴又未能得其要领,这是很自然的事情。他们只能从人类生活中易见的东西与情景,对自然现象做比喻性的解释。"比喻"是认识的一种表面的方式,雷公擂鼓,取雷声与鼓声相似。"拟人"解决了动力问题,把自然现象拟人化,就是把自然自身具备的力量,变成了一种类人式的"主观能动性"而成为一种法力无边的"神力",这里似乎有一点泛神论的味道。

这种"就近取譬、推己及物"的拟人的比喻性质,是一种较原始的思考方式的特征。与其说它是描述客观宇宙现象,不如说它是主观地扩大自己,因此,没有多大科学价值。但是,表面相似性的揭示是探入事物底蕴的先导,说明这种思考方式还是有用的。特别是作为先进的科学方法的辅助手段,迄今仍能发挥一定的作用。

(2)社会的实用性质。古代关于天象的研究,有其生产与生活需要的一面,如农牧交通运输的需要、四季冷暖祛病延年的需要等。但还有天人感应、吉凶祸福、经纬图谶、卜筮巫祝等政治、伦理、宗教上的用途。这些附丽于天象观测上的不相干因素,使古代宇宙观蒙上了一层神秘怪诞的气氛。生产与生活的需要，推动它向科学的道路前进；政治、伦理与宗教的需要，却使它陷入荒诞迷信、神鬼魔道之中。我们不能低估这种"魔障"的社会潜在力量，它利用人类精神上心理上的弱点，顽强地假上苍之名表现自己。

"实用"从古迄今就是一个面目可憎的字眼。它缺乏理论的高尚性、科学的纯洁性。在它的名义下，包含主观、利己、任意等恶劣意识。理论与科学，一旦为这种市侩气所熏染，就会误入迷途。

（3）直接的观测性质。直接的实地观测是科学认识的萌芽与起点。公元初期，张衡的天文观测取得了巨大的成果；公元前6世纪，古希腊泰勒斯关于日食的精确预测，一直在哲学史上传为美谈。以后的天文学、宇宙学不论发展到一个什么高度，"观测"总是必不可少的，只是技术手段日益先进，观测结果日益精确具体罢了。

观测的感性直观性质，虽然给它带来表面性、暂时性、经验局限性的缺点，但是它的起点的唯物性质、对天象研究的必然性质、对天体内外多层次多角度研究的贯穿性质，表明它是研究宇宙自然的绝对方法，并不因其原始性而被淘汰。当然，直接观测只是初步的，间接的观测、取样的观测等弥补了它的不足。

不能认为古代宇宙观都是无稽之谈，它奠定了现代宇宙学的基础，提供了哲学宇宙论的想象的资料，并孕育了各门科学的成长。天文学成了最早成熟的学科之一。

二、自然哲学中关于宇宙自然的思辨虚构与天才猜测

哲学思辨是高于实地观测这类感性经验方法的理性思维方式。人们能思辨地考虑问题，应该讲是一个很大的进步。几何学介入宇宙自然的研究中，使天文学的研究进入了一个新的层次。

相传毕达哥拉斯是第一个认为地是球形的人。阿那克萨戈拉研

究了月亮，认为它不发光而只能反光，并正确地阐明了月食现象。月食时地影的形状，成了地是球形的有力证据。

公元前 5 世纪末，底比斯的费劳罗（Philolaus）的学说，虽说幻想居多，但却开启了日后哥白尼日心说的先河。他设想地球是一个行星并非宇宙中心，设想地球在太空遨游而不是固定不动的。

萨摩斯的亚里士达克（Aristarchus of Samos）具有更明确的哥白尼式的观点，认为一切行星包括地球在内都以圆形环绕太阳旋转，并且地球绕轴自转一周为 24 小时。汤姆斯·希斯爵士（Sir Thomas Heath）把他誉为古代的哥白尼。然而，他的天才的观点被与他差不多同时的亚里士多德的具有权威性的观点淹没了。

亚里士多德把宇宙分为天上与地下两个部分。两部分构成的质料不同。地球上的物体由土、水、气、火四种元素按不同比例合成，而天上的东西则由"以太"所组成，"以太"精纯完美，无生灭变化，因此是神圣的。他还认为地球是宇宙的中心，月亮、太阳、金星、水星、火星、木星、土星，还有更外层的恒星，层层围绕地球运转，形成一个以地球为核心的同心球层旋转体系。这个体系之外，还有一个最高的存在，那就是"神"。这个神，在时空之外，是非物质的，但"神"是物质宇宙系统的原动力或第一推动者。

由于这些自然哲学家是以几何学做基础来描绘宇宙自然现象的，因此，宇宙原动力问题无法解决，于是亚里士多德幻想出一个至高无上超越尘世的"神"来作为宇宙自然运动的发动者。这种想法有其逻辑的必然，其影响之深远，迄于牛顿还残存着。

亚里士达克的日心地动说当时未被人接受，而亚里士多德的同心球层旋转体系却占了上风。亚里士多德的理论到托勒密（Ptolemy，A.P.，85—165）手中进一步精确化、系统化，在中世纪长期为基督教神学所利用，再加以得到常识的认可，直到 16 世纪它的统治才开始动摇。

不过托勒密的理论也不是完全无稽的，他较完备地综合了以前的天文学家所取得的成果，写出了《天文学大成》（又名《大综合论》）。他肯定大地为球形，并在总结天象观测的基础上，试图对天体运动进行定量分析，这些具体成果是有价值的。

托勒密根据地球上不同地区日月星辰出没先后不同，东方先看到，西方后看到，因而测算到地球上各部分的曲率是相同的，因此，地球是一个球体。这当然是正确的。但说地球位于诸天的中心，就未免绝对了。他说："如果地球不位于诸天的中心，那么它或者与两极等距但不在轴上；或者在轴上但与两极不等距；或者既不在轴上又与两极不等距。"[①] 然后他分别证明这些假定是不正确的。

托勒密的宇宙体系，在当时能自圆其说地说明一些天象，再加以符合中世纪封建宗教统治集团的意图，竟经历千余年长盛不衰，可见科学真理想突破社会政治伦理偏见是不容易的，"日心说"直到16 世纪才重见天日。

哥白尼研究了古希腊的著作，亚里士达克等人的天才设想给他创建新的宇宙结构以重大的启示。他考虑是否可以尝试一下地球如何运动的情况。1506 年他回到波兰，建立了一个简易的观测台，自制仪器进行观测计算，终于完成了他的太阳体系学说的创立工作。但他不敢发表他的学说，他料到会受到教会和传统势力的反对。他在后来出版的《天体运行论》序言中写道：我深深地意识到，由于人们因袭许多世纪以来的传统观念，对于地球居于宇宙中心静止不动的见解深信不疑，所以我把运动归之于地球的想法肯定会被他们看成是荒唐的举动。

———————

① 托勒密：《天文学大成》，宣焕灿编：《天文学名著选译》，知识出版社 1989 年版，第 39 页。

哥白尼的担心并不是多余的，1543 年 7 月 24 日他与世长辞的时候，他的《天体运行论》才出版。果然，教会宣布"日心说"为邪说，并将《天体运行论》列为禁书。经过三个世纪，通过布鲁诺、伽利略、刻卜勒等人前仆后继的斗争，科学终于战胜神学，迎来了科学的春天。哥白尼的思想在实证科学的切实研究下，形成了一个严密的关于宇宙自然的科学体系。

从古希腊开始到哥白尼时代，宇宙自然的体系的探讨，属于传统的"自然哲学"领域。在这个漫长的历史过程中，虽然人和事十分纷繁杂沓，但宇宙观的演变，仍可以理出其辩证发展的线索。这个演变是环绕地日关系展开的："以亚里士达克为代表的幻想的日心说—以托勒密为代表的偏狭的地心说—以哥白尼为代表的实证的日心说"，这是一个在科学层次上复归于日心说的辩证圆圈形运动。

这一阶段的成就构成了传统天文学的主要内容：

（1）研究的范围主要限于地日系统。在这个范围内，太阳、地球、月亮、金星、水星、火星、木星、土星的运行情况及相互关系，一般都得到了数量的描述。以目测并辅以简易仪器为主，其能涉及的范围只能在这个限度之内。而且这个范围迄今仍然是与人类关系最为密切的天区。自然哲学所奠定的研究基础，到现在仍然是有用的不可废弃的。

（2）研究的方法主要是几何学的方法。亚里士多德将"圆"视为几何图形中最圆满的，因此，天体都被描述为圆形，运动轨迹也是圆圈形，天体关系也被规定为同心圆。托勒密的本轮、均轮也都是圆形。这些刻画虽大体上接近客观状况，实际上主观审美意义更多一些，因此有某些思辨虚构的因素。但是，用几何学的方法构造宇宙自然的图景仍然是必要的，例如以后提出的地球绕日的椭圆形轨道等仍然是几何的描绘。几何的描述已成为我们静态地了解天体关系的根本方法之一。

（3）研究的缺陷仍然是经验性的位置的探讨，不但物理化学的机制未能涉及，连力学原则也少有应用。因此，严格讲来，传统自然哲学的关于宇宙自然的研究，尚未达到实证科学的水平，但为实证科学的出台奠定了厚实的基础，例如，哥白尼的研究，便为伽利略、刻卜勒、牛顿开拓了前进的道路。

因此，真正值得重视的是以牛顿为代表的实证科学蓬勃兴起的时代。

三、实证科学中关于宇宙自然的观测与理化机制的分析

哥白尼学说是关于宇宙自然的自然哲学的探讨，也是实证科学研究的开始。通过布鲁诺、伽利略、刻卜勒等人与教会势力、常识偏见所做的不屈不挠的斗争与牺牲，哥白尼的"日心说"不但为世所公认，而且本身也不断完备、精确，取得了实证科学的形态。

哥白尼虽然不同意亚里士多德与托勒密的"地心说"观点，但是，他仍然郑重声明：他的新体系与亚里士多德的物理学、托勒密的体系是一致的。他的宇宙图是以太阳为核心的同心圆轨道。这个宇宙图景是富有几何的对称理想性的。他对这个具有几何美的图像赞叹道："太阳居于群星的中央。在这个辉煌无比的庙堂中，这个发光体现在能够同时普照一切，难道谁还能够把它放在另一个比这更好的位置上吗……因此，太阳俨然高踞王位之上，君临围绕着他的群星。"[1] 这里表达了哥白尼在单调的观测与枯燥的计算之外，对宇宙自然的一种审美的感受，也是自然哲学倾向的表现。

哥白尼学说远非完备的，还有不少自然哲学虚构与幻想的残余。

---

[1]　亚·沃尔夫:《十六、十七世纪科学、技术和哲学史》，商务印书馆1985年版，第21页。

最早拥护与发展哥白尼观点的是布鲁诺，他不但拥护哥白尼学说，而且进一步认定，无限宇宙的恒星每一个都是一个太阳系。为了宣传科学真理，他献出了自己宝贵的生命。

刻卜勒、伽利略则是使日心说成为真正的科学理论的关键人物。他们不但改进了观测工具，发明与使用了望远镜，而且对观测事实做出了规律性的概括及理论的说明。

特别值得注意的是伽利略关于力学的研究，为日后牛顿进一步完善日心说奠定了实证科学的基础。

从哥白尼到牛顿，是经典天文学全盛时期。刻卜勒与伽利略在完备日心说的过程中，引入了引力概念，并对动力学做了深入的研究。于是，行星运动的力学解释成了天文学中一个崭新的课题。为什么行星总是绕太阳作封闭曲线运动而不作直线运动跑到外部空间去？牛顿在刻卜勒、伽利略阐发的这种新的动力学基础上，研究太阳系诸星体间的力学关系。这一突破的理论意义在于：对天象的描述不再止于静态的几何结构的描述了，而是涉及了行星之间的运行的动力与机制。神对天体的统治基本上崩溃了，只剩了"上帝的最后一击"这一空洞的假定。天文学完全沐浴在实证科学的阳光之下。

"哥白尼—伽利略—牛顿"，日心说从自然哲学到实证科学的过渡完成了。牛顿力学以及以力学为其核心的天文学，形成了长达200年的统治。

然而，天体运行，力学机械运动只是外在的表面的，它内在的深刻的物理化学机制，以及运动变化的自身的原因，尚未得到全面而合理的解释。"动者恒动、静者恒静"，并未能说明动起来的原因，以致上帝还有用武之地。因此，关于天体运动与变化的物理化学机制的分析，成了关于宇宙自然研究的必由之路。

19世纪末，天体物理学的兴起，标志着天文学的质的飞跃。如前所述，它已进入天体的物理化学性能的分析了。这一进展说明，人们已开始采取实证科学的先进技术手段，探索宇宙自然运动变化的客观原因了。这一研究结果，使得"神"在天文学领域彻底溃退。另一方面，又使天文学的领域超越了太阳系，向银河系、河外星系、总星系更遥远的天区进军了。还有值得注意的一点是，宇宙学的研究与物质结构学说紧密结合起来了，表明了自然界从宇观到微观在物质性的基础上统一了，宇宙自然的整体性得到了证实。

关于宇宙自然的实证科学的研究，是宇宙论研究的决定性环节，或者说，它是我们关于宇宙自然的研究的主体部分。没有它，我们就会仍然徘徊于幻想猜测之中，更不能进人切实认真的哲学思考。它具有下述特点：

（1）客观性。它排除了主观猜测，并从简单的经验观测上升到科学实验与知性分析的高度，从而具有了真正的客观性。人们往往以为经验观测，感性直观，所谓"眼见为实"是最靠得住的，殊不知感性经验的暂时性、瞬变性、表面性，给你投入的印象往往是主观的、片面的、不真的，缺乏真正的客观性。所以，黑格尔便认为，这种感性确定性只能给人以无限丰富、最为真实的假象。因为它好像囊括一切，毫无遗漏，因此显得无限丰富的样子；又因为它直接经历、一览无余，因此又显得极为真实的样子。其实感官所与无非是过眼烟云，漂浮不实，是抓不住的。而实证科学强调了"科学实验"，实验意味着你观测所得的印象，只要条件具备，通过实验手段是可以再现的。这样，观察的客观性就有了可靠的保证。

（2）分析性。科学实验不是单纯的感性素材的再现，也不是经验的多次重复。它包含了超越直观的知性分析的因素。知性分析才是实证科学的灵魂。这种知性分析的认识功能，是产生实证科学的决定因素。关于天体构成的元素的分析、关于天体演化的光谱分析、关于天体运行的量度的分析，等等，使我们深入到宇宙自然的各个部分、各个环节、各个层次，从而对宇宙自然才有具体、精确的了解。没有知性分析，我们的认识就只能停留在笼统的直观阶段，科学的认识就无从产生。

有一些对辩证法一知半解的人，往往将知性分析等同于形而上学的思维方法，这是不对的。它为实证科学研究所必需，为向辩证思维过渡所不可缺少。连黑格尔也不一概抹杀知性分析的作用，他指出："运动定律涉及量，特别是涉及流逝的时间和此中经过的空间的量；这是一些不朽的发现，它们使知性分析获得了最高的赞誉。"[①]对通过知性分析而得到论证的科学知识，例如伽利略的科学成就，黑格尔赞扬说："这种知识比成千上万的所谓光辉思想更有价值。"[②]

知性分析之所以更有价值，在于它对事物的某些性状，找出了与其相应的量的规定性，量的规定的精确性成了现代科学的特征与骄傲。例如，光速一般讲大致为每秒 30 万公里。科学家还不满足这一确定数字，还要在小数点之后做文章。1973 年以前，大约 15 年时间内，关于光速的准确数据为每秒 299792.5 公里。其后，根据铯的频率标准以及氪的长度标准来测量，经过两次实验，大约在 1973 年前后，测得光速每秒为 299792.4562 公里。所以现代精确科学的标志是从定性到定量，把这个五彩缤纷的花花世界化为抽象的同一的"数字与符号系列"。于是，数学成为了知性分析的得心应手的工具，从而高升到科学的母后的地位。但是，知性分析和数学又不是万能的、绝对的，它不适宜于表达思维。用数学方式表达思维只是应急的办法，只是一种与思维本性格格不入的残缺不全的方式。

---

① 黑格尔：《自然哲学》，商务印书馆 1980 年版，第 77 页。
② 黑格尔：《自然哲学》，商务印书馆 1980 年版，第 80 页。

因此，知性分析必须向辩证综合过渡。

（3）中介性。实证科学是对那个以虚构幻想的联系构筑起来的"自然哲学"体系的扬弃，它的客观实证性、精确分析性，使那种自然哲学相形见绌。但是客观实证的经验局限性、精确分析的僵死性，又使它难于从整体上全面把握这个活生生的自然界。因此，它不是人类认识宇宙自然的终点，而只是向宇宙自然的真理性的认识过渡的中介。这就是说，它必然要为包含客观的辩证联系于其中的新的自然哲学体系所扬弃。这个新的自然哲学是旧的自然哲学在真理性层次上的复归。"自然哲学—实证科学—自然哲学"，这就是人类关于宇宙自然的认识的辩证圆圈运动。在这一辩证运动中，实证科学处于中介地位。

关于宇宙自然认识的历史进展，是它的逻辑结构的客观根据。人类的认识虽可以大致预示未来的发展，但总的来讲不能跨越它所处的时代。客观的历史条件尚不具备时，认识是难以跃进的，即令能模糊地做一些设想，但在当时而言，不过是空想。现在，关于宇宙自然的实证科学认识是否已发展到可以进行哲学的辩证综合，建立在科学基础上发展起来的自然哲学体系呢？100多年以前，马克思、恩格斯开创了关于"自然辩证法"的研究，可视为建立马克思主义自然哲学体系的一个开端，现在已是我们在马克思、恩格斯奠定的这一坚实的基础上，继续前进的时候了。

第三节　当代哲学宇宙论的探索

我们在物质的演化与宇宙的生成的研究的基础上，探讨了宇宙物质系统的发展，从而确证了"客观辩证法"的真理性；我们又在对宇宙认识进程的分析中，提出了常识的、科学的、哲学的三个认识层次，从而揭示了"主观辩证法"的规律性；我们还在主客观辩证法统一的视角下，探索了当代哲学宇宙论的理论内容，从而归纳了三个基本观点，即系统观、恒变观、三才观。这样，我们的"宇宙论"似乎已具备了一个粗放的轮廓。然而，这还只是开始，它还有待进一步探索。因此，有必要提出几个需要继续进行探索的问题。

一、现代宇宙学假说的科学实证性与哲学思辨性

现代宇宙学的研究方法，基本上是实证科学的；研究的起点，也是一些特定的天象；研究的手段，大都是高技术的。因此，它的科学实证性是不容争辩的。

但是，现代宇宙学与传统的天文学不同，它虽从特定的具体天象出发，而其终极目标却是将宇宙自然作为一个整体来加以探讨。"整体概观"，就使它不得不进入哲学思辨领域。因此，它的哲学思辨性也是毋庸置疑的。

现代宇宙学是关于宇宙自然的科学研究向哲学探讨过渡的中介环节。

现代宇宙学的成果是"假说"。没有一个宇宙学家敢于说，他的主张是完全真实的、正确的。相反地，他的主张不过是"假说"，而且随时有被推翻的可能。

"宇宙模型"的建立，是现代宇宙学研究的目标。宇宙模型旨在从整体上刻画宇宙自然的结构框架。它必须对一些关键性的具体天象，例如红移、背景辐射等有精确的测定与透彻的了解，这些是道道地地的实证科学作业。但如若仅止于此，便只能是零星的个别天象的研究，无从知道宇宙自然的整体结构。具体天象的观测与分析，既是关于宇宙自然的整体构思的前提，也是这种构思的合理性的论证。哲学的思辨所起的作用，在于将个别天象的研究所取得的具体

成果，从总体上进行综合研究，发现其客观的辩证联系，阐明宇宙自然各子系统之间是如何有机地联系为一个整体的，以及这个整体的性质是什么样的。

因此，宇宙学的研究大致可以分为两个层次，即观测的、理论的。观测宇宙学侧重于发现大尺度的观测特征，例如，河外天体谱线红移、微波背景辐射等。理论宇宙学侧重于研究宇宙的运动学和动力学以及建立宇宙模型。宇宙模型包括三个方面的内容：（1）大尺度上天体系统的结构特征，（2）运动形态，（3）演化方式。各种不同宇宙模型的建立，无非是对上述三个问题做出的不同回答。如按结构均匀与否分，便可分为"均匀模型"与"等级模型"；如按大尺度特征变化与否分，便可分为"稳恒态"与"演化态"两种模型，等等。

爱因斯坦于 1915 年提出广义相对论以后，用它作为理论根据，建立了"静态宇宙模型"。1917 年，他发表了《根据广义相对论对宇宙学所作的考察》，这篇论文宣告了相对论宇宙学的诞生。根据广义相对论建立的这个静态的有限无边的自洽的动力学宇宙模型，认为宇宙就其空间广延来说，是一个闭合的连续区。这个连续区的体积是有限的，但它是一个弯曲的封闭体，因而是没有边界的。由于当时尚未发现河外星系的普遍退行现象，这就使得他得出了有物质无运动的静态宇宙的结论。这个结论还得到"宇宙学原理"的支持。根据星系计数、射电源计数、微波背景辐射等实测资料得知，在大于 1 亿光年的宇观范围内，物质的分布是均匀的和各向同性的。空间物质分布的均匀性与各向同性，是爱因斯坦模型的根据。然而宇宙学原理的这一论断，未必是普适的，以致当其他观测资料陆续发布后，这个模型的可靠性便动摇了。目前认为比较能符合更多观测资料的"大爆炸理论"也未必是完全可靠的。

由此看来，在观测基础上进行理论概括，从而得出的各种现代宇宙学假说，都只有相对的意义。对这些假说，不可尽信，也不可不信。这是因为：

（1）现代宇宙学假说具有一定的科学实证性。这类假说与古代的思辨猜测的玄想不同，它是从确切的观测数据出发的。中国古代的宣夜说，提出无限宇宙观念，认为天不过是无边无际的气体，日月星辰浮游其中，如《晋书·天文志》所称："日月众星，自然浮生虚空之中，其行其止皆须气焉。"进而言之，宣夜说还认为天地万物生于气。三国时代杨泉便认为银河、恒星皆由气所生，"气发而生，精华上浮，宛转随流，名之曰天河，一曰云汉，众星出焉"（《物理论》）。这样一些关于宇宙的性状与生成的描述，虽有其机智之处，但纯属思辨猜测性的。现代宇宙学的假说，却起于实测，成于思辨。因此，实地观测的材料与数据是建立假说的基础。

上述爱因斯坦假说之所以动摇，主要是新发现的观测事实与假说不符。1929 年，哈勃发现了星系的红移量和距离成正比的规律，到 1978 年，已观测到正常星系最大红移 $z = 0.75$。若承认红移是多普勒退行速度效应，则能得出可观测的宇宙作整体膨胀的结论。以这个观测事实与数据为依据，勒梅特依据理论推导提出的宇宙膨胀模型，就得到了有力的支持。

然而，宇宙现象极其繁杂，很多现象我们未发现，或无知，或一知半解。例如，这个决定"模型"兴废的"红移"，从总体上看，还是没有完全搞清楚的、有争议的。1963 年，M. 施米特研究类星体的红移，若按正常星系的红移—距离关系外推，则遇到许多目前无法解释的矛盾。这就是 60 年代以来著名的红移挑战。可见我们赖以建立宇宙模型的观测资料几乎都是成问题的。

尽管观测资料是成问题的，但总比虚构臆造强得多。因为观测是从客观对象出发的，其中总多少包含了宇宙自然的本然如此的因素，所以每次观测所及总是可取的，问题只在于不要僵持在某一点，而是根据新的观测资料，不断充实、改进。由此看来，观测的局限性，不完全是缺点，它是必然存在的。进而言之，观测的局限性与局限性的不断被突破，正是科学不断进步的根据。否则，如"观测"一次到位，科学就无事可做了。

现代宇宙学假说建立在不完全的观测的基础之上，因其是以观测为依据的，所以是可信的；又因其是不完全的，所以又是不能尽信的。

（2）现代宇宙学假说有权威的科学理论作为根据。广义相对论与基本粒子物理学是当代具有权威性的科学的基本理论。爱因斯坦把闵可夫斯基创立的四维非欧几何应用到狭义相对论中（1908），从而创立了"广义相对论"。爱因斯坦从广义相对性原理及等效原理出发，用场概念取代了作为一种远程力的牛顿的引力作用，重力被认为是在物质附近弯曲时空连续性的一种度规性质，"弯曲空间"决定了物体在场中的运动。物体质量愈大，引力场愈强，时空弯曲愈烈。由此，他建立了引力场理论，并以度规张量给出了著名的引力场方程。爱因斯坦的理论，不但得到了观测的成功的验证，而且也清楚地解释了观测到的引力场中原子光谱的红移现象，并预言了宇宙是有限的，并且处于不断膨胀之中。

基本粒子学说从另一个极端，即深入到微观世界领域，确切地掌握了微粒子的结构、规律与模型。基本粒子物理学研究，比宇宙学更具有严格的实证科学性质。杨振宁说：虽然在很久以前就已经有人设想关于物质原子结构的概念，但是这种设想不能被载入到科学著作中去，因为除非有定量的实验证据，没有任何一种哲学性的讨论能够作为科学的真理来加以接受。基本粒子学说作为现代宇宙学的理论基础，不但增强了它的科学实证性，而且也论证了宇宙自然从宇观到微观的物质整体性。

建基在这两大理论的原则之上的现代宇宙学，它的实证科学的性质是十分明显的。

（3）现代宇宙学假说上升为科学理论的渐近性。由于宇宙自然浩瀚无边，真个是上穷碧落下黄泉，两处茫茫皆不见。我们只能在可见的范围内，进行难以完全的观测与分析，因此，假说成了它正常的表达见解的方式。但是随着科学技术的突飞猛进，观测到的宇宙现象日益增多。对现象的认识日益深刻，假说之中的确定因素与日俱增，因而可信性也越米越大。这就是说，"假说"无限接近"科学理论"。这种"渐近性"为关于宇宙自然的哲学思辨留下了一隙之地。

"假说"的观测与分析的根据不完全，需要合理的哲学思辨之网来罗织，这样才能使假说自圆其说，才能使观测材料得到理论的说明。现代宇宙学之所以不能成为一门严格的完全的实证科学，就在于"假说"的建立总不能缺少哲学思辨的成分。

物质的演化与宇宙的生成这一问题的提出，首先便是哲学的。唯物论还是神创论，宇宙学家必须首先回答这个问题，从而确定自己研究的进路。

还有一系列关于宇宙自然的基本问题，都是哲学性质的，如有限与无限、运动与静止、吸引与排斥、自然与人类以及宇宙的秩序与和谐，等等。这些问题，现代宇宙学不能回避，但又不是观测、实验等科学手段所能解决的，它们必须置于"哲学思辨"的灵光之下，在"辩证综合"的魔圈之中，才能茅塞顿开，有所领悟。

譬如说，从毕达哥拉斯以来就出现的关于宇宙和谐的观念，仍然萦绕于现代宇宙学家的头脑之中。宇宙和谐的观念不仅哲学上适用于现代宇宙学，而且物理学上同样适用于现代宇宙学。爱因斯坦在纪念刻卜勒的文章中写道："我们在赞赏这位卓越的人物的同时，又带着另一种赞赏和敬仰的感情，但这种感情的对象不是人，而是我们生活于其中的自然界的和谐性。"[①]秩序与和谐的追求，是宇宙论的根本目的。哲学家与科学家，从不同侧面追求宇宙的和谐性。"宇宙模型"实际上是各种和谐性的造型。尽管宇宙学家的"造型"很不相同，但他们为了揭示宇宙系统的整体秩序，以及各部分的和谐一致的目的，则是相同的。

由于现代宇宙学接触的问题至广至深，远非单纯观测可以毕其功于一役，它有赖于哲学思辨完成其任务是不可避免的。根据上述分析，我们可从下列三点认识其哲学思辨性。

（1）现代宇宙学假说所涵盖的是宇宙自然的整体。它与传统天文学不同，传统天文学是对具体天象的观测，涉及整体时，多半是直观猜测性的。而宇宙学假说是在精确的观测与分析的基础上进行哲学的综合。因此，它的宇宙整体观，最终是哲学的产物。它的哲学思辨性乃由于其对象的整体系统性。

（2）现代宇宙学假说所涉及的问题与哲学紧密交叉的性质。这样一些问题，例如有限与无限问题等，是知性分析不可能圆满解决的，它们必须借助于辩证思维才能得到正确的说明。别以为辩证思维缺乏知性分析的那种数量的精确性，以致怀疑其真理性。杨振宁认为哲学讨论不能作为科学真理来加以接受，这是从单纯的实证科学立场出发的。其实宇宙自然中一些事关全局的重大问题，如上述宇宙整体性问题、生命问题、精神问题等等，都是知性的数量分析难以介入的问题。黑格尔曾经认为自然整体以无限生命过程作为它的最高表现形式，而它只能是辩证理性所把握的对象。因此，他明

---

① 《自然辩证法通讯》1983 年第 5 期，第 17 页。

确指出："知性想比思辨知道得更多，并且傲然蔑视思辨，但知性总是停留于有限的中介作用，而不理解生命力本身。"[①]这就是说，只有理性的辩证综合作用才能达到无限的生命。因此，哲学所达到的理性真理层次，远远高出于科学所达到的知性真理层次。由此可见，现代宇宙学假说，并不因为涉及哲学的讨论而减少其科学真理性，相反，由于其进入哲学思辨领域而提高了其真理性的层次。

（3）现代宇宙学假说的从实证科学向哲学过渡的性质。前面我们详细论述了宇宙自然的认识论的三个层次：常识的整体观、科学的分析观、哲学的辩证观。现代宇宙学是科学分析的最高成就，它是科学分析的终结，同时又是哲学综合的前提，这种过渡性便规定了它的哲学思辨性。

综上所述，现代宇宙学假说是当代哲学宇宙论探索的现实的起点。从作为知识总称的哲学中分化出来的传统天文学，如未能发展到现代宇宙学的高度，当代哲学宇宙论的探索就没有一条现实可行的进路。因此，现代宇宙学假说的科学实证性与哲学思辨性的讨论成为了当代哲学宇宙论探索的开路先锋。

二、宇宙的极大与极小问题

宇宙自然是一个巨大的物质系统。这个系统的构成元素是物质微粒子，它的外延范围以直接间接观测到的天体为准，则是总星系范围以内，大约 150 亿—200 亿光年以内。这样就形成宇宙的极大与极小两极，于是有了宏观世界与微观世界的说法。所谓"宏"（macro）与"微"（micro）的区别，就是"大"与"小"的区别。宏微或大小的区别是相对的，数量界限是很难确定的。譬如说一座

---

① 黑格尔：《自然哲学》，商务印书馆 1980 年版，第 564 页。

大山与山上的一颗卵石相比，卵石是微乎其微的。但卵石与一个原子相比，它又是大而又大的。而一座大山与太阳相比，就不算一回事了。

因此，宏观与微观，除了量的界限外，还应有质的区别。1977年戴文赛等指出："宏观客体由微观客体所组成，但宏观客体与微观客体有质的差别。微观客体运动规律中通常遇到的作用量与普朗克常数 h 在量级上可以比拟，而宏观客体运动规律中通常遇到的作用量比 h 大很多。微观粒子表现有明显的波粒二象性，宏观客体一般不呈现波粒二象性。微观粒子的运动特征表现为量子规律性。而支配宏观客体运动规律的是经典物理学。只有在一些特殊情况，譬如在超低温下，才会出现一些宏观的量子现象，如超导电性，超流动性。"[①] 接着，作者们还从静止质量（克）与尺度（厘米）两个方面，指出了微观粒子、宏观客体、宇观客体的数量差别。

戴文赛早在 60 年代还提出了"宇观"概念，说明大尺度天区与以地球为中心的宏观世界的质的区别性，从而提出了宇观世界的设想。"宇观"虽说提出 20 多年了，但尚未得到国际公认。不过我国天文学界和哲学界是接受这个提法的。因为它不但有客观的基础，而且也有一定的理论依据。

20 世纪 50 年代以来，天体物理学得到蓬勃的发展，观测手段也日新月异，不但在大小行星、卫星方面不断有新的发现，例如 1930年发现了冥王星，50 年代末已经发现了 31 颗卫星，在包括太阳在内的恒星的能源和演化方式方面也有新的进展，例如对白矮星、中子星、黑洞等方面都有了一定的认识，特别是星系红移的发现，更大大扩展了我们观测的领域。这一切为研究大尺度天区提供了客观资

---

① 戴文赛、陆埮、胡佛兴：《微观、宏观、宇观》，《物理》第 6 卷第 1 期。

料，为"宇观"概念的提出找到了客观事实的根据。其次，"宇观"概念的提出也有理论依据。恩格斯说："物质是按质量的相对的大小分成一系列较大的、容易分清的组，使每一组的各个组成部分互相间在质量方面都具有确定的、有限的比值，但对于邻近的组的各个组成部分则具有数学意义下的无限大或无限小的比值。"[1]戴文赛根据恩格斯这个论断指出：微观、宏观、宇观正是这种"较大的容易分清的组"，每一组的成员和相邻的另一组的成员的质量比率达到 10^{21} 左右，即 10 万亿亿倍左右，这完全可以说是"具有数学意义下的无限大或无限小的比值"。戴文赛还举出了 10 种自然现象作证。由此，他总结出"宇观过程"四大特征：（1）都牵涉到很大质量。它是引起宇观和宏观区别的根本因素。（2）一般都牵涉到大的体积。只有对于超密态物质体积可以不很大，但至少仍得以公里量度。（3）由于质量大，万有引力常成为一个很重要的因素。（4）牵涉到宇观过程里去的物质大多高度电离，又大多位于磁场中，因此除了万有引力以外，常须考虑电磁作用，运用等离子体物理和电磁流体力学的规律。十多年以后，他进一步高度概括，"把主要吸引因素为万有引力的物质客体称为宇观客体"[2]。简单讲来，宇观世界是比宏观世界高一个层次、有质的区别的天层。由于诸多复杂的因素，它的独立地位还未得到完全肯定。[3]

宏观、微观是国际公认的对宇宙自然物质系统大小两极的划分。"宇观"如得以完全确立，大小两极就是宇观与微观，而宏观就成为了大小之间的中间层次了。把自然物质系统分为"微观—宏观—宇

---

[1] 恩格斯：《自然辩证法》，人民出版社 1971 年版，第 248 页。

[2] 戴文赛、陆埮、胡佛兴：《微观、宏观、宇观》，《物理》第 6 卷第 1 期。

[3] 以上关于宇观的论述，参见卞毓麟：《"宇观"概念的发展》，中国自然辩证法研究天文学专业组编：《天文学和哲学》，中国社会科学出版社 1984 年版，第 52—80 页。

观"三个相互联系而又具有质的差别的子系统，在理论上是十分可取的。现在问题在具体区分的观测根据及简明确切的标准难以肯定。于此，众说纷纭，莫衷一是。

有人认为，须用相互作用的不同以及描述不同相互作用的不同学说作为划分的标准。在微观世界中，粒子间主要是电磁与核力相互作用，描述它们的是量子力学、量子场论和统计物理学；在宏观世界中，物体间主要是电磁相互作用，描述它们的是牛顿力学、麦克斯韦电磁理论和热力学；在宇观世界中，物质客体间的相互作用，主要是由客体或系统总质量所决定的万有引力，描述它们的是广义相对论、星系动力学和宇宙电动力学。这种划分其实也是有困难的，因为各种相互作用方式在各个层次上都可能出现，并非某种相互作用只为某一个层次所专有。这样就难于做出某种相互作用为某一层次定性的因素的判断。

有人认为，必须以主客体关系来划分。微观世界是人们不能直接观测，但能以物质手段加以影响或变革的时空区域；宏观世界是可以直接观测，且能以物质手段加以影响或变革的时空区域；宇观世界是可以直接观测，但不能以物质手段加以影响或变革的时空领域。这种说法是从认识论出发的，但更加具有主观任意性和表面浅薄性。例如，所谓"直接观测"的含义便不明确，它指肉眼观测呢，光学望远镜观测呢，还是射电望远镜观测呢……现在接触的极远与极微的现象，都要依靠高技术、高效能的仪器，仪器所传达的讯号，一般并非外在现象的直接图像，必须通过一系列复杂的分析、翻译才能获知宇宙的信息。这些方面宇观现象与微观现象的情况是差不多的。[1]

---

[1]　以上参见《自然辩证法研究》(试刊)，第60—68页。

虽说"微观、宏观、宇观"的区分尚不完善，有待进一步探索，但总还是有一定的观测根据与理论基础的，可以作为我们认识宇宙自然的出发点。

微观、宏观、宇观可以视为宇宙自然的物质系统辩证运动的三个环节。微观粒子运动与宏观物体运动之间，有不同的运动规律，这是量子力学与牛顿力学的研究所表明了的。但是宇观现象的研究又表明：在大尺度的宇宙客体运动中，充满了微观粒子的规律性活动。大尺度天区是一个伟大的天然的实验室，它拥有的巨大的驱动力，是人类任何基本粒子研究的实验室无法比拟的。因此，我们可以考虑把宇观世界视为微观世界在大尺度规模上的复归。宇观世界是微观世界与宏观世界的统一。

在没有宇观概念的国外学者中，也有与我们大致相同的看法，他们的所谓"宏观"包含了我们的"宇观"的概念。如日本天体物理学家林忠四郎、早川幸男便说过：寻求微观的基本粒子反应过程和宏观的天体演化过程之间的相互关系，乃是解释宇宙现象的基础。这就说明了，微观粒子与宇宙客体，两极相通，互为因果。一方面，宇宙的演化过程建立在微观粒子本身的运动与变化的基础上；另一方面，宇宙的巨大的非人力所能控制的演化，为微粒子天然活动提供了人工绝无可能创造的条件，例如，超高温、超高密度、超强磁场等。

早期宇宙的研究表明：当时的宇宙具有极高的密度、极高的温度、极短的时标、极小的尺度和作用力的特殊形式，基本上是粒子的演化过程，其余的天体演化现象都是以后逐渐出现的。大爆炸宇宙学认为，大爆炸发生后百分之一秒的那一瞬间，宇宙间最丰富的物质是：电子、正电子、光子、中微子、反中微子等，以后才逐渐合成各种元素和化合物，并形成可以构成星体的宇宙物质。因此，只有弄清微观粒子的演变过程，才能彻底搞清宇宙的生成与发展。

宇宙的极大与极小问题，其实就是宇宙演化与物质结构问题。我们从中介环节——宏观世界出发，向大小两极延伸，远及宇观世界、深及微观世界。三个世界的统一就是我们所能涉及的宇宙自然的整体。

从结构来讲：微观、宏观、宇观是宇宙在时空框架中的三个层次；从发展来讲，它们构成过程的三个环节。关于它们之间的观测数据、理化机制、演化规律，有待深入的充分的研究，现在还存在不少未知因素。

进而言之，从微观夸克胶子到宇观总星系天区，它们之外、之内，尚属未曾开拓的领域。这就是说：宇观之上，微观之内的情景是否可以设想，即所谓"超宇观"和"亚微观"概念能否成立？这一问题只能靠未来的科学实践具体回答，而从哲学上看，两极的延伸是无限的，因此，可以断言，两极各再进入一个更高更深层次是完全可能的。钱学森在几年前便曾经设想过比宇观与微观更加高深的两极，他称之为"渺观"与"胀观"。所谓"渺观"指大爆炸尚未发生的那一瞬间宇宙所处的希克斯场状态；而"胀观"则指宇观之上还有多个宇宙存在的状态。这样的设想绝非幻想，但有待翔实的观测资料与精确的科学实验予以验证。

三、关于宇宙自然整体性的哲学表述问题

我们对宇宙自然整体性的哲学表述做了若干探索，那只能说是初步的。这里，不单单是科学语言转换为哲学语言的问题，实质上乃是将关于宇宙自然的科学认识提升到哲学领悟的问题。语言转换必须以意境提升作为其灵魂，才是有意义的。这一工作是十分艰巨的，是有待进一步探索的。我们摸索前进，碰到了下列几个问题：

（1）宇宙演化与物质构成的同一性。宇宙演化是物质构成的展开，它们其实是同一的。我们已经讨论过物质构成的层次递进性或物质构成的辩证发展性。物质构成，首先表现为一个"质量统一体"；进一步抽象分析其构成框架，则表现为一个"时空统一体"；最后归结到物质构成的内在矛盾的状况，则表现为一个"对立统一体"。宇宙演化亦复如此。从认识论的角度而言，这就是一个从感性、知性到理性的逐步深入、层层推进的认知过程。

宇宙自然从哲学上加以规定，就是存在及其演化过程，即物质的生长发育过程。"存在及其演化"表明存在不是一个僵死的静态结构，而是一个变动跃迁的动态结构。过程的总体性为过程变动所呈现的每一个"瞬时态"构成。如总体过程为"一"，则"瞬时态"为"多"。因此，宇宙的演化即瞬时态的更迭。宇宙的"一"实即"多"的不断自我扬弃。"一"与"多"其实是同一的。

宇宙万象无非是物质元素不同成分不同比例的组合。例如太阳是一个巨大的物理化学变化的场所，是一个天然的核反应堆。热核反应发生在太阳的核部，它的核心存在两种主要的核反应，即"质子—质子反应"和"碳循环"。在 $15000000°$ K 的温度下，若两个质子（氢原子核）相碰撞就会结合形成重氢原子核，并分化出正电子。然后经过连锁的化学反应，结果是 4 个氢原子聚变为 1 个氦原子。碳循环的结果也是一样，4 个氢原子聚变为 1 个氦原子。太阳的这种热核反应，每秒损失的质量为 4.5×10^{12} 克。这么多物质损失，在地球上，相当于 5×10^6 吨。这些损失的质量就转化为能量，这就是太阳的光热来源。太阳的质量不断损耗，据估算业已损失 6.5×10^{28} 克，但太阳质量现在仍有 2.0×10^{33} 克，损耗量不过太阳质量的 0.03%，可以说是微不足道的。太阳的死灭还远着呢。宇宙诸天体以及天体之间的力学、理化机制，和物质变化一样，有着相同的质量转化关系。由此看来，宇宙的演化是在特大范围之中的物质的质量转换与一多统一。因此，它和物质的构成一样，也是一个"质量统一体"。

宇宙的演化也是一个四维整体发展过程。它的结构的框架也只能用时空来加以描述。所谓"演化"就意味着宇宙的时间特征。太阳系、银河系都有其形成过程，它的空间位置及形态的变化，往往是时间流逝的标志。例如，银河系的演化历程，可以设想划分为三个阶段，这取决于恒星在银河系中的位置、运动轨道对银道面的倾角以及绕银心的运转速度三者，此三者在一定程度上都依赖于恒星的年龄。我们的银河系也是在时间之中形成与发展的。最初阶段，它的形状颇似一个圆球，可能低速旋转。第二阶段，由推测可知银河开始收缩，它为保持其角动量守恒而加速了旋转，越转越快从而被拉扁，而成为椭圆形轨迹。第三阶段，大约经过100亿年，银河系才形成目前我们所观测到的扁平系统。银河的空间形态的变化，构成了时间流逝的关节点。其他天体的演化也莫不如此。这就可以说明，宇宙演化与物质构成一样，也是一个"时空统一体"。

宇宙的生成与演化过程中，真是矛盾百出，因此，与物质构成一样，也是一个"对立统一体"。

关于宇宙有无起点问题，便是一个"矛盾"。从至大无外、至小无内的这个大宇宙，即我们所谓的"潜存的宇宙"、"自在的宇宙"而言，它是没有起点，也没有终点的。但我们现在所能涉及的宇宙，即所谓"现实的宇宙"、"自为的宇宙"却是有起点也有终点的。这就包含了"有始有终"与"无始无终"的矛盾。根据尚属可信的大爆炸理论，宇宙之初，处于奇点状态没有任何时空维度，因而是一种"无"。但是，它却有极高的物质密度和温度。高密、高温，由奇点脱颖而出，爆发出我们这个无限丰富的世界。这真正印证了中国古代哲人津津乐道的"有无相生"的哲理了。"有无相生"从形式逻辑而言，似乎是一种"悖论"。其实，把宇宙的起点视为一个"纯存在"即"纯有"，而所谓纯有，乃是剥去其全部属性的"有"，这种"有"因其无任何内容，即是说，"纯有"的内容就是"空无"。因此，"无"是"有"的否定形态，但并不等于虚无，而是"有"的转化的契机，因此，"有无相生"，"生"便意味着"变易"，意味着新事物产生。宇宙起源的宇宙学的科学假说，是有悖于知性思维的，但却充满了哲学思辨的内容。由此看来，宇宙起源问题上，除了"始终"问题外，还有一个"有无"问题。这都是当然如此、不可致诘的根本矛盾。"矛盾"为宇宙之源。

其次，宇宙天区的物质分布问题也是一个矛盾。宇宙学原理是现代宇宙学的一个基本假设，它根据实测资料得知，在大于1亿光年的宇观范围内，物质的空间分布是均匀的和各向同性的。它是建立宇宙模型的根据，利用各种不同的度规，可以建立各种宇宙模型。因此，这种理论是应予尊重的。但是，部分天区，根据观测，确有成因结构存在，这又显示了宇宙的物质空间分布的不均匀性。这个事实也是不容抹杀的。均匀与不均匀是宇宙现象中客观存在的矛盾，我们只能从宇宙整体背景中统一加以理解。均匀与非均匀的对立统一乃是宇宙结构统一性的内在实质。

还有我们前面已论述过的演化与稳恒的两极对立等等，不一而足。总之，有与无、均匀与不均匀、演化与稳恒等，构成了宇宙自然的内在矛盾，它们正是宇宙自然自我生长、自己运动的客观根据。

从这三个统一体来看，宇宙的演化与物质的构成是完全同一的。

（2）宇宙内外关联的相对性。宇宙自然的"质量统一"、"时空统一"、"对立统一"构成了由表及里的三个层次。统一的层次性形成了宇宙自然的内外关系。从感性质量关系、知性时空关系到理性辩证关系，这是我们对宇宙自然的由表及里的认识的深化。这是从认识论揭示的一种关于宇宙自然的内外关系。但是，如从宇宙自然的客观图像看，上述的三个统一乃是它的内在实质的逐步揭示，"客观图像"才是它的外在方面。外在现象与内在实质的对立，从另一个角度揭示了宇宙自然的内外关系。既然"内在实质"之中有表里问题，"外在现象"也有内外层次问题。古老的同心圆说就是关于宇宙自然客观图景的一种内外层次的描述。我们说宇宙自然为"套箱"向外层层扩展、向内层层掘进，是一个内外反向无限延伸的动态结构，这也可以说是对宇宙图景的内外关系的一种描述。宇宙各层次间的内外关系也是相对的，如太阳系之中，太阳为内，行星等为外。而整个太阳系包括太阳，相对银河系而言，就属于银河系的外层了。

因此，宇宙的内外关联具有相对性。具体确定内外关系时，主要看采取什么样的参照系。这个内外关联的相对性的提出，使我们可以合理地承认有根据的但迥然不同的关于宇宙图景的各种不同描述及不同宇宙模型的构思。宇宙是复杂多变的，不是一种描述、一个模型可以详尽无遗地加以概括的。

（3）宇宙整合与分化的交替性。宇宙的整合，既是现代宇宙学的科学要求，也是当代哲学宇宙论的终极目标。科学地分析宇宙的多样性，从而找出其客观联系及有机构成，而以宇宙模型加以刻画，这是实证科学的"宇宙整合"方式；思辨地把握宇宙的一体性，从而阐发其演化的辩证性及客体的相互贯通性，这是哲学思辨的"宇宙整合"方式。两条认识宇宙自然的进路，交叉发展，相互辉映，而又逻辑地构成从科学到哲学的认识宇宙自然的辩证过程。

科学的进路是，以分求合；哲学的进路是，合中见分。由此看来，不论哪条进路都存在分合关系问题。合以概全、分以见黴；不全黴蔽，不黴全昏。因此，合分全黴，息息相关，而不可偏废。

科学与哲学的统一认识，则可以形成一个"分—合—分"的圆圈形运动。科学的"分"在于辨识宇宙的多样性、杂多性，找出其中的联系性、规律性，从而达到内在的整体性认识。这个整体性的科学的"全"上升为一体性的哲学的"全"，即完全排除了"全"之中残存的机械集合的因素。宇宙一体性的"全"才是真正的"全"。以此居高临下，观照万物，万物莫不皦皦然也。这就达到了哲学的"分"，哲学之"分"，有如月映万川，万川月新，婆娑荡漾，千姿万态，实则夜空一月耳。这就是说，有了建立在科学基础上的哲学的宇宙一体观，则宇宙万事万物，呈现眼前，便清晰明白、井然有序了。

以"全"为核心而统两"分"，是当代哲学宇宙论探索的必由之路。

关于宇宙自然的整体性的哲学表述，是我们认识宇宙自然的终极目标。我们探索的三个问题，意图达到对宇观与微观、内在与外在、整合与分化的辩证统一的认识。它是"宇宙自然认识论"的最高层次必须解决的问题。

我们终于完成了宇宙自然认识论的阐述。在思索的进程中，步履艰难，但也有攀登险峰的喜悦。

我们从逻辑的分析与历史的论述的结合点上，探索建立当代哲学宇宙论的必由之路。勘测的工作如果是比较可行的，愿循此路径继续前进！

第六章　宇宙自然的内在否定性

物质的演化与宇宙的生成，是谁使之然？这一问题自古迄今一直萦绕于哲学家与科学家的心灵之中。这个问题就是宇宙自然的原动力问题。谁使之动？这个"谁"其实问的是宇宙的动因。

粗浅的常识说法是"外力推动"。宏观世界的个别物体的运动，用外力推动解释是自然而恰当的。但大而至于整个宇宙又是谁使之变动呢？外力推动的合乎逻辑的推演是：上帝或神力推动。

客观的科学思考，就不能不到宇宙自然自身中去找原因。科学家发现了物质世界本身所固有的"相互作用"是宇宙变动的原因。哲学家在此基础上提出了宇宙自然自身所产生的"内在否定性"问题。

宇宙自然的变动归根于内在否定性使之产生消长更替、生灭转化。人的产生，是宇宙客体因自我否定而异化的结果，是宇宙自然发展的决定性的一跃。从此，我们这个世界出现了自然与人类、物质与精神的根本对立，因而，从自在的变为自为的。

第一节　宇宙自然的动力学

外力推动与内在否定并不是绝对对立的。从宇宙发展的整体进程看，它们是相互补充的。外力推动有其内在根据，内在否定有其外在表现。它们的辩证相关与致动促变，构成了宇宙自然动力学的哲学内容。

一、外力推动的局部性与表面性

客观物体是外力推动为常识所肯定，并不是完全无稽的，它为力学精确描述与深入探讨。对宇宙机械运动而言，它的权威性是不能否定的。哲学的辩证观点也承认其对宇宙局部运动的描述的合理性。

外力推动说由来已久，早在亚里士多德时代就得到详细而深入的讨论。亚里士多德说，"如果不了解运动，也就必然无法了解自然。"[①] 但是，"如果没有空间、虚空和时间，运动也不能存在"[②]。因此，关于时空的研究是了解运动的前提。运动的连续相继表现为先后，而先后正是时间流逝的本质特征，因此，没有时间就谈不上运动；反之，时间正由于运动才是现实的，因此，没有运动，时间就是虚幻的。

亚里士多德认为广义的运动即变化。变化可以分为实体的变化、性质的变化、数量的变化和位置的变化。他认为"位移"是一种空间的运动，居一切运动变化之首。它之所以居首位，亚里士多德列举了三点理由：（1）由于位移的连续性，因为除了位移而外没有任何别的运动是连续的，而连续性正是运动之成为运动的最基本的属性；（2）由于位移是唯一的不引起任何本质属性改变的运动，因而它体现了运动的纯粹性；（3）由于位移是已完成了的事物才能有的

---

① 亚里士多德:《物理学》，200ᵇ12—15。
② 亚里士多德:《物理学》，200ᵇ20—25。

运动。我们通常将位移列为最低级的运动形态，亚里士多德却从另一角度说明它是最高级的，这是非常有意义而且富于辩证色彩的。这里亚里士多德主要是突出了"运动"的空间特征而与一般变化相区别。毫无疑问，位移是典型的空间运动。

时空作为一个坐标，规定了自然运动过程的特征与秩序。自然作为时空统一体，正是"万物秩序的原因"[①]。这就是说，万事万物的运动变化的规律性就是自然。他还说："任何秩序都意味着有比率关系"[②]。这就是说，事物动静，有恒常的数量关系。探求宇宙事物运动变化的常数，是物理学、自然科学日趋精确化的决定因素。亚里士多德关于运动规律比率关系的见解，对后世科学发展的影响是十分深刻的。

时间与运动的统一性与永存性、空间运动的基础的第一性质、自然作为本原是宇宙事物运动的根本原因，这就是亚里士多德的运动的自然观的出发点。

从此出发，亚里士多德论述了运动的本性，从哲学上来讲，这些观点仍然是有意义的。

（1）运动是完全的连续。他说："运动被认为是一种连续性的东西。而首先出现在连续性中的概念是'无限'。"[③]他认为"无限"是一个"此外永有"即永不枯竭、永有剩余的生灭过程或无穷系列。但是他并没有陷入恶的无限性之中，他认为无限一般是这样的："可以永远一个接着一个地被取出，所取出的每一个都是有限的，但总是不同的。"[④]这就是说，有限的叠加便是无限，有限构成无限。他

---

① 亚里士多德：《物理学》，$252^a 10$—15。
② 亚里士多德：《物理学》，$252^a 10$—15。
③ 亚里士多德：《物理学》，$200^b 15$—20。
④ 亚里士多德：《物理学》，$206^a 25$—30。

的有限构成无限的论述可以通向有限与无限辩证统一的观点。无限之所以成为连续的关键，在于运动对于空间位置而言的永不确定性，因为一旦位置确定下来，运动便消失了。

（2）运动的有无对立性。运动作为生灭变化过程是有与无的对立，即存在与不存在的对立。趋向于不存在的变化叫作灭亡，趋向于存在的变化叫作产生。亚里士多德还提出了对立的"间介"问题，有点类似我们现在所谓的"中介"。他说："所谓'间介'，意味着至少有三个方面并存"[1]，其中隐含有否定发展过程三环节思想，即有一点否定之否定的味道。它可以公式化为"起点—间介—终极"。当然"三个方面并存"的讲法是笨拙的，这是在扬弃中前进、复归于统一的次第展开的三个环节。于此，亚里士多德关于运动的辩证本性的揭示是相当深刻的。他对静止的看法，似乎也比以后的机械论者高明。他说："静止是运动的缺失，而缺失可以被说成是对立之一方"[2]。他还指出，静止不是停留，它仍然是一种运动，即一种"趋向静止的过程"。

（3）运动的过程性。从潜能到完全的实现，是亚里士多德思想的精华，也是对后世影响深远的一种思想。他认为从潜能到实现的过程，即事物的生长成形过程，体现了运动。他说："运动是潜能事物作为能运动者的实现。"[3]所谓运动，一定是处于过程进行之中。所以，亚里士多德说："运动被认为是一种实现，但尚未完成。"[4]所谓潜能，只表明运动的可能；所谓实现，表明运动的进行，而抵于完成。因此，从潜能到实现的"过程"才是运动。

---

① 亚里士多德：《物理学》，226^{b}25—30。
② 亚里士多德：《物理学》，206^{a}25—30。
③ 亚里士多德：《物理学》，201^{b}5—10。
④ 亚里士多德：《物理学》，201^{b}30—35。

运动的连续性、对立性、过程性,深刻地阐明了运动的辩证性质。这种关于运动的哲学分析,并不因其古老而丧失它的价值。我们之所以不厌其烦地介绍它,旨在说明,亚里士多德关于运动的看法,其基本倾向是辩证的。只有把握这一基本倾向,我们对他的外力推动说才能完整地理解。

对于局部范围内的物体空间运动,"推动"是现实的表现。这就是说,在作为空间运动的"位移"中,推动是真实存在的,而且是不可缺少的。亚里士多德认为运动者皆有推动者推动。他说:"运动着的事物如果不是自身内有运动的根源,显然它是在被别的事物推动着,因为在这种情况下运动的推动者只能是别的事物"[1]。由此他得出结论说:"任何运动着的事物都有它的推动者。"[2] 这种靠外力推动的位移是最基本的运动,它表现为推、拉、带、转四种形式。推可表现为推进、推开、推离,扔也是推的一种表现;拉是推的一种否定形式,其实乃是一种反向的"推",即推合。至于带和转又可归入拉和推。"带"分属其他三种形式,"转"则是拉和推的合成,这里隐含有向心力与离心力结合而产生旋转的意思。亚里士多德这些分析是比较精致的,但仍属经验常识性的,因而只是表面性的描述。尽管"外力推动"只是局部空间运动的表面描述,但不能认为是错的。

亚里士多德运动学说成问题的有两点:①他把其他一切运动变化,例如重轻、硬软、热冷、质变、生灭等均归结为空间运动,归结为位移的不同形式的比较复杂的表现,这就未必正确了;②就是"第一推动者不被推动"的形式逻辑推导的结论。这个结论为神创论

---

① 亚里士多德:《物理学》,241^{b}25—30。

② 亚里士多德:《物理学》,242^{a}5。

所喜爱、所利用，这是众所周知的了。"推动"是位移动因分析的结果，在特定自然场合，它是合理的、可以接受的。但作为整体的宇宙自然，外力推动的说法就不适用了。

到牛顿时代，情况是否好一些呢？当然，关于宇宙自然动力学的研究有巨大的进步，但仍未完全摆脱"外力推动"说的影响。相反，牛顿赋予了"外力推动"说实证科学的形态。他在伽利略、笛卡儿、刻卜勒、哥白尼等人研究的基础上，提出了有名的运动三定律及万有引力原理，运动三定律的外力推动的机械运动性质是十分明显的，万有引力则扩展到天体运行的动力与运动轨道形成等方面去了。他指出，天体运动的轨道决定于相互之间的引力。他还试图通过比较的方法，测量诸天体的质量及相互之间引力大小的数据。牛顿还证明了以数学表达方式出现的万有引力的普适性，只是尚未能发现引力所以有这样一些属性的原因，所以恩格斯指出：万有引力"没有说明而是描画出行星运动的现状"①。牛顿从他的引力理论出发，推测到地球两极是扁平的，后来实际测量的结果，求得地球扁率为 1/334，与牛顿理论推算比较一致。牛顿的理论只是使外力推动说精确化、数学化，对天体运行的描述有相当可靠的准确性。他仍然没有找出运动的原因，仍然需要假定"第一推动者"。直到爱因斯坦时代，广义相对论的提出，才对万有引力的性质做出了说明。

自从科学家发现从微观粒子、宏观物体到宇观天体，存在四种相互作用，即引力相互作用、电磁相互作用、弱相互作用、强相互作用以来，宇宙自然整体的动因才得到比较全面确实的说明。引力相互作用对于宏观物体、微观粒子所起的作用是微乎其微的，可以略而不计。但它却是宇观天体之间最基本的相互作用。这就是说，

---

① 　恩格斯：《自然辩证法》，人民出版社 1971 年版，第 250 页。

理论上只要质量不为零的粒子以上的物质体都适用，实际上只有当这些粒子聚集成质量巨大的物体时，才能发生显著的引力作用。

关于"相互作用"问题，黑格尔早就提出过，并把它作为辩证法的客观根据之一。他说："相互作用首先表现为互为前提、互为条件的实体的相互的因果性；每一个对另一个都同时是能动的、又是被动的实体。"[①] 黑格尔认为这种相互因果性的实体，集能动和被动于一身，这种相互作用本身还只是空洞的方式和式样，只能起一种外在的抟合作用。恩格斯说，自然科学证实了黑格尔的上述观点，相互作用是事物的真正的终极的原因。他指出："相互作用是我们从现代自然科学的观点考察整个运动着的物质时首先遇到的东西。我们看到一系列的运动形式，机械运动、热、光、电、磁、化学的化合和分解、聚集状态的转变、有机生命，这一切，如果我们现在还把有机生命除外，都是互相转化、互相制约的，在这里是原因，在那里就是结果，但总和始终是不变的"[②]。宇宙自然的这种互为因果的"相互作用"的提出，是对外力推动说的一个真正的突破。我们不到事物之外、宇宙自然之外去找"动因"，而从自然界本身中找原因。宇宙自然动力学的这一跃进，说明哲学的理论思维已渗透进他们的知性头脑之中了。

不过，自然科学的"相互作用"，如黑格尔所指出的，还只能起一种外在的抟合作用。我推动你、你推动我；我为你所推动、你为我所推动，你我好像还是由外力抟合在一起的。因此，其中仍有机械论的残余因素，它有待进一步"哲学综合"的化解。

从历史的发展看，外力推动说的前进，大约可以分为三大段：

---

① 黑格尔：《逻辑学》下卷，商务印书馆1966年版，第230页。
② 恩格斯：《自然辩证法》，人民出版社1971年版，第209页。

"亚里士多德时代—牛顿时代—爱因斯坦时代"，它由以位置为中心的空间运动，扩展到以引力为主导的天体运动，然后深入到以追求终极原因为目标的相互作用。这是一个从外到内、从科学到哲学的转化过程。它为哲学地探讨宇宙自然的动因提供了客观的科学基础。

二、内部分化的自身否定性与演化更新性

外力推动说必须向其对立面转化，这固然是逻辑的必然，但也是历史发展的客观结果。一些科学家不以实证科学家的知性偏见为转移，他们为理论与实践所提供的科学资料所"逼迫"，终于肯定了老黑格尔的"相互作用"的观点，科学家不得不与哲学家携手共进了。

斯宾诺莎在泛神论的掩护下，提出了从自然界自身之中寻求动因的主张。他说："自因（causa sui），我理解为这样的东西，它的本质（essentia）即包含存在（existentia），或者它的本性只能设想为存在着。"[①]"自因"的提出，就把动因与存在联系起来，所谓"自因"是存在自身存在的原因。而"实体"（substantia）就是这样的存在。他说："实体（substantia），我理解为在自身内并通过自身而被认识的东西。"[②]恩格斯认为，斯宾诺莎的实体是自因的观点，把相互作用显著地表达出来了。

确认了"自因"，只指明了解决宇宙自然动因的方向，它何以能变动的，尚未得到说明。莱布尼茨提出"单子"作为事物的内在活动原则，就进一步阐明了事物的内在动因。以后黑格尔提出"自己运动的原则"，便在唯心主义的形式下，实质性地提出了基本正确的

---

① 斯宾诺莎：《伦理学》，商务印书馆 1981 年版，第 3 页。
② 斯宾诺莎：《伦理学》，商务印书馆 1981 年版，第 3 页。

答案。宇宙自然万事万物之所以能够自己运动，就是由于"内部分化的自身否定性和演化更新性"。宇宙自然自身产生否定其自身的因素，从而出现内部分化，内部分化的外在表现为宇宙万象的"演化更新"。

恩格斯说："现代自然科学必须从哲学那里采纳运动不灭的原理，它没有这个原理就不能继续存在。"[①] 这就是说，必须研究物质自身产生的运动转化的条件，必须研究物质转变为各种不同形式的活动能力。这里所说的"条件与能力"都应是物质自身所具备的，即内在于物质自身的。因此，"条件与能力"就是物质自身的否定性，因为"条件"提供运动转化的可能性，"能力"则使运动转化成为现实的。"自身否定"是启动致变的原因；"自身否定"就是自己创造条件，自己消灭自己。所谓"消灭自己"并不是使自己化为乌有，而是推陈出新，除旧更新。宇宙自然作为一个巨大的物质系统，和物质一样，只是范围更为广大、情况更为复杂罢了。

自身否定与演化更新是完全一致的。宇宙自然物质系统的内在矛盾，如有与无、均匀与不均匀、演化与稳恒，等等，它们正是宇宙自身的否定性的表现，正是宇宙自身的自我生长、自己运动的客观根据。矛盾不断产生、不断消灭，导致不断转化、不断更新，从而形成了宇宙演化、万象更新的局面。

关于宇宙自然的生成与演化的"科学假说"，我们前面已经讲了很多，归结起来是：弥漫物质与超密物质，何者作为宇宙的起源的两种对立见解。

康德与拉普拉斯的"星云说"是弥漫说的代表。自从 1755 年发表了康德的《宇宙发展史概论》以后，如恩格斯所讲的："关于第

---

① 恩格斯：《自然辩证法》，人民出版社 1971 年版，第 21 页。

一次推动的问题被取消了；地球和整个太阳系表现为某种在时间的进程中逐渐生成的东西。"① 多年以后，拉普拉斯和赫舍尔进一步充实了星云说的内容，他们发现恒星自身的固有的运动，宇宙空间存在着有阻抗的媒质，而且通过光谱分析证明了宇宙物质的化学上的同一性，还证实了康德假定的炽热星云团的存在。这样星云说差不多为世所公认。简言之，星云说认为宇宙自然由一种弥漫物质 —— 炽热的星云团，收缩、凝聚而成。星云团收缩而产生的气旋愈转愈快，从而围绕着中心星云在垂直自转轴的平面内形成一个巨大的气体圆盘。圆盘一旦形成，马上收缩，定时摔出一些小型环圈或蒸气环带，它们独立出来，形成小型的漩涡而聚合成为一颗行星。气旋更小的气体环圈，便形成行星的卫星。拉普拉斯指出：土星环可作为"土星大气的原始范围及其不断凝缩过程的现存证据"。虽然现在已经发现这个假说有不少困难，但它却是相当巧妙的，其中不少合理因素已为当代宇宙学说所吸收。

宇宙产生于弥漫物质的收缩、凝聚，但弥漫物质又从何而来呢？弥漫物质的存在是星云说当然的前提，但它本身无法得到解释。

于是又出现了一种超密物质的膨胀说。这一假说，当今获得了更多的信从者。宇宙为什么会膨胀呢？一般认为：膨胀是最初一次爆炸的结果。1927 年，比利时数学家勒默策提出：一切物质起初大概都来自一个极端致密的"宇宙蛋"，这个宇宙蛋爆炸产生了这个宇宙。后来伽莫夫通过计算，认为我们所知道的各种各样的元素都是在爆炸发生以后头半个小时内形成的。在爆炸后的头 2.5 亿年内，辐射超过实物占了优势，因而宇宙物质保持稀薄气体的分散形式。后来，实物反过来占了优势，开始凝缩成原始星系。

---

① 恩格斯：《自然辩证法》，人民出版社 1971 年版，第 12 页。

膨胀说遇到了同样的问题，就是那个超密物质"宇宙蛋"从何而来？天文学家们不得不回到弥漫物质的假定，认为宇宙开始时是极其稀薄的气体，在万有引力的作用下，逐渐收缩成一团超密物质，然后再爆炸。在这里，我们面临的是类似"鸡生蛋，还是蛋生鸡"的问题。

有些天文学家，如英国的邦诺（W. B. Bonnor）就认为宇宙已经过了无数次上述的循环，即由收缩到膨胀、由膨胀到收缩的交替。每一次循环大概要经历数百亿年，我们的宇宙是一个"振荡的宇宙"。有人提出，每次振荡周期大约为820亿年。总之，收缩与膨胀，孰先孰后？无法断定。但是，自辩证法观点而言，却无须纠缠在先后问题上，因为它们是辩证地统一的。宇宙的生成与演化，如上所述，乃其自身的内在矛盾的结果。

收缩，是吸引的结果；膨胀，是排斥的结果。吸引与排斥的对立，便是宇宙自然的内在矛盾，即它的自身否定性的表现。天文学家感到困惑，是由于将吸引与排斥外在地割裂开来，抓住吸引，就说弥漫物质在先；抓住排斥，就说超密物质在先；难分先后，就说它们交替循环。总之，是单纯的知性思维妨碍他们作出全面而合理的说明。

康德究竟还是一个哲学家，他看到了引力对宇宙形成的巨大作用外，也注意到了斥力。他说："向引力中心下落的微粒，由于斥力的作用，会杂乱地从直线运动中向侧面偏转出去，使垂直的下落运动变成围绕降落中心的圆周运动。"[1]

康德注意到了宇宙自然物质系统的"运动"既有引力又有斥力。黑格尔在此基础上进一步阐明了引力与斥力之间的辩证联系，黑格

---

[1] 康德:《宇宙发展史概论》，上海人民出版社 1972 年版，第 66 页。

尔首先肯定了"空间与时间充满了物质"①。因此，作为时空统一的"运动"也是不能脱离物质而单独存在的，为恩格斯所肯定的黑格尔的著名论点是："就像没有无物质的运动一样，也没有无运动的物质。"②

物质以及作为物质系统的宇宙"运动"的基本形式就是吸引与排斥，黑格尔指出："康德完成了物质的理论，因为他认为物质是斥力和引力的统一。"③黑格尔补充说："只有具有重量的物质才是排斥与吸引作为观念环节而存在于其中的总体和实在的东西。"④所谓物质的排斥，表明它自身的相互分开的状态；所谓物质的吸引，乃是它自身的连续性的表现。物质不可分离地是这两个环节的统一。黑格尔由于重视辩证法的否定实质，因而也看重宇宙自然的排斥。他说："我们之所以在物质概念中立刻想到排斥，是因为物质是由排斥直接给予的；反之，吸引则是由推论附加给物质的。"⑤黑格尔这句话是令人费解的。我认为黑格尔是从逻辑学上说明对于物质的规定性的主次的。他认为，物质概念的本质规定性是"排斥"，而"吸引"是因排斥而推论出来的。因此，排斥是主要的，吸引是次要的。进而言之，吸引乃是排斥的否定形式，它们原是一体两面的。他在《自然哲学》中，换了一个方式，讲了大致相同的意思："物质是空间上的分离，它做出抵抗，并在这样做时自身推开自身；这就是排斥，通过排斥，物质设定它的实在性并充满空间。"⑥排斥的结果，物质分离为单一体，仅就某一单一体而言，又表明分离状态的扬弃，这就

————————

① 黑格尔：《自然哲学》，商务印书馆 1980 年版，第 60 页。
② 黑格尔：《自然哲学》，商务印书馆 1980 年版，第 60 页。
③ 黑格尔：《小逻辑》，商务印书馆 1980 年版，第 216 页。
④ 黑格尔：《自然哲学》，商务印书馆 1980 年版，第 61 页。
⑤ 黑格尔：《逻辑学》上卷，商务印书馆 1966 年版，第 186 页。
⑥ 黑格尔：《自然哲学》，商务印书馆 1980 年版，第 62 页。

是吸引。

恩格斯说："吸引转变成排斥和排斥转变成吸引，在黑格尔那里是神秘的，但是，事实上他在这里预言了以后的自然科学上的发现。就是在气体中也有分子的排斥，而在更稀薄的分散的物质中，例如在彗星尾中则更是如此，在那里排斥甚至以非常巨大的力起着作用。甚至在这里黑格尔也显示出他的天才，他把吸引看成是从作为第一因素的排斥中引导出来的第二因素：太阳系不过是由吸引渐渐超过原来占统治地位的排斥而形成的。"[①]

在宇宙物质系统生成与演化中，突出"排斥"的作用，即突出事物自身的内在否定性，而吸引必须以排斥作为其本质，它才能成为一种现实的力量。所以引与斥是相互依存、相互否定的力的自身矛盾的表现。黑格尔强调指出："须将物质认作纯全为两种力的统一所构成。"[②]

根据排斥与吸引辩证统一的论断，弥漫说与超密说这两种因知性偏执而导致截然相反的观点，便可统一为宇宙自然生成与演化的辩证圆圈运动："弥漫—密集—膨胀"，它的内在实质是："斥力—引力—斥力"。前者是"演化更新"的表现形式，后者是"自身否定"的现实内容。

三、整体发展的守恒性与复归性

具有具体形式与内容的存在物，其生存时间有久暂的悬殊，例如，微粒子从生成到湮灭，以多少万分之一，多少亿分之一秒来计算，真是瞬间即逝；而天体的年龄，根据陨星年龄一致的看法约为

---

① 恩格斯：《自然辩证法》，人民出版社 1971 年版，第 222 页。
② 黑格尔：《小逻辑》，商务印书馆 1980 年版，第 216 页。

46 亿年，由于陨星可能产生于太阳系形成之初，从而推定太阳系年龄为 4.6×10^9 年（46 亿年）。这个数字是十分庞大的。尽管这些特定存在物（Dasein）存在的时间是如此地悬殊，但它们都是"有限物"，这一点是共同的。它们不断产生、不断湮灭、不断转化，构成了宇宙的整体发展过程。

这个特定存在的有限物的生灭消长过程，自宇宙的整体而言，物质不灭、能量守恒、运动不灭，这就是说，有限物的生灭更替，整体既不增加什么，也不减少什么。恩格斯说："无限时间内宇宙的永远重复的连续更替，不过是无限空间内无数宇宙的同时并存的逻辑补充"，在这个永恒循环的物质运动中，"物质的任何有限的存在方式，不论是太阳或星云，个别的动物或动物种属，化学的化合或分解，都同样是暂时的，而且除永恒变化着、永恒运动着的物质以及这一物质运动和变化所依据的规律外，再没有什么永恒的东西"。[①]恩格斯还确信："物质在它的一切变化中永远是同一的，它的任何一个属性都永远不会丧失。"[②]恩格斯所确信的一点，就是宇宙自然整体发展的守恒性。这种"守恒性"可以归结为三个方面：

（1）物质的不灭性。物质所表现的具体形态，虽然千变万化，异常丰富，但这只是物质属性组合的数量、质量、成分、因素的不同。作为物质基本属性的任何一个永远不会丧失，永远是同一的。这种物质的不灭性是变化万千的世界的实体性的根据。没有物质的实体性，这个世界的形形色色的事物，不过是水月镜花般的幻象，这个宇宙也就成为梦幻的世界了。人们之所以感叹这个世界变幻无常，在于其执着具体的特定的存在物的变灭，而不能把握不灭的物

---

① 恩格斯：《自然辩证法》，人民出版社 1971 年版，第 23 页。
② 恩格斯：《自然辩证法》，人民出版社 1971 年版，第 24 页。

质的实体性。

（2）变化的不变性。宇宙自然之中任何事物，大如天体、小如粒子都是变动不居的。唯一不变的就是"变化自身"。假若变化自身变化了，就意味着"不变"成了宇宙的原则，我们的宇宙就成了一个静止的死寂的宇宙。因此，肯定万物皆变，就得承认唯变不变。

（3）整体的稳定性。宇宙的整体不是封闭的有限的，而是无限弥漫的。热寂说之所以错误，就是将宇宙看成为一个封闭体系，体系因熵增而趋于热平衡。如果没有一种宇宙之外的力量推动它，它迟早会停止运动变化，归于死寂。我们说的宇宙整体的稳定性，当然不是这种情况，而是宇宙整体发展的内在矛盾双方的相互依存的统一过程。例如，热平衡这类散逸运动是不可逆的，但从宇宙整体而言，还有与之相对应的反向运动存在，这就是能量积聚过程。能量的重新积聚，便有可能产生热核反应，提供巨大的能源，使得宇宙重新活跃起来。这种"散逸"与"积聚"的对立统一，形成宇宙整体的稳定性。"稳定"是运动变化相持的状态，绝不是静止死寂的状态。这种稳定性正是宇宙的和谐与秩序的表现。

整体发展的守恒性是宇宙自然的现实性的根据。单讲"物无常住"、"瞬息万变"、"宇宙演化"，那么，这个世界便是虚幻不实的。我们必须同时洞察：物质不灭、唯变不变、整体稳定，才能把握这个"现实的宇宙"。

宇宙整体的发展不是直线前进，最终掉进那恶的无限的深渊。它的发展是一个辩证复归的圆圈形运动。恩格斯提出物质运动、宇宙整体的发展是一个永恒的循环，就是说，这是一个周而复始的运动。所谓"周而复始"就是终点向起点复归，但不是原地打圈，而是向高层次前进。恩格斯的"永远重复"、"永恒循环"，应作如是解释，不要以辞害意。

归结起来，整体发展的复归性，有下述三层意思：

（1）启闭的相容性。我们不赞成热寂论者将宇宙视为一个孤立的封闭系统，如果这样，宇宙将是死寂一团，但是，我们也不赞成宇宙无穷的振荡，没有片刻稳定的时候，如果这样，宇宙将是一股神秘之流。我们说，宇宙整体发展是一串圆圈。起点复归于终点，显示了一种特定的"封闭性"，从而确定了宇宙的现实性及可辨识性；起点与终点结合，自成起结，不意味变动的结束，这个结合点又成为新的起点，开始持续的发展过程。如此层层递进，形成一串圆圈运动，构成宇宙整体的无限发展过程。这一点又意味着封闭性的突破，显示了宇宙的"开启性"。封闭性与开启性是相辅相成的。有了开启性，封闭性就不是凝固的；有了封闭性，开启性就不是神秘的。因此，启闭相容是复归性在宇宙自然生成与演化中的具体表现。

（2）变动的周期性。如前所述，宇宙的发展是连续与间断的统一。"间断"将连续过程划分为若干阶段或环节，阶段或环节的转化与过渡，构成变动的周期。变动的周期性是复归性的客观标志。使得复归不单纯是思辨的，而是可以计量的。例如，前述宇宙从收缩到膨胀然后复归于收缩，每一次往复的周期，有人计算出大约820亿年。这种计量的精确性使得辩证复归性有了客观的科学根据。

（3）自身的圆满性。古希腊哲人重视"圆形"，认为它是圆满的象征。亚里士多德便将天体结构看成同心圆球层。追求圆满无缺是人类主观感情上的需要，但现实中令人失望的缺失是经常发生的。"复归"意味着有始有终、始终结合、自成起结。因此，复归就是圆满的实现。它满足了人类主观感情的需要，同时它又是宇宙自然整体发展的基本原则。辩证复归的圆圈形运动是整体发展过程自身的圆满性的实现。"宇宙和谐"的主观愿望得到了客观发展的确证。

启闭相容性、变动周期性、自身圆满性，从科学与哲学的结合上阐发了"复归运动"的含义，刻画出了一幅生动有序、和谐圆满的宇宙自然的图景。

我们关于宇宙自然的动力学的探讨，立足于实证科学取得的具体成果，但着重的是对它进行哲学的阐明。值得再次强调的是："相互作用"是宇宙生成与演化的"自因"，而相互作用的哲学含义就是"自然辩证法"。

第二节　宇宙自然的客体存在的异化

恩格斯谈到宇宙物质系统的演化时，认为自然界出现有机生命、思维着的精神的时间与空间都是非常狭小短促的。浩渺无垠的宇宙经历着亿万年的时间，目前我们还只知道地球上出现了有机生命及其最高产物——人类连同他的思维着的精神。人类的短暂历史以及更短暂的他的成熟的精神状态与这漫长无边的宇宙相比，只不过是一刹那。但这一刹那是宇宙自身爆发出来的夺目的光辉，它显示了宇宙绚丽多姿的风光，揭示了宇宙奥妙深沉的本质。

人啊！人的精神啊！你是如何汲取了天精地英而卓然屹立于宇宙之巅的？

宇宙客体的异化！人连同他的精神是宇宙客体自己产生的否定因素。

一、特定的时间与空间条件产生了客体的否定因素

现在有人奢谈外星人的存在，甚至发出我国的《易经》是外星人君临地球传授给周文王的奇想。这些作为茶余酒后的"谈助"未

尝不可，作为一个科研课题为时尚早。我们切近的课题应该是彻底从科学上搞清人类的起源，从哲学上阐明人与自然的关系及人类出现在宇宙演化过程中的地位与意义。

我们排除了第一推动力，打断了上帝的指头，从宇宙自然本身找出它的变动的原因，那就是它的内在否定性。我们已论述了"内在否定性"导致天体的运转、万物的滋生，这些构成了宇宙客体的存在。这一切还只是"内在否定性"的浅层作用的发挥，更深层次的作用尚未涉及。更深层次的内在否定性所起的作用是：宇宙客体自我分裂产生否定其自身的因素，即客体之中产生主体性的人类及其思维着的精神。从此宇宙自然就有了一面反观自照的镜子，并产生了主客对立的宇宙自我认识的运动。

人类及其精神的形成与发展是第三篇的主题，这里只做一些简略的导引。狄拉克的"大数假说"与迪克的"人择原理"，从科学上精确阐明了人类产生的时空特定条件。宇宙演化过程之中某些数量关系的测定，规定了时空的特点，这些特点正是人类产生与生存的理想条件。这些条件丧失了，人类就将灭迹，正如恐龙丧失了它产生与生存的特定时空完全灭迹了一样。如果在哪一个遥远的天体上，存在着类似我们地球的特定时空条件，那么，人类及其精神将以同样的铁的必然性把它重新产生出来。

在太阳系中，地球所处的位置比较适当，有宜人的气候等自然条件，这些，与它邻近的水星、火星都不具备，例如大气层的包围是人类生存的重要的外在条件之一。太阳系也不是一开始就形成了产生人类的条件的。当恒星演化早期，由于尚没有重元素的形成，缺乏产生生命与人类的原料，那时人类是不会出现的；当恒星演化步入它的晚年，例如太阳转化到表面低温、光度极大的红巨星阶段，经过大量的物质的抛射后，剩下了一个小而致密的内核，便是白矮星，最后变成高速自转的中子星，继续收缩就成为"黑洞"。这时人类也无法生存了。因此，人类生存的时间是有限的。只有当太阳演化到稳定的主序星阶段，有了丰富的重元素，为生命的合成提供了碳、氮、氧、磷、硫、钙、碘、钾、铁等原料，地球上才具备产生生命、人类的物质基础。除此以外，还有不少特定的条件，如质子与中子的组合比例，便影响稳定核素的形成。没有稳定核素，化学与生命运动就不可能出现。总之，许多内外特定条件，还有待科学家进一步探索。

地球为什么如此得天独厚呢？条件如何配置得如此恰到好处呢？我们不能说这一切都是必然的，这里有一定的偶然性。所谓偶然性，意指没有一个外在于宇宙的力量做出如此理想的安排，诸种条件是偶然会合于太阳系、地球之上的。但是，必然性又寓于偶然性之中，这就是说，只要条件具备，它们离合消长，均依从其内在的不可变易的规律性，生命与人类就一定会出现的。我们的科学家在实验室模拟原始时代的条件，可以产生低级的生命现象了。关于生命活动机制的研究，近年也获得了重大的进展。生命是蛋白体存在的方式，蛋白体是生命的物质基础。生物体有一套进行化学反应、能量转换、信息传递、物质输送的高效专一的体系。1953年，美国生物化学家沃森和英国物理学家克里克合作，首先发现了脱氧核糖核酸（DNA）遗传基因，它控制生物各种性状的遗传信息，并控制蛋白质的生产。但是，DNA 并不直接制造蛋白质。它只是把它的指令传输给信使核糖核酸，再转而传给转移核糖核酸。然后由转移核糖核酸再指示第二种遗传密码使用氨基酸组装蛋白质。第二种遗传密码在蛋白质合成过程中的直接的重要作用的发现，解开了蛋白质合成之谜，更具体地揭示了生命的本质。我们揭开了生命现象的物质结构之谜，还有待分析生命现象的哲学内容。

生命是宇宙现象中最典型的否定性的辩证运动。生命的生理表现是"新陈代谢"，而新陈代谢就是"否定更新"。它在差别萌生中扬弃一切差别，这就是不断更新、永不止息。它是有起有迄的过程的无限更替，是一串圆圈，蜿蜒前进。生命在不断死亡的绝对不安息中拼搏，死成了生的阶梯与节拍。生命的无限运动，在其内在环节中，通过差别的消失而更替，在每一个环节中，由于差别的消融而统一，因而具体地显现了生命的独立性，凸现了生命；又由于环节的推移，独立性因联系过渡而消失，从而体现对前一环节与后一环节的依存性，于是又可以见到生命的无限性具体表现为绵延性。生命是独立的点与绵延的线的结合。

生命作为绵延性就是时间。时间通过生命的载体的流逝变化，在客观实践中表现为一个时空统一的坚实形态。由于生命就是时间，因此它具有普遍的永恒的流动性。生命的流动性表现为各个环节或各种形态消长更替的运动，因而生命就是这个过程本身。运动过程的动力就是否定或扬弃，否定或扬弃正是生命的本质。如果说，否定或扬弃意味着"死"，那么，生命的本质就是死，没有死亡就谈不上有生命。生命过程的流动性与生命形态的坚实性似乎是一对矛盾，其实二者是相互依存的。生命流动的开始与终结是生命坚实形态出现的环节，它作为流动过程的出发点，使生命得以有节奏地有起伏地有断续地流动，这样的流动过程才是现实的。那种没有关节点作为中介的流动，是纯粹的绝对的流动，这种流动是不可理解的、神秘的，因而是不现实的。

因此，形态的坚实性与过程的流动性，构成生命的内在矛盾。形态凝固了，旋又解体；解体了，又凝固起来，这样就形成了过程的流动。这是一个从分化、解体到凝固、生成的周而复始的圆圈运动。它是宇宙演化的从收缩到膨胀复归于收缩的辩证运动的一个更为典型的精巧的特殊形态。

生命以及生命的最高形态——人类连同他的精神，是宇宙客体的否定因素，也是主体性出现的根据。"主体性"只要不脱离它的自然物质基础，是必须承认的。

二、宇宙自然的能动性的发展

"能动性"是与生命俱来的。单细胞生物例如草履虫一类，也有某种感受性。随着生物的进化，生命体的适应性愈来愈强，它不断接触环境，改造自己，以利于自己的生存与发展。"适应性"是"能动性"最初的表现。但是，严格意义下的"能动性"，只能是"主观能动性"、"行为目的性"。这样的功能，只有生命的最高形态——成熟的人类才具有。所谓"成熟"，是指人类有了发达的"思维着的精神"。他意识到了他的主体性，即有了"我之自觉"；他开始摆脱盲动状态，行事有明确的目的。如果人类是这种能动性的物质载体，那么人类就是宇宙自然能动性的体现。

主观能动性、行为目的性是不可忽视的。现在有一种简单的想法，以为既然讲客观，就不能谈主观；既然强调必然性，就不能坚持目的性。这种想法的根子在于机械论的片面观点没有肃清。辩证唯物论正是以承认主观能动性、行为目的性与机械唯物论划清界限的，辩证唯物论又以在客观唯物的基础上承认主观能动性、行为目的性与形形色色的唯心论划清了界限。

主观能动性不是主观自生的，它的出现，既有其客观物质基础，又受客观条件制约。主观能动性的成长、发挥与加强，深受生理机能、心理状态、社会熏陶、教育锻炼等的影响。弱智儿童的主观能动性差，不少是由于生理机能有缺陷所致；心理状态失常也有碍主观能动性的发挥；社会熏陶往往决定主观能动性的特点；教育锻炼又影响主观能动性的取向；如此等等。可见主观能动性深受自然与社会的制约，绝不是"自由任性"。因此，特定的主观能动性的形成，是自然与社会多种因素综合作用的结果。而主观能动性作用于外界，又受到外界客观条件的控制。当然它不是完全无能为力的，它可以克服障碍、创造条件，从而正常发挥其作用。正是在这一点上显示了主观能动性的"主体性价值"。

行为目的性是主观能动性的定向深化。首先是主观能动性见诸行动，它不是"意欲"如何，而是"着手"如何。其次是主观能动性有了方向，它不是"随意"行动，而是"有目的"行动。再次是主观能动性从抽象意向的层次深化，它深思熟虑，分析主客观情况，从而确定了进取的目标，并落实到行动的方案的制定，然后决心动作起来，促其目的的实现。这就是所谓"合理的意志"。因此，"合理的意志"是主观能动性、行为目的性的内在本质。合理的意志是宇宙自然客观实体异化的非物质的一种"精神动力"，它认识宇宙自然，从而改造宇宙自然，在客观物质世界的基础上，建立了令人引以自豪的人类社会。

人类社会是巨大的宇宙自然物质系统之中的一个子系统，它既与物质系统息息相关，但又力图自立并反作用于物质系统。只有人类世界才真正自觉地在物质世界里铭刻下了自己的印记。

物质异化的完全形态就是"人类精神"，它就是"主体意识"。

三、客体存在中形成了主体意识

恩格斯将人类精神说成是"宇宙的花朵"。人类这种思维着的精神的出现，是宇宙演化的最高成就。客体存在孕育了一个异己的主体意识。客体与主体、存在与意识，是宇宙自然自我认识的内在矛盾。

客体决定主体、存在决定意识，进而言之，客体产生主体、存在产生意识。这是唯物论的出发点。

主体反映客体、意识反映存在，进而言之，主体改造客体、意识影响存在。这是能动的反映论，是辩证法所坚持的原则。

主体意识的形成是宇宙演化的一件大事。宇宙造化才是真正的灵魂工程师，它塑造了"主体意识"。而人类自己迄今也不能塑造自己。虽然当代人的智慧可以制造电脑，并开发更完备的智能机器，但总不能代替人脑。即令它的高速运算、记忆功能大大超过人脑，但程序编制以及操作还是为人所控制。因此，人的产品终究不如自然产品。

这里我们暂时不讲主体意识的物质构成的基础，先从哲学上来分析一下"主体意识"的典型的矛盾性格。

如果说，生命现象开始显示了宇宙自然的内在否定性，那还只是一个萌芽。它想摆脱自然界的羁绊，但又未能完全摆脱；它虽然有若干独立活动，但尚无主体性的自觉。甚至比较高级的生命现象，例如哺乳动物，顶多也只是凭"本能"活动。只有到了主体意识的出现，宇宙自然才有了它的真正的对立面。它的内在否定性充分展开了，迎来了宇宙花朵的盛开。

主体意识，这朵宇宙之花，是矛盾的结晶，是内在否定性的爆发使它绽苞怒放。它竟然是：

（1）客观的非客观表现。宇宙万物化生，都是一客观存在，显现为宇宙的客观多样性。尽管众相各别，但都在同一的客观系列上。唯独"主体意识"脱颖而出，驾凌于客观之上而与客观相对立。它不是客观的而是主观的；它虽产生于客观，却是客观的非客观表现。主体意识有客观存在作为依据，因此，它不是无源无本的虚构；但主体意识又是客观存在的否定性的产物，它脱尽了自然的物质躯壳，成了一种非物质性的精神力量，这种精神力量是一种驾驭自然物质世界的实在力量，因此，它同客观存在一样是现实的。客体与主体不是外在地对峙，而是内在地相关。否定性把它们连为一个整体。

（2）物质的非物质功能。世界的统一性在于它的物质性。因此，物质是宇宙自然的根本。"主体意识"当然不能与"物质世界"平起平坐，更不能驾凌于其上作为物质世界的创造者。它只是依附于物质的一种功能。物质的诸种特性与功能紧密结合在物质实体之中，它们理所当然地是物质性的。但是，主体意识作为物质的功能，却是非物质性的。庸俗唯物主义者把主体意识说成是大脑分泌的"脑汁"，就像肝脏分泌胆汁一样，就是说，主体意识是物质性的。这种观点显然是不对的。人脑是一个物质实体，它的各种物质结构与机能是主体意识活动的物质条件，而主体意识活动自身却是一种精神能力，其活动的结果则是获得精神产品。虽说精神产品还要依仗物质资料表现，如一支乐曲需要钢琴演奏，思维的结晶需要语言文字表达，等等，但这些辅助性的物质手段，并不能影响其非物质性的特征。主体意识的这种物质的非物质功能，创造了一个与物质世界相对立的精神世界。精神世界的有无和丰满与否，是人类发展是否完全的标尺。人类可贵之处，优异于禽兽之处，就在于有这样一点精神，就在于有主体性的自觉。

（3）神灵的非神灵品格。主体意识是非物质性的、精神的。它仿佛是超越凡尘的神灵。思维驰骋的速度是无限的、领域是无边的。我一闭眼就可以想象到伦敦的著名塔桥，而且可倒溯一个花甲再现长沙城南书院儿时嬉读的往事。真正是"神乎技矣"！主体意识是这样的四无挂碍、逍遥宇宙，真好像是能跨越一切物质障碍的"神灵"了。其实不然，这种精神力量却具有神灵的非神灵品格。这就是说，主体意识的这种超脱宇宙时空框架的任意驰骋的能力，并不是神话宗教中的神灵力量的虚构，它是基于客观物质世界而产生的一种真实的力量，所谓"非神灵的品格"即"客观现实性的品格"。主体意识并不因其是主体的而不客观，也不因其是意识的而不现实。马克思说："人的思维是否具有客观的（gegenständliche）真理性，这并不是一个理论的问题，而是一个实践的问题。人应该在实践中证明自己思维的真理性，即自己思维的现实性和力量，亦即自己思维的此岸性。"① 很显然，主体意识不是主观空想，它反映客观世界的本质，因此，具有客观的真理性，这个真理性是经得起实践检验的，因而是现实的、有力量的。它不是存在于神的彼岸，而是寄寓于物的此岸。可见主体意识的神灵的非神灵品格，亦即客观现实性的品格，是我们强调主体意识、精神力量，而又不落入唯心论陷阱的保证。

客观存在的异化，只有在特定的时空条件下才有可能。这种条件的具备是千古难逢的。否定性的酝酿促进了能动性的发展，能动性是主体意识形成的基础。主体意识充分展示了宇宙自然的内在否定性。

异化、否定的结果绝不是消极的、令人沮丧的，它意味着宇宙自然绽开了智慧之花。

第三节　宇宙自然的花朵

主体意识发展的成熟形态是辩证思维的萌芽与发展。一般讲，公元前 6 世纪前后，世界文明古国都有辩证思维的萌发，我认为比较典型的是古希腊。

---

① 《马克思恩格斯全集》第 3 卷，人民出版社 1960 年版，第 3 页。

一、生长原则的普适性

毕达哥拉斯是从数的分析中阐发了他的相当深刻的辩证法思想。"一、二、三"在他那里并不单纯是计数的数目。什么叫作"一"呢？"一"是个体的统称，个体是"这个一"，"这个一"是"一"的具体存在。从个体的存在，抽象出"一体"、"整全"以及作为量词的"一"，这里便接触到普遍与特殊、抽象与具体的辩证关系问题。"二"的辩证性质就更为丰富。一的分裂便是二，即所谓"一分为二"，从一到二，显示了分别、特殊，从而出现了"对立"。"对立"概念的产生，对辩证法的形成有决定性的意义。至于"三"则有"全"的意义，它象征圆满。凡有形体的东西，离开不了"三"——长、宽、高，三元形成体积。因此，"三"也就成了空间的量的规定性。凡是一个动态过程，也离开不了"三"——起点、中点、终点，三环形成过程。因此，"三"也成了时间的量的规定性。因此，"三"对于静态地表示一个物，动态地表示一个过程，以及从量上规定时空都是不可缺少的。只有"三"才是全体，才能圆满地体现事物的发展过程。

柏拉图是崇尚数学的，他以知性分析作为进路，进一步丰富了毕达哥拉斯的辩证法思想。当然其中有不少唯心因素的掺杂，但也包含了合理的关于辩证法实质性的论述：（1）揭示出特殊的东西的有限性及其中所包含的否定性，而且必然要向其反面过渡。（2）事物的发展过程，并不停留在否定方面，而必须达到两个相互否定的双方的结合。对立面的结合就是一个复归于肯定的过程。（3）结合、统一、肯定，才是辩证发展过程的归宿。这意味着矛盾的消解、对立的扬弃，推陈出新，在新的起点上又开始其辩证复归运动。

亚里士多德对辩证法的独特贡献，在于他不是从数学推导，而是从自然界的生长过程来论述辩证法，这样就给予辩证法以客观的科学的根据。所谓"生长过程",不过是辩证过程的生物学的表述。"生长原则"的揭示,使数学式的抽象推导的辩证法有了客观物质基础。宇宙自然的发展产生了生命,亚里士多德抓住了宇宙自然之中这个最高的最活跃的最富于辩证味道的部分,从而探究生命自己活动的原则,而且把这个原则推广为宇宙自然的普适性的原则。这个自身运动过程,亚里士多德认为就是从潜在到现实的过程,或者也可以叫作运动的扩散过程。例如,"看见"就是这样一个过程,"看"是运动的进行,"见"是运动的结果,亦即现实。这就是说,运动不是无限延伸,它要发展到一个终点,有了结果,才是一个完整的过程。"发展的过程性"这是现实的辩证运动的一个关键。发展的过程性的现实的典型的表现就是"生命现象"。亚里士多德从分析生命现象出发,抓住了生长原则这一关键,把它作为区分事物、规定过程、自己运动的内在力量。黑格尔正确指出:生命原则是亚里士多德所特有的。列宁也指出:"把生命包括在逻辑中的思想是可以理解的 —— 并且是天才的"①。

这种思想之所以是天才的,在于宇宙自然客观现象中,生命现象是辩证运动的典型表现;还在于"辩证法"不是主观思维的产物,而是宇宙自然自身所固有的客观规律,辩证思维不过是它的主观反映而已。

物质生命的生长过程是辩证思维的客观依据,那么,作为生命现象的最高产物 —— 主体意识,亦即人类精神,是否有其生长过程呢?黑格尔系统地深入地研究了精神现象问题,并对概念(Begriff)系统进行了辩证的分析,从哲学的高度建立了辩证概念体系的纲领。在此基础上,马克思、恩格斯进行了唯物的改造,形成辩证唯物的

---

① 列宁:《哲学笔记》,人民出版社 1974 年版,第 216 页。

思想体系。至此，主体意识的发展达到了一个新的高峰。

生长原则，即否定原则，是辩证法的核心与精华。它的历史行程，如上所述，可以分为三个阶段："数学的—生物的—哲学的"，这三个阶段从性质上加以区分是"抽象的—实证的—思辨的"，以代表人物来标志则是："毕达哥拉斯—亚里士多德—马克思"。这是一个辩证思维自身的前进运动，在这一历史的圆圈形发展中，生长出了宇宙的花朵。宇宙的花朵就是主体意识的最高形态，即哲学的辩证思维。

生物的或生命的辩证法是"辩证思维"发展的中介环节，为什么我们于此要特别强调它的普适性呢？哲学的唯物辩证法是"辩证思维"发展的复归阶段，也就显现为真理的阶段，它不是更加普适吗？于此有三点用意：（1）它是抽象的数学式的辩证法的深化与现实化，证实了它是宇宙自然自身具有的客观规律，表明它不是数学推导式的先验产物；（2）它是无机自然界与有机自然界共同的规律性，此处着重论述的是自然界的变化，突出生长原则更具有针对性；（3）它是哲学的辩证思维的客观物质基础，为了使它那主观的抽象思辨性更能显示出其本质的客观现实色彩，用生长原则作为否定原则的现象形态，从而对二者作等值性的论述，应该讲，不仅是适宜的而且是必要的。

二、无机自然界的生长原则的特点

生命是有机现象的高层表现，它的生长性典型地体现了辩证性，那么，无机自然界能有"生长性"吗？一般讲来，它有的是机械性，而没有什么生长性。

当然，它没有有机生命那种生长性，如麦子发芽、拔节、扬花、结实，其生长过程是一目了然的。但是无机自然界并不是一成不变的，相反，它每时每刻都在作各种形式各种性质各种规模的变动，如星系的形成与瓦解，微粒子及其共振态的旋起旋灭的"瞬变"，还有岩石的形成与风化，地壳升沉而出现的高山隆起、海洋一片，等等。这类无机自然界的变动的机械性质是显然的，但我们可以将其视为一种"特殊的生长"，更有利于从整体上看宇宙的生成与演化。因为有机生命界其实是无机自然界孕育、培植的，而且它必须从无机界得到必要的补充并进行不断的交换，才能维持延续其生存。最后生命解体，其物质载体又将分化瓦解为各种无机元素。由此，我们可以概括出无机自然界的"生长原则"具有下列特点：

（1）机械碰撞的交替作用。机械碰撞一般表现为力与力的反作用的交替，这种交替不但产生位移运动，而且会出现运动形态的转化，如发光、发热等。巨大的碰撞还可以导致原子核的裂变，当中子与铀-235原子核碰撞时，它便分裂为两个较轻的核，并释放核能转化为热能，同时自身放出2到3个中子再去轰击原子核，形成链式反应。因此，机械碰撞的力的交替作用还是相当复杂的。它的推动、转化的交替作用就是"生长原则"的萌芽形态。生长的本质是"否定"。机械碰撞实现的位置转移便是一种否定，它表现为动与静的相互否定，例如走路，左脚不动、右脚开动，然后右脚不动、左脚开动，形成动静交替，走路才能实现。这里面还有脚与地之间作用与反作用的交替，如此等等。至于机械摩擦转化为热、光、电，就更加显示了生长的特点，因为从机械运动里头生长出与机械性迥异的热、光、电来了。可见将生长原则应用到无机自然界中绝不是牵强附会。

（2）宇宙演化的相互作用。巨大的宇宙物质系统的演化，从微粒子到总星系，它们的运动变化靠其内在的四种相互作用，即引力、电磁、弱、强相互作用。引力相互作用主要在宏观世界、大尺度天区进行，前已有论述。电磁相互作用在宏观物体以及微粒子之间起作用，这也是十分明显的。我们刚才提到的机械摩擦其实也伴随着电磁相互作用，举凡各种材料的内部张力、分子间的亲和力、电机转动的感应力等无不与电磁交互作用有关。弱相互作用是一种短程力，只有当粒子间距离很小，约 10^{-14} 厘米时，才能很慢地发生微弱作用，它的强度比电磁作用弱 1000 倍。这种相互作用只有在微观世界里才会出现。强相互作用就是核力相互作用，在四种相互作用中，它的作用最强。将原子核吸引在一起的力就是强相互作用力。这些相互作用维系天体的运行，导致天体的形成与演化，规定微粒子的分合与生灭，成了宇宙自然的内在的终极原因。因此，相互作用是宇宙整体的"生长原则"。它贯穿于从微粒子到宇宙广大天区，这样的相互作用就是"生长原则"的基本形态。之所以说它是基本的，是由于它支配了整个宇宙自然的物质转换，包括从无机物转化为有机物、有机物转化为生命体、生命体转化为精神实体。因此，有机生命、思维精神的出现，归根到底是四种相互作用错综复杂地配置而产生的结果。

（3）生命胚胎的孕育作用。生命这种极端复杂的宇宙现象，并不是一蹴而就的。登高自卑，无机自然界提供了它的物质基础，有机自然界孕育了它的胚胎。因此，从无机到有机的演化、从力学到物理化学的运动，是孕育生命胚胎的"子宫"。物质的无机状态，一般指的是碳元素以外各元素的化合物，如碱、盐等，还有一些简单碳化物，如一氧化碳、二氧化碳等。物质的有机状态，包括含碳化合物、碳氢化合物及其衍生物。这些都是构成生命不可缺少的物质资料。无机物与有机物虽有区别但相互联系。自从 1824 年德国化学家维勒用气体氰和氨水合成草酸和尿素以来，便打破了无机与有机的鸿沟。恩格斯指出："新创立的有机化学，它一个跟一个地从无机物制造出所谓有机化合物，从而扫除了这些所谓有机化合物的神秘性的残余"[1]。恩格斯还为我们提出任务，那就是说明生命怎样从无机界中发生的，也就是说，如何从无机物中制造出蛋白质来。1965 年 9 月，我国的科学家首次人工合成了有生物活力的牛胰岛素，它由一条 21 肽的 A 链和一条 30 肽的 B 链联结而成。胰岛素正是一种激素蛋白质。我们还进一步合成了核糖核酸。1982 年元月，我国人工合成了酵母丙氨酸转移核糖核酸，结构上和天然分子完全相同，运送丙氨酸的能力高。蛋白质、核糖核酸是生命的物质基质，科学实践证明，它们是自然物质转化而来的，并不是神秘的，更不是神造的。因此，无机自然界是生命形成的起点，它的这种生命的包孕作用就是"生长原则"的潜在形态。

无机自然界的生长原则的特点并不是并列而互不相干的，它们反映了"生长原则"的生长过程，即从萌芽状态、基本状态到潜在状态的逐步递进过程。

从潜在的到现实的"飞跃"，便意味着进入有机生命世界。

三、有机自然界的生长原则的特点

在无机化学变化过程的基础上，产生有机化学变化。有机化学变化是生命出现的前奏。有机生命的出现是宇宙自然发展的最高成就。根据地质古生物学研究的结果，一般推测原始生命大约诞生于 30 多亿年以前。

我们当然不相信"神创说"："神用地上的尘土造人，将生气吹在他的鼻孔里，他就成了有灵的活人。"[2] 有机生命与其他宇宙物体的区别，确在"灵"、"活"二字。于是古代人强调了"灵魂"，它是

---

[1] 恩格斯:《自然辩证法》，人民出版社 1971 年版，第 175 页。
[2] 《旧约全书·创世记》2: 7。

活物与死物的区分点，死活决定于有无灵魂。亚里士多德说："灵魂是生命体的起因或根源。"他还指出："无论何物，除非它能自己养活自己，否则就不可能生长或衰亡，但除非它具有灵魂，否则就不能自己养活自己。"①他还认为生命的发展是积微渐进的，首先是植物，植物的发展通过一个延续不断的级序，逐步进入动物界。

黑格尔在亚里士多德划分的基础上，把有机生命体的研究划分为三个阶段：（1）地质自然界，（2）植物有机体，（3）动物有机体。地球上只有发展到有了动物出现，生命才臻于完善。黑格尔把地质自然界亦即矿物界作为有机生命的第一阶段，旨在说明生命产生的物质基础。它还只是生命的基地，并不是真正的生命，因此，它乃是"自身异化了的生命，这样它也就是主观生命的无机自然界"②。从事生命现象的研究，从地质学开始是完全必要的。恩格斯指出："只有在这些关于统治着非生物界的运动形式的不同知识部门达到高度的发展以后，才能有效地阐明各种显示生命过程的运动进程。"③可见非生命科学，包括地质学在内的研究，是生命研究的前提。

真正讲来，植物与动物才是典型的生命形态。黑格尔以主观性之有无来区分动植物仍有其一定的合理性。他认为"植物的运动是由光、热和空气决定的"④，"根本没有自我感觉。某些植物的感受性并不属于自我感觉，而只是机械的弹性"⑤。而动物便有了明显的主观性，他说："动物的主观性却在于：不论在其躯体的内部，还是在和外部世界的接触中，这种主观性总是自己保持自己，并作为普遍的

---

① 亚里士多德：《论灵魂》，415ᵇ8。
② 黑格尔：《自然哲学》，商务印书馆1980年版，第379页。
③ 恩格斯：《自然辩证法》，人民出版社1971年版，第53页。
④ 黑格尔：《自然哲学》，商务印书馆1980年版，第424页。
⑤ 黑格尔：《自然哲学》，商务印书馆1980年版，第427页。

东西，自己不离开自己。"①黑格尔还分析这种主观性是一种感受性和应激性。他特别指出，应激性乃是大脑神经活动的功能，"是具体的自我相关和自我包含，所以它是一种内在的能动性，是一种搏动，是一种活生生的自己运动"②。黑格尔在他的《逻辑学》中又突出了这一点，从而受到了列宁的重视。列宁评论道："只有那上升到矛盾顶峰的多样性在相互关系中才是活动的（regsam）和活生生的，——才能得到那作为自己运动和生命力的内部搏动的否定性。"③内在能动性、内部搏动、活生生的自己运动，它的物质形态是大脑神经活动及心肺活动；它的哲学形态是内在否定性或辩证否定。这样就不但赋予辩证思维以理论的意义，而且还赋予它以行动的意义。因此，生命的价值不止于理论思维而在于意志行动。帕斯卡尔（Pascal）说："数学机器得出的结果，要比动物所做出的一切更接近于思想；然而它却做不出任何事情可以使我们说，它也具有意志，就像动物那样。"④可见生命现象之中蕴涵了思想以及感情与意志的属性，"有情而合理的意志"正是生命的内在实质。

综上所述，在有机自然界或有机生命世界中，"生长原则"的主体性特色十分明显了。它可表述为下列三个方面：

（1）灵魂的自主性。生长或衰亡的前提是自己养活自己，而自己养活自己，便要具有灵魂。这是亚里士多德的观点。我们不赞成有一种可以脱离肉体而游荡的"灵魂"，但把灵魂视为物质躯体本身所具有的"生机"，还是合理的。这种生机，就是"吐故纳新"、"新陈代谢"、"推陈出新"。这就是自己养活自己，生长、消亡、转

---

① 黑格尔：《自然哲学》，商务印书馆 1980 年版，第 489 页。
② 黑格尔：《自然哲学》，商务印书馆 1980 年版，第 501 页。
③ 列宁：《哲学笔记》，人民出版社 1974 年版，第 149 页。
④ 帕斯卡尔：《思想录》Ⅵ，340。

化、更新之道。"灵魂"亦即"生机"是自主的，意即生命搏动是一个不断自我否定、自我扬弃的过程。因此，灵魂或生机就是生长原则或否定原则本身。

（2）感觉的主观性。动物是生命的完善形态，它的完善性表现在具有"感觉"，而动物中的人，除此以外，还有"思维"。感觉思维的生长，意味着主观性的形成。生命已不再是纯客观地生长了，而是以感觉思维构成的主观性为一方与以感觉思维的对象构成的客观性为一方，产生相互对立的自我认识运动。这个主观性的发扬与客观性的揭示是一致的。主客对立的运动意味着"生长原则"辩证本性的展开，意味着辩证法从生命主体向思辨王国过渡。

（3）意识的综合性。关于意识，我们通常注意它的思维与理性的作用，其实意志与感情在意识形态中的作用也是不可忽视的。知、情、意，鼎足而立。因此，意识形态发展的总体形式应该是知、情、意的统一。"有情而合理的意志"便是意识综合性的表现，即是它的那个总体形式。在总体形式中，"生长原则"的精神内容全面展现了，它的主体性的本性全部暴露了。至此，"生长原则"就从潜在状态向现实状态飞跃。

这三个特点显示了"生长原则"在有机自然界或有机生命界具体化为自主性、主观性、综合性三者统一的总体形式。这个总体形式昭示物质世界通过生命现象的中介产生了异己的精神世界。

宇宙自然的内在否定性问题是一个难于叙述的问题。它不能不去强攻宇宙自然的那个庞大的物质躯壳，也不能不去深探微观世界的那个瞬变的物质嬗变。在强攻与深探中，揭示有机生命与思维精神的异乎寻常而又合乎逻辑的出现。接着，我们要进一步以"生命"为中心具体地科学地进行探索，从而思辨地哲学地阐明这朵璀璨无比的宇宙之花在这无垠的宇宙物质系统中的地位与意义。

第三篇 生命论

生命现象的出现是宇宙演化的最高成就。生命的最简单最原始的形态为单细胞生物，最复杂最高级的形态为人类。在我们目前所能涉及的天区，尚未发现人类这样的智能生物。"外星人"，我们当然不排斥它存在的可能性，但至少目前是不现实的。

　　当人类的发展越过本能活动有了思想意识行为时，就跨越了物质自然界，在物质世界的基础上产生了一个非物质的精神世界。精神是物质的异化、生命的升华。它源于物质，但又与物质相对立；它属于生命，但又与生命相区别。严格讲来，它已不复是物质生命，而是物质生命的一种非物质的功能。

　　关于生命、人类、意识，科学家的研究有突破性的进展，特别是第五代电脑，即智能机的研制，说明我们已初步揭开思想意识之谜了。人工智能只是天然智能的模拟，但它乃是天然智能的客观机制的确证，思想意识对于我们再也不是神秘的了。

　　从物质生命到思想意识的发展，是宇宙自然征途中璀璨夺目的"景点"，让我们满怀猎奇的心情探索前进吧！

第七章　宇宙自然辩证发展的跃进

当人类眼睛向外探索大自然的奥秘时，他把生命、意识视为当然。这时他未能感到生命的奇妙，也未能反躬自问：意识为何物？意识是如何意识的？因此，生命科学、意识形态学的发展，远远落后于物理学、天文学等。然而，晚近以来，生物学取得了长足的进步，使得我们大开眼界，深入到生命与意识的禁区了。

第一节　生命的潜在形态

物质的演化，从无机自然界向生命现象过渡，必须经过一个"前生物有机界"的过渡阶段。因此，"无机—有机—生命"形成一个辩证发展的圆圈。前生物的"有机自然界"是生命的潜在形态，它为生命的出现创造条件，但尚未形成生命。

一、原始大气和能量的混沌性

物质和能量是构成宇宙万事万物的根本。如前所述，宇宙初生，一片混沌，真是："混沌相连，视之不见，听之不闻。"（《白虎通·天地》）这个混沌状态是宇宙生成的前期，所以老子说："有物混成，先天地生。"（《道德经》）王弼解释道："混然不可得而知，而万物由之以成，故曰混成也。"这就是说，原始物质尚未分化，构成万物的基本元素尚未形成，因此，万物尚未独立成形，这样一片混沌，老子当然不知是一些什么东西，但他却天才地指出了万物是由"混沌"产生的。现在"混沌"对我们而言不再是混然不可得而知了。

这一片混沌就是原始大气与原始能量。原始大气与原始能量的混沌性在于它的非周期不规则性。非周期不规则性乃是存在于客观自然界中的普遍现象。

如果从实证科学上加以精确的专门化的论述，那么，所谓混沌乃"奇异吸引子"的活动。奇异吸引子不同于一般吸引子。在相空间（系统的独立运动变量构成的空间）中，由某组初始条件所决定的某一点，随着时间变化系统运动而描绘出一条轨迹，若这一条轨迹最终停留在一点上，或无穷小地逼近该点，则该点叫"简单吸引子"；若运动轨迹最后逼近到一个环面，则称极限环，极限环也是一种吸引力，此时运动为周期性的。奇异吸引子与此二者都不同。混沌运动是奇异吸引子的运动。因此，"混沌"乃是在相空间中，奇异吸引子将系统运动吸引到某一特定区域中来的现象。在这个特定区域中，系统运动既不停留在某一点，也不在某一固定的极限环上作周期或准周期运动，而是表现为非周期不规则运动。它没有明显的规律性，但又有某种秩序，总的来看，它具有一定的无序性，即包含某种不显著的秩序的"无序性"。

混沌态并非完全杂乱无章的，它具有某种微观结构和有机联系，这即是说，它具有整全性，是一个尚未分化的整全实体。尚未分化并不是不能分化，而是有待分化，可见其本身包含了否定其自身的因素，因此，它是寓分于全的辩证统一体。生命现象的出现，是混沌态分化的结果。在各种特定条件下，物质与能量转化，自发地调控，产生各种递嬗演化的物质具体形态。到某一时刻，如狄拉克所假定的：人与宇宙处于和谐的关系之中，宇宙的演化，为生命人类的产生提供了必要的条件，即狄拉克发现的宇宙演化与生命人类出现的数量相关性，即那个神奇的（10^{39}）^{a}。当然，这一切远非定论。我们只借此说明那个"某一时刻"的到来，宇宙自然孕育的生命就成熟了，物质与能量的转化，取得了它值得骄傲的成就。

原始大气和能量的混沌性，不是那种外在的机械的掺和。客观世界中虽然存在着这种机械掺和形态，但那些只是低级的表面的存在，只是生命产生的基础。而生命的产生是原始大气和能量进行"化学演化过程"的结果。"混沌态"是那个原始的整全实体尚未分化的现象形态，其中蕴藏着从无机物到有机物的转化。原始大气和能量的混沌性与整全性的关系，是现象与本质的关系。

这个整全实体的"混沌状态"，具有如下几个特征：

（1）组分上的确定性。不能将原始大气完全等同于宇宙大气尘埃，它在组分上有其自己的特点。原始大气的形成以及其通过化学反应而产生的物质变化，都只是宇宙物质系统的演进的一个环节。

在原始条件下，原始大气是 CH_4、CO、CO_2、NH_3、N_2、H_2S 等气体的混合物，它主要是由原始地球凝集的，因内在的自我运动而喷溅出来的大量气化了的元素所构成的。宇宙大气尘埃的不断凝聚过程，形成原始地球。在凝聚过程进行时，气体尘埃逐渐升温，其中心部分逐渐达到高温。一般估算，原始行星凝聚体的中心温度大概可达到 2000° K。在宇宙大气尘埃中，大部分固体物质凝聚成为原始地球的时候，周围原有的大部分气体以及凝聚过程中喷出的大量气体，散逸到宇宙空间中去了，从而形成了"原始大气"。

原始大气组分上的确定性表明：它既不同于现在的地球大气（它充满了游离氧），也不同于宇宙大气尘埃，而是宇宙自然发展进化的一个独立的层次。这个独立层次的特点在于它包孕了地球上生命出现的诸必要因素。

宇宙大气尘埃为气固混合相，原始大气为气相，为不同层次的两种物质形态。它们在组分上不尽相同，但也存在某种质的相似性。如宇宙大气尘埃包含的元素有 H、O、N、C，而原始大气中存在的元素大体也是这些。可见生命的构成与宇宙自然整体的构成，物质元素基本上是一致的。构成生命并不需要宇宙自然之外的什么特殊材料，关键在于在什么特定条件下，这些成分按一定的比例、一定的结构、一定的方式配置起来。要想人工地复制生命，就在于透彻地摸清这些条件、比例、结构、方式。这一切，自然又是如何创造出来并巧妙安排的，真是只有天知道。

（2）性质上的还原性。原始大气组分上的量的确定性和成分的固定性，导致原始大气性质上的还原性。

根据米勒（G. L. Miller）和尤里（H. Urey）的推算，原始地球上的氢的分压大概是 1.5×10^{-3} 气压。这样的话，原始大气中的碳化物和氮化物的平衡，将出现下列现象：二氧化碳（CO_2）就可能还原为甲烷，而一氧化碳（CO）几乎没有了。氨（NH_3）将分解为氮和氢。所以米勒和尤里认为，在原始大气之中，只要有少量的氢存在，碳就以甲烷的形式出现。因此，原始大气是一种"甲烷—氮"的还原性大气，其中仅有少量的氨。由于地质学的证据，不足以使我们准确推出原始地球的表面情况，因此，关于原始大气的性质、成分，还未能取得一致意见。不过，大家普遍认为，原始大气中只含极少量的分子氧，具有一定的还原性。

光合作用产生大气的氧，因此，在光合作用出现前，原始大气之中几乎是不含有游离态氧的。既然缺氧，就不可能直接氧化正在逐渐生成的碳氢化合物及其衍生物。这种性质，是在原始地球条件下，无机物逐渐稳步地向有机物演化的保证。

（3）能量的多样性。在原始大气中，各种混合物质，能否进行化学反应，仅靠自身之间的游离能量差是不够的，还需要活化能，使生成系统和反应系统活化。原始能量的来源，一般认为是热能，还有太阳能（可见光、紫外线、放射线，等等）、放电、宇宙线之类可以想象的能源。原始能量相对于现在而言，可以说更为丰富、更为多样化。比如说，大量的短波紫外线穿过整个大气层达到地球表面，与现在只有长波射线才能达到地球表面相比，创造自然发生的化学反应的可能性大得多。在还原性大气中，能用于有机合成作用的紫外光能量在 41 卡（波长低于 2000 埃）与 1.7 卡（波长低于 1500 埃）之间，而还原大气的所有成分都能让波长在 2000 埃以下的光透过。但在现今的大气中，波长低于 3000 埃的紫外光是达不到地球表面的。而在原始地球条件下，这类能量，在前生物有机合成中，可能是十分重要的。而这样的合成正是生命产生的物质前提。

在原始地球条件下，由于地壳剧烈振荡、火山频繁爆发，提供了大量的热能。

火花放电（雷电）和电晕放电，发生在大气的最下层，能立即把生成物摄入海洋之中，这种造成局部性高温的放电现象与紫外线的巨大能量相比，它能合成的有机物是微乎其微的。不过，在原始地球条件下，由 CH_4 和 NH_3 或 N_2 合成氰化氢，放电是最重要的能源。而在前生物合成中，氰化氢是一种重要的中间产物。同时，放电看来是原始地球化学反应的有效能源。

原始大气利用原始地球上的各种能源来触发自身的化学反应，从而使物质变化由无机向有机转化的各种可能性得以实现。这些可能性，是原始大气中无机物向有机物转化的潜在状态；而各种丰富的多样性的能量，是可能性成为现实的动力。

（4）反应系统的开放性。从原始大气性质的还原性和原始能量的多样性来看，可见大气中的化学反应系统，在物质和能量两个方面都具有开放性的特征。在原始地球各种环境中，存在着能量和物质的交换，这就为原始大气中无机物向有机物的转化提供了一定的客观条件。但这个物质能量转化的实现的内因，还在于其自身的内在否定性，亦即原始大气混沌状态中各部分之间的"相互作用"。

这种"相互作用"引发了各种剧烈的化学反应。有的学者认为：分别在原始地球凝聚过程中，以及原始地球形成以后，原始大气通过热能和短波紫外线，发生了两次剧烈的化学反应。两次反应的结果，都合成了多种小分子有机物及其前体。当第二次化学反应的时候，即原始地球形成、原始大气在各种能源的相互作用下发生化学反应的时候，在凝聚过程中所形成的有机物及其前驱体，在原始地球上已分布得相当多了，这些多半是通过热能产生的，例如氰化氢就是。氰化氢对热能很稳定，而且在低温下富于活性，能同各种物质化合形成有机物。这种反应系统的开放性，规定了日后非平衡、非线性自组织的生命系统的开放性质。

原始大气组分的确定性与组成元素的固定性，以及宇宙构成与生命构成的一致性，反映了原始大气的物质与能量的"混沌状态"的同一性、整全性。整全实体是各组成部分的有机综合，各种关系的协调发展。在生命形成的化学演化中，整全性将越来越突出，其中各种关系将越来越复杂。

能量的多样性和反应系统的开放性，却显示了原始大气的物质与能量的"混沌状态"的差异性、多样性。差异的层出不穷，预示同一的深化；多样的纷然杂陈，要求结构的协调统一。在生命形成的化学演化中，差异性、多样性的不断出现，是生命的复杂结构日益完备的根据，是生命不断更新、生生不息的可靠保证。

因此，生命的形成与发展是全与分、同一与差异的矛盾的展开，它们在矛盾斗争中协调发展。如前所述，在生命起源的化学演化过程中，原始的混沌状态，是一个"混成的一"，它作为生命的起点，是一个浑然一体的"全"。化学的分解、能量的多样性、反应的开放性，作为这个"全"的否定因素，促其分化而形成小分子有机物及其前体。这些分化物又根据一定的规律，进行化学反应，相互结合，又复归于一个不可分割的整全实体。这是一个"全—分—全"的辩证复归过程。复归的"全"是具体的全，不是那个"混沌状态"的再现，它克服了混沌，进而又扬弃了分化，达到了一个整体的确定的某物，即由各种有机小分子形成的前生物有机单体，如氨基酸、碱基、糖类等等。

原始大气和能量的混沌性，说明宇宙初开、地球形成前后，前生物有机体出现前，无机物向有机物转化的客观条件及剧烈振荡的状态。试设想：当时各种未分化的物质胚体、气化的各种元素以及光、热、雷、电、紫外辐射诸种能量的激烈冲撞与交互并举，真够得上称为一场原始宇宙的"大动乱"，这一片混沌无序的状态，鬼使神差地捏合出生命生成的必然条件来，真是不可思议。结集诸种外在的客观条件的"混沌状态"是偶然的，这种因缘会合，没有一个什么超宇宙的力量为之安排。它是宇宙内在矛盾的交会，"地球"有幸成了这个矛盾结集的交会点。矛盾的外在表现便是混沌，混沌的内在实质则为矛盾。混沌现象是偶然的，矛盾本质是必然的。因此，必然性寓于偶然性之中，偶然性的展开为必然性开辟道路。现在我们在实验室模拟原始大气诸条件，可以合成简单的有机生命现象了。

二、前生物有机单体的无序性

前生物有机单体都由在原始地球条件下无机物向有机物转化而生成。但是，这些单体的生成与存在还是随机无序的，而且性质是单一的。要演化到质上具有千变万化的"生物大分子"，还需要一个漫长的化学演化过程。

前生物有机单体的产生的条件，是客观必然的，但它本身却是无序的。如果说，客观必然条件是带有规律性的话，那么，条件就一定是有序的。于是，形成这样一个矛盾：有序的条件，产生无序的结果。这样一个矛盾的产物，有如下三个特征：

（1）产生和分布的随机性。在原始地球条件下，由于大气圈无臭氧层，紫外线能均匀地射到整个地球上，而紫外线，特别是 2000 埃以下的短波紫外线，对 CH_4、H_2O、NH_3 的光分解有一定的作用。于是，形成和分解有机物质的机会均等。而作为生命起源的准备，则须有大量有机物的积累。对此，在原始条件下的热能（如火山爆发等）和放电（如雷电等）却具有紫外线之类能源难以起到的作用。但由于这种热能和放电都是局部发生的，这种局部性就限制了能源起作用的范围，因而规定了单体产生和分布的随机性。生成物在反应体系中保存或淹没是随机的，生成物和反应物之间进行可能的交换也是随机的。另一方面，由于能源的多样性，也带来了物质产生的随机性。

单体存在的稳定性也是随机的。首先，它还取决于有机物质的合成速度和分解速度之间的平衡，即稳定性为能量的特异性所制约；其次，生命起源的化学演化是以百万年到十亿年为单位的，而许多前生物有机单体其半衰期在 25℃时都小于百万年，不过由于分解速度的温度系数较大，在零度或零度以下低温时，其半衰期会骤然增大，所以，原始海洋或其他寒冷地区有利于单体的稳定存在。可见有机单体的分布，其稳定性受地球环境与区域的制约，因而其存亡带有一定的随机性。

再说，这样的随机分布的生物有机单体，并没有显示出单体之间的相互有机联系，因而实质上具有很大的偶然性，这种偶然凑合的杂多，还谈不上有什么质的规定性。

（2）熵增的自发性。"熵"是系统无序的量度，随机无序就是"熵增"的表现。熵增、随机、无序，未必都是绝对坏的事情，原始地球中，由于熵增的自发性加剧随机化学反应，使得众多单体与水等物质客体之间的化合与分解的作用加强，同时也使前生物单体之间的浓缩、脱水、聚合等随机反应加剧。原始条件下，远远达不到热力学平衡态，较为稀少的前生物有机单体的熵增自发性就能使随机的化学反应增多，在生命起源的化学演化过程中，这种随机反应增多了形成聚合物的机会。聚合物的形成，就不是一般的杂多了，它是"具体的全"的分化，由此分化出来的"多"，不是一般的"量"，而是有实质的"量"。这种有实质的量，为更高层次的整体综合，从而复归于"全"准备了前提条件。

（3）无序的相对性。任何混沌、无序都是相对的，之所以具有相对性，在于它自身包含否定其自身的因素："混沌"（chaos）包含"秩序"（cosmos），无序（disorder）包含"有序"（order）。在前生物单体中，单体生成过程之中，具有自发聚合的趋向性。活性中间体、氰化氢，形成前生物单体（如氨基酸、腺嘌呤等）的合成机理，就体现了这种趋向性。在众多合成氨基酸的机理中，主要有两种，即斯特雷克（Strecker）合成和从氰化氢合成。例如，在氰化氢浓溶液 pH 值接近于 9 时，则会出现一系列自聚合反应。首先比较容易形成二聚物，然后再与两个氰化氢分子聚合为四聚物（二氨基马来晴），其分子式为：

$$\underset{\text{N} \quad \text{NH}_2 \quad \text{NH}}{\text{CH}-\text{CH}-\text{C}-\text{C}=\text{N}}$$

氰化氢的四聚物非常容易从氰化氢溶液中获得，此四聚物水解时则能产生甘氨酸。1963 年，劳维（C. V. Lowe）等人用氰化氢、水、氨齐聚合成氨基酸，获得了甘氨酸、丙氨酸、天冬氨酸等 11 种氨基酸。因此，一般认为氰化氢的各种齐聚物通过还原性的脱氨基化可以生成各种氨基酸。

生成核酸的碱基中，引人注目的是腺嘌呤。此碱基单体通过氰化氢和氨水的齐聚作用，也很易于生成。在此齐聚合过程中，还发现存在 4-氨基米唑-5-甲酰胺（AICA），而这又是鸟嘌呤和次黄嘌呤在前生物合成中关键性的中间产物。

这种生成前生物单体的自聚合作用，虽说是自发的随机性的，但并不意味前生物有机单体的生成是完全混沌无序的，它由于其自身产生的自我否定因素，而使其内部包含了"秩序"的因素，从而表现出一定程度的自聚合趋向性。这就为形成非随机性的原始生物高分子聚合体提供了可能性。

"自聚合趋向性"是生机萌发的状态。生机，它一开始就具备矛盾的性格：它既是自发的，因而是随机的、无自觉目的的；它趋向聚合又说明它为既成的条件所制约，从而决定了它聚合的性质、内容与发展趋向，因此，它又是有序的，受"目的性机制"制约的，显示了自然目的性的萌芽。客观存在的化学演化过程，如恩格斯曾经断言的，典型地表现了自然界的客观辩证进程。

肽键的形成和核苷酸的形成，是实现生物高分子聚合体的两个最重要的反应。一般认为，无论是从 a-氨基酸形成肽键，从碱基和糖形成核苷，再由核苷和磷酸形成核苷酸，还是由脂类和多糖的组分形成脂类和多糖，绝大部分都是由其单体脱水缩合而成。一般脱水的办法是：通过加热使构成生物高分子的组分脱水缩合，或利用相当于原始地球条件的化学缩合剂。这就是热聚合和化学聚合。当然还有其他的办法在试验中。

相对于前生物有机单体来说，这些原始生物高分子聚合体，诸如类蛋白物质、核酸和高分子碳氢化合物，是较为高级的物质群。由于这些物质的聚合机理的多样性，导致多种特殊结构，它们在溶液中相互结合，形成更为复杂的结构，发挥出多种功能，从而显示出一定的生物活力。因此，原始生物高分子聚合体，在结构与功能上，与前生物单体存在着质的差别。这种差别抽象讲来就是一多的对立。

一多问题体现了事物从简单到复杂的进程。一多不是逻辑上的纯量，而是宇宙自然中客观存在的量，它必然是某物的量，即具有质的量。因此，前生物有机单体已克服了混成的原始同一，又扬弃了原始同一的分化，达到了一个整体的确定的某物，即达到了具体的同一，即具体的全。而聚合体在结构和功能方面，却显示出了"多"。这个"多"是有定质的，即不论是由前生物单体聚合而成的原始高分子聚合体，还是从聚合体溶化而成的新质——多分子体系，都不是线性一维发展的，而是非线性的多维发展。

因为原始高分子刚出现时是不完善的，只意味着生物有序性正在形成，它有待不断进化、不断完善。在这一前进过程中，自然选择即将发挥其作用。于是将出现原始高分子聚合体的保存、淘汰、变化等情况，从而导致原始高分子聚合体演化的结果的多种可能性。

这个多维发展的原始高分子聚合体，它们所表现出来的质的多样性以及结构的复多性，说明它们已否定了前生物有机单体的单一性、具体同一性，它们在质与量两个方面都进入了分化阶段，这是一个由质转化为量的过程。

原始高分子聚合体的质的多样性与结构的复多性，只是在化学演化进程中要被扬弃的中介环节，它必然要复归于"一"，达到一个具有新质的统一整体出现，这就是形成多分子体系。这是一个由量转化为质的过程。于此，构成两个阶段一个圆圈的辩证全程，即由质到量、由量到质两个阶段;"质—量—质"、"———多———"的辩证复归的圆圈。具体讲来,这就是生命起源的化学演化过程"单体—聚合体—多分子体系或原始细胞"的内在辩证运动实质的揭示。

三、从无序到有序

任何客观事物都是自身同一的,但不是抽象的同一、逻辑的同一,而是具体的同一、辩证的同一。如黑格尔宣称的:"它们之所以同一,只是由于它们同时包含有差别在自身内。"[1] 在原始高分子聚合体中,无序与有序的关系在特定场合具体表现了同一与差别的关系。无序说明其内具有差别性,有序说明差别的协调性,使其构成相对稳定的统一整体。

20世纪60年代中期,福克斯、原田模拟原始地球条件,用聚磷酸使天冬氨酸分别与甘氨酸、丙氨酸、缬氨酸、谷氨酸、赖氨酸发生聚缩合。氨基酸的比是1:1,反应则在100℃下进行。使人非常感兴趣的是,分别生成的各种聚合物(分子量是6000—15000)的主链氨基酸组成和末端氨基酸组成是不同的。不久,原田和福克斯又用实验证明了,C末端的氨基酸组成和类蛋白物质的氨基酸组成完全不同,相比之下,前者的酸性氨基酸的含量非常低。类蛋白物质的N末端和C末端的侧链氨基酸组成,与类蛋白物质主链的氨基酸组成也非常不同。这些结构的内在的种种差别,只能说是其结构存在对称破缺,不是完全均匀的,但还不能够说它是无序的混合物。因为,如果类蛋白物质的氨基酸排列是完全随机的话,那么,N末端和C末端的侧链氨基酸组成应该和类蛋白物质主链氨基酸组成相

---

① 黑格尔:《小逻辑》,商务印书馆1980年版,第250页。

同。这可能是由于肽链的主体化学因子使氨基酸残基的排列不是完全随机无序的，而是显非随机自排序。因此，福克斯等人认为，在没有核酸密码时，类蛋白物质中氨基酸自排序所表现的某种秩序，可能是日后蛋白质进化的出发点。

这种非随机性自排序，还不是真正完全的有序化，与多分子体系高度的结构序、功能序、信息序还有质的差别。因此，它只是无序向有序过渡的中介环节。处于中介环节，更多地还是存在着有序与无序相互否定、相互转化的状况。与前生物有机单体的化学反应都是随机无序的相比，作为生命前驱的原始高分子聚合体，则有了有序的萌芽并逐渐趋于有序化了。

原始高分子聚合体作为一统一整体，开始出现有序的特征。它产生于无序的混沌状态，因此不能不保留若干无序因素。无序性作为一个异物、作为一种否定性便潜在于其自身之中，从而与有序化倾向形成内在的同一与差别的对立。在这里，"无序"作为有待克服的一方而存在，"有序"作为生长发育的一方而存在。但是"有序"不是无根自生的，也不是外面输入的，它的"母亲"恰好是"无序"。"无序"不断否定其自身，向对立面转化，产生了与它自己相对立的"有序"。因此，有序以无序作为其本质，无序以有序作为其归宿。有序与无序成了你中有我、我中有你的胶着不分的状态。它们之间的生灭更替，便产生了一种崭新的宇宙自然现象的萌芽，这就是变易转化之间萌发的生物活力实体。生以死为本质特征，死作为生的内在否定性，它不断否定、不断扬弃，因而才能生生不息，片刻也不停止。一旦停止，不息的生命便为灭绝性的消亡所代替。具有生物活力的原始高分子有机聚合体，就是在这种内在否定性的驱动下，死生交替、自我否定、扬弃更新、不断完善、逐渐进化。

原始生命现象对能量的利用很差，是一种效率极低的组织形式与运动形式。因此，只有外界存在一个巨大的能量势差，即巨大的不平衡，才可供生命利用从而产生有序性。在宇宙自然中，自发的汹涌寥廓的"熵增"洪流中只有少量存在的"熵减"现象例如有序的生命现象，正像维纳所言：生命系统是"在熵的海洋中的一些负熵岛"。因此，生命只能在远离平衡态下才能形成和维持。往后的研究，就产生了非平衡态自组织理论。

根据这个理论，原始高分子有机聚合体的形成，可以视为一个与外界存在有物质和能量交换的开放系统。这个开放系统可以产生负熵流，当这种负熵流使系统内的熵减少到一定程度时，系统将离开线性平衡区，失稳而远离平衡态，内部各元素之间发生非线性相互作用，在一定条件下，就可以形成自组织系统。

生命的潜在形态的发展，是一个从混沌到秩序、从无序到有序的转化过程；是一个从无机向有机生命的转化过程；是一个宇宙自然从自在状态向自为状态的转化过程。这个"转化"不同于一般转化，它对宇宙自然的发展有特别重要的意义：那就是"生机流露"。

第二节　生命的胚胎形态

生命的物质形态的客观演化过程基本上属于化学范围，因此，化学变化既是生命的前奏，又贯穿于生命过程始终。前生物有机体的变化，更加是化学性质的。只有了解这些化学变化，生命的研究才能入门。

一、非随机聚合体的自排序

混沌性的对立面就是自组织性。自组织性当然是有序性，但有序性不一定都是自组织性。二者不是等值的，而是涵蕴的。例如，宇宙自然有种种秩序：数学序、物理序、化学序、生物序等等。这些秩序用信息来量度和标志，仅仅只有量上的意义。而自组织性不但与一般秩序有联系，而且以它们作为基础。它们之间的关系不但是量的而且是质的，即与信息的量与质相关。所谓信息的质，即艾根所提出的信息的价值概念。自组织性在其发展过程中，不同阶段有不同质的表现，在其充分发展过程中，将出现自调节、自催化、自复制等功能。再则，有序性可以人工调控，而自组织性则不然，它是因其内部原因而"自发"产生的，并非人的意欲所决定，自组织性是自组织系统内部各元素之间的复杂的"相互作用"的结果。

前已论述过，"相互作用"是现代自然科学考察整个运动着的物质时首先遇到的东西。它是事物的真正的终极原因。因此，对生命自组织系统中诸因素的"相互作用"的仔细而认真的考察，是揭开生命之谜的关键。

宇宙自然的"相互作用"，抽象讲来，包括：相互依存、相互联系、相互制约、相互渗透、相互颉颃、相互否定等等；具体讲来，包括：引力相互作用、电磁相互作用、弱相互作用、强相互作用等等。而因果关系则是它的最初形式与普遍形式。在生命自组织系统形成时期，因果关系已超越了外在的因果关系，机械因果已不能解释有机生命现象了。制约生命自组织系统的是：内在的因果交替、互为因果，其中存在一个反馈机制。黑格尔在分析生命系统的特殊规律时，扬弃了直接的、机械的因果性，强调生命系统为辩证因果联系所支配。所谓因果的辩证性，可视为圆圈形的因果链。"因果链"表明：作为原因的东西是原因的结果，而结果又普遍地作用于它的原因。这种互为因果的"因果链"，表现于生命系统中，就是信息与信息的反馈。这个信息及其反馈过程，维持了生命系统的稳定性。黑格尔实质上以它的独特的思辨形式阐述了我们现在常讲的反馈式因果关系。反馈式因果关系普遍存在于生命自组织系统中，它保证了生物系统在自然选择中的多样性。

分子生物学家莫诺以他的操纵子理论为基础，进一步探讨了存在于细胞-细菌体内的代谢、生成和分裂系统，分析了此类系统的微观调节的逻辑。他根据微观反映和控制反应的酶系统的代谢来源之间的关系，把调节模式分成五种类型，即反馈抑制、反馈激活、平行激活，通过一个前体的激活，以及酶被底物本身所激活。[①]

这些所谓调节模式经常是处于几种同时相互协调或相互对抗的状态下发生作用的。这样一些微观调节机理的相互作用，促使原始生物系统在原始地球的条件下逐渐进化、逐渐有序化。生物体中存在的这样的因果关系并不是直线式的单向因果，而是圆圈形复归的交互因果或谓"因果链"在生物系统中的表现。这种表现为相互作用的辩证因果，因果的同一性是非常明显的，因果之间是相互设定的。

因果的相互设定、因果关系的相互作用的表现，说明一个事物对立双方并不是完全隔绝的，因此，它们无须外求、自我中介、自我决定。原始生物多分子体系处于这样一种因果关系、相互作用之中，最终将可能导致自组织的出现。

在具有生物活力的原始高分子有机聚合体与外部环境组成的大系统中，也有着复杂的相互作用关系。它不仅表现为一因一果，还表现为一因多果、一果多因、多因多果，从而形成"因果网络"。它们之间的相互作用不仅有其必然性，也包含大量偶然联系。这是一种非线性相干性，但也包括线性相干，因为线性相干不过是非线性相干的一个特例。它能使自组织内部诸元素协同一致，使其在结

---

① 参见雅克·莫诺：《偶然性与必然性》，上海人民出版社1977年版，第4章。

构与功能上达到有序化。因此，非线性相干作用是高分子有机聚合体转化为具有原始生命活力的多分子体系的杠杆；是系统从无序走向有序，达到自组织的中介。所有非平衡态系统，例如耗散结构论、超循环论、协同学所论述到的，也都将非线性相互作用看作是自组织系统的本质特征。

非线性相互作用有三个特点：（1）一般是不可逆的；（2）一般与正反馈作用，如自我激励、自我生长相联系；（3）将导致可能出现的多种形态。不可逆、正反馈、多形态都是生命现象的重要特征，因此，生命现象与非线性相互作用是密切相关的。

由于原始生物高分子聚合体系具有非线性相干性，其生物的理化反应中含有自催化和交叉催化等步骤，在此反应体系中，各反应步骤之间的关系必须用非线性方程组加以描述。这种体系之间的非线性相互作用，产生相干效应和整体协同动作，而逐渐演化为自组织系统——多分子体系。

原始高分子聚合物要转化为多分子体系，还需要有一保持一定值的强制力，迫使该系统远离平衡态，有序结构才可能形成。在原始地球条件下，太阳辐射的能量、原始聚合物间的化学亲和力、自催化等等起作用，使得原始生物聚合物的边界浓度梯度达到一定的临界值（阈值），则整个体系将远离平衡态。

非线性相干性、非平衡性、开放性是物质系统自身出现从无序向有序转化，从而达到自组织现象的三个充分条件，是产生有序态结构的三个根据。

开放性对自组织系统的形成是具有决定意义的，在开放的条件下，物质、能量、信息为自组织的三要素。严格讲，能量与信息是物质的异态，它们原是一体的。在系统中，物质诸态的输入和交换是至关重要的。

由于开放性必然导致非平衡态的出现，系统中的物质诸态的输入以及与外界相互交换，是以开放为前提的。这种开放下的输入与交换，将会使系统内部产生负熵流，从而使系统内部熵减少，当"熵减"达到系统内某个控制变量的一定阈值时，系统便将丧失稳定性，离开平衡区，进入非平衡态。而非平衡态则是非线性的前提条件。因此，非平衡性是从外到内，即从开放性归结到非线性的中介环节。

非线性则是自组织系统的圆圈形运动的完成。它有两个特点，一是相干性，二是临界效应。相干性导致系统内元素之间的相互制约，偶合而产生整体效应，从而出现有序的自组织现象。这种非线性的相干效应，意味着线性叠加失效。在平衡态中，元素之间混乱无度，彼此独立而漠不相干。但进入非平衡状态以后，元素便失去独立性，由于非线性相干而产生整体效应。

因此，开放性、非平衡性、非线性三者并非外在地机械平列，而有其内在有机的辩证联系："开放性—非平衡性—非线性"构成了一个自成起结的辩证圆圈运动。

协同学的创始人哈肯曾经指出，平衡态相变也可能产生自组织现象，这就是说，不一定在远离平衡态的情况下，也可能产生有序结构。哈肯证明，某些平衡态，如超导现象、铁磁现象也是一种有序结构，甚至连液体、固体结构在一定程度上也是有序的。但这只是较简单的、较低层次的一种"有序结构"。我们认为，具备"有序结构"未必就是自组织现象。生命现象作为有序结构并进而达到了自组织状态，它必须是远离平衡态的，否则，处于平衡或近平衡，便意味着死亡和衰落。

上述三个条件是此类系统从无序向有序从而达到自组织的转化必须满足的。许多研究也表明，生命起源的各种前驱体所构成的系统确也是满足这三个条件的。1972 年，尼可利斯（G. Nicolis）等人假设了一种化学反应机理，其中包括自催化和按"模板"合成。该假设用耗散结构理论研讨了从单体聚合成二聚体的过程。从动力学研究看来，发现多单体的分子浓度达到一定的临界值时，由于动力学方程是非线性的，便出现三个定态解（其中两个是稳定的，一个是不稳定的），二聚体浓度可以骤然增大，系统则可以从一稳定态通过不稳定区达到另一个稳定态，从而逐渐有序化。热力学研究则证明了随着单体浓度继续增大，系统逐渐进入到服从最小熵产生原理的非平衡定态。这一现象与实验生物学的结果有惊人的相似之处，被认为是生物体在突变与新陈代谢条件下的不断有序化过程，也就是"适者生存"的现代化解释。非平衡态系统理论大大推动了生命起源问题的实证科学的研究。

综上所述，原始高分子有机聚合物向多分子体系发展不是线性一维的，而是非线性多维的。这个非线性机理用非线性方程组来描述，其系统的稳定态不止一个，可析出多种稳定解。可以说，非线性相互作用提供了生命起源的化学演化的多种可能性。这些可能性，通过以涨落与开放性为内外条件，其中某种可能性可望转化为现实。

二、生物大分子的形成

关于生命的起源问题，学术界一直存在着原细胞说与原基因说之争。基因说认为生命不是起源于细胞，而是起源于"原基因"或"裸基因"，即认为生命在先、细胞在后。但广为得到实验和事实支持的和学术界普遍接受的，还是原细胞说。我们于此，不想介绍他们之间的争论，只从原细胞说来论述生命的起源。

20 世纪初，海克尔根据原生质为生命基础的观点，把"原生质"视为生命之源。奥巴林沿袭海克尔论点，多年来对凝集体原始细胞模型进行了各种实验，模拟原始细胞的发生，提出了"团聚体"的多分子体系理论。他认为团聚体已具有了原始的代谢反应，包括氧化还原作用、磷酸化作用，以及聚合反应。

对于作为原始细胞模型的多分子体系，福克斯提出了与奥巴林不同的学说，即类蛋白微球体理论。他认为，早期地球是炽热的，单靠热能就足以使简单的化合物形成复杂的化合物。为了证明这一点，1958年他把各种氨基酸的混合物加热，发现它们形成了长链，同蛋白质分子的链很相似。能消化一般蛋白质的酶，也能消化这种"类蛋白"。他在把溶解在热水里的类蛋白冷却时，发现类蛋白聚缩而形成一些微小的球，类似小细菌。按理小球是没有生命的，但它却在某些方面类似细胞，例如它也有细胞膜那样的外包膜。福克斯在这种溶液中加上某些化学制剂，这些小球居然能像细胞那样胀缩起来。它们还能出芽，芽有时似乎还能长大，然后脱落。小球能分裂，一分为二，或彼此连成一串。这就是福克斯的"微球体"理论。

这两种原始细胞模型颇具有代表性。奥巴林认为"团聚体"是由多核苷酸和多肽在原始地球条件下自然合成的，由于含有核酸而具有自我复制的功能。福克斯则认为"微球体"只是一种类蛋白物质，不含核酸，自身具有"模板"复制功能。两种学说仅此不同，但有更多的相通之处，有的学者在一定条件下，用实验方法使"微球体"变为"团聚体"。可见原始细胞的形成，不是唯一的，而是通过多种多分子体系的渠道逐渐演化形成的。

具有飞跃性的"多分子体系"是如何形成的？这一问题的解答的前提，就是所谓"涨落"问题。

生命的化学演化的途径的多种可能性，导致演化结果的"偶然性"，即演化结果并非唯一可能实现的结果。

非线性相互作用的两个特点之一是"临界效应"，它意味着系统的稳定性总是受到威胁。威胁来自临界点附近的涨落现象，它将导致系统失稳，而按多种可能性、多分支地演化。"随机涨落"是客观存在的现象。"随机涨落"的哲学属性就是"偶然性"。这种"偶然性"在自组织系统生成过程中有举足轻重的影响，在具备上述开放性、非平衡性、非线性三个条件的基础上，原始高分子有机聚合物要演化成为具有自组织性的有生物活力的多分子体系，还只具有了可能性，最终还得通过"随机涨落"偶然地将可能变为现实。"涨落"是一种宏观行为的"自发偏差"。一个宏观系统由于内外多种原因，经常出现一些随机的涨落现象，即某种带有偶然性的矛盾运动。

多分子体系中一般认为存在两种"涨落"：一是内部涨落，即体系自身出现的涨落；一是外部涨落，即由于多分子体系的开放性特征导致的涨落。内部涨落是由于生物分子不规则热运动和体系中各部分的各种相互作用产生的，如化学亲和力、边界浓度梯度等涨落，它的效应具有定位性。外部涨落则是与外界环境相互作用的结果，如温度、压强、电磁波，以及外界环境中物质诸态的剧烈物理化学反应等。这些自然界的物理、化学变化可以引起多分子体系宏观特性的改变。

在多分子体系处于远离热平衡态时，系统内外诸元素的随机涨落，通过非线性相互作用产生出相干效应。系统整体叠加作用、协同作用，以及颉颃作用逐渐加强，形成导致系统整体质变的"巨涨落"。巨涨落并不是内外涨落线性叠加的产物，它带有随机性，使系统演化量变过程中断，而产生突变。

事实上，生命起源的化学演化，未必都是通过自然选择而引起的微小变异在强度上逐代叠加，或在种类上逐代累积的结果，许多演化环节往往伴随着外界剧烈而又突然的振荡，产生"整体变化"。

这个与外界保持物质与能量交换的"巨涨落"，作用于体系原有的基本结构，使体系突变，产生质的飞跃，进入有序状态，从而达到自组织系统，完成由原始生物高分子有机聚合物的体系向高度有序化的多分子体系过渡。这个过程实质上也就是艾根所主张的：在生命起源的"化学演化"与"生物进化"之间还必须存在一个"自组织过程"，即"化学演化—自组织—生物进化"的辩证联系。只有通过自组织作用，生物起源的化学进化才能过渡到生物进化。

奥巴林总是把"团聚体"当成是与外界环境发生相互作用的动态稳定体系来加以研究。他在团聚体滴液中加入 ATP、ADP、葡萄糖等物质以生成多核苷酸磷酸化酶，进而促合成聚腺甙酸。还有一些实验证明：团聚体要不断地与外界液体有着物质和能量的交换，才能保持结构和成分上的稳定。奥巴林的实验虽未涉及自组织系统理论，但这些实验结果却客观地表明了多分子体系一般呈现自组织现象。它表现为：外界物质能量不断地进入团聚体中，并在其中进行化学反应；生成物又不断地排除到外界，体系中的化学物质由于呈现众多的交叉反应和催化反应而产生非线性关系。加之体系中物质和能量的进出速度基本相同，从而把整个团聚体自组织地维持在动态水平的结构和功能序上。这种有序的自组织系统的出现，必然要受体系中分子涨落机理的制约。实验表明：在多分子体系的自组织形成过程中，随机涨落、偶然性起了一定的决定作用。

有人以为科学只研究规律性的东西，即必然的东西，其实客观世界如果没有偶然性，必然性又从何谈起呢？科学研究又有什么作用呢？偶然性实际上是存在着的，而且影响着事变的进程。非线性相互作用越强，开放性越强，也就是与外界联系越强的系统，受随机涨落，也就是受偶然性的支配越大，在演化过程中的突变就越有可能发生。非平衡态下自组织现象正是在偶然性的"随机涨落"的支配下才得以实现的。科学要想前进，不能不承认并重视偶然性的研究。

生物大分子的形成的关键，竟是"随机涨落"，即偶然性！真是不可思议，然而这一切却是客观存在的事实。

三、多分子体系及细胞结构的形成

关于偶然性的作用及其与必然性的辩证联系，受知性思维禁锢的人是难以理解的。黑格尔却有十分透辟的见解。他认为，现实的必然在于"它在自身中具有其否定，即偶然"[①]。必然来自事物自身所具备的内在差别性，即内在否定性。它之所以能成为现实的在于它同时又是偶然。黑格尔这一著名论断为科学特别是生命科学所证实。

多分子体系的形成是由生物大分子演化过程中的涨落所引起的。在宇宙自然中，存在着平衡态与非平衡态两种作为物质现象的背景条件。而生命起源于非平衡态。在平衡态的条件下，任何组分上的涨落都伴随恢复均匀性的倾向，一切随机干扰都将为这种倾向所克服。最小熵产生原理就描述了这样一种自然现象，这样的随机涨落、偶然性不会引起体系的突变而产生具有新质的稳定结构，因此，平衡态不能产生生命现象。雅克·莫诺赞成生命起源于一个纯粹偶然事件，与我们的主张是不同的。他没有区分两种不同的宇宙背景条件，他讲的"偶然性"实质上是平衡态下的偶然性。这样的偶然性是不适用于非平衡态的。非平衡态所承认的"偶然性"是自组织理论提出的一种"巨涨落"概念。

在非平衡态背景下，若涨落发生在生命自组织系统临界点（阈值）附近，原有稳定的时空结构无法调整这些分子机理上的涨落。

[①] 黑格尔：《逻辑学》下卷，商务印书馆 1966 年版，第 204 页。

这时按非线性相互作用决定的动向，系统将向某种随机性分支演化。涨落若发生在非稳定点上就会驱动系统达到一个新的稳定态。这一切都是随机的、偶然的。因此，生命起源在一定程度上就是由于这些随机涨落的"关键点"所偶然引发的。

这一理论克服了生物学上一般的渐变的观点，这种观点认为生命起源于小分子无机物和有机物，它们经过漫长的物理化学反应，逐渐增强其复杂性从而导致生命出现。自组织"巨涨落"理论则优越多了，其优越之处在于：不但承认渐变，更强调突变；不但坚持必然性，而且如实承认偶然性。总之，是其辩证思想的优越。

在客观自然界中，偶然性是相对于必然性而获得自身的存在的。在物质系统演化过程中，偶然性与必然性同时发生作用，具有同样的功能。从生命起源的演化过程来看，偶然性之所以是现实的，就在于这一过程的实现具有不可重复性。从自组织系统形成的机理来看，它的出现必须满足开放性、非平衡性、非线性三个条件，因此，它是受必然性支配的。但是，它能否实现某种可能性，又为随机涨落所决定，即服从偶然性。在这里，必然性达到了与偶然性辩证的统一。必然与偶然并不处于外在对峙的状况，相反这种必然性承认偶然性是它的内在根据，即辩证的必然关系。这种关系的客观的科学根据，就是非线性相互作用。自组织系统理论承认偶然性的客观存在，并重视其现实的不可替代的作用。

作为突变的触发点的"涨落"是随机的、偶然的。但涨落的范围以及生命自组织系统的时空结构及功能的改变和进化趋势，却基本上是由系统内诸元素的非线性相互作用所决定的，因而具有一定的必然性。这种非线性的决定，不同于线性的机械决定论，因为描述自组织系统内部机理的非线性方程组可以得出一组解，既包含稳定解又包含非稳定解，它所决定的是系统演化的趋势与范围，而不是具体某一个点。在我们所知道的宇宙范围内，就目前所能测定的，生命只存在于地球之上。这就表明生命的存在只具有一个极小的几率，就广袤无垠的宇宙而言，它的存在实在是一个小而又小的偶然事件。就是在地球上生命的出现也不是必然的，它可以出现也可以不出现。尽管有类蛋白物质和核酸简单分子的原始生物现象，但由于生命自组织过程中的随机涨落，就规定了生命出现的偶然性。

在生命系统自组织的规律中，偶然性似乎具备了"必然性"的外观。这种偶然性不服从某种统计规律，并摆脱了统计系统本身。它具有一定的独立性，并深入到客观实在之中，深入到生命自组织系统的质变过程之中，从而规定了生命起源规律变化的多样性。所以，在生命起源和演化过程中，单独的偶然事态的出现是有决定意义的。

生命起源是一个辩证统一过程，必然性发展和偶然性机遇是同一过程的不可分离的但又彼此对立的两个部分。多分子体系与细胞结构的客观实际演化过程的内在的理论实质，便是必然性与偶然性的统一。

前生物有机体的化学特征归结起来说就是它孕育了生命的胚胎，是生命的潜在形态进一步的发展。生命已由潜在的形态进入胚胎形态，生命已开始发育趋向成熟了。紧接着的是：生命现象便正式出现了。

第三节　生命的现实形态

宇宙自然的生命现象是一个从潜在到实现的展开过程。它的中介环节就是非线性自组织过程，非线性自组织过程是从化学演化到生物进化的一种过渡形式，它既是化学的又是生物的，既非化学的又非生物的，充分显示了它的中介特征。它是非生命的物质世界孕育的生命现象的胚胎形式。胚胎成熟出世，便进入生命的现实形态。

一、生命的本质属性——自调节性

原始生物多分子体系靠自身的内在结构序与功能序而成为一个整体，在演化过程中表现为具体的同一，即包含差别于其自身中的同一。差别既是同一的否定，又是使同一从抽象的变为具体的内在决定因素。只有通过同一自身的扬弃，才能达到生命自组织系统的现实的演化。在生命系统的演化中，变异与遗传、有序与无序、自调节与自复制等等都从不同侧面表现了包含自身差别于其中的同一这一客观存在的本质特性。

多分子体系的有序性，首先表现在时空结构序上。时间序，意味着时间对称破缺，反映在生命起源过程中就是演化的不可逆性；空间序，标志着空间对称破缺，必然要产生"全-L"型的氨基酸和"全-D"型的糖（核苷酸的一个组成部分），即生物体中光学活性的起源是空间有序的客观要求。因为单一构型的生物体残基具有高度的有序性，易于适应肽分子主链或核苷酸链的形成。除结构序外，多分子体系还具有功能序。在多分子体系中数以千计的化学反应，必须在 m^3（$m = 10^{-4}cm$）的空间中做到有序化，就需要功能高度有序。要做到这一点，就是生命本质特征之一的"自调节性"的功能，自调节性的物质基础是酶系统。

原始生命自组织系统，不仅具有内在复杂的物质结构，还要应付外在复杂多变的环境，如不善于调处它便不能维持其生存。这种调处手段就是生命自组织系统"自我调节机体"。它的内部组成和化学反应过程，具有一系列自调节机理，用来识别和校正其内环境以适应外环境的变化。"自调节性"乃生命系统演化的空间性特征，原始生命自组织系统内部的相对稳定性有赖于自调节加以保持。

自调节性是自组织性的进一步发展。自组织系统在演化过程中，其内部总是有熵增情况出现，从而使系统演化速率和演化方向出现偏差。自组织系统产生的这种"自调节功能"，就可以保证系统在复杂的内外环境中，纠正偏离倾向，稳定发展。

执行自调节功能的物质体是"酶"。酶是怎样产生的呢？福克斯认为，原始地球条件下，通过非生物途径合成的类蛋白物质有着微弱的催化作用，能进化成为活性极低的原始酶系。福克斯曾经实验过，在模拟原始地球条件下，用中性 α-氨基酸与含极性侧链的非中性氨基酸，如天冬氨酸、谷氨酸之类，经加热发生等聚作用而产生一种聚合物，在化学特性上，有似酶活性：水解、脱羧、胺化、胱氨基作用、过氧化反应和聚合反应。研究表明，热聚合物的分子量越高，它的活性也越强，而单体是没有似酶活性的。"酶系"的产生是多分子体系功能有序化的客观要求，是生命存在的重要的客观保证。

原始生物多分子体系中各种信息释放的时空序列性，实现了酶系统的自调节性。整个生命活动是许许多多酶系统的生化效应的表现。在酶系统的调节功能中，有些是指令层次上的调控，有些是代谢层次上的调控。在指令层次上，调节着在核酸信息下制造蛋白质的量和质（种类），即在质、量结构上保持系统的有序和稳定。雅克布和莫诺为解释大肠杆菌的乳酸作用，曾提出操纵子学说，就是这种基因表达的调控的理论概括。

代谢层次上的调控，调节着原来存在着的酶系统的活性，即在功能上使系统保持有序化。两种调节机理表现了生命系统在进化过程中的"适应性"本质。

指令层次和代谢层次上的调节保持了原始生命系统结构和功能

的有序化，调控了生命起源的化学演化的适应性、多样性和合目的性。这一切说明"化学演化"逐渐具有了"生物进化"的特征。"生命"势将脱离它的化学母胎卓然自立了。

酶系统的自调节性起着生命活动的指挥与控制作用。生命最初的体现是"原始细胞"即多分子体系，它是极为复杂的，在任何时刻都可以发生几百种或几千种不同的反应。尽管数目繁多，但不是杂乱无章的，而是一些由酶系统自调节的微观控制系统。各系统在质和量上、时空结构上具有一定的独立性，这就意味着它们有起有迄、自成系统，因而又是有限的。

生命过程中的酶系统作为自调节功能的物质载体、执行者，不但具有专一性，而且具有变构性。酶有高度的专一性，一种酶只分解某一特定物，而不分解其他东西。假定某种酶和"底物"，即酶对之起催化作用的那个物质，也可叫作酶的作用物，它们能暂时结合起来。这时，这种酶的外形或构型就会起很大的作用。每一种酶都有一个很复杂的表面，因为从它的肽的骨架上伸出了许多不同的侧链。这些侧链有的带负电荷，有的带正电荷，有的不带电荷，有的很大，有的很小。可以设想，每一种酶都有一个恰好配得上某个底物的表面，有如一把钥匙开一把锁。因此，酶与能匹配的底物便结合得好，否则便结合不好，甚至完全不能结合。但是酶的特性与结构也不是不能改变的。酶的活性由于相似底物的吸附，出现"竞争性抑制"便不再起作用了；对组成酶的肽链上的氨基酸进行部分切除，或不影响其活性，或丧失其活性。因此，我们可以改变酶的结构，变成相当简单的有机化合物的合成酶。

原始生命系统、多分子体系所表现出来的生命机能：生长、分裂、运动、适应性、应激性等等都受自调节作用的支配。它们所显现出来的生命过程都是有起有迄、有生有灭的，是一个自成起结的有限物。

酶系统的生化作用与"新陈代谢"密切相关。"新陈代谢"就是生命运动的表现。以自调节性为基础的新陈代谢是在有限物质资源和有限空间的条件下，使生命得到无限发展的可行性机理。

新陈代谢，通俗讲，就是一个生命体，例如人体，投入食物、排出废物。这里有一个极为复杂的化学反应过程。吸进的氧、水、碳水化合物、脂肪、蛋白质、矿物质等等，这些必须进行分解，存菁去芜，以利生存。例如，排尿，尿的主要成分是"尿素"（NH_2CONH_2），它是蛋白质代谢的产物。可是从蛋白质到尿素要经过一个漫长而又迂回的化学反应过程。身体中某种酶只催化某个小反应，可能只能变动两三个原子。体内每一个重大的转换，都要经历很多步骤，涉及很多酶。即使是一个简单的细菌，这个小小的机体的变化，也必须利用几千种不同的酶和化学反应。至于人体变化之复杂就不用讲了。不过生命活动的关键，就是"酶"。如果没有这个错综复杂的东西，身体的各种功能就不可能协调一致地发挥了。

虽说生命是如此地复杂多变，但它却是一个有限过程。个体生命是有限的，但整体的生命却是无限的。一个有限物包含否定其自身的成分，如黑格尔所指出的："超出自身，否定其否定，变为无限，乃是有限物的本性。"[1]生命体这个有限物包含的否定其自身而转为"无限"的因素是："自复制"。这就是说，生命过程的无限性就是它的自复制性。

二、生命过程的无限性——自复制性

自我调节存在于一个系统之内，不断地应付内外情况，做出灵活的调整与控制，但是它的调控能力总是有一定限度的，因此，系

---

① 黑格尔:《逻辑学》上卷，商务印书馆1966年版，第135页。

统的稳定结构只是相对的、暂时的。但是生命自组织系统过程是不可逆的，它必然要演化到一个不适应的难以调控的阶段。这就要求彻底更新，复制出一个新的自我来。因此，生命现象的另一个本质特征就是"自复制性"。它是自组织性更进一步的充分发展。自调节性保证了自组织系统的有向性、动态稳定性，即结构和功能的有序。结构序与功能序的交叉作用和充分发展，就会出现信息在空间和时间上的有序化。也就是说，出现自复制性。自复制性说明了生命系统的遗传信息的不变性和演化的时间性的特征。在生命系统的演化过程中，以自组织性为基础，产生了自调节与自复制功能，它们既是自组织的两个不同阶段，但又交叉地发生作用，因此，两个阶段又难以截然划分。

"自复制"问题公认是生命起源的难题。自复制性与原始生命中遗传信息密码有关。关于自复制理论假说林立，门户众多。克里克（C. Crick）等人认为，原始生命中多核苷酸所带的遗传密码的建立，是一个非常偶然的事件，但是事件一旦发生后，就被"冻结"而演化至今。这就是所谓凝固了的偶然事件假说。福克斯和李普曼（F. Lipmann）则认为，原始的生物信息不是来自核酸。福克斯等人用各种实验证明类蛋白质中氨基酸残基是非随机性排列的，具有一定的自体成序现象，这主要是由于氨基酸和形成的肽链之间的相互作用造成的。李普曼等人则对短杆菌肽 S（GS）和短杆菌酪肽（Ty）合成机理进行研究。当存在腺三磷和所需的各种氨基酸时，多肽是可以在没有核蛋白体的情况下合成酶蛋白的。所以他们认为纯粹由蛋白质（酶）组成的自体复制系统原则上成立。布莱克（S. Black）从主体化学出发，提出了一个新的模型。物质的质量、体积、密度等都与能量和热力学第二定律有关，唯有物质的形状（立体化学结构）才与之无关。生物体克服热力学第二定律，从无序到有序逐渐演化，就是直接依赖于生物大分子的"形状"，分子间根据互补的嵌合机理而相互识别和有序化，生物体存在一系列的"嵌合—填补—嵌合"系统。生物演化过程就是根据这种"嵌合—填补机理"而传递信息的。[①] 沃斯（Wosse）等人也提出了类似于立体化学的假说。

实验表明，在原始地球的环境中，多肽和多核苷酸可以由无机物、有机物自然合成。我们知道没有核苷酸提供的信息，蛋白质、酶系统所实现的功能，如代谢、变异、繁殖等就不会出现；同时也只有通过蛋白质的全部功能的实现，核酸的信息才有意义。也就是说，复制、转录、翻译过程全都需要酶系统发生作用，而且酶系统本身又是转录、翻译的产物。它们互为因果，自知性思维而言，这种互为因果是难于说明的，但自辩证的理性思维看来，这倒是完全可以理解的。因为"因果"的外向无穷追索，既无定因，也无确果。作为结果的原因，可以无穷外推，不可能在哪一阶段打住，因此"无定因"。原因定不下来，结果就无确证，即结果处于永远有待确证之中。这是知性思维自身产生的难以克服的困难。辩证法主张：互为因果、交互因果，这就避免了无穷进展，以因证果，以果定因，一切就确定无疑了。因此，核酸信息与酶的功能互为因果，科学实践证明了"辩证的因果观"。

不管是有意识还是无意识，艾根（M. Eigen）和休斯特（P. Schuster）在思维方法上颇有"辩证感"。他们建立了超循环理论（The Hypercycle），也可译为高级催化环理论。他们提出的新的遗传密码和识别系统的起源的假说，较为合理。其所以合理，在于他们不受"前因后果"的传统观念约束，认为问题不在于先有具有遗传信息的核酸，还是先有具有代谢作用的酶系统，而是在于两者之

---

① P. 卡洛:《生物机器——研究生命的控制论途径》，科学出版社 1982 年版，第 8 章。

间，通过原始识别系统，所建立起来的功能上密切的相互关系，最初是怎样形成的。原始遗传系统的产生和逐步完善，是由于"多核苷酸"和"多肽"之间的信息交换一直是双向进行的。这两种原始生物大分子内在的这种双向关系，有如一个封闭的环结构。这种相互关系具有非线性特征，因而形成许多"环"，这些环组成层次复杂的网络结构。艾根与休斯特的超循环系统的假说，所谓"双向关系"，其基本精神是与辩证的圆圈形运动契合的。

在生命起源过程中，生物体中几百种分子不可能一下子配合、组织得非常紧密恰当，艾根等人便认为在化学演化与生物进化之间，存在一个生物大分子自组织阶段，这个阶段的组织形式便是"超循环"。即通过各种多核苷酸编码的多肽，将这些多核苷酸连成环状的反应网，这两类原始生物大分子既"自催化"又"他催化"。这是一个具有自复制能力和生长能力的高级催化环，即"超循环"。因此，不完善的原始密码系统以及识别系统，肇始于"多核苷酸"和"多肽"的多分子体系内的超循环系统。[1]

超循环理论是人类对生命起源的演化过程的认识的一个突破性进展，它的出现有其历史的、逻辑的必然性。我们可以追溯到 30 年代初，奥巴林的研究开始主要是经验性的。1938 年他开始考虑原始海洋中的有机物质浓缩成为"团聚体"的问题，并认为团聚体是原始细胞的前体。他把原始细胞前体的形成，看作是天然高分子随机无序的混合物，是无机物进行化学演化的自然产物。多核苷酸和多肽自然合成，从而显现出生命的本质特性。

20 世纪 50 年代初，米勒实验（1953）使生命起源的化学演化理

---

[1]　M. Eigen & P. Schuster，*The Hypercycle: A Principle of Nature Self-organization*，New York：Springer Verlag，1979.

论成为一门严格的科学。此时，思想活跃、假说众多，主要分为两支：一是原始细胞说，一是原基因说。这些前面已有论述。值得注意的是，此时学者们已开始研究原始生物体的非随机现象。以后由于分子生物学的兴起，使各种假说相互渗透、相互补充，出现了综合倾向。

在这样一个研究的历史进程的基础上，20世纪70年代，艾根等人的"超循环论"便成了生命起源的"综合理论"的代表。这个理论的最重要的特色是：抓住了原始多核苷酸与原始多肽之间的相互作用和双向联系，从整体上系统地通过"自组织"的中介而把握生命。

通过这一历史的回顾，我们确知生命起源和发展的客观进展体现了宇宙自然的辩证运动。而人类对生命的认识活动又逻辑地展示了人类主观思维的辩证运动："经验的统一——知性的分化——辩证的综合"。这就说明了：历史的与逻辑的统一、客观辩证法与主观辩证法的统一。

艾根学说的可贵之处在于关于生命的研究已进入综合性的真理阶段。这个综合性真理阶段正在前进之中，目前又出现了根据CAC（密码子—反密码子配对）、CAP（密码子氨基酸配对）、AAP（氨基酸—氨基酸配对）三条化学准则来解释遗传密码起源的假说。这个假说认为，CAC决定相互作用的核苷酸，CAP决定相互作用的氨基酸——核苷酸组，AAP决定相互作用的氨基酸组。遗传密码就是在这些相互作用的综合系统中产生的。[①]

很明显，这类新学说所遵循的道路都是综合发展的道路，都考察到类蛋白物质与核苷酸简单分子这两类原始大分子之间的相互作

---

① 参见陈建华：《氨基酸配对和遗传密码的起源》，《自然杂志》第7卷第8期。

用及联系发展。虽然这些假说还是探索性的，未必成熟，但思维所
把握的方向，应该讲是正确的。如恩格斯所讲，当今自然科学的发
展再也不能逃避辩证的综合了。

关于"自复制"之谜尚在探索之中，上述诸种学说，似乎已触
及到了它的物质实体的种种问题了。当原始大分子演化到自组织层
次时，就会出现自复制现象。因为在物竞天择的情况下，多分子体
系必须有指导它的自己合成的能力，否则已经积累的信息就会溃散，
而在择优汰劣的生存竞争中处于不利地位。自复制性保证了遗传的
"保守性"，保守性并不是绝对坏的事情，它保证我们子孙繁衍、世
代相传的必要的稳定态。

自复制本身具有保守性。但自复制的误差，却产生了遗传的变
异性。再加上环境对选择的影响，于是在生物体的演化过程中形成
了生物的多样性。因此，自复制的误差并不是绝对消极的。

生命过程的无限性在于其自复制性及其变异的统一。自复制性
规定了遗传的保守性或稳定性。保守或稳定，对于生命永远是必要
的，否则生命将成为一绵绵不尽的切不断的神秘之流，个体生命就
不能出现。没有个体生命就等于没有生命。自复制性是"生命之
流"的自我限制，是生命之流发展的"关节点"。所谓"自我限制"
意即为自身所限，就此而言，它似乎是有限的。我们认为真正的
"有限"是为它们所限，而"自限"并无外界约束，而是"自我保
持"，因此，它倒是真实的无限，因为它实现了它自己。因此，真
实的无限性寓于自我限制之中。自复制性的"保守性"、"稳定性"
乃是一种"自我保持"、"自我实现"的真实的无限性。

自我复制的误差与变异，保证了生命发展的多样性与对生存环
境的适应性。误差与变异有其消极的一面，例如出现了根本不宜于
生存或不符合进化趋向的"怪胎"、"畸形"之类。但是也有其积极

的一面，如生理机制的进化使其更适于生存，更有利于继续自我保持与稳定；还可以导致新品种的出现，打破生物演化的简单重复局面，使生物进化丰富多样。

自我复制性及其变异的统一，说明它是一个动态的矛盾结构，它发挥的是辩证进展的功能。亚里士多德提出的"生长原则"通过思辨的升华而为"否定原则"，现在通过当代实证科学综合理论，重新在生物界找到了它的物质躯体，这就是"自复制"。这里体现了辩证思维自身的前进运动："生长—否定—自复制"。这是一个辩证思维的"具体—抽象—具体"的过程。生命是辩证灵魂的物质载体。

三、生命系统的现实性

我们从宇宙自然的客观发展，既合乎历史地又合乎逻辑地逐步展示了"生命系统"的萌发过程。在这里，没有根据知性逻辑给它下一个定义。因为作为高度复杂多变的生命的动态结构是难于做出知性规定的。所以，贝尔纳认为：表征生命是可能的，定义生命却不可能。

哲学上对生命做出思辨的阐明，有些是无足轻重的空话，有些却对科学地研究生命能起某种启迪或概括的作用。例如，斯宾塞说，生命是内部关系对外部关系的不断调整，这就提出了生命的开放性、内外交换、适应性、自调节等特征。黑格尔关于生命的论述并非全是废话。他说："有生命的东西是支配其外部的、与自己对立的自然界的普遍力量。"[①] 作为自然界的产物的"生命"，一跃而变成了驾凌于自然界之上的普遍的支配力量了。黑格尔一语道破了生命的"能动性"的实质。这个能动性，用今天实证科学的语言来解释，就是

---

① 黑格尔：《自然哲学》，商务印书馆1980年版，第549页。

生命的"自组织性"。

黑格尔还说:"生命只能思辨地加以理解,因为生命中存在的正是思辨的东西。"① 我们如摆脱黑格尔的唯心论的框架,这句话就可以客观地唯物地理解为:生命之中孕育了思想的、精神的因素。生命之所以产生于自然而又超出自然便在于它是这种认识自然、改造自然的精神力量的物质载体。正是在这个意义上,它超出一般的自然物,因此,黑格尔说:"可见生命才是真实的东西,它比星星更高级,也比太阳更高级,太阳虽然是一个个体,但绝不是主体。"② 由于生命包含思想精神力量、认识改造自然的力量,所以它成了一个"主体"。主体的出现,主客对立的出现,使宇宙自然的内在矛盾充分展开而成为"现实的"。生命便是这一现实矛盾的结晶,它的高级之处就在于达到了矛盾的统一:"生命是整个对立面的结合,而不单纯是概念和实在这种对立面的结合。只要内在的东西和外在的东西、原因和结果、目的和手段、主观性和客观性等等是同一个东西,就会有生命。"③

在现代科学还没有完全解决生命起源问题的情况下,哲学的思辨分析仍有重大的启示作用。就是科学取得了若干切实的成果,如果做不出透彻的哲学说明,它也不是圆满的,是缺乏情趣的。

生命研究的当代发展,特别是综合理论的出现,使得"科学"与"哲学"日益靠近。生命的系统化,意味着从整体上综合地研究生命现象,这就不但是一种实证科学方式,而是发展一种哲学方式。术语虽然不同,基本见解明显接近了。

归结上面我们关于生命的论述,显现了一串圆圈形的发展:

---

① 黑格尔:《自然哲学》,商务印书馆 1980 年版,第 377 页。
② 黑格尔:《自然哲学》,商务印书馆 1980 年版,第 377 页。
③ 黑格尔:《自然哲学》,商务印书馆 1980 年版,第 377 页。

（1）"无机界—有机界—生命"。

（2）"生命的潜在形态—生命的胚胎形态—生命的现实形态"。

（3）生命的现实形态又可分为三个环节："自调节—自复制—自组织"。生命的现实形态就是：自调节与自复制统一的非线性自组织系统。

生命的现实形态、非线性自组织系统是自然界辩证发展的"否定之否定复归于肯定"的环节。它是自然界辩证综合阶段，自然界自身真理显现阶段，自然界突破自身的局限产生人类并向精神世界转化的阶段。

生命的现实形态的起点是具有生命活力的多分子体系，即"原始细胞"。以细胞作起点，生物经历了一个漫长的进化过程，概括讲来是从植物到动物到人类。人类可以视为生物发展的顶点。虽然今天的世界，植物、动物、人类并存，但从进化的程度看，我们还是可以确定生物发展主要有三个阶段，即"植物—动物—人类"。

人类出现以后，才谈得上"自然事物向精神的过渡"[1]。因此，人类便成了自然向精神过渡的中介环节。于是宇宙便形成了"自然—人类—精神"这样一个辩证圆圈运动。

---

[1]　黑格尔：《自然哲学》，商务印书馆 1980 年版，第 617 页。

第八章　生命的进化与突变

　　宇宙自然之中的万事万物都在变化，但有些变化周期很长，要几十亿年、几百万年、几万年才能显示其变化，而且这种变化较少有"进化"的意义。但生命出现以后，变化迅速，而且从单细胞发展到哺乳动物直至最后人类出现，显现出鲜明的质的飞跃与进化倾向。

　　生命在大自然的无比宠爱与严格筛选中拼搏前进，无数的"种"被创造着、无数的"种"被毁灭着，这其中涌现出一个具有深刻悟性的"种"，那就是"人类"。人类作为宇宙自然的"主体性"登场了，这是不可思议的，然而又是宇宙演化的必然结果。

　　宇宙的无穷尽的创生与死灭，不过是绵延的自然的链环中起伏的波涛，自命为至高无上的人类，也不过是变幻不居的生命的长河中一朵转瞬即逝的浪花。

　　昙花一现！"昙花"绚丽的生命是那样短暂，但它的珍贵而奇异的一瞬间却予人以回味无穷的美的享受。人类生存的一瞬间则彪炳千古，给无垠的宇宙带来了智慧与热情。

第一节　生命进化观

　　生命现象一旦出现，就迅速地扩展自己的生存空间，不断变更自己的生存形态，不可遏制地实现自己的发展潜力。它善于适应内外环境，改变自己的内在结构，开拓多方面的复杂精细的功能，以适应、变更、改造周围的环境，使"生物圈"成了地球的各个物质圈层中最富于动态生长力、最有反作用力的圈层。

生命的历史也就是生命形态不断分化与生长的过程。"时间的流逝"是"生命的历史"的抽象形态。生命就是时间，时间是生命的灵魂、生命是时间的物化。

一、生命现象的分支发展

生命现象的发展不是一条简单的直线，而是一株枝叶繁茂的"生物树"。它是什么时候抽芽分枝的？动植物的分化已经是很晚的事了，这个分支的起点，还要向前推溯，据估算距今十几亿年以前便开始分支发展了。

地球上所有的生命体都有一个共同的起点，都靠同样两种物质"DNA"、"RNA"传递遗传信息。所有的生命蛋白体都由 20 种氨基酸按不同数量、成分和不同的排列组合构成。由此可以推知，各种生命体有一个共同起源，它是生命形态统一性的基础。

生命体都经历过非细胞阶段，然后通过原核阶段进入真核细胞阶段。但是，因为地质史尚未为我们提供确凿的非细胞生物化石，而现存的"病毒"，它的历史演化情况尚难确定，因此，目前科学家只把"细胞的形成"看成是生物进化的过程的起点。

细胞的形成，确实是生命史上一个极为重大的事件。细胞以细胞膜作为边界，把原先混沌一片的生命物质与其外在环境划分开来，从而形成了与其外在环境相对立的"独立的生命体"。细胞膜并不是一堵不可穿透的铜墙铁壁，它是具有选择性与可渗性的活性膜，通过与外在环境的物质、能量交换，把生命机体与环境统一起来了。

这种内与外的区分与统一，说明了生命体一旦出现，就是矛盾的结合体。细胞膜的内外有别性表现为细胞的"封闭性"，无封闭就不足以成"体"，因此，封闭性是生命机体形成的必要条件。细胞膜的可渗透性表现为细胞的"开放性"，无开放就不足以成"活"，因此，开放性是生命机体成活的必要前提。细胞膜作为封闭与开放的矛盾的统一，使开闭相分又使开闭交合，从而形成生命机体与外在环境之间的相互依存、相互制约、相互否定、相互协调的斗争，导致"创生"与"死灭"的交替、"除旧更新"、"推陈出新"这样一种生命现象的独特的变化。这使我们惊异地发觉，生生不息竟然是以不断死灭作为其本质与前提的。我们必须抓住"死"才能理解"生"。作为生的本质与前提的死，不是"死绝"而是一种"代谢"作用，它是一种"生机"。因此，言念及死，理应满怀新生的喜悦以及对生之永恒的崇高敬意。

　　细胞，它是所有完整意义上的生命体存在的基础，也是个体发育的起点。无数物种的生成与毁灭，都在这个基础上进行。但是生命体一旦形成，它就不再是一脉单传、永远重演，而是在不断分化、不断变异中展现其多样性。由于适应方式的分化，细胞两极分化为"原核总界"和"真核总界"。原核总界又分为"细菌"和"蓝藻"两界，真核总界则分为"植物界"、"真菌界"和"动物界"。分化前的细胞都是原核细胞。原核生物已有了细胞形态，但没有完整的核。从无核生物发展到有核生物，即"真核类"，无疑是一种进步。真核细胞起源于某种原核细胞，这就意味着细胞的进化。只有当生物具有有核细胞才能进行有性生殖。综上所述，生命体的进化可以分为前后期五个环节的层次发展过程，即前期两个环节：细菌和蓝藻；后期三个环节：植物、真菌和动物。那么，它们的进化的具体途径如何呢？这可谓众论纷纭、其说不一。

经典的渐进说认为，真核细胞的被膜起源于原始的原核细胞质膜的内析；而俘获说则认为，是那些具有吞噬能力的大型细胞，吞噬了几种原核细胞，即细菌、蓝藻之类，这些原核细胞未被分解，反而从寄生过渡到共生，成为宿主细胞的细胞器。例如，被吞噬的喜气细菌转化为"线粒体"，蓝藻转化为"叶绿体"。总之，前后期五环节的演化，形成终端开放的巨大生物系统。代表前期进化路线的细菌与蓝藻并未因后期植物、真菌、动物的出现而完全退出生物领域，它们沿着它们生存的简单方式继续存在下去，不过业已定型化了，而生物界的主角则让位给具有更积极的适应方式的动植物与真菌了。这正像人从猿进化而来，猿并未因有了人而绝迹，它继续定型繁殖迄今与人同在。因此，我们不但可以追索五个环节递进演化的历史，也可以在当代看到它们并存的状况。当然，现今的原核生物已不再是原始原核生物的简单的重复，虽说进展极为缓慢，毕竟在漫长的演化过程中也有一些变化。

从低级总界向高级总界过渡，是一个质的飞跃，不是所有的低级总界中的生命体都可以跨过这个界面，能超越的是极少数。这种跃迁之不易，说明生物进化的严峻的条件。但是一旦某一物种经受住了严峻的考验，它便赢得了更为辽阔的施展身手的发展天地，有了一个更为适宜的生态环境。今日雄踞全球蓬勃发展着的真核生物便是超越界面的优胜者的后代。从原核到真核是生物进化由简到繁、由低级向高级过渡的一个重大转折点。一切高等多细胞生物都是真核生物，都是以真核细胞为基本单元的；而所有原核生物，包括细菌和蓝藻，都始终停留在原始的单细胞阶段，没有向多细胞发展。

当原核生物进化为真核生物以后，进化自身也经历了质的变化。一种原始的绿色鞭毛生物，由于营养方式的分化，"自养"的发展为植物，"异养"的发展为动物。

　　最初的生物都是异养的。它们都是从预先存在的环境中的有机物中，通过厌氧转化而得到能量的。这种供能的原始的理想环境，一般认为是"原始海洋"，也有人认为是"泥土"提供的。总之，生命体最初的"养料"都是非生物的有机物质。但是，无论是靠原始海洋、泥土、紫外辐射，能量的来源和转换率都是相当低的。这些靠化学方式合成的、提供有限能量的活性物质一旦耗尽，又没有其他方式产生有机物时，原初的异养生物就会死亡，生命系统的潜能便有丧失的危险。

　　"自然选择"迫使原始生命必须改变营养方式：或直接利用水环境中的简单有机物，或利用大气中的无机成分合成有机物的基础物质。从大气中获取有机物的原料，对生命的继续发展是至关重要的。

　　一方面基于强大的选择压力，必须另谋出路；另一方面，化学演化也为生命系统继续展开自己的潜在可能性提供了转机。即在原始海洋中，存在一些原始的光接受体。这些"光敏化剂"可能是无机的，也可能是有机的。尽管无机类的光敏化剂，如钛、锌、钨的氧化物，具有很高的光敏化活力，能把光能贮存在最后的稳定的产物之中，但是在现有的有机体代谢类型中，我们尚没有发现"无机敏化剂"的迹象。真正对生命界有效的光敏化剂是从无机离子联结到有机的配基所发展出来的"卟啉类"物质。在光合作用演化中，最关键的一步是镁卟啉衍生物（叶绿素）的出现。它不仅可以促进化学反应，而且有助于在稳定的化合物中积累化学能。叶绿素必须通过大分子复合体的形成才能显示其特性，至此光合生物就出现了。光合生物的祖先大约只有少量色素，那时有效的色素生物合成系统还没有产生。它们直接参加光学电子传递，原始光合作用的进行是极其艰难的。随着色素生物合成能力的增加，转移激发能的功能就得到发展。从简单的光媒触反应到完美组织的光合电子传递系统的演化过程，据估计需时 20 亿年。这是一个化学和生物协同演进的过程。在生命的初始阶段，这种协同演进是必不可少的。现有的生物，从细菌到高等动植物，其基本生物化学机制是一致的。这个演化过程大约在前寒武纪末完成，以后的变化只是光合器在形态方面的变化罢了。

自养方式的出现，是生命发展史上又一重大转折。生物开始直接利用光能合成自身发展需要的复杂的碳水化合物；游离氧造成了复杂的有机化合物的降解，造成了依赖光合作用的生命系统，使得生命的自发过程到此终结。另一方面，生命系统中只有当这种无须利用现成有机活性物质，就可直接利用能量的初级生产者出现，从而使气如悬丝的生命之线变得粗壮、明晰起来，这时生物的进一步分枝发展才成为可能。现存的厌氧生物只能是单细胞的最低级形态的生物，而无氧过程的低能量效率是无法维持任何生命的复杂形态的。只有高效的有氧呼吸机制的形成，才有可能使更为复杂的生命形式出现。

自然选择对原初的生命异养的否定，产生了同化环境的自养方式。这种自养方式并不是最后的，它又为高一层次的"异养"所否定，好像是回复到起点的"异养"了，其实这个"异养"与原物的异养是不相同的。这是一个"异养—自养—异养"的否定之否定过程，"异养"的复归，意味着在原水平上提高了一个层次。

复归的异养无须从直接的化学途径摄取环境中的能量，而是以生物性的有机质为其对象物。从此，在生物圈中形成了"生产者"与"消费者"之间的复杂的共生关系。今天的生物是绝对地依赖光合作用的，尤其是作为生物圈中的消费者的动物，每日以惊人的速率消耗着能量。如果没有植物作为一级生产者，就无法维持能量循环圈中的平衡运转。据瓦兰太因在 1966 年估算，地球上每年通过光合作用，约有（$2.2—2.8 \times 10$）^{10} 吨碳被植物固定。奥德姆在 1975 年估算，每年植物的粗生产量为 10×10^7 千卡。正是由于有了这个永不枯竭的、年年更新的物质与能量的资源，生命系统才可以绵延不断，以各种方式繁殖生长。

自养生物不但是维持生命系统的奉献者，也是地球生态环境的变革者。植物除了有固碳、固氮的作用外，还可以为大气提供"游离氧"。地球的大气层直到前寒武纪仍是无氧的，那时只有某些生命的迹象。25 亿年以前，大气中才出现游离氧，而放氧的光合作用是在 10 亿年以前才出现的。在氧的浓度低于 1% 时，大气层没有臭氧的遮蔽。而大气没有臭氧保护层的拦阻，紫外辐射直达大地对生命来说是灾难性的。因此，有机体只有深入原始海洋占据有限的生存空间，托庇于水层的保护。生命体在海洋中生活达 30 亿年之久，直到植物放氧使大气层中的游离氧含量高达 10%，而氢相对减少时，大气就不再是还原型的了，臭氧保护层的形成，大大减弱了紫外线的穿透，以致生物登陆成为可能了，新的生态环境就这样被创造出来了。

动植物之间的界限开始是不太分明的，直到 8 亿年以前，才逐渐明朗。它们一旦分道扬镳，就各自开辟了独特的道路。植物因其主要通过光合作用获取养料，所以它的结构与功能都朝着有利于接受光照和提高光合作用的方向发展。动物因其是通过摄取食物获得养料，所以动物的进化都朝着如何有利于活动、便利于觅食的方向发展。

动物、植物的形成，才基本上奠定了今天的生命世界的雏形。

二、植物的生长

从植物系列的发展看，前寒武纪到志留纪，藻类兴盛达 15 亿年之久。直到晚志留纪，蕨类出现，并开始登陆，揭开了植物登陆史的第一页。植物在水生年代，结构简单，甚至没有根茎叶的分化。漂浮的水藻的"优越性"在于水、二氧化碳、溶解了的矿物盐类以及光，可立即直接达到细胞。但能量交换率则很低。蕨类开始有了根茎叶的分化，这是为了适应陆地生活和保证光合作用供应原料之需。它要有特殊的吸收器官、运输组织以及机械组织的支撑。在陆生植物的演化过程中，叶子的解剖结构稳定较早，以后的改进只在营养和繁殖方面。茎枝的发展，形成了更为有效的散光和吸光层次。生殖方式的演化则是由无性繁殖到有性繁殖。这时蕨类的孢子体已开始发达，所以它能占领陆地的生存空间。但是它的受精过程仍然离不开水，所以它在陆地生活十分艰难，最终难免衰败的命运，所幸它含辛茹苦孕育出了裸子植物来支撑它开拓的大陆阵地。裸子植物有了种子和花粉管，它就不受干旱条件的局限，而能称雄中生代。

但是，裸子植物与被子植物相比时，就不得不屈居其下了。被子植物有导管和纤维两种细胞，从而有很高的输送功能，还有双受精与新型胚乳。被子植物在分化上比裸子植物更高级，它能在地球上出现大陆性气候以后，也留下众多的后代，所以至晚白垩世迄今，它一直长盛不衰。

植物生命的发展是动物生存的前提。

三、动物生命的发展

动物界的进化谱系也可追溯到寒武纪。那时地球的绝大部分地区都还为原始的海洋所覆盖。在漫长的十几亿年间，寒武纪浩瀚渺茫的海洋是节肢动物（以三叶虫为主）的天下。此外还有腕足、多孔、棘皮等8个门类。动物登陆的先驱是从节肢动物中分化出来的无脊椎动物昆虫类，它们直到2.7亿年前的晚石炭纪时，才遍布大陆。在此以前，约 5 亿年以前，海洋生物也在逐渐变化，例如，一部分原始无头类分化出原始有头类。它成了脊椎动物的祖先。原始有头类又分为两支，其中一支为"鱼纲"，开始了水中的脊椎动物的繁殖。约 4 亿年前的泥盆纪时代，地球上出现了造山运动。陆地增加、气候干燥，鱼类面临严峻局势，不能适应的种类便灭绝了，留下来的或由陆地水域迁往海洋，或是产生肺呼吸，必要时以肺代鳃。后一种适应方式产生了古鳕、肺鱼类和总鳍鱼类。总鳍鱼类尽管数量上不如古鳕众多，但从进化上说却最有价值。它们不仅有内鼻孔、鳔，还有上陆地行动的肉叶状的偶鳍。尤其是真索鳍鱼，它是进化到陆生四足动物的代表。

泥盆纪末期，演化出最早的两栖类动物，如鱼石螈。此后出现了真正适应陆地生活的爬行类。它们有羊膜卵，且实行体内受精，在陆地繁殖。所以当中生代出现大陆性气候时，两栖类由于适应不了剧变，不是绝灭，就是再次入水，而爬行类如恐龙就适得其所在陆地称雄了。

从古代爬行类又分出哺乳类和鸟类两大支。距今 7600 万年的新生代是地质年代中最近一个年代。在其第三纪和第四纪时，大爬行类已经绝灭，而温血的哺乳类与鸟类得到发展。哺乳类中的真兽类，大脑普遍发达，有胎盘，是哺乳类中最高等的一类，它们一直昌盛至今。特别是它们之中最杰出的代表 —— 人类的出现，是生物演化的最高成就。因此，"第四纪"也可以称为"人类的时代"。

生命的发展，其变化的繁复是极其惊人的。它是宇宙自然发展的最生动、最精微的一部分。上面介绍的有关生命的科学资料与历史进展昭示我们：它作为宇宙自然的发展的一个部分，有其特色：

（1）演化与进化。"演化"、"进化"自其总体笼统言之，也是可以混用的。但若细细想来，二者是有区别的。我们说"宇宙演化"，其意指是客观的中性的，只是一种事实的陈述；我们说"生物进化"，其意指是主观的有倾向的，是一种价值判断。它固然以事实的陈述、客观的演化为依据，但还增添了主观的价值取向，倾注了爱憎的感情。因此，生物进化这一概念，除演化外，还包含了人的意向于其中，即对这样一种客观演化的优劣、善恶、爱憎做出评价。因此，生命的形成与发展是一种"进化"的表现。虽说进化表达了人类对客观演化的主观抉择，但不能说这只是人类的一种主观偏执。因为宇宙演化进入生物演化阶段，它所显现的一系列特征，远远不是无机自然界、有机自然界那种机械的、被动的、没有生机的、没有情趣的"演化"所能望其项背的。它有一种明显的前进倾向、不断自我完善的倾向、改造自然的能动倾向、引发精神的异化倾向。这一切就是从"演化"深化而成为"进化"的主要内容。从此，就没有什么绝对客观的"科学研究"，生命主体必然介入其中。

（2）异养与自养。生物进化的决定性一跃，就是异养、自养的辩证圆圈运动。这种异养与自养的不同方式，决定了当今生物界的两大分支，即植物界与动物界。它们相依为命而又彼此对立，在矛盾斗争中发展前进。自养的植物与异养的动物，是不是发展过程中两个高低的层次呢？从总体发展过程看，动物进化的水平高于植物进化的水平，因为迄今尚未见到什么"高级植物"可以与"高级动物"——人类并驾齐驱的。因此，我们可以说，植物是低层次的，动物是高层次的。但是，它们又是养育分途各具特点的。于此，各自表现出来的殊异性是彼此不能代替的，这里谈不上高低之分。至于它们的功能更是无分优劣的，试问没有植物的放氧作用，动物别说进化就是生存也成问题。还有动植物的"共生性"是绝不可忽视的。动植物由水生到陆生、由简单到繁复、由低级到高级的演化过程存在着有趣的对应关系。例如，在早期生态环境中，蓝藻和海生无脊椎动物同在；在志留纪强烈地壳上升时期，最初的陆生植物与原始鱼类共存；在泥盆纪中，蕨类植物与两栖类共同开始脱离水域的斗争；在中生代，裸子植物与爬行类共同繁荣；当严酷的冰川期到来，只有最高等的被子植物与哺乳动物共同闯过难关。看起来，动植物都是随着外在环境的大变动，相应地同步地前进的。不过愈是到后期，愈是显示出了动植物之间的差别性，即动物与植物相比具有高得多的代谢水平。为什么呢？因为动物的同化对象来源杂、消耗大，它需要精良的消化、循环和排泄系统，以分解植物性的有机质。它们面对更为复杂多变的生态环境，必须发展由神经系统与内分泌系统组成的自我调控系统。所以从进化水平看，动物界总体上要高于植物界。至于真菌，虽属动物界，但其进化水平比植物还要低，因此，具体讲来，各种动植物的进化是不平衡的。而且，"天生我才必有用"！各物种之间相互依存、彼此配合、并存共生，形成了一种"生态平衡"。这实际上是生命系统的秩序性、和谐性的表现。

（3）有序与无序。生物发展迄今，估算有 200 多万个物种，数十亿个族和地区种群。这样庞大的分支发展，拉马克认为，如动物界所有的生存着的动物均被发现，可以形成"直线系列"，这个系列反映了自然界中的动物等级，因而五花八门的生物是井然有序的。但是有人则认为这一切是杂乱无章的网状结构，物种的产生是自然界偶然的杰作，这里无所谓趋向，也无所谓发展。这其中既有进化也有退化，既有上升也有下降，既有创生也有灭绝。因此，这种网状结构是无序的、混沌的。我们认为这两种讲法都有根据，都有道理，但是都不全面。我们认为有序与无序是统一的，必然与偶然是统一的，生命的这种统一性表现为一株枝叶繁茂、丫权丛生、多向发展的"系统树"。繁茂、交叉、多向显示了它的无序性、偶然性；

但是，树干挺拔、根茎深厚、蓬勃向上显示出发展进化的趋势，从而可以看出它的有序性、必然性。

（4）遗传与变异。生物进化的基本环节是"种"。物种有相对的稳定性，说明物种发展的连续性及遗传特征；但是，物种又有其更新性，说明物种的间断性及变异特征。因此，生命系统是连续与间断的统一、遗传与变异的统一。每一个新物种的形成，它无须再经过化学演化重新创造，而是自我繁殖、不断再生。它具有一定的稳定性，这种稳定性充分体现在遗传物质世代忠实的传递过程之中。物种作为享有一个共同基因库，且能进行杂交的最大生殖群落，它与其他物种间是存在着生殖隔离的。这表明它在演化过程中的间断特征。没有"间断"，则绵绵不尽、混沌一片，不可能有物种出现，因此，物种可视为"间断点"。间断点固定了物性，从而获得了一个不可逆转的形式。但是，物种又是可变的。种内共享的基因库，本身就包含着否定自己的因素，即基因型间由于"复制错误"而不断扩大的差异。基因型间由于复制误差的结果，产生不可协调的矛盾，这种矛盾发展到顶峰，超过了物种可以容许的限度，即某个临界点，种内连续的变异导致断裂的出现，于是新种便形成了。因此，种又是进化链条上的否定性环节，它保证进化得以层次递进，不断繁殖、不断衍化、不断更新。这样就保证了"系统树"生机勃勃、在进化向上中展开自己的多样性。

（5）客体与主体。生命现象出现以前，宇宙自然的发展，自生自灭，它本身无生之眷恋，也无死之哀伤。它的变迁演化，无所谓客观，也无所谓主观。这一无始无终的庞然大物，就兀自地存在在那里。这就是宇宙自然的"自在"状态。如此而已。但某个时刻，某个天体上，具体说，我们地球上出现了生命，这个宇宙自然的发展，达到渐进的中断而飞跃到了宇宙自然的彼岸，产生了包含主观能动性、主体性的"生命"。这样就形成了客体与主体的对立。作为宇宙自然客体是"主体"的母亲，作为宇宙自然主体是"客体"的灵魂。客体的自然界产生了主体的生命界，这才是宇宙自然的物质发展的完成，非物质发展亦即精神发展的萌芽。从此，宇宙自然开始进入自为状态。

生命进化是宇宙演化的决定性飞跃。没有生命、没有人类、没有精神，那么，这个宇宙自然又算得了什么呢?

第二节　生命体的发展

生命体是生命现象的结集点，没有点状的生命体，就谈不上生命的演化过程。生命体作为生命演化过程的环节，才能使这个过程成为现实的而不是神秘的。生命现象最初的结集便是"细胞"的形成与发展。

一、体质进化

生物进化的关键在于真核生物采取了与原核生物截然不同的进化路线，这就是由单细胞向多细胞组合的复杂机体转化的趋向，由此产生生命体的体质的进化。

最初的多细胞生物，不过是同种细胞的集合，以便于发挥更大功能，而未能达到多功能，因此，只有量的增长，尚无质的变化。这只不过是应付不利环境增强的应变措施。例如，单细胞粘菌，在食物缺乏的条件下，可以集合几百到几十万个细胞而成为一个"大细胞团"。这种大细胞团有一定的功能及分化，如沿着光线或温度梯度运动。它以后可形成为子实体并分化为柄细胞和孢子。孢子成熟后，有了适合的条件，可以形成新的营养变形虫体。因此，一般说来，同类细胞集合后，开始分化，细胞之间不是暂时靠拢，而是彼此依赖了。

细胞的分化，是生物进化的起点。首先是分化为营养细胞与生殖细胞。体质的进化就在于这种分化。生命体存在的最基本的两个条件是：个体生存与种族繁殖。营养细胞与生殖细胞正是分别承担生命体存在的这两大任务的。这个营养与生殖细胞的发展，产生了各种极其复杂的有机体：从低等的海绵到高等的人类。

在细胞集合的基础上又产生分化，从而导致生命体的体质不断进化：

（1）皮肤功能的分化。同种细胞的简单集合尚不能引起性质的改变，只有分化出现以后才引起性质的变化。生命体的功能与结构的复杂化、专业化，已不仅仅是细胞数量的单纯增加，且伴随有新器官、新组织、新功能的发生。结构与功能是相互为用的。在稳定的结构形态下，机体结构决定功能；在环境骤变、结构解体时，新的功能要求新的结构，因此，功能对结构形态起着选择作用，这种情况下，功能决定机体结构。如一切积极向前移动的生物，都必须有两侧对称的外形。而不需要灵活运动的物种，如海百合、牡蛎，其两侧对称就没有必要了，因而就成为不对称的。又如节肢动物在从水生向陆生转变过渡时，由于全身暴露于大气之中，皮肤结构必需改变以适应环境骤变的要求。它一方面要防止渗透，保持体内水分；一方面又要求必要的渗透，以利于进行气体交换。于是表皮分化，兼有两种对立的功能。为了防止水分蒸发，一些表皮发展为角质膜；为了保证气体交换，部分具有渗透性的表皮下陷，逐渐演化为原始气管。这一组织结构的分化决定于功能的对立的要求，表皮分裂为可渗透的气管与不可渗透的角质膜。这个对立双方不仅互相排斥，而又互相调节。由于原始气管的气体交换的加强，使整个皮肤呼吸作用降低，从而促进表皮的保护功能加强；反之，表皮的保护功能加强，又导致整个表皮呼吸作用的降低，从而加大了气管的负荷，使其进一步朝加强气体交换的方向发展。

（2）呼吸系统的形成。生物陆生以后，气体交换功能扩大，单单皮肤分化已不能适应了，而要求呼吸器官的改造。于是，从水生的鳃呼吸变为肺呼吸。呼吸系统的变化，带动整个血液循环系统产生形态上的进化。两栖类的心脏由鱼的两室心脏进化成二心房一心室，并分为动静脉不完全双循环，优越于鱼的一房一室的原循环，故而代谢水平有了很大的提高。爬虫类出现，又发展为二室二房，且心房被隔膜完全分开，但心室尚未完全分开。直到进化为更高等的鸟类和哺乳类，二室二房才被完全分开。于是心肺呼吸血液循环系统日益完备而健全了。

（3）神经功能的诞生。一切细胞都具有应激性，这可以视为神经传导作用的萌芽。无脊椎动物的神经元大概是由上皮组织发展而来的。有些细胞可以通过低阻抗的接触，去刺激邻近细胞，因此，"兴奋"可以在细胞之间传递。有些原始的海洋动物，"兴奋"可以在成片的上皮细胞中传播。看来神经系统就是这样发展起来的。在这个分化过程中，一部分上皮细胞发展出突起，它越过大量的细胞，成为把"兴奋"通往其他细胞和肌肉较为直接的线路。这种细胞就是"神经元"，它们的突起就是"轴突"。还有一部分细胞主要监测环境中的变化并传递这些变化，这些就是"感觉细胞"。再有一部分用收缩来反应对神经元的刺激，从而对环境变化做出反应，而成为"肌肉细胞"。由于功能上的要求不同，促使细胞适应不同要求而产生结构上的形变，于是细胞一分为三，综合诸功能而协调前进，开始形成"神经系统"的核心。最早的神经系统是从分散在全身的神经网集中而来的。随着身体左右出现的轴对称进化，有机体身体延长，神经系统相应拉长，并发展出传导系统的纤维束和神经节。相应着感觉机制的发展，神经节这种神经细胞的集合，在躯体的前端进一步集中，产生复杂的神经细胞集团。它的集中发展趋势，是朝着极端复杂的脑的方向发展的。这种结集趋向在人类身上达到顶峰。神经系统的发展与完备是生命体体质进化的决定环节，它标志着整个机体进化的水平。

二、生命机体的适应与进化

体质进化只是生命机体进化的主体方面的结构与功能的变异，它的整体进化过程必须与客观环境统一加以考虑。而且各式各类的生命机体进化的情况是极不相同的：进化有快慢，性质有差别，结构有殊异，功能有不同，应变有特色，诸如此类，不一而足。据此，有下述几个问题值得进一步深思：

（1）生命机体与环境的同一性。生命机体的特定结构与周围多样化的环境之间形成了绝妙的适应。蝙蝠的回声定向系统、飘荡在微风中的有冠毛的种子、尼罗河软鳍鱼的放电器官、夜蛾腰部的超声"耳朵"、枯叶蝶的拟态……这些都是生命机体适应生存环境的巧妙装置。差不多任何生物都有其独特的适应环境的器官或功能。人类所谓"巧夺天工"的精品与这些大自然的杰作相比，又算得了什么呢？大自然造就的我们这个天然的"人脑"，它一生之中可以储存 1000 万亿信息单位，而体积不超过 2 立升。人工电脑与之相比，实在望尘莫及。人类迄今也造不出如心脏这样的连续跳动 25 亿到 40 亿次不疲劳而且不发生差错的"泵浦系统"。因此，"仿生"大有可为，要想真正巧夺天工，还有待我们世世代代的不懈努力。这种机体与环境的绝妙的适应，是机体与环境的同一性的恰当表现。

自从细胞膜把生命机体与客观环境分离开来，机体与环境形成对立。但是它们之间的分离不是隔绝，即它们之间存在着"相互作用"，这样又使它们统一成为一个"生态圈"、一个因果循环作用系统。在漫长的历史演化过程中，环境创造机体，机体影响环境，循环往复、生生不已。这是客观辩证进程的典型表现。

任何生物要想生存下去，就必须适应环境，接受并相应处理来自环境的信息。简单至极如变形虫，对环境的机械与化学反应的刺激也表现出某种"趋向性"。做出恰当反应，是机体生存的必要条件。由于信息的来源及特点不同，机体的接收器官必须根据客观信息的不同而分工，从而进一步导致细胞功能的专业化、细胞结构的特殊化。动物对光波的反应发展了专门的视觉系统，声波的机械振动创造了听觉系统，对化学信息的反应产生了嗅觉与味觉，对机械打击的直接刺激形成了触觉或躯体觉。这些特定器官的形成，大大完备了我们对外界环境的感觉认知系统。

以视觉的发展为例。原始动物都有光感。但是只有三个主要生物门——节肢（包括昆虫和蟹类）、软体和脊椎动物发展了能探察物象的复杂光受纳器和视觉系统。这三类生物由于自身体质结构与功能不同、生存空间不同、接收的信息不同，因此，它们的视觉系统各具特色，是极不相同的。其中人类眼睛的构造最为复杂、功能最为齐全，是一个天然的无与伦比的"光学仪器系统"。外在环境中各种物体反射出来的光线，通过晶状体聚集到受纳区、网膜，瞳孔作为光的孔道，调节射到网膜上的光量。光能为网膜中的光色素吸收，转换为神经信号，沿着视神经传递到脑。面对这样的令人叫绝的感觉器官，难怪康德也要赞叹："仿佛是大自然为动物分辨对象而准备的如此多的外部入口"[1]。人的视觉仿佛专为接受400毫微米到

———————————

[1] 康德:《实用人类学》，重庆出版社1987年版，第34页。

760 微米之间的可见光而设计的；人的耳外廓似乎专为搜集更多的听觉信息而构造的，中耳专司传递声音震动，而内耳则是受纳器细胞的微妙组合。人耳能探索出两耳间 0.1 毫秒的时间差异，并能精确规定声源相对距离；人的舌头与软腭上有 9000 个味蕾，可以精确区分甜酸苦咸四种味道；即令是人的退化了的嗅觉系统，在嗅黏膜中也包含了 1000 万个嗅细胞，足以为人的生存提供重要信息。人的躯体感，即触觉，包括痛、压、冷、热等，它为人们提供与外在环境直接接触的通道。这些特定的感觉器官，沟通了机体与环境的相互联系，准确地提供了外部的诸种信息。这一切似乎是合目的的，其实是自然界客观生成的适应性。动物的感觉器官并不是天生的，而是各种客观现象，如光波、声波、电磁波、化学信息物等作用于生命机体，生命机体逐渐感应、逐渐进化而生成出来的。生物出于自己的生存需要，力图使自己适应其生存环境以利于自己继续发展。外在环境以某种方式作用于生物，生物就以相应的方式有选择地做出反应；生物以某种方式同化于外在环境，外在环境就以相应的方式塑造生物，形成一定的选择压力。这是一个相互选择、相互塑造的过程。生命机体以改变自己的结构与功能来适应自然环境，而自然环境以生态圈有机构成的改变记录下生物体的同化作用。这种极其漫长的且成功率极低的相互契合，真是"千年难遇"！但是一旦契合形成，生命机体与自然环境就协同动作、配合默契，宛如高水平的双簧表演艺术家，一人的声音与另一人的动作，配合得像一个人所为一样。主体与客体如此的"契合"，乃是由于自然选择把环境信息传递给栖居者的基因库而形成的。这里并没有什么先验的、神秘的力量介入其中。

（2）进化与适应的关系。在亿万年的尺度中，有机界的发展显示出某种进步的趋向。一般认为"进化"是生命组织机能的分化，从而导致体质的提升、改进与强化。例如，动物由体外受精到体内受精，由卵生到胎生，以及循环、消化、泌尿、生殖、神经系统在长期演化过程中日益提高其专业化的程度。体质的进化，表现在同一生物的各个器官的分化量以及各种不同机能的专业化程度。这个分化、专业化过程必然伴随着组织系统由简单到复杂、由低级到高级的上升"进化"过程。物种以其特有的方式适应其生存的环境，这是"进化"的起点，但还不是真正的进化。只有这种"适应"能代表上升路线的，才算是"进化"。因此，"适者生存"，生存下来了，未必都进化了。物种世代重演并无进展的多得很。例如，腕足纲的海豆芽，从奥陶纪迄今已有 5 亿年的历史，并无显著变化。还有肢口纲的鲎、鱼纲的矛尾鱼、爬行纲的鳄蜥、哺乳纲的大熊猫，以及牡蛎、肺鱼、鸭嘴兽，植物界的水杉、银杏，都是生态极其稳定，而有"活化石"之誉，它们未表现出体质的变化而存在迄今。至于低等的细菌乃至非细胞生命形态，例如病毒之类，到全新世高等生物欣欣向荣之时，并未见淘汰，反而世代绵延、万世不竭。可见有些物种无须体质进化，也能适应外界环境，因此，不是所有物种无例外地都处于进化之中。相反，某些物种由于生存环境特别，某些器官反而退化了，如寄生虫，只有生殖器官特别发达，运动器官、感觉器官甚至消化器官都退化了。人类在总的进化过程中也伴随退化。智人无论在体力、敏捷性、耐受力等方面与他的祖先比都发生了退化。这些方面的退化是赢得大脑进化的必要代价。"退化"不一定是绝对不好的，自然选择为了保证物种生存，对那些事关存灭的主要机能和器官的进化予以足够的扶持，因而忽略了次要因素，从而导致部分退化以保证整体进化，这一切都是十分合理的。

　　"适应"是进化的基础与起点，因此，"适应值"的提高意味着进化。适应可以视为机体与环境间的和谐关系。现在尚适宜于生存的物种约有 500 万到 1000 万之多，但与曾经在地球上存在过，以后又灭绝了的物种相比，现存的还不到 1/100。凡是曾经生存过的物种，不分高低，都是能适应当时当地的物种。在与环境相适应这一点上，马蛔虫与人类并无高下之分。所以有人认为：生命在任何地方都是完善的，不管是在最小范围内还是在最大范围内都一样。适应值是流动的、易变的。如果一个物种能很好地适应它的环境，那么，它就处于适应峰之上。但由于环境的波动将使原有的适应值不再处于峰值，这就是说，对环境它已不完全适应，甚至完全不适应。比如在中生代的晚三迭世，恐龙与比它高级的哺乳动物共存。大多数恐龙类体温随外界温度而变化，无须消耗很多能量来维持恒定的体温。而恒温的哺乳类动物却需要补给许多能量来维持其体温。而白垩纪前提供高热能的有根基和胚乳的被子植物尚未出现，这对耗能高的哺乳类的发展是很不利的。但到了白垩纪末期，气候普遍转冷，恐龙原来的有利条件变为消极因素。体温的降低使它的庞大的躯体更加迟钝，而温血的哺乳动物却能相应不受外界变化的影响，自由地开拓新的生态环境。所以到白垩纪后期，小型的哺乳类动物在数量上大大超过恐龙类。可见在适应值上，哺乳类的体质要大大优于恐龙类。恐龙最终免不了灭绝的命运。

生物界的内在统一性决定了新旧种之间、不同种系之间有共同的基点，因而就有一定的可比性。对于任何生物，"适应"都包含三个方面的内容：（1）对生存必需的能量的摄进水准；（2）占有一个维持生存的生态环境；（3）以某种生殖方式繁殖更多的后代，以维持自己的基因。从能量摄取水准看，显然多细胞型有更大的优越性，而单细胞生物只能走"全能式"的发展道路。"全能"的结果必然是各种机能都受到限制，全能的大型化的单细胞生物，出现了草履虫便再也不能前进了。多细胞生物细胞专业化的结果，有利于提高能量摄取水准，有利于占有较广的生态龛。比如藻类、苔藓之类原始陆生植物，由于叶子缺少维管组织和专门保存水分的细胞，它们只好栖身于潮湿阴冷的环境，遇到干旱季节只能以停止代谢活动维持生存。而高级的陆生植物具有高效输送水分的输导组织，也有控制水分蒸发的专化细胞，从而增强了它的适应值。

生殖效应也是"适应"的重要内涵之一。有的基因型有较强的生活力，如若生育力不强，就可能被生育力高的基因型淘汰。因此，从整体上讲这种基因型的适应值是不高的。有些科学家甚至径直把基因的生殖效应作为适应值。有些低等生物，借助大大提高自己的生育力、缩短生活循环史、缩减身体的体积来提高自己的适应能力。如细菌与浮游生物。但是这种保守的适应方式并不能形成进化，不能产生结构上的新类型。与生殖路线上这种保守路线相对立的也有积极进取的路线。如哺乳类和鸟类，是生育能力有限的物种，但它们以其对后代的保护、照料方式的完善来提高自己的适应能力。这种"少生优育"的路线肯定比前一种方式在资源利用方面经济得多。在繁殖机能上，有性繁殖比无性繁殖优越得多，它能提供远比无性繁殖为多的进化材料，大大提高了适应的程度。从长远看，无性繁殖作为一个封闭系统是不能产生新东西的，而有性繁殖才能适应变化着的环境共同前进。这种进化状况，使机体和环境的系统结构的有序性得到了提高，二者间的质量、能量、信息的交流水准也有了提升，这就是生物进化向上趋向性的表现。

适应与进化是密切相关的。没有适应就谈不上进化；没有进化，适应就只能是重演。进化是适应的特殊表现，即进化是一种不断更新、不断前进的适应。重演式的适应，由于亘古如斯、单纯守旧、没有创新，因而适应范围狭窄、适应方式僵化，这样就很难应变，总是处于灭绝的威胁之中。如大熊猫的偏食性、对生存环境要求的严格性以及繁殖能力不强，如不加强人工保护，难逃灭绝命运。

（3）进化趋向的多样性。生物进化的总的趋向是上升的前进的，但是上升前进的道路却是多种多样的。生物基因类型通过适应与否进行筛选，从而规定了进化的趋向。总趋向的前进性如何与生物适应方式的多样性统一起来，是应予考虑的问题。生物适应方式，有如"博弈"过程，可以有多种对策供选择，因而那种"适应方式"实现有多种可能性。诸种可能的适应方式中，大致可以分为四类：上升式、分化式、特异式与简化式（即退化）。其中上升式进化与分化式进化是很不相同的，前者意味着从低等到高等的发展，有质的飞跃性质；后者是从少到多的变化，由一个物种分化为不同的但近似的多个物种，有量的积累性质。这些变化包括形态生理上的趋异、辐射、平行、重复现象。例如，羚羊、鲸鱼、蝙蝠、鼹鼠，都起源于同一个原始的哺乳类，由于以后生活条件迥异，长期交互影响、相互适应的结果，形态上发生了巨大差别，但从进化的等级看，应无高下之分。分化式进化是进化过程产生多样形式的原因。量的分化，经过不同时间的积累，还是会引起质变的，因此，不但产生大同小异的众多物种，而且还会出现新种。进化路线上的多样性也是有机界长盛不衰的重要原因。物种的生灭变化，总是适应生态环境的变化。物种的这种相应生态环境的变迁而显示的多样性，将为生态圈提供新的选择材料，为生命的不断进化开辟道路。

生物达到适应峰值的道路有千条万条，但是殊途同归，都可以臻于吻合无间的"适应"。因此，群体遗传学不把不同适应值看作孤立的点，而是看作一圈圈的不同的"等高线"。至于具体的物种实际上采取何种途径，既要取决于物种基因库所提供的潜在可能，又要取决于当时当地的生态因素所提供的机会。

上升式进化与相同等级的趋异式分化是在生物进化过程中同时

存在的，而且有时是共同发生的。一方面发生体质的结构与功能的进化，一方面在地方群中发展着从种间差异到亚种、新种的分化形成过程。如果把上升式进化看作是整个生物进化发展的主干，那么趋异式分化是进化之树上繁茂的分支。

除了上述三种适应方式外，还有简化式适应即退化。在进化过程中总是存在"积极适应"与"消极适应"两种选择。比如动物为了抵御自己的天敌积极适应的结果，发展了自己的感觉器官和运动能力；消极适应的结果，则生成硬壳、护身甲、保护色等借以逃避与抵挡天敌的捕杀。当物种一旦走向简化式的道路，就难以有体质上的提高了。它们在进化的道路上显然表现出保守性和进化速度的迟缓性。生物进化愈高级，进化的速度愈快。从原核生物进化到两栖类，昆虫经历了2000亿年。而高级被子植物演化最快，分支繁茂，迄今已演化出300多种的庞大类群。哺乳类也高速发展，以人为最。就生物分子水平的进化速度来说，突变率基本上是恒定的，但古生物学的研究却显示了分歧速度的极大差别。这说明在群体水平上，进化的速率是由自然选择的强度决定的。实际上，每一进化路线的改变对机体来说都是被迫的，是不得已而为之的。当原有适应方式无法维持系统生存时，巨大的选择压力往往促进新形态产生。因此，进化率并不取决于基因的突变率。进化快慢的原因，只能取决于物种所处的生态环境。当一些物种所占领的生态小环境长期处于稳定状态，甚至变得非常闭塞，与大环境几乎隔绝了，例如海洋深处就相对平稳，许多古老形态的生物也就基本保持不变地适应着这种封闭环境，从而造成了定向化、稳定化，以及分离倾向。

（4）进化的动力机制。进化问题的探讨必然遇到进化的动因问题。生物与环境之间的相互适应关系、适应与进化的关系以及进化趋向的多样性等，是否证明进化是先验的，由某种目的性所规定的? 抑或是随机的、偶然的, 由外在环境所促成的?

生物科学的研究与实验表明: 这种进化的多样性, 既不是造物的神灵一时的兴趣而产生的, 也不是客观世界的偶发事件, 而是生命物质对复杂的生态环境的多样性反应。生物进化并无类似"社会目的性"那样的目的性, 而在一定阶段, 有着自组织所规定的那样的"内在目的性机制"或谓"自然目的性"。

生物遗传基因的变化, 生态环境的变化, 并不能总是保证进化的方向, 因此它们对"进化"而言不是必然的。遗传基因的突变, 对"适应"带来的后果, 并不一定是遵循进化方向的, 它的影响是不明确的、中性的, 甚至是有害的。基因突变率与进化速率并不必然相关。这些不定向的随机的基因变异, 加上迎合"生态环境"的带有"生命投机"式的适应性, 怎么能保证宏观的生物的上升的进化倾向呢? 这种"奇迹"的出现, 只能用自然选择、自然目的性来加以说明。

自然选择是自然界中通过偶然性展开的一种必然力量。生物内在的由于遗传的变异而产生的信息, 只有通过自然选择才具有现实的意义。达尔文曾经解释道: "我所谓的'自然选择', 只是指许多自然法则的综合作用及其产物而言。而法则则是我们所确定的各种事物的因果关系。"[1] 达尔文用机体与环境之间互为因果的关系, 论证了环境与机体之间相互适应的关系。我们在自然的演化过程中, 不绝对排斥"目的性"概念, 问题在如何恰当使用。那种有人的我之自觉的"社会目的性"以及以神意为皈依的"宗教目的性", 在自然界之中当然是没有它们的位置的。但自然界发展的客观规律性、生命机体的内在的自组织性, 以及主体与客体之间的交互因果性是不

---

[1] 达尔文:《物种起源》, 商务印书馆 1982 年版, 第 100 页。

能不承认的。客观规律性、内在自组织性、交互因果性三者才是"自然选择"的本质内容。客观世界的不以人的意志为转移的规律与秩序，使得在某个时刻产生了生命机体。生命机体由于它的存在的特殊性，形成内在的适应生存环境的结构与功能，这些结构与功能动态地适应环境的变化，发展成为一种自组织性，自我调控、自我复制，以维持与绵延机体的生存与发展，这种作用可以叫作生命机体的"内在目的性机制"或"自然目的性"。作为客体的"客观规律性"与作为主体的"自然目的性"互为因果、相互制约、相互适应，达到环境与机体的和谐关系的实现，这就是"自然选择"的结果。

在自然选择的实践过程中，环境向机体挑战，使原有的生物基因型由适应转成不适应；另一方面，生物物种的突变基因库能形成一个能够适应变化了的环境的"基因组合"，即机体应存在一种"预先适应"的功能。只有上述两方面条件都具备，进化才能发生。如果没有环境的挑战，没有能适应已变环境的新的"基因组合"，原有物种就可能灭绝。这种挑战与应战的交合就是"自然选择"过程。

从总体上讲，自然选择是自发的，进化只是探索性的。物种在适应环境的奋斗中摸索前进。有时钻进了死胡同，有时偶尔得到改进，有时才能与环境重建和谐关系而继续生存下去。生命史上成功的序列构成生命发展的正史，显示了生命进化的趋向。这些少数幸存者是自然严格筛选的结果，它们不愧为生命机体中的"精英"。

达尔文指出自然选择是自然法则的综合，好像这纯然是客观必然性的表现。然而"选择"却包含有目的性因素，这一"自然选择"词义上出现的"知性悖论"是不可避免的，因为客观矛盾是现实存在的。因为自然法则一定要包摄"生物机体"的内在抗衡力量。生命机体不是一块冥顽不灵的石头，它正以它可以与客观世界既对抗又适应而自豪。机体凭借它自身的自组织性与环境打交道，因而表现出具有目的性因素的"选择"。自然也能选择，自然也有目的性！当然不能将其与社会目的性、宗教目的性混同。

所有物质系统间的相互作用，可以分成单向因果关系和互为因果的循环作用圈。单向因果关系表现为过程的随机性，它与一个衰退的、同质化的宇宙相联系，服从概率规律。例如热力学中所描述的分子间的混沌运动。而在互为因果的作用环中，有一类的作用，其结果可以为系统保持内稳态，从而抵销条件的偏离，使果收敛于相似的一点，异因同果。生物的个体发育就是遵循这一条路线。另一种互为因果的作用环表现出分化的、异质化的倾向。通过这种互为因果的循环相互作用，系统不是消除对平均质的偏离，而是产生和增加了新的结构、新的信息，从而促成新形态的发生。生命起源的超循环模式也就是这样一种作用圈。许多随机效应相互耦合，通过互为因果的多重循环，发生了高度有序的功能性组织。生物进化也是这样一种有序化的发生过程。因此，生命机体是一个开放系统，它与环境的关系上，适应总是相对的，不适应才是绝对的。它要在与环境的不断交换中维持其动态的和谐。如果生命因完备而趋于封闭，生命也就结束了。生命永远需要系统外的输入，同时又要排出，它不可能自身圆满，自足无待，这就是它的进化性适应的内在动力。

生命机体内在地具备发展的能力，这样才能对外部环境的变化做出积极的反应。但是发展的能力只是一种潜在的可能性，而不是真实的可能性，是自组织的一种功能。发展也表明为一种趋向，但没有规定以什么方式、什么途径实现。每一个进化性的适应，都是这种"内在规定"与"外部因素"相互作用而出现的特定事件，它的出现有明显的偶然性、机缘性的色彩。但是，没有发展的"内在规定"，任何微小的进化也是不可能发生的。因此，生命机体进化的内在动力机制是必然的、决定性的。综合进化论者杜布赞斯基面对这一现实的矛盾感到没有出路，觉得不能不求助于辩证法："进化中偶然性与命中注定并不是非此即彼……我的哲学能力不足以完成这个任务。"[1] 他还表示要借助于辩证法将偶然性的"正题"与必然性的"反题"综合出一个合题来。这一思路是十分可取的，因为当代自然科学的发展，如恩格斯所言，再也不能逃避辩证的综合了。

进化的外部因素与内在规定的辩证统一问题是进化的内在动力机制研究必须认真对待的一个问题。分子生物学家往往株守"内在规定"，对外部环境的作用未予以足够的重视；而突变说又走到另一极端，把物种起源归结为外部非生物因素的突然作用，无视进化的内在规定的决定作用。达尔文的进化论的胜利，首先便是对居维叶的"突变说"的征服。但是，新的周期性突变论对进化论学说提出了新的挑战。这种有一定客观事实依据的学说不能等闲视之。现代古生物研究证实，生物种群灭绝发生率不是一个常数，其起伏共有 12 个峰值，其中 8 个峰值，间隔周期非常接近 2600 万年。由此，人们不得不承认客观上存在有一种未知的巨大的自然力，它以长周期作用于地球，从而产生周期性的大破坏。这种巨大的作用力来自何方？是太阳伴星所为还是地球自身的爆发力所致，目前尚无定论。还有，这种大规模的灭绝，是逐渐发生的还是突发性的，仍在激烈争论之中。但是进化过程有间歇、有中断，则是毫无疑问的。

宇宙自然的巨大爆发力，显然不是狭小的生命圈层的矛盾所引起。如前所述，宇宙大爆炸、太阳的热核反应等等是更大范围矛盾的表现。因此，"自然选择"概念可以扩大到生物圈以外的"地质

① 杜布赞斯基：《进化中的偶然性与创造力》，《科学与哲学》1983 年第 3 期。

圈"，以至于太阳系、银河系、河外星系、总星系等宇宙的大背景之中。自然选择在不同层次上都有不同形式的发生。在分子层次上，一般说进化的速度是恒定的。外部的剧烈变化，如宇宙射线是会影响到突变率的，但对分子钟来说，千万年的时间是足以把这些涨落平均掉的。在个体和种群层次上，选择一个群体中不同基因型携带者，以不同的繁殖率改变基因频率，将导致新种群的发生。在更高一个层次，地球的各个圈层形成一个整体的生态环境，这里的作用就复杂得多了。这个演化着的外部环境，我们生存于其中的宇宙，十分动荡，被认为是一个"凶暴的宇宙"。这里有爆炸的类星体、中子星、黑洞。小小的地球也不平静，2亿年来，由于大陆漂移，使得动物群一起共生在大陆上，有时又分散于"诺亚方舟"之中。另外，气象学理论指出：短期内急剧的气候变化是极有可能的，这对生态系统的演化过程有巨大影响。至于一些生命系统所不能抗拒的物理作用，例如天外陨石雨、彗星或小行星碰撞（据行星际统计学估计：碰撞所释放的能量可高达氢弹的100万倍以上），这些意外的灾变完全可以使生命发展的系谱中断。不把这些意外的因素考虑进去，将无法正确估价进化史。

但是从地质史、古生物史来看，这些意外的灾变尚未能达到使生物完全灭绝的程度。即使地质圈层中周期性灾变曾经屡屡发生，也未能使生物系统遭到完全的破坏。随着生态圈的演化，导致生物集群的转换，而不是彻底灭绝。恐龙的绝迹，包含灾变的因素。有人认为恐龙灭绝，不是经历三五万年、两三百年，或一两年，甚至是在20多天的灾变中"一朝覆灭"的。它的灭绝主要是地球各个圈层相关突变的结果。

对于生物的进化来说，基因、物种、群集是三个不同层次，但基本环节是"物种"。进化论就是开始于关于物种起源的解释，继而研究物种的稳定化和不稳定化过程。但是对种系发生来说，有价值的还是基因的突变，在其对基因型整体适应值的意义上得到选择，而高层次的生态圈则通过改变环境打破原有的种群平衡关系，使生物群集通过更替，择优汰劣，去旧更新，从而获得种群关系的新的平衡。

因此，生物的适应与进化是异常复杂的，不但生物本身变化错综复杂，生命现象还要纳入宇宙现象整体之中，在千头万绪的内外远近的关系网中显现其变化。看来还有很多环节我们尚未能掌握，生命进化问题尚未全部揭晓。

三、生命个体的完成

生命的个体完成是生命进化的不可逆的种系发生过程中的一个环节，其本身也是一个过程。代系间的继替不是简单的实体重演，而是一载有物种全部形态发生蓝图和程序的基因的复制、传递、表达。这一生命程序的表达过程是生命由潜能到实现的辩证发展过程。这是一个从出生、发育到衰亡的过程，即从生到死的过程。"死"成了生的归宿，同时又是新生的起点。

胚胎史只是生命史的早期发育阶段，而不是个体发育的全部。生命个体的完成则须实现物种在进化链上获得的全部功能。生命的个体完成当然是有序化的结晶，它既有作为一个环节的点状性，又有作为过程的绵延性。生命个体有条不紊、秩序井然、结构严密、环环相扣、生机活跃、趋向进化。它真是宇宙自然的伟大杰作。

这一生命个体的发育过程，其开端是单细胞的受精卵。当它完成胚胎发育时，由一个单一的细胞发育成为一个由运动、消化、呼吸、循环、分泌、排泄、生殖、神经等子系统精密耦合、高度协同动作的"巨系统"了。它经历了一个全能细胞分化为各种不同功能的"细胞集"的过程，并综合为不同组织器官的整体。以眼睛这个精巧的"光学仪器"的形成为例，就可以看出，细胞间这种功能的分化，能产生多么复杂、精美的天然生物制品。视网膜的色素层、感觉层、睫状体，虹膜内面的上皮层，都是由胚胎中的视泡发展而来的。脑壁的一部分发展为视网膜，胚胎头部表面的外胚层一部分生长成屈光介质晶状体。中胚层部分成为包在视网膜色素层外的脉络膜，部分成为玻璃体。此外，头部皮肤折复形成眼睑，折复到内表面的又成为结合膜。结合膜上皮内陷又形成泪腺。头部体节的中胚层细胞又发育出支配眼球运动的肌肉……这些高度特化的组织都是由非特化的受精卵细胞分化而成的。令人惊叹不已的是，不但分化出来的"元件"是如此地复杂而性能奇绝，而且加工组装是那样精密无误、功能协调一致，表现出惊人的秩序性。"眼睛"是人身之宝，机巧绝伦，难以复制。它的各个部分协同动作，不能有一点不合拍之处。生命机体的构造虽然极为繁复，但以脑为中心形成了一个高效率高精度的"权威"性的指挥系统，使得一切"元件"恪遵职守、服从命令听指挥，从而使生命个体成为一个高度有序的和谐的巨系统。

由于母体环境的恒稳性，使得生命胚胎期表现出更加严格的精确性，但到了成体阶段由于受外部条件的影响，表现出较大的差异性。因此，同一物种的无数不同的"个体"按照内定的同一程序发展分化、生成、发育、衰亡均有定则，外界影响只起临界点上某种涨落作用，并不能扭转生命发展的必然过程，这种自组织性的"自然目的"的精确性，连社会目的性的形成及其实现，也自叹弗如，因为人世间的"事与愿违"的情况比比皆是。这种大自然自身发育过程中创造编制出来的物种的发生蓝图与程序表，是自然界的各种确定的与不确定的力量、必然的与偶然的因素相互制约的客观演化进程。

个体生命演化的精确性、和谐性与统一性是物种稳定性的保证。但是同一物种内的每一个体，从功能上说都是等效体，而每一个体却具有与众不同的"个性"。世界上找不到两片完全相同的叶子；复杂有机体内也找不到两个全同的细胞；对于有思想、有意志、有感情的人类个体来说，世界上也找不出两个完全一样的人。这种个体的殊异性是必须予以承认的。

生命个体的形成是生命现象的凸现，是生命现象的本质核心，是生命现象的完成标志。我们有必要进一步探讨下列问题：

（1）个体发育的内在机制。个体发育展示了结构的精巧化、功能的多样化、发展的有序化、趋向的向上化。那么，这一切的形成，是什么力量决定的呢？个体发育的内在机制又如何呢？

英国学者高尔顿的著名的非洲爪蟾实验，还有美国生物学家斯提沃特的胡萝卜根部薄壁细胞经过特殊处理而长成新物种的实验，都证明了：成体的任何部分细胞都具有"全能性"。业已分化了的细胞，其细胞核中仍含有发育出成体性状的全套基因。在发育和分化过程中，基因组成始终不变。直到生命终止，这份生命的设计蓝图既没有改变也没有部分丢失。这种"物种"的本质特征顽强地流传下来，是因为亿万年机体与环境相互作用过程中的某些"相互作用方式环"得到肯定，从而稳定下来，使生命系统具有排除偶然性干扰的能力。个体发生的秩序，就是物种的稳定了的特征与环境间的"作用反馈环"的顺序。这就是一个个体能再现一个物种全部特性的根本原因。一代一代的生命个体，就沿袭了这种相对稳定的种质传递，保持了物种的稳定性。

物种发育过程的合目的性，是由其内在的规定性，即自组织性、自然目的性所决定的。外界的各种影响以及偶然性的干扰，并不能阻止它完整地自我实现的内在的驱动能力。这种能力可以有效地遏制外部干扰因素的捣乱。

个体发育不过是生命基因与客观环境结合，从而实现自己的现实过程。这一发育的现实过程，要扬弃的是它的客体的直接性，要建立的是它自己的内在规定性所要求的、与之相适应的外部环境。

在个体发育中，细胞的分化是十分重要的生物现象。细胞的分化是一个细胞从简单的多功能的原始状态趋向于复杂化的过程，是由相对的同质性、可塑性趋向于异质化、稳定性的过程。胚胎细胞分化的结果，失去了可塑性以及反应的部分潜能，从而改变了基因的功能。每一类细胞只能有一部分基因被表达，而另一部分基因则可能在某一生命周期不被表达，甚至在细胞的一生都不会表达。基因的表达又不表达的调控机制是异常复杂的、多因素制约的。除了调控基因，目前还认为染色体中的碱性蛋白质——组蛋白可能通过抑制聚合酶的作用来控制基因的表达。酸性蛋白质和少量 RNA 也可能对特异性基因的表达起作用。此外，还有证据表明基因在基因组中的位置可以影响其表达。莫诺和雅克布因发现细菌中曾存在乳糖操纵子而获得诺贝尔奖金。但至今仍未发现真核细胞中也有类似细菌的操纵子系统。此外，还有载有遗传信息的细胞核与细胞质"互为环境"、相互作用，影响细胞核基因的表达。概括起来，决定基因表达与否的力量可能来自如下诸方面：基因本身的控制系统、基因转录翻译的产物（蛋白质）的调节作用、基因与细胞质互为环境的相互作用。更高层次的，还可以包括细胞间、组织间的作用。所以细胞的分化是一个极复杂的动力系统有序发生作用的过程。其中既有种质自我实现的内部规定作用，又有遗传信息与细胞层次的外部因素的相互作用。在这个动力系统外的高层次力量也起一定作用。例如许多胚胎细胞间就存在连续的诱导作用，分化低的组织诱导分化高的组织。有一种最早也是最基本的诱导者，使胚胎发育有顺序地出现一系列诱导作用，从而使胚胎成功地发育出各种组织和器官。位于脊索中胚层的"背唇"就具有诱导外胚层形成神经系统的能力。随着胚胎发育，各胚层分化出各器官原基。它们同样存在对其邻近细胞的诱导现象，出现二级诱导、三级诱导。如前述眼泡诱导其外表层产生晶体、晶体诱导其外胚层产生角膜。经研究，这种诱导是一种"化学诱导"。细胞除了诱导作用外，还存在抑制作用。比如发育中的蛙胚若与成蛙心脏或脑组织放在一起培养时，胚胎就不能形成正常的心脏或脑。抑制作用往往不被重视，殊不知如果没有抑制作为负反馈调节的一部分，就不可能使发育的结果收敛到预期的一点上。因此，诱导与抑制的同时并存构成的"正负反馈环"，是生命形态发生的细胞层次的自我调节系统。

除了化学诱导，发育过程中还存在着机械性的调控作用。在动物早期胚胎中，许多细胞都积极地移动，寻觅适当场所。例如神经脊紧靠中枢神经旁，是左右并列的细胞条。这种结集的细胞迟早要被遣送到体内各处。它们到位后便分化为色素细胞、软骨、髓鞘、自律神经系的神经节以及其他多种组织的不同类型的细胞。什么东西诱导它们活动、转移、定向发展呢？目前尚无从知悉。但已确知在胚胎的发育中，在特定时刻，会自己形成一条易于迁动的通道。实际上，发育绝不能单靠单一的遗传机制，它是通过多渠道、多机制协同动作才得以完成的。单一机制的抗干扰能力总是有限的，只有依靠各方面的综合机制协同行动，才能保证发育的稳定性、精确性、完善性。实验证明：在两栖类胚胎发育过程中．从网膜某一特定位置出来的神经纤维，要经过长途跋涉才能到达顶盖的特定位置。如果这一通道遭到破坏，神经纤维的路线就混乱了，再生的视神经似乎就迷路了。但是七个星期以后，正确的"网膜—顶盖"投射就恢复原状了。这是因为再生视神经迷路时，神经纤维伸出很多分支进行多方向探测，直到找到了正确的通路与位置，接通联系，再行稳定下来。至于其他的探测线索便——退化归于消失了。这种"自调节功能"，不亚于一个工程师的检测、修复的高超的工程技术。这种细胞间精巧的耦合关系，可视为高级生物体的自组织性的前奏。这里表现了个体发育与系统发育的历史联系。高级形态发生法则是在低级形态发生法则的基础之上形成的，它扬弃了低级形态的简单性，在更高层次上发挥了低级形态的积极的合理的因素，形成了仿佛复归于低级形态的某种性能，实际上却远远超出了那种性能，而具有崭新的意义了。例如，从细胞间那种精巧的耦合，发展到高级生物的自组织性能。

综上所述，细胞虽小但机能复杂，它是一个具体而微的最初的"生命实体"，而且是生命进化的起点与基础。关于细胞演化的性质，归纳起来有如下几点：第一，遗传基因只规定了未成体的蓝图，而蓝图的实现是一个复杂的动态过程，需要多种机制的配合与调控；第二，促使基因表达不表达的力量主要来自分子层次；第三，使细胞分裂或终止分裂取决于细胞的化学的与机械的相互作用，此外还应估计外部影响；第四，外部影响由于胚胎期相对恒稳的内环境，使其作用不甚明显，但在成体发育期间就成了不可忽视的力量。根据上述分析，可见胚胎发育的动力，不是来自外界的神秘力量，而是内部的互为因果的"相互作用环"产生的。胚胎发育的每一步骤都是因果交替的，对上为结果，对下为原因。因此，生命进化的动力在其自身之内，自己是自己的原因。这样就从理论上排除了神创论，坚持了唯物论。

（2）个体发育与系统发育。生命机体的"个体发育"的宏观特点似乎是生死交替，它从受精单细胞开始，发展、成熟，最后归于生命个体消亡。这种个体的生死交替过程，似乎是周而复始的重演过程：重复从简单到复杂、从低级到高级的生命进化过程。因此，所谓"系统发育"不过是"个体发育"的叠加、循环、重演。于是个体发育变成了系统发育的缩影。早在亚里士多德时代，他就有"重演"思想的萌芽。亚里士多德认为：未受精的胚胎物质具有植物性灵魂，到有了感觉灵魂才成为动物。后来，德国生物学家海克尔正式提出完整的"重演假说"，认为有机体个体是系统发育简短而又迅速的重演，亦即生命有机个体的短暂一生，并不可能重复生物进化的全过程，它只能走完自己的或长或短的具有鲜明特点与个性的一生。但是，它却可以在它更为短暂的胚胎期中，将一个新物种经历漫长的年月挣扎奋斗迄今这一进化过程的各个环节重演一遍，再在其末端添加一个"现阶段"。这个学说在19世纪末到20世纪初曾经风行一时，但到20世纪20—30年代又遭到普遍的贬抑与驳斥。虽然胚胎发育期部分重演的事实是存在的，但终因依据不足与缺乏哲学论证，导致假说难以成立。

"重演律"思想的依据是进化的完全连续性，并且还相信有一个统一的简单的原初的生命类型。生物进化沿着单一的阶梯趋于完善，而所谓"完善化"是通过动物不断增加器官来实现的。这种设想无论是事实上和理论上都难以讲得通。"进化"是新种的不断创生，一个接着一个的质的飞跃，绝不是器官数量的简单增长。完全连续性是不现实的，事实上生物的进化是"连续与间断的统一"、"量变与质变的统一"。物种的分化也不是在统一的原型末端简单地加上一个"新阶段"，物种的分化是贯穿于系统发育全过程的。换言之，即令把新种的新特征想法去掉，仍旧不能还原到它的原种上去。因此，只有确认物种进化过程中产生的质的差异性，才能真正理解物种之间过渡的辩证性。

多细胞有机体固然是从一个单细胞开始的，但是与低等单细胞生物相比，它们之间已经有了巨大的质的差异。在这个受精卵中，凝集着比低等单细胞生物多得多的信息量。从这个"单细胞"看，它载有决定个体今后命运的全部遗传基因组合，因此可知，个体发育并不是从原初最低起点开始的，而是从物种已经达到的最高起点开始的。因此，尽管人的胚胎也经历了"单细胞→桑椹胚→囊胚→原肠胚……"一系列的形态更替，但这并不意味这些形态是历史上发生过的那些种系的原型，它的每一阶段都是"人"的生物本质的阶段特征的表现，而不是历史上那些物种的相加。否则的话，最终发育成"人"就不可思议了。因此，"人的胚胎"并非系统发育的"浓缩"，好像它在胚胎之中经历了原生动物、原肠动物、原蠕虫类、头聚类、圆口类、鱼类等发育阶段，其实不是这样。只能说，胚胎发育与系统发育有外在相似之处，所谓"重演"只是外在的形式上的更替，并不是胚胎对祖代成体的简单重复，这里并不具有"胚胎发育"与"系统发育"的可比性。个体发育并不是系统发育的"历史记录"，它在每一阶段出现的与历史上出现的生物成体虽有某种表面相似，但性质根本不同，一个是历史上的低等生物，一个是人这样的高等生物胚胎发育的一个阶段。这些阶段，都根据新种生存与发展的需要，经过精选而形成。它们不仅为成体提供应付外部环境的本领，而且是胚胎发育的出色的组织者。例如，对脊椎动物胚的"背唇"的研究表明：它并不是无脊椎动物的"胚孔"的简单重演。它的出现，起着诱导周围组织分化的"组织中心"的重要作用。所以，这点"胚胎残留物"的存在，不仅是历史的"遗物"，而且是进入更高阶段的必需的条件。这是个体发育中承上启下的纽带。

以上是从功能上评价"重演"问题，我们还应该从历史发展的角度，进一步研究个体发育与种系发育的关系。

重演律虽难以成立，但个体发育的历史行程是系统发育的客观根据，这一点是必须承认的。我们可以说，系统发育是连续的个体发育的记录。无数世代的个体发育的序列的总和构成了种系史。因此，个体发育是种系发育的原因。个体发育的循环圈只是系统发育的链条上的一环，没有种系的发生，个体发育就变成没有来源没有结果的孤立的"点"了，这样一来，个体发育就无从谈起了。因此，从追索历史起源与今后发展看，系统发育又是个体发育的原因。这种互为因果的情况，说明两种"发育"的密不可分的关系。

个体发育固然以物种达到最高成就为目标，但物种的遗传组合是种系遗传内容经过大自然的筛选而形成的，这里必然留下了历史的痕迹。如果单从现有物种胚胎期器官发生的顺序及形态方面来加以考察，这种历史痕迹就非常模糊不清了。如果从基因水平来看，却有明显的历史线索可寻。生物在分子水平上的进化速度是稳定的。机能上制约小的分子比机能上制约强的分子，其分子内的部分进化速度来得高。因此，从基因角度看，物种的基因确是种系发育的历史记录。我们可以从人与狗的血红蛋白的 a 链的比较推知，人与狗是在距今 8000 万年前分化的。从分子结构的差异，可以较准确地分辨物种间的系谱图，所以，我们不从器官形态发生而是从基因演进看，可以断定基因是种系发育的部分历史记录。我们说系统发育决定个体发育，只是说系统发育当下的成果作为个体发育的起点，决定了个体发育，而不是说以种系史为模板的依样画瓢式的重演。

至于为什么在胚胎期出现某些祖征，这是因为进化是整体性的，既有结构基因演化，又有调控基因演变，两者并不是一致的，如果决定某种形态的基因没有变，在胚胎发育过程中就可能出现部分祖征。但由于调控机制变了，抑制了有关结构基因的表达，它们又会在以后某一阶段消失。就像人胚在某一时期出现，以后又消失了的鳃弓一样。这份"历史记录"是如此复杂，以至不可能得出胚史重演的确凿证据。至于部分祖征的暂时重现，并不具有必然性。任何现代物种与其祖先，既有共性又有差别。共性是"祖征"，特性是"新征"，二者共存，构成生物的阶梯式系列，从而成了今天生物学分类的科学依据。系统发育是生命进化的表征，如果没有种系史上由低级形态到高级形态的生命进化，现代高等物种的个体发育也是不可能的。海克尔假说之所以被否定，正是由于他只从形态上找寻物种与其祖先的历史联系，因而未能符合胚胎学所揭示的大量事实，不得不从普遍规律退缩到局部的个别现象，这是由于他的唯物论的机械倾向所导致的结果。他不是从质的飞跃上把握这种历史联系，而是企图从单纯量变上找出表面形态的一一对应关系，因而受挫。

但是又应看到历史的联系是割不断的，如若没有历史的联系继承关系，个体发育的孤立状态只能是自身的重复。因为孤立的封闭系统不但谈不上进化，而且会丧尽全部的生机。作为开放系统的生命，系统发育是进化的起点，它的终端是开放的，一个物种虽然是一个自成起结的似乎是封闭的圆圈，它显示了生命的连续不断的长流中的间断的点状存在，物种作为生命个体是一个有起有迄的"有限存在"，但是个体发育终止之处又成了新的个体发育的起点，载有新种的全部基因的单细胞又开始向复杂高级的方向演化前进了。如此循环往复，每一次个体发育仿佛都是向起点复归，但每一次复归都是在高一个层次上，并添加了新的因素，显示其不断进化的倾向。

因此，系统发育与个体发育互为因果，它们是整体与部分的统一、无限与有限的统一、遗传与变异的统一、生命流与生命点的统一。

（3）从机械性状态到目的性萌芽状态。个体发育表现出较强的合目的性。受精卵的分化是有严格程序控制的。它从一份完全的基因拷贝出发，到达成熟期，在形态和功能上实现了种质的全部潜能，然后留下一份遗传文本衰亡。这留下的文本与另一个生命体的配子结合，又成为个体发育的新起点。

个体将要展开的图像是在过程开始之前就规定好了的。这里似乎有目的性的倾向。这是一个精确完整的从潜能到实现的展开过程，"潜能"是内在的规定好了的、尚未展开并完全实现的因素，它可以视为一种"内在的目的性机制"，表现出对一定的目标的追求，并促其实现。因此，它具有无可否认的"合目的性"。合目的性是目的性的萌芽形态。

目的性不同于机械性。机械过程是建立在外在的客体中的规定性，而无任何自身规定性。在机械运动中，外在的力决定着运动的方式，这是一种简单的相互作用，表现为单向因果联系。它是非生命系统中基本的运动方式。而合目的性是机械性向目的性过渡的中介环节。

种系演化过程是无序的、无目的的、紊乱的，但在其演化途中，出现进化倾向，于是表现出方向性、趋向性、合目的性。这是一种"外在目的性"，即生命对其他事物及环境的适应性。它似乎是被动的，受他物摆布，要想方设法适应他物，因此，目的是外在的，不是属于自身的。没有他物作为自己适应的目标，目的也就不存在。物种能否适应环境，取决于环境的选择，物种是身不由己的。例如，进化的产物、DNA结构，作为一个过渡性环节，尚无自调节能力，它依靠外部力量生成与变化，或者未能适应，导致物种毁灭；或者恰当适应，符合发展趋向，导致新种产生。可见在这里没有多少自主性。

个体发育则有不同的特点，表现出过程与结果的符合、潜能指向与实现目标的一致。这里充分显示了它的内在目的性机制，或一种内在目的性、自然目的性。这个"目的"的表达，即适应性的遗传蓝本的实现，不在自身之外，而在自身之中。它独立自存于环境之外，预先存在于过程展开之前。它的全部实现，就是排除外部干扰、力图实现自己的过程。这就是奇妙的生命系统经过亿万年的演化、适应、进化而形成的"稳定性反馈环"。它具有扬弃外部作用的能力，使结果得以准确地收敛于自身的预期的"目的"之上。这样一种有内在合目的性的物种，是具有自组织性的物种。人工控制机器，虽说是人类智慧的杰作，它能够形成追求目标的跟踪系统，但远远没有达到生命的个体发育所达到的这样高度完善化的地步。人类是宇宙自然进化的高度智慧的结晶，但迄今为止，人类不能创造从整体上高于人类自己的智能机器，而且再精巧的智能机，最终也得由自然界的产物——人类来进行调控、发布指令，才能高速运转为人代劳，否则仍然是一堆死物。

个体发育继承了种系进化的全部成果，在进化的最终成果的基础上，合乎规律地合乎目的地开始自己的发育过程。这种目的性也不是一成不变的，它也有其自身深化的过程。

"适应性，即外在目的性"—"内在合目的性"—"内在目的性机制，即自然目的性"，这是客观目的性自身发展的三个环节。关于适应性，即外在目的性已经讲得很多了，现在深入地谈谈"内在合目的性"问题，它是目的性的萌芽状态，但这种合目的性的内在规定性是僵化的，因为生命系统的遗传程序表达、其功能结构的发生过程，都是一经物种的稳定化，就变为一成不变的了。虽说它有一定的扬弃外部干扰的能力，但是这种能力是被动的、保护性的而非创造性的。因此，这种能力所显示的合目的性缺乏与外部协同变化的本领，所以自我完善的能力是十分有限的。一旦外部环境发生剧变，个体并无自我修订遗传信息的能力，除尚有一定的后天适应性的变化能力，如盲人发展听觉等补偿效应，却不能修改内在的遗传基因。因此，这种"合目的性"是残缺不全的，受外界他物支配的。这充分显示了它的中介地位。

只有人类的"意识功能"，有改变与重编控制程序的能力，从而把目的性系统变成活生生的能动的动态系统。人类的这种能动性的生理基础就是"内在的目的性机制"、"自然目的性"、"生命的自组织系统"。它进一步向外发挥，进入社会环境，就产生了属于主体意识的"社会目的性"，这点是《精神哲学》要详加分析的。

由于预期目的是不确定的、可变的，因而可以和外部因素协同动作，从而扬弃外部作用力，促成目的的实现。因此，它的适应力几乎是无限的。人类生理机制所派生的这种"自然目的性"功能，是客观目的性发展的最高成就，是"社会目的性"得以形成的物质条件。

"自然目的性"既是生命实体高度发展的产物，因而是客观的、物质的，又是生命实体主观能动性、精神意识功能的萌芽，因而又是主观的、精神的。它的生成，预示着生命物质世界行将异化，在自身的基础上产生一个非物质的精神世界。

从机械性到目的性的演化，经历了一系列过渡环节：化学演化—生物演化—人类演化。只有到了人类演化阶段，才摆脱了机械性的外在制约，在化学演化、生物演化的基础上，产生了目的性机制。从此，生命个体的自然发展达到了顶峰，人类的那个小小的头脑及相关的神经系统成了宇宙自然的主宰。

第三节　生命的突变

人之所以成为宇宙自然进化的最高成果，而与一般动物有别，不在于其五官有什么特别优胜之处，人眼不如鹰眼明察秋毫，人鼻不如犬鼻精辨诸气，那么人最为卓绝之点是什么呢？那就是他那个作为智慧之源的"脑"。

"脑"是人类的骄傲，为诸兽所弗如。它是人类主观意识、精神及能动性发挥的物质基础，是决定人类的本性、扬弃其兽性的基本条件。

人类能在宇宙自然出现，真是历万世而不遇的奇迹。但是，大自然以及人类自身的前进如何孕育了人类，又是有客观根据的。

一、人类出现的自然选择与社会前提

人类的出现，不是生物进化的既定目标，整个宇宙的演化到生物的演化并无目的可言。相反，"目的性机制"的产生，倒是宇宙、生物演化的必然结果。人类的出现，是宇宙自然物质系统之中的各种因素、各种力量在适宜的环境与恰当的时刻中"偶然遇合"而必然产生的。人类将来即令完全彻底绝迹了，只要产生人类的那些物质条件在某个天体之上某个时刻重新结集，他仍旧会必然地再产生出来。不过这诸多的复杂的条件重新结集的"几率"是微乎其微的，但绝不等于零。因此，地球上的人类灭绝，总会有一天在另一个星球被重新创造出来。而且我们也不能断然否认过去没有类似于人的智能生物存在过，也不能说我们尚不知晓的星系之中没有类人生物的存在。"外星人"虽无法证实，但是可以想象的。

人类是一个统一的物种，直到新人阶段才开始分化。不同的人种之间可以通婚，而且可以生出正常发育的后代，这说明他们之间除了肤色、造型等特异之处外，没有什么本质的不同。现代语言学的分析表明：人类所有的语言，其语法关系的基本形式是一致的，任何一个民族的儿童放到任何异族的语言环境之中，都可以与那个民族的儿童一样掌握那种语言，这说明他们之间除了特别的发音、字形与造句格式外，其思维逻辑是完全相同的。他们的大脑是没有什么根本区别的。

人类是由古猿进化而来的，这已成为公认的常识。古猿的一支由于独特的境遇进化为人，另外的没有改变其处境，演化迄今为现代猿，现代猿与古猿相比，并无本质上的突变。由此看来，"从猿到人"有其机缘性、偶然性。

如果在中新世，没有地壳的激烈运动，没有造山运动带来热带森林大面积减退，古猿就不会被迫改变其生活环境，从树上下到地面活动。如果没有环境的剧变，而是只有微小的极其缓慢的变化，古猿的进化便为这样一个环境所制约，最终定将落入到"非人化"的趋向，也就不会向人类出现的方向迈进了。另一方面，如果这种环境的剧变是灾难性的，那么，也谈不上"从猿到人"，而是古猿根本无法适应，那就只能走向灭绝。再者，即令自然界提供了"冰河期"这样适应于人类滋生的外部环境，但是生物进化如果还未能达到出现"腊玛古猿"这样一个品种——我们都知道腊玛古猿有较高智能，可以使用天然石块、枝丫自卫和狩猎，有一定的学习能力且有群居习性，如果没有这样的古猿，人类也是难以出现的。即令有了腊玛古猿，如果它在复制遗传物质的过程中，在准备向人迈进时出现了偶然性差错，人类也是不会出现的。这样的问题，生物学家还可以列举很多。总之，各种因缘会合，几乎没有一个因素是可以缺少的。

还有，人的生态龛一经人种占领，就为他所独享，任何其他物种就不可能染指。人的形态也是一种独特的创造，他不像鲸一样，其体形受海洋环境制约而不可避免地发展为流线型。人出现于冰河期，不连续的大变化决定了他的成长。在广大无垠的宇宙中，如果有类人的智能生物，或者在宇宙发展的历史之流中，如果过去有过，未来将有类人的智能生物，他们也不一定具有我们地球上的人类这样的形态。因为各种特殊的化学、生物演化过程以及无数偶然因素的干扰，必将造就"形态"的特殊性。对那些基本受控于外在环境的生物来讲，它们基本上屈从于客观必然性，而人类的成长则有更多的机遇性。

人类的成长虽说有更多的机遇性，但仍有其必然性，他的出现绝不是完全任意的。在生物进化过程中，每一时期的进化主干，必定在前进中有新的突破，以保证能适应当时的环境继续生存下去。在生物进化的历史上，寒武纪的三叶虫、中生代的恐龙，都是它们那个时代合乎环境的"英雄"，都具有高度的优越的"适应性"，表明自己是时代进化的代表。但是在生物史上能真正成功地适应环境，且能在时过境迁中不断改变自身，从而得到持久繁荣的物种永远是少数。现在除人类外，尚未见有另外一个物种始终屹立于生物界之中。因为随着环境出现较大变化，处于巅峰状态的物种，它那一套适应方式很难应付已发生巨大变化的环境，因此，先后灭绝了。要适应环境的变化，必须有更有效的生命体系，使适应方式来一个突变，出现崭新的方式，生命的持续发展才有可能。所以生命的进化，不仅是旧种的适应性的渐变积累，还必须有一个"生命的突变"才能实现。所谓生命的突变，就是旧种的死亡、新种的产生。

数百万年前，当地球进入冰河期时，气候不仅严寒而且多变，生命体又面临了一次严酷的考验。冰河时期的大生物圈、生物群体、物种基因库这三个层次间的相关变化，为一种更高级的新物种提供了一个新的"生态龛"。这个生态龛迄今为止尚未被侵占过，一般物种沿着旧的进化路线是难于达到这个领域的。雅克·莫诺反对把初始的目的性原则作为进化的原动力，也不赞成把人看成是"已期待了千千万万年的宇宙的天然继承人"，这些观点应该讲是非常可取的。因为人种的出现只是一种可能性，能否实现取决于很多因素是否恰好会合在一起。有利的生物龛并不注定非由某种适宜于在该生物龛生存的物种占领不可。美洲的玉米很容易在亚洲生长，这说明亚洲也有玉米的生物龛存在，可是它就没有在这块大陆发生。因此，一个生物龛有容纳某一物种滋生的可能性，但某物种未必在那里发生，这完全是偶然的、机遇的。但是某一生物龛不具备某物种生长发育的条件，则该物种不能生存，引种也不能成活，成活也要变质，如江南之桔过淮变枳，这乃是必然的、不可避免的。

人类的发生无疑地带有机遇性，但又不能认为如莫诺所言，他发生的几率近乎为零，不过是轮盘赌上的偶然中彩而已。有人便论证过，在原始高温海洋的混沌溶液中，按照概率论，分子的偶然结合连最简单的生命形态也不可能发生。但是生命终究出现了，人类终究发生了。生命与人类的出现绝不是轮盘赌的毫无意义的纯粹偶然性的机械运转及其停止。那种运转的每一次尝试和上一次运转的结果毫无关系，每次每次的轮番运转，彼此孤立，它们之间无任何因果联系，它们的结果仅由转动的几率所决定。而生命的进化每前进一步无疑地都含有机遇的成分，但是它与上一个环节、与相继而来的下一环节都有联系。它是前一环节的结果、后一环节的原因。它是一个有自我完善的趋向的超循环系统，它的每一步都不可逆转，这些性能是概率解释不了的。

人类的产生固然有其分子运动的基础，但它并不受分子运动概率的制约。分子运动的演化形成了生命的超循环圈；生命与环境的相互作用，形成了相互适应、互为因果的循环圈。这种圆圈形运动，在特定条件下，构成了人种出现以及与环境冲突与适应的关系。每一个循环圈的形成看来都是偶然的，但是一旦发生，其演化进展又是合乎规律的，有其必然趋势的。更重要的是：人类一旦产生，他就成为通过超遗传的文化和符号语言的适应方式获得进化的唯一物种。这是自然界中唯一发生的"超自然的适应方式"！

物种的新品质特征随着时间的推移而出现，当处于转变的临界时刻，进化的方向就不再是任意的了，它确定地朝一个特定的形式而不是什么其他形式演化。人类的产生正是一系列偶然事件相互耦合、相互联系而形成的一个"必然趋势"。因此，"偶然事件的组合"，由于组合之故，偶然转化为必然。

在演化的每一个临界点上，偶然的力量引起的涨落现象是如此之大，仿佛一切都是偶然的了。但从涨落的综合趋势看，隐藏在偶然涨落后面的必然走向就不容否认了。生命进化与人类诞生是"偶然与必然辩证联系"最典型的现实原型。

生态学的研究表明，上新世以后至少有一种"预先适应"的猿群保存下来了，作为自然选择的结果，它们改变了原有的基因频率，使得具有人科形态的特征出现了。

人类的祖先是一种什么样的"古猿"，它究竟生活在什么年代，科学家的看法很不一致。一种较普遍为人所接受的看法是：1400万年以前遍布亚非及欧洲的"腊玛古猿"是人类的祖先。这种古猿的化石在肯尼亚、匈牙利、希腊、土耳其、印度等地均有发现，1980年底我国云南禄丰也发现了腊玛古猿的化石。但是根据生物学家由蛋白质大分子差别计算出来的绝对年代，人与非洲大猿分歧的出现大约是400万—600万年前。科学的数据比历史的数据小得多，相差大约1000万年。这样，就使人怀疑腊玛古猿是不是人类的鼻祖。近年有人研究腊玛古猿与西瓦古猿，认为它们更有可能是猩猩的早期祖先。如果这样，人类诞生便推迟了，人类出现迄今不到1000万年，这样就与分子人类学研究的成果接近了。但是，也有不同意见，利基与沃克在化石上的新发现，断言人类出现的时间至少距今 1700 万年。此后一年，1984 年匹兹堡大学的施瓦茨从行为和解剖性状比较研究中，发现现代大猿与人类最接近的不是非洲的黑猩猩，而是亚洲猩猩。因此，人类起源地不仅在非洲，亚洲也有可能。他们还认为，现代的猩猩不是一种很特化的猿，而是"活化石"。腊玛古猿与西瓦古猿可能是所有大猿和人类的共同祖先。所以对腊玛古猿化石和现存的大猿进行比较研究，对人类的起源的了解是很有帮助的。

1400 万年前的腊玛古猿身高不过 1 米多，脑量不过 300 立方厘米。它主要吃植物，也兼食肉类和脑髓，但它与祖先原上猿相比，有若干新的变异，从而获得与"社会劳动"相关的一系列特性。就一般动物所能具有的反射水平来看，腊玛古猿对"简单加工"是可以办到的。后来的南方古猿，则有更高的心理水平。在南非马卡潘地层中，发现与南方古猿共生的狒狒的头骨化石 80% 被敲击或者砸破，证明南方古猿已有长期使用工具的习惯，它们能用石块击破动物的骨头。

猿类无疑是一种具有较发达的"社会本能"的群居动物。现代猿的群体是一个松散的联合体。核心部分是雌猿与它的子女。因为猿的哺乳期远比其他动物为长，如黑猩猩长达六七年，山地大猩猩也有三四年，这种长久的育嗣关系是较牢固的。一般禽兽的幼仔，当其尚不能独立生活时，似乎得到它们的母亲的悉心照料，其实其中没有感情因素，完全出自本能。一旦幼仔能独立觅食生活，母子就此分手，视同路人。黑猩猩的母子兄弟姐妹之间终身保持亲密联系。子女性成熟以后，仍然尊敬母亲，如母亲死亡，子女为之伤心，长期不能忘怀。如有遗孤，长姐代母，或长兄照料。母子之间绝无乱伦行为。这一切说明猿群关系并不单靠"本能"维持，而有社会性的感情与伦理因素萌芽。由此可见，古猿：（1）有较高心理水平，（2）个体对亲缘关系已能识别，（3）个体已能确认自己在群体中的地位。这一切成了人类第一个组织形式血缘社会的必要基础。但是由古猿的松散联合体变成人类社会，关键在于如何将雄性也紧密地纳入联合体中。但雄性为了争夺雌性与统治地位，彼此排挤甚于凝聚。不过另一方面，猿群为了自卫与狩猎，雄性巨猿迫不得已要暂时结集起来。在动物联合体中，通常存在等级差别，在进食与求偶时，等级与体力占优势的个体总是得益者，等级低的往往退避三舍。这是一种避免群体崩溃的自然选择效应，也是动物群体中的一种优势原则。不过猿群联合狩猎所得猎获物却不根据优势原则分配，而多少表现出猎物归公的性质，猿群中的成员无论参与围猎与否都可分享一份。我们的猿类祖先，在跨入人科以前，其进化程度比想象的高得多。

人猿的这些"社会性"的进化，显示了它们具有较高的组织水平，这是人类形成的必要的社会前提。苏联学者布特科夫斯卡娅研究了灵长目群体行为方式，她是从低等灵长目"原始树鼩"开始的。她的最新研究成果表明："侵袭力"是陈腐的相互关系方式，随着高等灵长类群体生活方式的完善，侵袭力已被相互友爱与相互信任所代替。因此，她认为从猿变人的原因不单纯是劳动，还有"逐渐放弃侵袭力"。[①] 这些都可以视为人类形成的社会前提。

仅仅依靠猿类体质与组织程度的变异，猿类不会自然而然地变为人类，也不会出现高度复杂的人类社会。在冰河期那样严峻的生活条件下，下地的人猿体质十分软弱无力，个体根本无法抵抗凶禽猛兽的袭击，它们要生存，别无他路，只有借助天然器械，例如树

---

① 《文汇报》，1987年11月7日。

枝、石块等，抗击侵袭，还得用群体的力量增强其抗衡的能力，这就使得自然选择获得一种全新的选择形式，即"社会劳动选择"。

社会劳动选择使人类形成的两种社会要素有了萌芽形态，第一是天然木石的利用，第二是群体协作。这样一来，人猿的生活能力突飞猛进，不仅能持械集体行动以御侵袭，而且从自然觅食逐渐演化为"生产活动"。

人猿在社会进化过程中，不但有效有力地制服了凶禽猛兽，而且它的分支发展，形成若干种群，这些都能使用天然木石、结成群体的人猿群，自相火拼，最后有一支不但能使用天然木石并能加工制造以改进其性能，不但结成松散群体更能紧密协作从而形成一个稳定的群体的"种群"，以其工具的优越性与组织的坚强性，战胜并消灭其他处于劣势的种群，最后发展成为今天的人类。所以，人类是社会劳动选择的结果。

从腊玛古猿、南方古猿到晚期猿人，主要仍是生物性的改造过程。在这一过程中，习性的变化先于形态的变化。双足行走经历了三个环节：（1）前期适应；（2）被迫采取直立的姿势日益频繁，从而造成行为方式的定势；（3）这种定势的行为方式引起了体质的相应变化。新的形态结构使直立的功能进一步稳定下来。具体讲来是，"森林古猿"被迫下地直立行走，产生了手足的分工；南方古猿才在某种程度上开始制造工具，开始了真正意义上的劳动，从而猿人从自然界中分化出来，把自然界作为自己生存的客观环境，作为自己的对象世界。

猿人进入真正的社会性改造，与"劳动"密切相关。由类人猿群体改造为猿人的社会性组织过程，种群的"社会本能"即自发群居是这一过程的起点和核心。

人和一般动物不同，他具有两重性即自然属性与社会属性。人与动物相比，在自然属性上有很多显著的质的差异，但更重要的是社会属性，社会属性之中的自觉反思性质是一般动物不可能企及的。动物某些群体的似乎具有"社会组织性"的现象，例如蜂群与蚁群等，那只是动物生活的一种本能行为，没有上升到自觉意识与意志行为的高度。因此，社会属性才是人禽分野的本质属性。

但是人的自然属性也是不容忽视的，这个"自然物质实体"是人类社会属性、精神品格的客观载体。没有这个物质躯壳，社会组织的结集与活动就不能实现，精神意境与观念就不能产生。而且社会与精神的机制归根到底还是受这个"物质载体"所支配的。因此，自然属性是人类最基本的属性。关于人的自然属性的形成上面已有较为详细系统的论述，现在要进一步研究自然属性如何成为社会属性的基础以及又如何与社会属性互为因果交叉发展的。

达尔文曾经说过，人是自然的一部分，这无疑地是正确的。人不管变得如何高级，总是自然的产物，总是仰给于自然以维系自己的生存与发展。而且人的一切活动并不能完全抹掉动物世界的印记。实际上人的自然属性与社会属性是相互交融、相互渗透、不可分割的。

人是动物之中的一个种属，因此，他永远不能摆脱他的动物性，只能说，人有区别于其他动物的属差，比如说，人是能制造工具、劳动生产、进行思维的动物。不管你有这样那样区别于其他动物的优异特征，但总归还是在动物范围之内的差别。所以人的自然属性中的兽性特征是不可避免的，只能在人的社会特性充分发展后，逐渐驯化并加以约束。

人类作为整体而存在，他在社会整体之中从事有预期目的的生产劳动，在长期社会进化中，他从蒙昧的野蛮人进化为文明的人，他身上的野蛮兽性得到驯化与控制，接受社会整体的行为规范的制约，成了与禽兽有根本差别的文明的人。文明的人，拿马克思、恩格斯的话来讲，就是"现实的人"、"社会的人"，他是"社会关系总和"的体现者。这种社会属性和"社会本能"不同，后者如群居习性之类，似乎是人与某些动物所共有的，它虽有一定的"社会性"外观，因其尚属于本能活动，严格讲，还只能认为是一种特殊的自然属性，不能与社会属性等量齐观。

严格意义上的社会属性是非自然发生的、与自然相对立的，是人类个体之间相互关系的总和。它包括社会组织、社会规范、社会意志、社会实践等。它高于动物本能，可以对本能实施调节与监督。它有一套完整的规范体系、社会价值体系，能使社会成员必须依此而行、根据一定的目的而行动。至此，人就不再是原来意义上的生物有机体了。他的生物本能并未消失，但是他的生存欲望的满足，已主要不是通过本能制约的连锁行为，而是以社会为中介得到满足。这是人兽的分界线：动物凭本能冲动生活，人类则生活在社会制约的关系网之中。至于人的本能也已升华，已不是完全生物意义下的本能。它已超越生物机体之外，包含某种社会动机，作为社会结构的成员的一种"欲求"而出现。由此看来，人的自然属性完全受制于社会属性。只有与人类社会相结合，自然界才对人类有意义；人的自然属性只有与人所创造、变革的环境相结合，才得以发展。

这只说明两种属性紧密依存的关系，并不是说自然属性消失在社会属性之中了。人的自然属性在人的本质中仍然是一个发展着的因素。比如人类的"情欲"（desire）完全是生理性的，只是一种自然的生理的渴求，一旦得到满足，这种渴求便消失了，这一点和动物并无不同。但在人类社会进化中，人类的心理水平逐渐提高，"情之所系"远非生理机制所能说明，饮食已不单单是填满肚子，而成了一种饮食文化。孔夫子便是一位美食家，"吃"起来，还有一套规矩，所谓"食不厌精"，还有"席不正不坐"，他讲究美味，还要求一个合乎仪礼的优雅环境，才肯就座用膳。这样"欲求"便进入心理状态，"情欲"便发展为"情绪"（emotion），吃已不单纯为了满足生理需求，而在于求得一种心理上的慰藉。它继续前进便成为一种高尚的感情（feeling），它高瞻造化之巨变、俯察人世之兴衰，神接天地，情通众生。此时人类的感情是完全与宇宙人生的进化契合的，达到了高级的精神境界。人类的感情系统的升起，从生理的、心理的到精神的，可以看出人类的自然属性与社会属性如何由低级到高级层层递进，二者又如何互为因果交叉前进。它们既并行不悖，又层次分明，表现了高度的协同一致的和谐性。

类人猿的所谓"社会本能"又是怎样进化的呢？人类的社会性组织又是如何在那个"社会本能"的基础上形成和发展起来的呢？前已略述，人类祖先的那种"社会本能"与它的体质一样，是一种自然属性，其实并无"社会"意义。猿群的"群居"习性都是简单直接地服务于觅食活动的，此外就是繁殖活动及自卫活动。这些活动都是本能性的。在三大本能活动中可能出现某些调节、限制行为以协调群体的共同行动，但这只是偶一为之，并无必然性。为了巩固与发展群体协同动作的关系，就要求个体有一定的自我克制能力，古猿群的协作水平不过如此，不能再高了。

根据分子生物学的研究，人与黑猩猩是亲缘关系最为接近的物种，人类与黑猩猩分道扬镳以后，彼此的"结构基因"的演化几乎没有差异，甚至人在分子水平上的进化速率还比巨猿慢些，可见自然的生理上的"结构基因"不是人猿差别的主要原因。人猿之间的差别主要表现在形态生理演化的速度上有很大差别。人获得了与其猿祖不同种的特殊演化形式。这种形态生理的特殊演化，固然与自然选择有关，但社会选择日益增长其影响。社会选择力量的加强，在直立猿人产生后，对有效的社会经济组织的选择起到决定性作用。

"劳动"比"形态变化"更有意义。劳动使群体形成了相互依赖、不可分割的联系，而且突出了性别关系及不同性别在其中的地位与作用。雄性在群体之中，必须遏制自己的首领欲、对领地与异性的占有欲，才能巩固群体的联系。因此，两性之间、不同年龄之间的相处与行为规范自然成为必要了。如何合理地调控自然本能以适应群体的需要，是社会形成的最初的要求。

当在群体之中，各个体为了满足本能需要而发生冲突时，必须有一种可以为各方所接受的调处规则。这些规则的最初表现为禁忌。支配禁忌的是一种莫名的恐惧。这是在潜意识基础上形成的集体意识，是一种对不可知而又与自己相对立的不可抗拒的神秘力量的恐惧。于是形成"禁忌"，免遭谴罚，图脱灭顶之灾。因此，禁忌意味着一种公共的戒律，人人用以律己以避免冲突导致的灾祸降临。这样的禁忌是"社会契约"的萌芽，以后发展为原始人群的一般道德规范。道德规范是集体意志的结晶，它体现了社会集体意志如何约束它的成员的行动。社会集体意志的形成表明社会稳定凝集力量的加强，它能有效地控制与调节其成员的本能活动，它能有力地凝聚与强化其整体的生存力量。这种社会集体意志不是个体本能的简单集合，而是社会关系的结集，特别是协调与推进维系个体生存的"社会生产关系"的表现。因此，社会成员协同一致的生产经济活动是社会形成的基础。生产活动的不停顿的发展推动经济关系不断更新，从而推动人类社会不断进步。

二、人脑的发育与成长是人兽区别的关键

人类出现以后获得突飞猛进的成就，有诸多的原因，但最重要的原因之一是"人脑"的发达，它远非一般动物即令是高等动物所

可比拟。人类为什么得天独厚，成为万物之灵，荣居动物分类的榜首呢？他的灵性从何而来呢？科学的回答只能是他有一个独特的器官，那就是"大脑"。

大脑是人类智能的物质器官，但智能若不限定其质量层次，则并非人所独有。因为大多数动物都有脑子，不过不如人类的大脑这样复杂，具有高水平的智能。我们追溯系统发生史，可以看到一条分明的进化路线，即多细胞的复杂生物需要内部与外部的高度协调，就必然进化产生复杂的神经系统，神经系统在选择压力推动下，就必然出现"脑"这样高度复杂的结构。如果我们以信息量和时间分别作为纵坐标与横坐标，那么作图表示遗传信息量与脑信息量，可以得出两条对数线，表明脑的进化速率大大高于遗传进化速率。由于脑的出现在进化史上为晚，直到爬虫类，脑的信息量才超过遗传信息量。

几百万年以前，人类的始祖从灵长目动物中分化出来，脑量惊人增长，出现加速发展现象。客观发展表明：任何高等物种的进化，都必然伴随脑的进化，因此，人类在这一点上是与高等物种共同的。人脑的出现是自然进化的必然结果，但又有偶然因素渗透其中，即人类祖先遗传编码的突变所引起的重大反响。这种突变可以允许出现社会劳动这样复杂的行为以及生态小环境的骤变。自然进化的必然趋向与突变的偶然事件交叉发展，产生了一个具有灵性的纽结。因此，"灵性"并非神的恩赐，而是自然界自身中的必然与偶然交会的产物。因此，歌德说，只有作为自然一环的人才能分享他的神性。

人类有了一个如此富于智能的大脑，确是得天独厚，但实际上却是这个物种奋力拼搏的结果。人类的猿祖从森林被迫下地，也是出于无奈，在极不适应的地面环境中挣扎，产生了手足分工，以增强其适应能力。与各种动物相比，人类并无体质上的特别优势，世界上再没有像人这样软弱无能的哺乳动物了，他没有锋利的牙齿、尖爪、利角可以自卫或撕裂猎获物的肌体；他没有猎豹那样柔软的关节和脊椎可以轮番疾驰追逐；他没有鹰隼那样犀利的目光，猎犬那样的嗅觉。总之，他没有一个器官是特优的。他的感官并无特定对象，无足以御寒的毛发，无固定的栖息之地，无一定的繁殖季节，而且幼儿的哺乳期特长，长期生活不能自理。这一切与其他动物相比，未免相形见绌。但是，人类不适应动物生存方式的弱点暴露越多，就越促使他脱离动物界，获得了全新的、远远高于动物的、为人所特有的生存方式。这种对动物本能生活方式的否定，就使他不再为本能所限，不为环境所囿，不为禽兽所欺，从而为自己开拓了最广泛的生存空间，并培育了非动物所能比拟的适应环境、改造世界的多方面综合能力。体质上的未特定化与智能上的高度发达是人进化的特性。正如摩莱里所说，自然使软弱与理性联系在一起，"斗智不斗力"，人力不敌狮虎，但能制服狮虎。人类体质的非特化与软弱无能的天生缺陷，才产生对智力发展的巨大选择压力，从而获得了足以补偿他的软弱而无特长的体质的更高的能力，使自己成为一个具有思维能力的智慧动物，而与一般禽兽截然划分开来。可见人类智慧并非天生，而是为求得生存、发展与严峻的环境较量抗争的结果。这一点对现代人希望获得成就也是有启发意义的：世界上没有天才，天才产生于勤奋，艰苦奋斗才能取得辉煌成果。所以人类的大脑不是天生的，而是在生物进化过程中逐步形成的。

脑的进化有过两次加速发展阶段。第一次是"爬虫脑"的出现，从此脑的信息量超过了遗传的信息量，脑的进化价值大大超过了体质进化的价值。脑的进化的第二次飞跃是从300万年前与猩猩类似的脑发展到200万年后直立人的脑，脑容量差不多增加了1倍，再往后100万年，尼安德特人的脑容量已达1400—1700立方厘米，现代人则达到 1900—2000 立方厘米。此时，不仅脑的容量出现一段超常加速阶段，而且脑的结构也出现了质的变化。人脑所产生的特有意识已远远超过了动物心理、动物前意识的水平，基因的进化跨入文化进化阶段。人类的许多剧烈变化因人脑的具有权威性的高效适应机制而发生，这都是距今约 100 万—10 万年间的事。这一生理变化的独特成就，使这一个纤细软弱的物种一跃而为地球上的强者，取得了对地球环境的控制权。他占据了地球上最广阔的地理领域，足迹几乎遍及全球，现在已能遨游太空；他还以别的灵长类不能想象的密集度居住在一起，而能发挥其主观能动性解决生活中的各种难题，而且生活水平使其他灵长类简直无法与之相比。人类这一切非常杰出的成就，这种飞跃式的社会进化，不是来自基因的遗传，而是通过后天习得性的文化获得的。"人脑"在进化上的超常优先，使人得以超越自然、控制自然、改造自然。

进化总是与退化相联系的，人脑的高度进化，使他的体质机能的某些方面退化了。他的意识活动能力进展多少，他的物质机体能力就相应地退却多少！这种退却又反过来促进脑意识功能的发展。于是形成了一个互为因果的循环作用圈。在这循环作用过程中，积极的成果得到了放大，人类文化得到了迅速的发展。

有人曾把人脑的高速进化看成是一种所谓"特化"，有如象发展了它的长鼻子、长颈鹿发展了它的长脖子，其实完全不一样。那些兽类的局部器官"特化"，与"人脑"发展带来的全面"进化"有原则区别。人身体的各个部分、各种器官在脑的统率指挥下发挥了整体效应，每一部分、每一个器官显然与它孤立时的情况不同，"整体大于部分之和"！它们作为脑指挥下的整体的一个有机构成因素发挥出超出它们单独存在时的作用。人体各部分、各器官的反应通过运动中枢、感觉中枢，在大脑中综合投射，作为整体发挥自己的性能。在知觉的发育、意识的形成、行为的调节、社会组织的建立等方面，大脑的进化起着巨大的作用。总之，人脑的进化最终形成了"人"及"人类社会"。

猿变成人，脑的进化是一个深刻的原因。但是，"脱毛"却是一个显著标志。为什么人类成为了一个"裸猿"，现在尚无定论。最新研究表明：表面特征的变化通常是重要的进化改造过程的前奏。皮肤是机体与周围环境联系的工具。人的手的皮肤感受器数目之多可列为首位，在大脑皮层定位区也是最大的。手掌的脱毛变化由此也可以得到合理的解释，因为手掌是与外界感触最多的部位，无毛可以增加它的感觉的灵敏度。又据胚胎学的研究得知：神经系统和皮肤覆盖层在胚胎形成的不同阶段是基于同一胚层的。由此可以推知，皮肤脱毛与大脑发育有某种平行关系。脱毛过程大约发生于武木冰期中，这暗示了它与人的第二信号系统的形成的相关性。

从猿到人，器质性变化、基因变化并不是主要的。主要的是从动物式的"本能劳动"变成人类的"社会劳动"，而转化的关键是"制造工具"。人脑的发达与制造工具密切相关，制造工具推动了脑的进化，而脑的进化又促进工具更新。这样，人与动物的距离就愈来愈远了。动物是不能制造工具的。

从操作能力的意义上来说，利用天然物间接作用于对象，不是人所特有的能力。独居的黄蜂会把小石粒含在颚部，用它作为铲锤把泥土捣入邻近洞穴；埃及的兀鹰可以以石击卵；莺类、啄木鸟能将仙人掌的芒刺含在嘴里，伸进洞里去钩出虫子；海獭会用扁平的石头击石蚝壳取出蚝肉。这些都属于整个物种的特点，而不是个体动物的特点，是由遗传而成的，而且是一成不变地应用于特定情况之下的。灵长目使用天然物，虽不可以与人类制造工具同日而语，却也是具有适应意义的"智慧"行为。比如一组幼年黑猩猩自发地发明了"梯子",它们起初不过是挂着棍子跃跳游戏寻欢作乐,后来攀缘棍子越过垂直障碍物,例如墙、铁丝网之类,得以跨越障碍逃之夭夭。这样一来,偶然的即兴而成的玩具就变成了能达到某种具体目的的工具了。这种天然物的使用就不再是简单的反射活动,而渗入了一定的目的因素。因此,使用天然物也是一种智力的跃进,并不是本能的反射行为。动物也能同人一样专注于某一活动,不是即兴玩玩而已。例如,黑猩猩钓白蚁,可长达66分钟,进行约5000次。这样长时间地专注于一个目的物是很惊人的,不能说是偶然的无目的的行动。看来只有悠闲的垂钓者才有黑猩猩这种耐心。人类的灵长类猿祖们,实际已具备相当发达的头脑与一定的心理水平,它们虽以自己的器官为主来实现自己的目的,但当达不到目的时,也能寻找适当的天然物件,例如木石之类,略加修饰利用来作为"工具"帮助自己。这样的水平是它们得以进化到人类的基础。

与猿这种在不得已的情况下寻找现成天然物加以利用的情况不同,人是自觉地利用工具,根据需要制造工具来改造客观世界从而达到自己的目的的。动物无论如何也达不到这一点,它对天然物的简单的修饰活动完全是依靠自身器官进行的,尚未闻利用工具对物件加工的情况。这也是人与猿的差别之一。因此,高等动物的目的与手段的结合是直接的、简单的、偶然的,而人类则扬弃了这种直接性、简单性、偶然性,将自己的意志、目的、计划渗透到打制工具、改造对象的过程中,自觉性贯穿过程的始终。工具的制造是人类的"理智技巧"的表现,不管那些手斧、刮削器等等如何粗糙,都凝集着人类的智慧,是人类智慧的物化,这是猿类的有限智力不可能达到的。

"制造工具"的意义还不止于达到某种具体的目的,它将导致对自然界的因果联系和规律性的认识与掌握，从而锻炼了抽象思维的能力。同时它还培育了人类的预见、创造、规划等心理特征。同此，有目的的劳动生产孕育了人类的"自我意识"。使用工具、制造工具、从事劳动，增强了人类条件反射与精神运动的机能，并使这些机能日益复杂化，导致大脑某些组成部分的增殖和神经系统的丰富。人脑皮层有上百亿个神经元，而猩猩只有几十亿个。神经元是大脑部分间建立复杂联系的必要保证。人脑的发展，特别是新皮质的发展，与调控人的动作与语言有关。在向人脑进化的过程中，首先发展起来的是大脑巨叶（感觉中枢），然后是前叶（控制更为复杂的动作和规划的高级意识形式的中枢），即首先发展与外部世界直接联系的功能，再后是劳动的控制系统。这与本能劳动向自觉劳动的转化过程是一致的。

语言的形成标志着人脑进化的又一次飞跃。人脑顶部发展出的新联合区，既与制造工具有关，更值得注意的是与语言的发生有关。生活在 20 万年以前的尼安德特人的脑的大小与现代人相同，工具制造也有相当水平，但根据发音器官的发达程度推测，不过相当于现代人的幼儿阶段，也就是说，仅停留在单音节词的水平。因此，尼安德特人的语言水平与现代人的语言水平相比相去甚远。由此可以断言，有声语言的发达是在制造工具以后的事情。关于人类以外高等灵长类有无语言能力的争论很多。现代科学研究，动物之间的交往可分成三个等级：（1）信号水平，这是单路输出，信号是由生理机能决定而通过特化结构产生的，如昆虫的外激素、蝉鸣、鸟身上的颜色模式；（2）符号水平，这是非人灵长类以姿势、面部表情和声音等形式产生的反应类型；（3）语言水平，这是最高级的交往形式，是人类所独有的。人所具有的这种语言信号系统，不同于猿类的信号系统，它可以移位，即对反应时不在场的刺激做出反应。只有人的信号系统才有过去式与将来式，也只有人才有形成过去、现在、将来的时间知觉能力。

人的语言不同于猿啼蜂舞，"猿啼"是封闭性的，"蜂舞"是连续的、映象性的。而"人语"的不同之处在于：（1）开放的，具有创新性的；（2）随意的，离散的；（3）反身的。特别是第三点，语言的反身性，意味着人可以自己谈论自己。他不仅可以学会自己的母语，而且还能学会另外一种或几种语言，这就是说人类有多重编码特性。

人类语言是给对象命名的，是一个听觉信号与其他感觉通道信号相联系的过程，这种交叉形式的传递，对人以外的灵长类是极难形成的。现在有人训练黑猩猩做"手势语言"取得了初步成果，但大多数名称实际上是依靠视觉之间的内部联系表达的，在听与说之间就很少有内部神经通路，只能通过周围环境沟通，而不是通过神经系统。因此，在思维上就极难建立有关联系。黑猩猩的所谓"思维"只能是支离破碎的、直接的。而且黑猩猩对旧词的新组合，不如人类儿童那样易于把握，往往它们不得不从头学起。这是因为人的语言基础是范畴化的认识功能，语言的结构是由人脑特有的逻辑基质所决定的。

总之，动物虽然也有间接反应的能力，但是经过驯化了的动物所能感受的不过是信号，而不是符号，它们永远达不到对符号的理解。只有人类才能达到这一点，由此，卡西尔才把人定义为"符号的动物"。

人类在其追求生存的斗争中，使用与制造工具、依靠群体是两个重要的"法宝"。在运用这两个法宝时，就有了沟通思想、协同动作的需求。这一新的需求，就是要通过声音与手势来表达内心的想法，这样语言就成为必要的了。语言功能的发达，转过来又推动了脑的进化。语言功能的形成与演进，除了它的物质生理基础外，也受其他行为方式和形态演进过程的影响。物质的生理发声器官并没有废弃，代之以特殊的"语言器官"，只是适应语言的需要有所改进而已。由于人类祖先的食性的改变，原来发达的咀嚼器官退化了，形成了颊与唇，嘴也狭小化了，这样口腔就成了一个"共鸣箱"。再伴随着人类的直立姿势，提供了变化舌头位置和延长咽部系统的动力。这些变化增加了发音的多样性，为发展抑扬顿挫的语言提供了基础。由此，人类便可通过"声音—听觉"的通道来建立联系信号，从而使手以及身体其他具有潜力的部位解放出来。因此，语言的形成伴随着整个机体的相应改进。蕴藏于脑内的思维可以通过语言及其他方式充分表达出来，人类之间相互交际的内外渠道畅通了，人类认识与改造世界的力量也就增强了。

人类思想感情的交流，"语言"当然是首要的工具，但无声的肌体的动作是不可缺少的补充。如面部表情、身体姿态等等都可以表达内心的思想感情，如"回眸一笑百媚生"、"紧锁双眉手捧心"，可以表达一些非言语所能形容的复杂的心态。据说人类肌体表达思想感情超过100种。至于面部表情就更丰富了，有人研究多达25万种。因此，面部是人类的无声语言的主要器官。"相面"当然缺乏科学的根据，但根据面部表情推知其心理状态，仍有其一定的根据。

不过，我们研究人脑思维仍然以有声语言为主，因为语言才是思维的工具，思想的直接现实。语言的特点是：它不是一般的直观信号，而是信号的信号。因此，它是直观的抽象：把感觉统摄为表象，进一步把表象抽象为概念。语词是有声有形的，即有声语言有成形文字相应，但无声的概念是它的本质。人的思维活动即概念的形成、推移、联系与转化。

语言、概念、思维构成了人类的意识精神系统，这个系统形诸外便是"文化"。文化生活、精神生活，形成了生理、物质需求以外人类生活的第二需要，而且随着人类的进步，这种需要愈来愈强烈，水平也愈来愈高。人类文化生活、精神生活的形成，是人类从动物界升华、从物质世界异化的完成。

综上所述，人兽区别的关键在于人脑的发育与成长，而人脑发育的完成，表现为人类自觉意识的完成。

人的自觉意识与动物的生理本能有了原则的区别。人脑有自觉地选择自己行为的功能，而动物只能习惯地凭本能冲动行动。人类活动的自觉调节是以社会经验作基础的，社会经验都是通过后天习得以记忆方式储存在脑中的。社会经验往往是几代人的经验的集合，人总是在既成的社会环境中进行思维，尝试探索，取得经验。个人经验的形成总要受过去有益传统的滋养与僵化体系的束缚。因此，社会经验有待社会实践的筛选。而高等动物的"智力活动"即令偶尔表现出某种"灵性"，它后面也并没有一个记忆、反馈、思索的系统作为基础，因此只是偶发的、无既定目标的、无社会意义的个别行动。

人脑对人类活动的自觉调节是以预期的心理分析方式进行的。也就是说，他在行动以前，内心进行一定的分析思考，造成心理活动与具体过程时空上的分离，使思维摆脱感性的偶然因素的干扰，能抓住客观对象的本质性的东西。而动物的活动与调节，绝不可能达到这一高度，只能是直接的刺激反应、条件反射。所以人类的意识活动是有目的、有计划、有组织的，动物的本能活动是无目的、无计划、无组织的。

在人与自然界的关系上，由于人脑意识活动的形成，人类就从自然界分化出来。人类以自然界作为自己的意识行为的对象，从而产生了主体与客体的对立。人类只有脱离自然，才能认识、改造自然。

但这种"脱离"并不等于"孤立",人类始终在自然之中,不是孤立地外在地与自然对峙的。人类与自然辩证相关,它与自然的关系是"合—分—合"的辩证关系。而动物始终是自然界的一个组成部分,它始终不能摆脱自然成为自然的"异物",它本身只能是"自然物"。

由此看来,正是先前作为一般动物的人的祖先,在进化过程中形成了"人脑",产生了意识功能,才能使自己脱离动物界而成为人类。"人脑"是自然界产生的"精品",是使这个体质羸弱的两足动物成为"宇宙之王"的决定性的因素。

三、人脑的物质结构与功能

我们通过人猿关系的比较研究,历史地论述了"人脑"的诞生。这种历史的论述还有待逻辑分析的补充。要全面了解"人脑"还要进一步探索其物质结构与功能。

人类复杂的意识精神活动是以"脑"作为其物质基础的。关于意识精神活动的社会来源只是一个方面,如若没有一个机能健全的大脑,那一切是无从谈起的。

与灵长类的脑相比,"人脑"有哪些突出进化呢?从亚里士多德开始,人们就沿用脑重与体重的比率来衡量智力发育的程度。这个比率标准虽然比较粗糙,却大致接近比较心理学测试的事实。从数量上,人脑的体积比最大的灵长类的脑还大 3 倍左右。人脑大约有 100 亿个神经元,每个神经元以 1000 到 10000 个突触计算,最大信息容量可达 10^{13}。只有这样巨大的容量才能产生人类那样的复杂行为,形成那样巨大的信息加工能力。数量巨大只是人脑有别于动物脑的一个方面,还有质的区别方面。从外部特征分析:(1)人类脑部的演变,主要表现为向上的扩大。从南方古猿通过直立人到智人,脑的扩展结果表现为顶骨后部形成突隆,顶叶甚为发达。顶叶内是联想区，顶叶发达说明人类的联想作用发达。（2）脑左右颞骨下部发达，这个部位与听觉及听觉心理密切相关。（3）额骨高耸、额页扩大，表明人类的语言、抽象观念的发展。从脑的内部机能看，不单纯是量的扩大，也不仅仅是脑的内部皱褶而产生的"沟回"变得越来越复杂，最为重要的明显的变化却在于"新皮质"的扩展。人类的新皮质处于发展顶端，与同样体重的食虫类的脑相比，大150倍。新皮质是人类智慧之源，是人类得以超出一切生命体的根据。

人脑的发达集中表现在皮质区域达到最高度的发展和最复杂的结构分化。人脑的皮质分化成区，而低等的哺乳动物只能分化出不多的几个基本分析器，这些部位还没有分化成区，各分析器之间也没有明显的界限。类人猿的脑的分化接近人类，脑分化为中心区、外围区，还形成交错区。但是这些区的结构的质的分化达到完善的程度，并使其间的相互关系十分协调，那只有人类出现时才得以完成。

只有人类才在分析器核心区外围部位和运动皮质外围部位分化出高度专门化的区域，这些区域对不同形式的语言机能实现的具有专门意义的刺激，进行分析综合。在听皮质区后部分化出对口头语的感受成分——威尼克中枢；在视皮质外围区中，分出对感受语言的视觉成分进行分析综合的区域；在前运动区部位下，产生神经动力过程，把口头语分节音改变成复杂的顺序性综合体，即布罗卡中枢……这类分化在听觉中心区表现得特别明显。人类的这个中心区与猿类相比，不论绝对大小还是相对大小都有很大增长。再由于人的整个意识过程是通过语言信号系统为中介的，这就导致了分析器交错区和额页皮质的质的改变。显然，引起人脑皮质结构的根本改变是由于第二信号系统的出现。

人脑复杂的结构产生了极为繁复的功能。"功能"不是单打一的，而是各种因素、器官、系统相互配合而成的。例如，呼吸就不能说只是肺的功能，没有肌肉系统、脑干神经器官、上位结构的复杂系统等的通力合作，单单"肺"的活动是无法进行呼吸的，进而言之，没有其他方面的协同动作，肺也是活动不起来的。所以，至为简单的"呼吸"是通过整个机能系统而实现的。为此，阿诺兴提出"机能系统"概念。机能系统的特点是结构的复杂性、灵活性。这个结构是一个输入输出冲动极其复杂的组合排列。人类复杂的心理活动形式，如知觉、记忆、认知、语言、思维、书写等等，就更加不能把它理解为孤立的。有限的细胞群的直接机能，也不能把它完全定位于一定的脑区。这些心理活动形式是在长期的生理与心理的历史发展过程中形成的。因此，人脑的意识活动是最复杂的"机能系统"。人脑机能系统的结构可以分为下列三类：

（1）调节张力或觉醒结构。人类只有在觉醒条件下，才能最好地接受信息进行加工，并从记忆中引出他所需要的选择性联系系统，从而计划行动并加以控制、导引、纠偏。因此，为了实现有组织、有目的的活动，皮质最佳张力是必要的。

调节皮质张力的器官不在皮质本身，而在较低的脑干与皮质下部位的网状系统。它由上行与下行两部分构成统一的自我调节器官，调节皮质张力的变化，同时自己又处于皮质的调节之下。

（2）接受、加工、保存来自外界的信息的结构。这个第二结构位于新皮质隆突部，占据皮质后部，包括"视区"（枕叶）、"听区"（颞叶）、"一般感觉区"（顶叶）诸器官。它不是由密集的神经网组成的，而是由独立的神经元组成，这些神经元分布于六层之中，组成厚厚的皮质。这个结构的皮质区按层次构成，分一级、二级、三级，对人获得的信息进行最复杂的综合。"一级区"即投射区大部分是高度特化的，具有最大的特殊感觉形态性，存在大量高度分化的有特殊感觉的神经元，如皮质视觉器官神经元只对视觉刺激的有限特性有反应，有的只对色调有反应，有的对线条有反应，有的对运动方向有反应。一级区是脑活动的基础。"二级区"感觉形态特性较小，和相应的分析器皮质部位保持直接关系，还保持着特殊感觉形态的认识功能，它们分别对视觉、听觉、触觉信息进行整合，是把局部投射变为输入信息的机能组织。"三级区"是不同分析器皮质部分交叉区，主要作用为把交替呈现的信号，在变为同时可观察的信号组的过程中，对不同范围的刺激进行空间组织，以保证知觉的综合性。三级区是人所特有的结构。它不仅对于综合人的直观信息是必要的，而且对由直观综合过渡到符号过程也是必要的。它参与把直观知觉转化为抽象思维的过程，还参与将有组织的经验材料保存于记忆之中。可以说，三级区的机能在一定范围内具有超感觉形态的性质。对一级区来说，脑皮质两半球的投射是同样的，而到二级、三级区就出现了某种机能单侧化，这是动物所没有的。这一切说明，它们对与语言相关的高级心理活动，如逻辑思维、语言记忆、直观知觉等起着举足轻重的作用。

（3）计划、调节、控制心理活动的结构。人不只是对输入信息起反应，他还有其主观能动的一面，即规定目的、形成计划、制定程序、调节行为、监督行动、自我控制、检验效果。我们常说的"人的主观能动性"可以分解为上述诸因素，这些都落实到第三结构中，使得这个哲学范畴有了它的客观根据与物质基础。第三结构器官位于大脑半球的前部（"前中央回"以前），它同样是分层结构。一级运动皮质是运动冲动的出口，含有巨型锥体细胞。但要使这种运动冲动纳入一定程序，应由前中央回器官以及建立在它上面的二级皮质器官保证，它们制定运动程序，并传递给巨型锥体细胞。在前中央回范围内，是由皮质上层及树突、神经胶质成分组成的细胞外灰质，参与制定运动程序，并把程序传递给巨型锥体细胞。人的细胞外灰质比高等猿类多 1 倍以上，比低等猴类多 4 倍以上。这说明从猿到人的过渡中，巨型锥体细胞发出的运动冲动受到了更多的控制。

但是前中央回仅能投射，是脑皮质功能的执行器官。重要的是前中央回上建立的二级、三级区，从这里神经传递往下走。从形成运动计划与程序的二级区开始，过渡到一级运动区，由此向外围发出有准备的冲动。

额叶运动前部位是这个结构的主要区，在运动组织中起整合作用。脑的前额部是三级皮质区，在意图与程序形成中，在人的行为最复杂的形式的调节、控制中，起着决定性作用。而且它还同脑的下部、同相应的网状结构、同皮质的其他一切部位有着广泛的联系。这种联系具有双向性，即它能使皮质前额部有利于接受和综合来自脑各个部位复杂的传入系统，也有利于组织传出冲动，给脑的三部分结构功能以调节。大量观察表明：额叶不仅有综合外界刺激的功能、准备动作与形成计划的功能，还有检验动作效果等功能。脑的皮质前额在个体发育很晚阶段才成熟起来，儿童在 3.5—4 岁时，额叶才明显增加，7—8 岁时，才有第二次飞跃。在种系发育中，它也是直到进化最晚阶段才得到蓬勃发展的。在这方面，高等猿类的额叶是无法相比的。

人脑的物质结构虽然精巧绝伦，但并非一蹴而就的。它是在长期演化过程中，内部结构与外部影响特别是社会影响的交互作用中，逐步进化而形成的。它是自然与社会交互作用的产物。人脑的功能的复杂化、多样化与它面对的客观对象有关，没有复杂多样的变化万千的客观世界，就不可能形成这样的"人脑"。

意识是脑汁的说法当然是错误的，但意识是脑功能的表现应该讲是完全正确的。

第九章　意识精神现象是物质世界派生的非物质现象

意识精神现象是大脑功能的表现，即以主体与客体的交互作用为前提的大脑电活动的质量、能量、空间、时间的多元综合体。因此，大脑活动既有客体一面，又有主体一面；既有自然一面，又有社会一面。

意识精神现象的胚胎是动物心理。动物心理最初是"客观反射性"的向性、感觉、知觉，在生命进化过程中，它为高层次的"主观感受性"的记忆、情绪、意向所扬弃，演化进一步深化的结果，出现了"个体意识"。个体意识才是意识精神现象的起点。由此看来，意识精神现象的产生，经历了"客观反射性—主观感受性—个体意识"这样一个否定之否定过程。个体意识意味着心理进化的完成，又意味着意识精神自身辩证前进运动的开始，由心理状态进入更高层次的"精神意境"。关于精神意境的专门研究，属于精神哲学范围。因此，意识精神是物质世界派生的非物质现象。

第一节　大脑、神经系统与意识的形成

关于大脑、神经系统的科学研究已进入很深的层次了，上面已

做了简要而系统的介绍。脑者，心之官也。这就是说，脑是思维意识的器官。生物在适应环境中，通过个别感受，逐渐进化，产生了"中枢神经系统"。神经系统的神经索散布全身，其分支变得越来越精致。神经索把信息传递给神经细胞，通过反应器官作出反应。在头部聚会点的神经细胞结变得越来越复杂，这个头部的"神经结"逐渐膨胀就成了脑组织。公元前 280 年希腊解剖学家伊雷西斯垂都斯就已知道最原始的脊椎动物的脑具有三种结构，即"前脑"、"中脑"和"后脑"。"大脑"是从前脑分化出来的。到人类出现，人的大脑得到了充分发展，变成脑中最大的也是最主要的部分，其他部分相对萎缩了。1824 年，法国解剖学家弗卢朗（Marie Jean Pierre Flouren）通过切除大脑以观察其后果，证明大脑确实同思维与意志活动有关。因此，意识形成的物质基础是大脑。

一、意识形成的物质基础

大脑是高度发展了的物质，与自然界的物质元素并无不同，只是物质元素的配置、化合、结构等有其独特优异之处罢了。意识精神作为一种非物质现象，却寓于大脑的物质活动之中，并非一种超物质的神性的表现。

人的大脑是由约 140 亿个极其精细的神经元即神经细胞组成的极为复杂的神经网络系统，不同部位的子系统，既各有专攻又协调一致。大脑活动的单元是"神经元"。神经元对任何一个信息的传递和处理都与能量耗损具有高度的时间上和空间上的相伴性。大脑的能量代谢或氧的消耗量是最高的，一个正常人在用脑过程中，大脑耗氧量约为每 100 克组织耗氧 3.5 毫升，全脑每分钟耗氧 80 毫升，与 20 瓦的能量相当。脑重只有全身重量的 2%，而耗氧竟达全身的 20%。当感受器失灵或者剥夺了它的信息传入，那么有关大脑皮层神经元就不再有糖代谢过程。一个正常人的血糖低于一定值，就要处于昏迷状态，脑功能就要发生障碍，意识活动就要受到影响。因此，具体的能量耗损的物理化学过程是神经元信息传递过程的前提。

在大脑中，信息传递是通过电活动方式实现的。神经元膜的主要成分为蛋白质和磷脂，具有半通透性，"钠泵"的机制能调节膜内外两侧各种离子如 Na^+ 和 K^+ 等的通过和流动。膜两侧离子浓度的差异性规定着膜的电位。当神经元受刺激，并且刺激量达到阈值时，静息电位发展为动作电位，或称"神经冲动"。神经冲动的出现，实乃大脑将感觉信息转换成神经语言的编码过程。传入信息不同，脑电波形也不同。现在已有生理学家用电生理学方法，记录了大脑在思考不同意义的词时所呈现的不同脑电波形。

信息以生物电形式传导至神经末梢，在神经元之间的中介物——突触的作用下，过渡到下一个神经元。"突触"由突触前膜、突触间隙、突触后膜构成。当神经冲动达到神经末梢，先在突轴前膜引起兴奋，使前膜囊泡里的化学递质释放。递质穿过突触间隙，作用于后膜的化学受体大分子蛋白质，受体与递质结合，引起后膜上诸多离子通道开放，致使后膜的静息电值转化为动作电位，从而实现信息在神经元间的传递。

外界刺激信号通过感觉器官转换成神经元信号——神经冲动。感觉器官中的感受器具有换能的作用，它们能够把特定的外界刺激的能量转化为细胞膜上的电位变化，产生电冲动。因此，外界刺激依仗感受器的换能作用而引起神经冲动。冲动沿着神经元到达末梢，引起突触前膜释放化学递质，于是电信号又变为化学信号；递质诱发突触后膜的电位变化，化学信号又变为电信号。这个能量转化的模式是：先是由外到内，将外刺激能量转化为内在的电能；然后内部经历了物理化学的交替转换，即"电能—化学能—电能"的辩证复归模式，如此循环往复，信号得到迅速而准确的传递和处理。

现代生理心理学对"视觉"的研究，可以具体说明这种通过能量转换而传递信息的情况。视觉的传入通路，主要由视网膜、丘脑外侧膝状体以及大脑皮层的枕叶视区三部分组成。光线入眼后，其信息的传递的顺序是：由视网膜、丘脑到大脑皮层。具体的环节是：视觉感受器（视锥细胞和视杆细胞）→双极细胞→神经节细胞→外侧膝状体细胞→圆形对称细胞→单纯型细胞→复杂型细胞→超复杂型细胞→……视觉感受器起着换能的作用，将电磁波转化为细胞膜上的电位变化。其中，视杆细胞含有名叫"视紫红质"的感光物质。视紫红质是"视黄醛"和"视蛋白"的结合物，它在弱光作用下，分解为视黄醛和视蛋白，并使视杆细胞去极化，产生神经冲动，把信息传向大脑产生暗视觉。因此，视杆细胞对弱光很敏感，但不能感受颜色和物体细节。而视椎细胞中的感光色素则为"视紫蓝质"，能感受强光，且有三类视椎细胞分别含有感红色素、感绿色素、感蓝色素，它们分别对红、绿、蓝光最为敏感。因此，视椎细胞能感受强光和颜色刺激，能分辨物体的细节，但在暗光中则不起作用。由感受器获得的视觉信息沿着上述道路向大脑传递，并在传递的同时得到处理。在双极细胞，对照射于感受野中心部位的光线发生超极化（细胞膜内外的电位差增大）反应，而对照射于感受野周边部位的光线则发生去极化（膜内外的电位差减小）反应；到了神经节细胞，它们有些在光线照射开始时，发出神经冲动（给光反应），有些在照射结束时，发出神经冲动（撤光反应），有些则在给光和撤光时，都发出神经冲动。可见在视网膜水平上，业已对视觉信息进行了初步的分析和综合。从神经节细胞发出的神经冲动进而传到丘脑外侧膝状体。外侧膝状体有左右各一个。每一侧的外侧膝状体，都可以接受左右两眼的半边视网膜传来的神经冲动。因此，由两眼分别传入的视觉信息在外侧膝状体有了初步的集中。但是对每一个外侧膝状体神经细胞来说，还只能接收一侧（同侧或对侧）视网膜传来的信息。神经冲动由外侧膝状体进而传入大脑皮层的神经细胞，在这里实现进一步集中，即左右两眼传入的信息可以会聚到同一个神经细胞上，得到进一步的分析和综合。"看见"，我们说起来是多么的简单，但实际上又是多么的复杂。谁能仿制出这样一个精巧的视觉系统呢？

以视觉为例看，神经元对信息的处理，不是单独发生作用，而是以神经元集团的方式发生作用的。科学证明，神经元之间可以形成复杂多样的组合。一个神经元可以通过突起分支与许多神经元建立突触联系，形成环形组合、链形组合等等。此外突触传递的机制也异常复杂，有突触后兴奋、突触后抑制、突触前抑制、突触前兴奋以及远程抑制，等等。在突触传递机制中，释放神经递质是实现突触传递机能的中心环节，而不同的神经递质有着不同的作用性质和特点，现已发现能够成为神经递质的化学物质不下十余种。因此，具有一定意义的有效刺激可以引起很多神经元放电，其中虽然有些神经元放电活动是不规则的，但从统计上看，其总体是形成模式的规律性活动，神经元间的结合具有时空结构。每个神经元借助突触联系可结合为多样的有序的时空模式。时空模式也许就是存在于一定时空中的现实事物的主观模本，即一种特定的意识状态。它揭示了"刺激物"的信号意义，而时空模式的演变，也就是意识活动过程。

在具体的主体反映客体的活动中，神经模式活动的时间和空间的特异性和秩序性保证了主体反映与客观刺激的相应性。这就是说，大脑神经元之空间、时间、质量、能量的多元综合体，具有揭示刺激物信号意义的功能，形成了不同于其生理过程的突现属性，即产生了"意识现象"。这是从物质状态向非物质状态的飞跃。这一突然的跳跃，使世界为之改观。意识状态是大脑物质状态自身所固有的否定其自身的因素，一种非物质而又根植于物质的精神因素。精神因素的形成与发展，才使宇宙自然沉睡亿万年的奥秘次第被揭示出来，而且产生精神的母体——大脑的机能才得以初步揭晓。

人脑的结构与机能具有层次性。人脑，从皮层往下到边缘系统再到爬虫复合体，愈往下愈早形成，机能愈简单；反之，愈往上愈晚形成，机能愈复杂。神经心理学家 A. P. 鲁利亚指出：大脑皮层的枕叶、颞叶、顶叶、额叶也是层次结构，可以区分为第一级、第二级、第三级皮质区，具有特异性的神经元逐级减少，非特异性多模式的神经元逐级增多，因此，皮质级区的抽象能力逐级递增。信息在大脑两半球的枕、颞、顶叶的第一级区得到分析，在第二、三级区得到综合，并且继续上升达到额叶区及其第三级区前额叶。前额叶区神经对外界刺激的反应，已从刺激物的具体物理属性中解放出来，只对刺激物代表的信号意义进行反应，而不去理会该刺激物的物理属性。而且前额叶区与大脑其他部位有双向联系，因此，它具有对各种信息进行超越感觉类型的综合、抽象和概括的功能，把来自下面的信息再次集中、整合，形成大脑最高指令，同时下达最高指令，以调控和监督下面各部位的功能活动。额前损害严重者，虽然可以继续活着，但神志不清、意识混乱；虽然可以继续活动，但举止失常、不能自控；虽然可以继续说话，但语无伦次、信口开河。因为大脑额叶，特别是人类的发达的前额叶，是意识活动的重要物质基础，它如受到损害，意味着意识功能的破坏，人也就不成其为人了。可以说，"前额叶"实乃人类智慧之官。

总之，大脑作为高度有序的整体结构，它可以通过和外界的物质、能量和信息的交流，达到其千千万万神经元在瞬间的组合和协同，形成神经元群整体活动的时空模式，从而表现出意识功能。

前已论及，意识现象是大脑神经活动的突现属性。宇宙自然万事万物在其发展过程中，都有从量变到质变、从渐变到突变的飞跃，这是自然界演化的普遍法则。质变、突变的意义在于渐变的连续性的中断，扬弃旧质产生新质。但是，"新质"的出现只具有相对意义，例如机械能转化为电能，这当然是一种质的飞跃。这类"新质"的出现，虽然应该承认是一种飞跃，但是飞来跃去，总在物质形态范围内打圈子。但是，"意识"作为脑机能的"突现属性"，固然与物质形态的转换一样，也是一种飞跃。然而，这种飞跃有一种其他飞跃不可比拟的特点，就是它跳出了物质界成了一种物质所派生的"非物质属性"。它具有一种主观反映客观的属性。即它由"心胸"（heart）转化为"心灵"（mind）了，前者更多地用于其物质性方面，而后者更多地考虑其非物质性方面。因此，我们固然要肯定其相生相因关系，却更须突出其破天荒的跨越飞跃的特征：意识的出现，在客观物质世界的基础上产生了人类世界及其精神世界。

因此，我们必须认真考虑："意识精神"不能与"大脑神经"等量齐观。意识精神必定不同于而且超越于派生它的大脑神经，因为意识精神是神经元群模式活动的空间、时间、质量、能量的多元综合体。神经元群的模式活动的综合性在于它显现出超越大脑神经活动的"心理意识现象"。意识是大脑的非物质属性，大脑是意识的物质载体。

神经系统是机体分工的产物，它以其余细胞组织的机械化、特化而赢得本身在肌体中的王位。神经系统的高度发展才出现脑组织，脑组织长期演化的结果才出现人类的大脑。大脑神经系统在肌体中起指挥作用并将肌体各部分联络成为一个有机整体，身体内诸脏腑血脉，以及眼耳鼻舌手足诸外在器官，均成为"活物"而不是"死物"了。这样就使得肌体有了"生气"，反应灵活、感触敏锐，充分显示出了"主体性"的特征；肌体的机械性以及声光电化诸物理化学性能，在大脑神经综合处理、统一指挥下，已不复是客观世界那种单一的或复合的物理化学现象了，它们成了生物心理功能内在的组成因素，已不是本来意义上的物理化学过程。大脑的心理意识功能正是通过"综合"而飞跃，使它获得了驾凌于物质结构之上的非物质特征。

从动物到人类，神经系统的演化可以概括为三个阶段，即发头、发脑、发皮质的"三发"过程。[①] 神经系统最初是发散的，即形成网状神经系统，其活动主要是生理性的，但已有心理性的萌芽，"心理性"可以视为向"意识性"过渡的中介，它主要表现为先天的神经反射活动，即无条件反射。或者说，在神经系统内，由外界刺激引起的神经元群活动，直接与控制机体动作的神经元群活动相联系，神经元群的活动模式可以形成对外在刺激的特定印象，从而显示其心理性。但是由于这种联系的"机械固定性"、"瞬变易逝性"，因而不能形成对外物的真正主观摹本，因此，这样的神经元群活动仍有生理性反应的因素，只有某种心理性过程的萌芽。这种无条件反射活动，面临复杂条件时，就不能保证机体与环境的适应性。这就要求"发散神经系统"必须有所改进、向前发展。

机体的变异本性是发散神经系统改进的内在根据，发散神经系统的发展，逐渐形成了中枢神经，并在其中出现了神经元高度集中的头部。"头"的出现，一方面使神经元群的活动模式丰富化、扩大化，另一方面在感受神经元群和动作神经元群之间添加了可塑性中间环节，它扬弃了发散神经系统中特突神经联系的机械固定性和瞬

---

① 参见梁漱溟：《人心与人生》，学林出版社 1984 年版，第 29 页。

变易逝性，而赋予其灵活多变性与滞留定式性，于是心理性神经活动得到了加强。但是这些心理性神经活动的模式之间尚缺乏整体统属性，模式的变更带有偶发性，并受情境的制约。

头部的分化，开始了发脑过程，于是延脑、小脑、间脑和前脑作为脑的有机组成部分出现了，这样就使中间神经元之间，不仅能突现灵活多变的情境性的软联结，而且能突现不同情况下形成的软联结之间的接通和协调，从而初步具备了整体统属性和心理性神经活动模式演变的秩序性。因此，"发脑过程"为心理性神经活动的高度有序的协同动作提供了物质条件。

"发皮质"是意识心理活动形成的决定性的关键。大脑的顶部覆盖着大脑皮质，在鱼类和两栖类，这还是一种平坦的覆盖层，称为"皮质"（pallium）。进入爬虫类，又出现一块新的神经组织，称为"新皮质"（neopallium）。新皮质的出现，是脑组织进化的一件大事情，它是感觉信息产生的先驱者。从爬虫类到鸟类，视觉信息交换处所，从中脑迁移到前脑。迄至最初的哺乳类，新皮质开始在大脑神经系统中发挥其主导作用，而且新皮质实际上已扩展到大脑整个表面。开初还是一光滑层，随着进化到高等哺乳类，由于其面积大大超过了大脑的表面，因此陷曲为皱褶，这种皱褶称为"沟回"，它与高等哺乳类脑的复杂性和能力有关，迄于人类而达到顶峰。新皮质和大脑深部结构以及其他神经组织有机地联系着，形成错落有效的网状结构。在这样的结构中，优势半球皮质的某些细胞群，在外界环境特别是语言环境的影响下，能够建立一种活动的时空模式，它可以在相同的影响下，重复活动，而且与其他细胞群的活动发生联系。由于它活动频繁，使得以这种模式联合起来的神经元之间的联系就更加紧密，活动就更容易出现。一旦外来刺激唤起这种神经元群的活动模式，它就形成一个强有力的中心，统率和指挥其他神经元群的活动和变化，表现出"我之自觉"。我之自觉便意味着主体性形成、主观能动性形成。这一高层次的自觉的心理性神经活动，统率低层次的生理性神经活动和无意识的心理性神经活动。生理性的、无意识心理性的、自觉的心理性的，这是神经元群活动的三个环节，形成一个辩证进展的圆圈，成了意识精神现象的物质基础。

发头、发脑、发皮质的"三发过程"，既是后者以前者为基础，前者以后者为归宿的循序渐进运动，又是交叉发展相互交织在一起的，并不是前者彻底消失完全为后者所取代。特别是在脑的层次进化后期，更是形成一种综合发展的趋势。人脑的皮层及其深部结构，如边缘系统和爬虫复合体，还有视听器官等，它们彼此有机地联系在一起，形成了一个整体性的脑的复杂的动态结构。作为"心之官"的脑的进化基本进入成熟阶段了。

回顾一下大脑神经系统的进化过程，其中似乎有不少随机因素，这是很自然的。因为生命系统是一个远离平衡态的开放系统，在质量、能量、信息输入输出过程中，偶发事件总是经常发生的。这种多样的不确定的偶然变异表现为一种"涨落现象"，生命系统可以通过涨落而产生实现结构有序化的可能性。涨落对系统的影响有两种可能：有的不能引起生命系统确定不移的主导趋势的波动，有的则能引起波动。如果引起了波动，并使这种波动在生命系统内外复杂联系中得到巩固和扩张，那么，"偶然的涨落"就变成了"必然的转换"。那个原先决定生命系统的必然性的本质联系连同围绕主干的偶然涨落一起瓦解了，生命系统便置于新的必然性支配之下，开始其新的演化过程。于此，生命系统实现了"必然性转换"，而这种必然性转换的实现，正是以"偶然的涨落"为前提的。

在这种转换中，选择作用至关重要，它包括内外环境的选择。"选择作用"的选择根据是机体自身内部以及机体与环境之间的和谐一致。生命系统包括神经系统的演化，必须趋向与其内外环境的和谐一致。因此，环境以其自身的物质、能量和信息，促使生命神经系统的不确定结构确定下来，与自己相适应，这就实现了生命系统的必然性的转换。

由于环境的多变性导致了变异的多样性，从而决定了大脑神经系统的演化的多元性，因此，大脑神经系统并非朝一个方向直线式发展，而是朝多方面分支发展。在这种多元发展过程中，人类的大脑神经系统是多元发展的高级产物。

二、心理现象的产生和发展

大脑，作为神经系统的高级产物，是意识的物质载体。大脑的生理机能产生了心理现象的萌芽状态。心理的发展的高级形式就是意识精神。动物神经系统愈复杂，其心理功能系统也愈复杂。心理功能的性质和水平以及它的限度，为大脑神经系统的复杂及有序程度所决定。上述三发过程就是意识从生理状态通过心理状态的中介逐步展开而实现的过程。

心理、意识状态的生成，固然是大脑神经机能的表现，但它绝不是大脑神经内部自生的东西，而是大脑神经对外部世界的刺激与影响的"回答活动"。在与外界的联系中，外界事物会多次重复刺激大脑神经。于是同一事物，由于刺激的先后不同而被分成为大脑神经的"先前已有之物"和"当下到达之物"。新到达的东西的刺激可以使对应的先前已有之物，即储存信息再现，进而两者进行比较以至交会，通过差异性的扬弃复归于契合。这种大脑神经内部新旧刺激的信息的统一，就是心理意识的内容。

计算机虽然也能进行储存信息、输入信息的比较和交会，表现出某种"心智现象"，但它受制于输入和储存信息的数量，特别是输入的程序，显示出它的外在决定性；而人则能在自我意识的控制下，自我规定、自身超出、加工信息、创生信息，并进而形成概念、理论，显示出它的内在主动性。因此，计算机只是信息的传感器；而人则不仅是信息的传感器，而且是信息的发生器。计算机的计算能力与速度虽然大大超过了人，但它不是真正的心智活动而是模拟心智行为的机电运动，而且归根到底，要接受人的指令及编制的程序，它才能运行。因此，它只不过是"人脑的延长"，而"电脑"绝不可能完全取代"人脑"，它只能作为人脑的工具而已。

不是所有的外界刺激都能成为心理现象的。如果机体在与外界接触中，大脑神经系统所获得的只是暂时的区别性，这种区别性，虽有区别的运动结构，但它所带来的特有信息，不足以改变大脑神经系统，因此，不能借助大脑神经系统微观结构的变化而获得长时性与可再现性。这样一来，那来自外部世界的新信息就不会产生心理意识，也就是说，它得不到主体的反映。由此看来，心理意识是外在事物重复作用于大脑神经系统，借助其微观结构的变化而获得长时性与可再现性的一种主观反映。如果想象一下初听外语词句的情景，耳朵虽也能把声音转化为听觉神经的冲动，并把它传导给大脑。如果大脑里没有足够的储存信息，大脑就无法分辨与理解这些词句的意义。但是，如果通过这种语言的学习，储存了足够多的比较信息，那么，在以后重新听到这样的词句时就可以理解了。可见，大脑神经系统只提供产生心理意识功能的可能性，并非它本身业已具备了这样的功能。只有在大脑神经系统与外部世界的相互作用、相互联系中，通过其内部结构的协调，才能产生心理意识功能，使其从可能性转化为现实。因此，大脑神经系统只是心理、意识的器官，而外部世界的刺激才是心理、意识形成的根源。一个闭目塞听的人是不能生起心理意识，从而获得真知的。可见，心理意识的内容是大脑神经系统接受和处理来自外部世界的信息的结果，是主体对客体的反映。所谓主体与客体的关系，即大脑机能与外界反映的辩证统一。

大脑机能与外界反映，各自以其对方作为条件，共处于一体之中。外界反映规定着大脑机能；大脑机能协调着外界反映。因此，大脑机能不是主观自生的，外界反映不是杂多无序的。它们辩证相干、有机结合，推动心理意识的不断创生、不断丰富、不断前进。

大脑机能与外界反映，虽然总的趋向是协调发展，但不总是完全适应的。当大脑机能业已形成对外界反映相对固定的格式时，如外部环境急剧变化，就会出现内外不相适应的情况。这种不相适应的情况，促使大脑机能必须作相应的调整，使内外重新协调、继续前进。在这种协调活动中，大脑功能日益精进，外界反映日益深化。因此，"不适应"不是消极的，它是大脑机能与外界反映辩证前进运动的"动力"。不适应是绝对的，适应是相对的。在不适应的辩证否定过程中，适应是这个无限过程中的有限环节。

大脑机能在"不适应—适应—不适应"的辩证运动中不断成长，前述"三发过程"就是三个大的环节，在"发头过程"中，动物神经系统在外部事物的作用下，产生感觉和知觉。于此，感觉、知觉之所以作为头部的机能表现出来，是因为外部事物的感性外观成了它的内容，事物的感性外观决定了感觉知觉的生理结构、心理功能，它们是彼此契合的。外界如何，感官反映也如何，这里是没有什么疑问的。康德将二者隔绝对立起来，以致滑入不可知论的深渊而无法自拔。

所以，感觉与知觉是外部事物的感性外观"铸造"出来的适应于反映它的"心理形式"。不过，这种反映是客观反射性的。当外部世界发生特定变化时，要求机体更为灵活更为主动地反映外部世界，这时单纯被动反射的感觉知觉这两种心理形式就不够用了，不适应了。此时，外界反映作为刺激因素、选择因素，促进大脑神经系统的发展，它与其他内外因素共同作用，驱动动物神经系统进入"发脑过程"。发脑过程的展开，消解了原先脑机能与外部世界的不适应，这时伴随发脑过程而产生的"缘脑"，具有了新的机能，即包含记忆、情绪和意向的"主观感受性"。主观感受性这一新的心理形式，能够灵活而有选择地反映复杂的外部事物，从而达成心理的形式与内容的新的统一。这样，动物心理就在其形式与内容从适应、不适应、复归于适应的辩证运动的推动下，由"客观反射性"过渡到"主观感受性"。这是人类的主体性、能动性形成的极为重要的一步。

发脑过程为"发皮质过程"所扬弃，从而使主观感受性跃进到人脑的"个体意识"的生成，从而达到了大脑神经系统发展的高度综合阶段，此时，主体意识、主观能动性有了自己的独立地位而与外部自然界"分庭抗礼"了。

总之，三发过程表明了脑的层次递进性，以及脑的客观辩证的前进运动。它具有不同于其他体质演化的特殊性，即脑的进化意味着物质演化走向了它的对立面——一种非物质的心理意识功能的出现，而这种功能的生成又是以外界反映作为刺激因素与选择因素为基础的。简言之，外界反映与大脑机能之间的既适应又不适应的矛盾，构成心理发展的内在动力。

三、社会影响促进意识功能的完善

"个体意识"的生成是动物心理跃进到人类心理的标志，人的自觉的社会性劳动生产，扩大了人们对外部世界的反映，并从变革外部世界中加深了对外部世界的剖析与认识，从而扩充与深化了心理意识的内容。这一大脑机能的跃进，无论是从量上或质上都超过了动物式的心理水平。"个体意识"的新的心理形式的出现，意味着人类真正告别了动物界，作为一个全新的物种出现在我们的宇宙自然之中。

语言和自我意识作为个体意识的组成部分是人类心理区别于动物心理的特质。感觉、知觉、记忆、情绪、意向等心理形式是人兽所共有的，但是由于人类的社会性活动，特别是社会性劳动生产，使他们超越了动物的心理状态，达到了具有"我之自觉"的自我意识以及作为群体之间相互交际、统一行动的语言工具。这种心理形式的广阔性与深刻性是任何动物所不能比拟的。例如，蝙蝠有着比人类更敏锐的听觉能力，但它不能像人一样，能凭他有限的听觉创造出寓意深刻、感情丰富、音色优美的交响乐来。恩格斯也明白指出："鹰比人看得远得多，但是人的眼睛识别东西远胜于鹰。狗比人具有更锐敏得多的嗅觉，但是它不能辨别在人看来是各种东西的特定标志的气味的百分之一。"[①] 人类的感觉由于融会到"自我意识"和"语言系统"之中而起作用，就迥然有别于一般动物的感觉。

人类的这种"特异功能"从何而来呢？前面已经论及，在人脑结构中，皮层运动区是受制于前额叶的，这个前额叶是人的意识的重要的物质基础。人一旦有了意识，他的行动就成为受主观目的指导的自觉实践活动，而且这种实践活动转过来又成为意识活动的一个环节。它们互为因果、相互促进，大大发展与丰富了人类的物质与精神生活。恩格斯曾经指出："自然科学和哲学一样，直到今天还完全忽视了人的活动对他的思维的影响；它们一个只知道自然界，另一个又只知道思想。但是，人的思维的最本质和最切近的基础，

---

① 《马克思恩格斯全集》第 20 卷，人民出版社 1971 年版，第 513 页。

正是人所引起的自然界的变化，而不单独是自然界本身；人的智力是按照人如何学会改变自然界而发展的。"① 自然界特别是以地球为中心的天区，自从出现了人类，它的一切变化都与人的活动息息相关，对其采取"纯客观"的自然主义的态度是十分片面的。

人类参与自然界的变化，主要是通过他的社会实践及思维活动。这里最关键的一着是制造工具。工具的创造与使用，最初为了争取生存的有限目的。工具世代相传，不断积累、不断更新、不断改善、日新月异，从而形成了远远超过个体能力的巨大的社会生产力，促进了社会物质文明与精神文明的发展。有别于动物世界的"人类世界"终于形成，并以意想不到的速度飞跃发展了。

人类世界作为一个整体屹立于宇宙自然之中。它的"整体性"是它的生存与发展的保证。作为整体，它的成员之间相互联系、协同动作的工具是"语言"。在人脑结构中，有特别发达的语言区。借助于语言这种最方便的人际交流媒介，将分散于个体的零星经验与知识汇集起来，形成人类的一般经验与知识，并上升为科学与哲学系统。与宇宙自然的演化、生命的进化相比，其发展与提升的速度是十分惊人的。通过语言媒介形成的人际社会交往，使人类知识的积累与创造突飞猛进，这种非遗传的后天获得的本领，通过言传身教以及不断改善的教育培养方法，使后代迅速成长，并不断超越他的先辈。这是一种改变后代行为模式的全新的社会性的进化过程。没有在人类社会环境中习染教育的孩子，久处狼群，只能成为野兽式的"狼孩"；而为人类社会环境熏陶的孩子，就可能成为高尚文明的人。这种社会性的进化方式，比生物遗传方式塑造人的能力不知要快多少倍。人类社会是可以破坏的，但只要尚有人类生存，它的

① 《马克思恩格斯全集》第 20 卷，人民出版社 1971 年版，第 573—574 页。

恢复与发展将是十分迅速的。如果人类全部毁灭一个不剩，那么要重建人类社会就不知道要经过多少亿万年了。因为那时势将从无机物如何产生单细胞生物开始。

物质文明与精神文明的进步、文化科学知识的积累是一个历史过程，那种完全弃绝历史传统的想法是野人之所为。只有在历史文化传统的基础上进行筛选、批判继承，才能更上一层楼，建立更高层次的物质文明与精神文明以及与其相应的更高的文化心理结构。恩格斯在谈到人类从宗教束缚中解放出来，科学文化迅猛发展时说："从此自然科学便开始从神学中解放出来……科学的发展从此便大踏步地前进，而且得到了一种力量，这种力量可以说是与从其出发点起的（时间的）距离的平方成正比的。仿佛要向世界证明：从此以后，对有机物的最高产物、即对人的精神起作用的，是一种和无机物的运动规律正好相反的运动规律。"[1]

人类文明社会的发展不是无机物的运动所能望其项背的，它有自己的特殊的运动规律。人脑结构的形成，就成为划分两种起不同作用的心理意识进化规律的分水岭。在人脑结构形成以前，主要是在自然环境的推动下，脑结构的生理演化发展为心理进化；在人脑结构形成以后，主要是在这种脑结构特有反映方式的推动下，社会文化心理结构导致意识精神的完善化。尽管近几千年以来人脑的物质结构基本上定型，但文化心理结构在社会运动的推动下获得了一次又一次的突破性的发展，使得现代人的意识精神的状态与水平比原始人的意识状态有了天壤之别。可见，决定人类的性格与意识的形成与发展的，主要是"社会运动"。

人类社会是极端复杂的，不同地域、不同种族、不同时代，有十分不同的情况。就是在同一时代、同一地域、同一种族中，由于各自的特殊处境不同，其心理意识发展的水平也很不相同。儿童心理学家曾做过对比观察：张某与上官某，系同卵双生女，可见其遗传基质完全相同。出生后第一年，抚育环境相同，心理发展没有差异，观察力和语言发展等智力表现也无不同。1岁以后，张某随农民村居，早期教育无人过问，上学以后放任自流，未形成良好学习习惯，因而意识水平的发展受到了严重的影响；上官某随医生生活，学前教育抓得紧而得法，提前两年进入小学，学习环境优越，养成了良好的学习习惯。结果姐妹俩在智力发展上产生了明显的差别。[1] 这个例子便充分说明了环境的特殊性对人的心理意识的形成是多么重要。历史上流传的孟母择邻三迁其家的故事，说明她深知环境对青少年培育的决定性意义。其次，人类的实践活动不同，也影响其心理意识状态。这就是说，人类实践活动的多样性，规定着他们的心理意识状态的差异性。例如，人们在中小学时代尚无特别明显的心理意识上的差别，以后升学就业，由于社会实践的多样性，他们心理上的差距便愈来愈大了，工农兵学商，各有其明显不同的职业心理，各自都在其专攻的方向上，发展出具有特色的心理状态。

社会活动不但决定人类心理意识状态，而且也影响大脑结构功能。社会活动中的主客关系、客体属性的信息，可以通过大脑的功能结构的改变，转化为大脑内在的东西。不同的社会影响可以表现为大脑中发生这种转化的空间特异性。角田忠信在对不同声音知觉的机能定位时观察到：在日本长大的人，不论其血统如何，他的元音听觉大脑机能都定位于左半球，而在西方长大的人则一律定位于

---

[1]　参见朱智贤主编：《儿童心理学》，人民教育出版社1979年版，第105页。

右半球。① 可见社会影响确能影响大脑结构。社会影响造成的个人脑功能结构的变化中，储存了特定的信息，当相应的外在信息涌入时，这些储存的信息及其结构载体，有可能受激而显现功用，从而大大提高大脑对相应外来信息的传递和处理的敏捷性和精确性。

语言对大脑结构功能的影响也是不可低估的。它作为第二信号系统，与第一信号系统的具体物一样，对人来说也是真实的刺激物，也能引起大脑皮质的神经冲动，甚至将携带的信息内化于大脑结构之中。它还以适当的方式与第一信号系统相互渗透、相互协调，从而形成正常的高级神经活动。这种渗透、协调作用，一方面可以使第一信号系统的活动发生变化，使得人的第一信号系增添了强大的后天调节手段；另一方面又提高了意识对外在信息的领悟能力。人脑结构的这种高度复杂性和可塑性，使其功能的后天变异性更加灵活多样。

因此，社会影响对于挖掘大脑的潜力，促进个人意识功能的发展与完善，具有决定性意义。社会影响造成了脑功能结构的内在变化，如蛋白质与 RNA 的合成，神经元联系的增多、易化、复杂化等，还可以导致主体反映客观功能，亦即意识功能的变化。因此，个人承受的社会影响不同，意识水平也就会发生差异。有长期实践经验的纺织工人能分辨出 40 多种浓淡不同的黑色，而一般人只能辨别三四种；老练的陶瓷工人轻敲制品便可确定其质量的优劣；科学巨匠有突出的知性分析能力；哲学大师则有超群的洞察领悟的才华。这些都是各自的独特环境中不同的社会实践培育成功的，绝非各人的天生秉性造成。

社会影响还可以在与主体的相互作用中，实现意识功能的补偿。

---

① 参见钱学森主编：《关于思维科学》，上海人民出版社 1986 年版，第 101 页。

盲人由于视觉的缺损，可以从发展触觉等感觉能力得到补偿。

　　社会影响是多方面的，最主要的是社会生产实践活动，它不但意味着人类体力与脑力的支出，更为重要的是，它乃是人类特有的主观能动性、行为目的性的表现。主观能动性、行为目的性是"主体性"的内容。人类能作为"主体"从作为"客体"的自然界划分开来，决定因素不在其物质躯体一面，而在于其通过社会实践活动而形成的非物质的意识心理功能一面。社会影响促进意识功能的完善，实即逐步加深了意识功能的反作用。这个"反作用"是十分重要的，它不是消极的机械的"反弹"，而是一种积极的能动的"改造"；它不是主观的自生的"意向"，而是客观的大脑的"机能"。这里面所蕴藏的深刻的辩证法是妙不可言的。

　　人类大脑机能的潜力几乎是无限的，问题在如何通过社会实践去开发它。据专家估计，一般人所开发利用的脑细胞只占整个大脑细胞的 1/10 左右，这就是说，尚有 90% 闲置着。如何通过加强社会实践活动的数量和质量以提高脑细胞的利用率是一个有待研究的迫切课题。"教育"是智力开发的重要途径，"实践"是智力开发的重要手段，"深思"是智力开发的内在动因。假若闲置的 90% 的脑细胞都活跃起来，人类便真正达到了"从心所欲不逾矩"的自由状态。

第二节　意识功能的自身发展

　　意识功能的形成与发展，经历了一个漫长的过程，估计历时约30 余亿年。它的物质结构的变化已有较详尽的论述，现仅就其自身特点的发展，做一补充论述。意识功能自身的发展可分为逐步深入的三个环节：客观反射性、主观感受性、个体意识。

一、客观反射性

客观反射性不是人所特有的属性，大凡动物无不具有。它是对外界刺激的一种消极被动的回答，处于一种本能状态，意识的潜在状态。它也可以分为三个环节：向性、感觉和知觉。

在动物界，反映的最初的基本形式是"向性"。它是动物对与它有直接关系的外界影响的"趋避运动"，是生物体的基本机能。向性是客观反射性的起点，它尚处于潜在阶段，未能充分实现。向性在单细胞动物以及整个植物界表现得最为明显，如乔木挺拔向上为了"趋光"，苔藓生于阴暗之处为了"避光"。这种向性，在高等动物中，随着层次的上升，便愈益失去其独立性，而为心理意识功能所融合。不过向性并未完全绝迹，如人类的精、卵细胞的相互吸引和相互结合就在于原生质的"恋爱的化学向性"。原始单细胞动物是向性的典型负荷者，它们只能分辨刺激的强弱，并且必须在刺激的直接作用下，才能做出笨拙的反映：遇弱刺激则向前，遇强刺激则退避，遇可食者则摄取。它们感受刺激与做出反应相继无间、同时并举。这种外在刺激直接引起机体运动。因此，对于向性有机体而言，外在环境是它的最高支配力量，它身不由己完全为外物所支配。

根据机体所面对的外在刺激的种类不同，可将向性区分为："向光性"、"化学向性"、"向地性"、"固定向性"等等。向性受外在环境的制约，为了适应外界的需要而产生内部的分化。向性的分化表明向性包含差异性于其自身之中，向性的单一性转化为具体的同一性。这种向性的具体的同一性成了单细胞动物结构的表征。它一方面成为单细胞动物的本质特征；另一方面又潜存着发展为感觉的因素，在机体与外在环境的交互作用下，使向性之中潜存的感觉因素转化为现实的东西。

潜存的感觉因素转化为现实的东西，即生物体在外在刺激下形成某些特定的"感觉器官"。感觉器官不是天生如此的，而是机体与外在环境交互作用的结果。当机体与外在环境交换物质、能量、信息时，可能出现遗传物质的偶然变异，这些"变异"有的可以在环境中转换成表现型。特定的表现型可以与特定的外在环境相对应。如果这种"对应"表现为机体与内在环境的适应，因而有利于机体的生存竞争，那么，作为这种对应的决定物的遗传物质的变异，就会突破个体的有限性，获得世代的无限性，在生物种群中扩张和固化。这样，就在机体之中创造了能接受特定外在环境刺激的"新工具"。特定的外在刺激在整个创造活动中起着选择作用，而且特定的外在刺激本身与其接受工具具备了一致性，即机体的内在机能与外在刺激完全契合，能如实地反映外在刺激的客观必然性。例如，眼睛及其相关神经元是"光选择"的留取物，所以它能接受和处理光刺激信息；耳朵及其相关神经元是声波选择的留取物，所以它能接受和处理声波刺激的信息。有特定功能的感官的形成，为大脑向外开放打开了窗户，进一步促进了大脑结构与功能的发达。

原生动物的向光性是其细胞内透明的原生质和感光色素的功能，其感受对象是弥散光，机体对外界只有明暗反映。多细胞动物的有些细胞有了进一步发展，分化为感光细胞和水晶体细胞。它们逐渐结合为细胞群序，演化为眼睛。眼睛一旦形成，它就能和传导神经一起与环境刺激交相作用，结果"向光性"就发展成为"视觉"。视觉由于诸种动物发展的方向不同，在结构与功能上发生差异，出现单眼、复眼、水晶体眼、眼前窝等不同的视觉官能，感受弥散光、紫外光、红外光、单色光、偏振光、可见光等不同的外在的光刺激。宇宙自然的各种光线与色调逐渐映现出来。视觉内容随着动物向高级进化而日益丰富。至于人类的眼睛其功能已不止于光与色的感觉了，它已成为人类内心活动的窗口，眼睛成了无声的"语言器官"，它能表达意蕴深沉的思绪、喜怒哀乐的感情、坚忍不拔的意志。如果我们把大脑神经系统比作一支交响乐队，那么大脑是"指挥"，眼睛则是"第一小提琴手"。

原生生物的细胞结构中，存在着多种化学物质的特异受体，这些特异受体构成其化学向性的物质基础，其发展趋向是味觉、嗅觉细胞的形成，从而出现味觉、嗅觉功能。味觉感受能溶解的物质的刺激，嗅觉感受气体分子的刺激。

本体感觉，即对重力的平衡的感觉，以及触觉，乃原生生物的向地性、固定向性所孕育。换言之，向地性、固定向性的高级形式是本体感觉和触觉。本体感觉是触觉的一种特殊形式，它的感受器官是平衡囊。平衡囊的主要的有机组成部分是感觉性毛细胞群，它具有对触动的特殊感受性，可以提供机体身体空间状态及其变化的信息。

哺乳动物的内耳的半规管是平衡囊的高度精制的结构。两栖动物、爬行动物的"内耳"结构与早期鱼类（甲胄鱼）的原始平衡器官更为接近，因此，听觉与触觉关系至为密切，听觉是触觉在演化过程中的延伸与拓展，它所感受的震动就是重复的触觉。

感觉反映的是客观对象的分离的个别属性，它是离散的而非整体的，分析的而非综合的。感性素材不能形成客观事物的整体形象。但是，这种将对象与其属性分离的"感性的否定性"又是主体摄取客体形象与本质的必要步骤。感性的否定性打破了原始的混沌状态，明确地辨别了对象的诸多属性，于是眼前所呈现的事物便不是杂多一片了，色、香、味、硬、软诸性一一缕列纷呈，有利于深入事物的核心，综合其形象，掌握其本质。但是，对诸属性反映的离散性质，使我们不能窥其全豹、撷其精英。

因此，感性的否定性必然要过渡到"知觉的统摄性"。这一过渡的生理机制是：生物进化到脊椎动物，出现了管状空心的神经管，这些神经管的前端发展为各种不同的脑组织，如延脑、小脑、中脑、间脑、前脑。到两栖动物，前脑已经发展成为两半球。在此基础上，动物对外界信息的接受和处理就可以突破感官水平，从而使感性素材在神经中枢得到初级的整合。这样，机体就不仅反映对象物的个别属性，而且能够把对象物的个别属性综合起来，作为一个完整的客体来反映，于是感觉就上升到知觉。从此，感觉被纳入知觉的统摄之中，单纯的感觉差不多完全失去了自由活动的余地，它内在地消融入知觉之中。简言之，神经中枢将各感觉通道连为一体，从而将对象物诸属性综合为一整体形象，这就是知觉的统摄作用。于是，从客观对象到主观知觉，就形成了这样一个由客体向主体转化的辩证圆圈运动："客体的混沌性—感觉的否定性—知觉的统摄性"。

知觉的形成，对不同层次的动物具有不同特点。知觉最先是对客观对象的感性外观的反映，然后是对其感性素材的综合把握。生物体的各种感官中，视觉与听觉在形成知觉过程中地位愈来愈重要。低等知觉动物例如鱼类、两栖类的知觉，几近单纯反射，少有主观应答；高等动物例如爬行动物等的知觉，能立即决定动向，引发行动，知觉的统摄表现于相应的行动之中；而人的知觉则与理智相结合，并有语言参与其中，静以观物、止于心知。可见低级的感知形式，进入高级的认识系统之中，就必然受"知、情、意"等精神因素支配，逐渐从单纯的反射进入主体的感受了。

向性、感觉、知觉，虽然它们的层次不同，在动物的诸物种中的表现也不同，但总的讲它们同属于"客观反射性"状态。在向性阶段，外物对机体的作用没有部位的特异性，机体与外物的关系是

混沌不清的。在感觉阶段，外物对机体的作用定点于感受器，机体
与外物的关系有了方向的确定性、反映的秩序性，但是外界信息在
机体内的过滤和重组只止于感受器的水平，信息是离散的而没有整
合性。在知觉阶段，外界信息在机体内的过滤和重组可以进行多次，
可以传递到神经中枢，进行初级的整合，以此控制行为；机体与外
物之间的关系不再是混沌不清了，显现出感性的确定性、知觉的整
合性。因此，从主体的认知过程而言，"向性的单纯反射性—感觉
的个别离散性—知觉的初级整合性"，构成了机体作为主体的反映
功能的螺旋形上升运动。知觉是这一运动的终点，表明它是客观反
射性的最高形态而显现为真理的阶段。

　　但是，客观反射的全过程，不管有怎样的进步，于此，机体对
外界信息的筛选和重组仍是死板的，仅停留在机械反射水平，它对
外部世界的印象是十分贫乏而表面的。机体处于这一状况，对外界
反映僵直，缺乏应变能力。随着外界条件的变化和机体神经系统的
发展，知觉就成了继续前进的新起点，并在前进过程中为更高级的
主观感受性的心理功能所扬弃，这一进展是主体意识形成的决定性
的一步。

二、主观感受性

　　机体感官，受到外界刺激，直接把它变成自己的东西，即把
对象的刺激转化为主观的感知印象。感知印象的滞留和提取就是
"记忆"。

　　记忆功能是与神经系统相伴而生的，它的最初形态，可能主要
是直接编码于感受器的"感觉记忆"，如腔肠动物那样。感觉记忆
甫现即逝，机体捕捉不住它，它只充当机体对当下外部刺激做出反
映时的媒介，感觉记忆尚保留在高等动物以至人类之中，人的视觉

印象和回声式记忆就是在生命进化中保留下来的感觉记忆。它们一部分消失，一部分向更高级的中枢传递，扬弃其自身，转化为短时记忆以至长时记忆，形成相互联系的记忆系统。

短时记忆主要建立在神经元反响回路或神经活动模式基础上。凡可以建立条件反射的动物都具备这种功能。环节动物便明显表露出这种功能，如蚯蚓可以建立回避电击的条件反射，并有感受周围固体振动和分辨明暗的能力。人类短时记忆编码，具有强烈的听觉性质，但其他性质的编码的可能性也同时存在着。[①] 短时记忆功能能使机体对瞬间出现的外在刺激预先获得其征兆，趋避从容，更好地适应环境的变化。

对机体发展产生深远影响的长时记忆，乃是边缘系统特别是海马的功能之一。一个长时性的生物化学的或解剖学的变化，例如，突触生长、蛋白质及 RNA 的合成等，可能是长时记忆的生理基础，这些变化主要发生在边缘系统中。边缘系统之解剖结构的区别性规定着记忆的性质内容的差异性，空间记忆主要与海马相关，而扁桃体则主司情绪性质的记忆……于是，记忆的内容就得到发展。在高级动物乃至人类，其新皮质与边缘系统有联系，它们之间的有机联系，或多或少影响记忆活动。

因此，长时记忆功能在爬行动物就已产生，以后随着哺乳动物的演进而不断完善化。实验证明：经过多次训练，爬行类已能辨认装食物的器皿、箱子的形状和饲养人员。狗对和它接触过的人和地点有着出色的记忆。狒狒在它和相识的人分别以后再度见面时，居然会表现出一种久别重逢的愉快心情。人类的记忆的突出之点在于带有社会文化的性质。

---

① 参见克雷奇：《心理学纲要》下册，文化教育出版社 1980 年版，第 294 页。

从感受器水平的感觉印象、神经元反响回路或神经活动模式，到脑长时性内在结构的变化，相应地表现"感觉记忆—短时记忆—长时记忆"的记忆功能的深化过程。爬行动物以后，这个过程已具有整体性。作为整体的记忆系统，由不同质的起不同作用的部分所构成，这种构成，不是机械凑合，而是有机结合，各部分在有机联系中扬弃了自身的独立性，作为整体的一种性能存在于整体之中。

记忆系统的产生，标志着心理意识功能发展到了一个新的水平。此时，机体不单能对当下的或将至的外在环境的变化做出敏捷的反应，而且能消除外在世界的映象在时间上的分离，从而反映"映象"的连续性，以便于进行空间上的组合，这样一来，主体就能较长时间捕捉住客观事物的整体形象了。

如果说，记忆还只是简单地给客体在主体内"留影"，那么，"情绪"就是一种主观愿望的表达了。因此，情绪是机体对外在事物是否满足需要的一种主观反应。动物的需要主要表现为求食、求偶、趋利避害等"欲望"，欲望乃生理范围内的一种"内驱力"。情绪是根植于记忆系统之中的。有了记忆，机体就能突破时空的限制，将此时此地的情境与彼时彼地的情景相联系、相比较，知道当下的对象是否符合自身的需要和经验，从而产生情绪体验，随之引起一系列生理变化，并通过身体动作、姿势、面部表情等行为模式表现出来。这样，记忆便过渡到情绪。由此看来，情绪是以情欲为基础产生的一种心理状态，它的发展可以分为三个环节：情绪体验、生理变化、情绪表达。

爬行动物的粗野攻击、狂暴冲动，一般不被列入"动物情绪"之列，这只能算动物情绪前期的一种本能冲动，一种简单的"刺激—反应"，因为这样的冲动缺乏情绪体验。

"情绪体验"的生理机制是：边缘系统单独地或者与其他神经部

分协同地发出一种抑制性影响，使冲动行为具有发动、控制的神经机制；而且边缘系统皮质部分便可能成为情绪体验的场所。情绪体验的出现，扬弃了单纯"刺激—反应"的本能冲动状态，过渡到受控的情绪体验状态。这才是真正的动物情绪的诞生。

哺乳动物的原始情绪有快乐、愤怒、恐惧、悲哀。快乐和愤怒本质上是同一的，牵涉到生理意义上的目标追求与对象争夺；恐惧乃是对危险的戒备；而悲哀则是希求的破灭。动物原始情绪的表达，自发开放，表里合一，高度紧张，但简单贫乏，可控性差。

随着机体与环境的辩证运动，原始情绪自身分裂、自身超出，不仅分化出厌恶、忧愁、焦虑等个体情绪，而且还分化出与别的个体相关的较复杂的情绪，如母爱、仇恨、自我牺牲等，还出现与一定文化艺术素养相关的诸如美感、惊奇等欣赏情绪。

母猴会对幼猴照顾备至；母猿会因小猿死亡而悲哀；母狒狒能够抱养"子女"，甚至抓来小猫小狗进行"义务抚养"。达尔文时代的仑格尔和勃瑞姆，都说到他们所驯养的猴子，无论是非洲的还是美洲的，肯定是有仇必报。

就是"美感"这类高级的情绪，也不能认为在低于人的动物之中没有萌芽的形态。达尔文就指出："人和许多低于人的动物对同样的一些颜色、同样美妙的一些描影和形态、同样的一些声音，都同样地有愉快的感受。"而且"人的审美观念，至少就女性之美而言，在性质上和其他动物的并没有特殊之处"。可见，人以外的某些动物也有一定的审美心理。不过，对于"夜间天宇澄清之美、山水风景之美、典雅的音乐之美，动物是没有能力加以欣赏的；不过这种高度的赏鉴能力是通过文化才取得的，而和种种复杂的联想作用有着依存的关系，甚至是建立在这种种意识联系之上的；在半开化的人，在没有受过多少教育的人是不享有这种欣赏能力的"。这种通过文化意识形态的熏陶而产生的审美心理，似乎已进入了比一般动物的情绪更高的层次了，它的社会性、精神性更多于生理、心理上的情绪因素。[①]

新皮质是情绪的更高级的调控系统。这样的系统能够以神经纤维联系为中介，与下丘脑、杏仁核、边缘系统皮质部分等结构互相传递信息，于是新皮层通过其各层次神经回路："初级感觉皮层→次级感觉皮层→感觉联合皮层→顶、颞区联合皮层→前额叶皮层"，逐步加工处理而获得的认识，就可以作为指令作用于皮层下情绪中枢，调控情绪活动。

人类出现以后，新皮层的高度发展，就使"情绪"与"理智"有可能紧密地结合起来，再加以增添了社会性内容，情绪就可摆脱当时情境的束缚，具有长期性和稳定性。此时，动物性的"情绪"（emotion）就转化为人类所特有的"情感"（feeling）了。动物情绪一般只与生息繁衍相关，而人类情感则与社交需要、法纪公德、文化艺术、精神意境相关，它是社会人生的感受与体验的结晶。因此，情绪是低层次的，为人类和动物所共有的；而情感是人类所独有的，为社会历史条件所制约的。

人类的情绪和情感，除了向外宣泄一面外，还有向内蕴涵的一面。例如从动物情绪中发展出来的满意和沮丧、羞耻和骄傲、内疚和悔恨等与"自我评价"有关的情绪与情感。这种由外泄到内涵的转化，标志着情绪或情感的深化，是一种情理结合的表现。

情绪的分化和发展是沿着增加丰富性、复杂性、可控性、差异性的方向前进的。越是原始的情绪就越是与机体的本能冲动表现出一致性，其表情线索脉络清晰、一目了然。而由于个体、情境不同

---

① 以上引文参见达尔文：《人类的由来》，商务印书馆 1983 年版，第 137 页。

而引发的情绪，则错综复杂、细微难辨。因此，情绪发展的趋向具有同源多维性。人类的情感乃情绪发展的高级形态，它消解了粗野冲动与动物情绪，因而具有个体差异性、民族差异性和文化差异性。

情欲（desire）固然是情绪的生理基础，同时也是意向的客观根据。动物情绪可以放大、缩小或消除某种情欲，其生理机制就在于"情绪中枢"（动物边缘系统及新皮层）对"欲望中枢"（主要是爬虫复合体）神经活动起一种扬抑作用。情绪对欲望的放大、缩小或消除，构成了"意向"。即情欲通过情绪达到意向，意向是为情绪所调控的情欲，它的物质生理基础乃边缘系统、爬虫复合体以及新皮质的协同作用。

动物意向的基本方面是个体意向，它意味着对他物的倾向性，即主观外铄性。在群居动物中，萌发了群体意向，它驾凌于个体意向之上，要求个体意向臣服于群体意向。群体意向在猴群中表现得最为突出，猴王有绝对权威，等级森严，层层慑服，尽管群猴意向各异，但必须围绕猴王的意向轴心旋转。猴王的个体意向在猴群中具有代表群体意向的性质。人群当然不同于猴群，在人群中，个体意向与群体意向如何协调，始终是人类群体社会生活中一个悬而未决的问题。

动物意向在本质上是自发的、脆弱的。人类降生以后，当主体在发达的大脑皮质，特别是额前区的参与之下，能够自觉地坚毅地控制自己的情绪和行为时，"动物意向"就升华为"人类意志"。伦理、法律、社会等级观念则是动物群体意向的飞跃。人类意志是个体意向与群体意向的统一，它本质上是自由的。个体深知群体是其生存与发展的保障，他自觉地以群体意向作为自己的意向，因而能够做出符合群体意向的抉择，从而使自己的认识转化为行动。但是在人类社会历史发展过程中的特定历史阶段，专横的统治者有如猴王，以个体意向代替群体意向，这势必发生冲突。在历史前进中，这种冲突必将被克服，使群体意向与个体意向统一于人类的自由意志，这个时代就是我们追求的共产主义时代。

总之，意向的出现，使主观感受性发展到了顶点，它打破了前此动物行为的僵死的遗传程式，机体对感觉信息的接收、传递和处理具有了主观选择性，即反映外物的心理择要性。主观感受性是记忆、情绪、意向的共同特征。记忆是其起点，还残存某些客观反射的痕迹；情绪则是形成主体性的决定性的一跃，逐步具备了主观调控的心理机制；而意向则意味主观感受性的完成，是主观感受性的完全实现。于是，主观感受性扬弃了客观反射性的僵死性，成为从客观反射性向个体意识过渡的中介。

三、个体意识

主观感受性主要是以缘脑（边缘系统）为其物质依托的。脑组织作为一种耗散结构，存在非线性作用，它能通过自组织过程而复杂化、秩序化。缘脑则可在机体与外界进行物质、能量和信息交换时对其产生影响，成为机体在特定条件下复杂化、秩序化的契机。

高级哺乳类动物脑的发展，一方面是爬虫复合体、缘脑本身高度分化，变成为由众多部分组成的有机整体，另一方面又由于新皮质的发展，形成了大脑的统一整体，从而使得大脑神经系统无论在量上和质上都有了巨大的进步。大脑神经系统的进步，使机体感知功能与运动功能之中产生了一个具有很大潜力的中心物，由于它的潜力的发挥，就由主观感受性跃进到"前意识"。

前意识是"个体意识"形成的潜在形态。由于缘脑的复杂化和新皮质的产生，使记忆功能发展到一个相当高的水平，以致外界的事物和动作程序能够"内化"，在大脑中再现并流动起来，这样就使得创造出"主观经验"成为可能。它标志着"活动性想象"的萌芽，预示着自然目的性向主观目的性转化。活动性想象由于其不确定性，且与机体行为直接相关，因此尚无明确的主观目的性，仅仅表现出一种朦胧的倾向。因此，它只是客观向主观转化的中介，尚不同于人类的想象。

活动性想象，狗就具备，到类人猿达到更高水平，初步显示出概括性和创造性。珍妮·古道尔（Jane Coodall）在东非对野生黑猩猩做过长期观察，发现黑猩猩能小心谨慎地选择树枝，用它插入白蚁穴以钩取白蚁为食，且能根据需要对树枝加工。这些可视为主观的活动性想象偶发地外化为一种客观行为，显示了一定的创造性。这种偶然行动，虽为人类制造工具拉开了序幕，但远远不是人类的制造工具的自觉的有目的的行动。

猿类可以通过手势语将它的主观想象的内容传达给同类，但这种"语言"是情绪性的，不像人类语言那样主要是命题性的。黑猩猩可以用手势轻而易举地表达愤怒、恐惧、绝望、悲伤、恳求、愿望、玩笑和喜悦，但却很难指示或描述对象。[①] "手势语"的感觉直观性与表达局限性限制了猿类的概括性和创造性的发展；"手势语"是与活动性想象相对应的，但其中蕴藏了符号语言的种子。

主观感受性孕育了活动性想象；活动性想象消解了客观反射性，提升了主观感受性，成了知情意统一的"个体意识"的潜在阶段，即前意识阶段。"前意识"是以活动性想象作为其本质内容的。

活动性想象作为外界事物与动作程序内化的结果，是前意识的内部搏动的能动因素。它一方面发展为认识功能，同时成为客观向主观转化的内在机制。主观认识和目的性的对象化过程的展开，就

---

① 参见卡西尔：《人论》，上海译文出版社 1985 年版，第 38 页。

是人类劳动的出现。

人类劳动，使用工具、制造工具，最终完成从猿到人的转化，并建立了人类社会，这些已有详尽论述了。劳动体现了人类的主动性与创造性，浸透了人类的情感和意向，孕育了人类的语言和思维，为个体意识的诞生铺平了道路。个体意识的形成才显示出人猿真正的分野。

个体意识是心理进化的高级阶段，它包含那些低级的心理形态，作为自己发展的环节。因此，它是一个复杂的综合体，是感情功能、意向功能、认识功能的统一，即知情意的结合。猿类所具备的"爬虫复合体"、"边缘系统"、"大脑皮质"三者构成的脑复合体，进入智人阶段，在量上大为增加，在质上发生突变。其中皮质沟回纵横交错，额叶进化迅速，高级整合区业已出现，神经树突极为发达，神经递质趋于完备化，从而形成更复杂、更高级的人脑整体结构。这个结构便是知情意结合的个体意识功能的物质基础。

人类的脑结构是如何工作的呢？感官接受的外界信息通过传入通道到大脑皮层特定感知区及深部结构（爬虫复合体、边缘系统）。在大脑皮层各特定区形成的感知印象，一方面相互联系，进行整合；一方面下达到深部结构。整合过的感知印象进入更高级的整合区，成为思维的材料。高级整合区与深部结构发生联系，在具有广泛联系的深部结构中，来自大脑皮层的信息与其自身的储存信息进行综合，产生情绪或情感、意向或意志。情绪或情感通过认识活动的"折射"而产生，并成为意向或意志的发端。认知激发、制约情感，情感导致、影响意志。意志外化为行动，行动又成了认知的源泉，这样就构成了知情意的统一体，即个体意识。个体意识的整体活动就成了人们认识世界、改造世界的主体力量。

个体意识不但反映外在世界，而且能对其自身进行反思。前者形成对象意识，后者形成自我意识。对象意识和自我意识是共生的，它们是个体意识相互依赖、相互渗透的两极。

马克思、恩格斯指出："意识一开始就是社会的产物，而且只要人们还存在着，它就仍然是这种产物。当然，意识起初只是对周围的可感知的环境的一种意识，是对处于开始意识到自身的个人以外的其他人和其他物的狭隘联系的一种意识。"① 个体意识是以大脑神经系统作为其物质基础，而为"社会"所产生的。它一开始就是面向其他的人和物的。意识的这种"向外驰骛"的特征，便成为"对象意识"。处于对象意识状态时，它为人们与自然界的狭隘关系所制约，心随物转，表现出自然界和人的同一性。这时，人们为双重外在的必然性所控制：自然界的必然性与社会的必然性。"对象意识"反映自然界与社会，形成主客体的对立。自我意识则是以"意识自身"作为意识的对象。"对象"由外到内，由他物到自身。这纯然是一种抽象的思辨的作业，一种脱离感官的单纯的大脑的构思。但是，"意识自身"并非指意识赖以产生的物质机能，而是意识反映客观的成品。这个成品就是关于客观事态的"概念"，还有其他内在于人的精神因素，例如情感、意志之类。这些精神性的东西不是纯然主观的，而有其现实的客观的内容。即令这些内容未能恰当地反映客观事态而有某种误差，但误差的出现仍有其客观理由。自我意识便要在主客相关的基础上，对自己做出的反映，进行是非判断，并进一步做出善恶、美丑的评价。因此，自我意识是个体意识的高级形态，而且只有具备较高智慧与丰富实践的人才有极其清晰明白的自我意识。我们不一般地反对"自我欣赏"与"自我设计"，只反对那种对自己懵然无知，单凭情欲冲动与偏狭见解，自以为是、

---

① 《马克思恩格斯全集》第 3 卷，人民出版社 1960 年版，第 34—35 页。

一意孤行的人。这种人的"自我欣赏"是盲目自大，这种人的"自我设计"是私欲膨胀。但是基于对自己有一个客观的清晰明白认识的"自我欣赏"、"自我设计"则是一种理性风度与高尚情操的表现。屈原被流放，却无损于他的廉贞。他慨然自叹："世混浊而不清：蝉翼为重，千钧为轻；黄钟毁弃，瓦釜雷鸣；谗人高张，贤士无名。吁嗟默默兮，谁知吾之廉贞！"（《楚辞·卜居》）屈原面对是非颠倒、黑白不分的社会，对自己做出的评估是客观的，也是为有识之士所公认的。因此，这样的自我设计与自我欣赏是"自尊"、"自信"的表现。

这样的自我意识是由三个层次构成的系统整体：（1）对主体自身生理状态的认识和体验；（2）对主体自身精神状态的认识和体验；（3）对主体自身与外部世界关系的认识和体验，其中包括对自身在客观世界中的地位、责任和作用的认识和体验。因此，自我意识是将自己的物质躯壳、自己的精神灵魂作为对象而进行的考察，在这一考察的基础上，将自己摆进客观关系之中去，使自己与客观世界协调发展。有了真正的自我意识，人才能彻底摆脱动物界成其为人。人还处于生物进化与社会进化之中，人要真正成其为人，大致可以肯定：要到全人类实现了共产主义理想的时候。

第三节　意识的主观能动性与行为目的性

马克思曾经在他的那份作为新世界观的天才萌芽的"提纲"中写道："从前的一切唯物主义 —— 包括费尔巴哈的唯物主义 —— 的主要缺点是：对事物、现实、感性，只是从客体的或者直观的形式去理解，而不是把它们当作人的感性活动，当作实践去理解，不是从主观方面去理解。所以，结果竟是这样，和唯物主义相反，能动的方面却被唯心主义发展了，但只是抽象地发展了，因为唯心主义当然是不知道真正现实的、感性的活动的。"① 机械唯物主义、直观唯物主义肯定人的认识活动、感性意识活动的客观物质基础，这当然是不错的，但是，他们不了解人类的认识活动、意识行为的主体性一面，只有承认这一点才是一个彻底的唯物主义者、辩证唯物主义者。唯心主义者看重主体性、能动性，但抽掉了它的客观物质基础，将它变成驾凌于客观物质之上的抽象的精神的东西，而不把它看成是人的真正现实的、感性的活动，因此，也片面歪曲了主体性、能动性。我们于此详细地科学地论述了意识功能的物质基础以及它的生理的与社会的依据，实质上是确证了马克思论点的真理性，并从唯物的角度发展了主体性的能动学说。

一、意识反映客观的能动性与择要性

宇宙自然经过了漫长的演化过程，产生了意识现象，从此，宇宙自然就有了与它自身相对立的因素，即有了客体与主体、存在与思维、物质与意识的对立。主体、思维、意识是客体、存在、物质自身所派生的否定性因素，是一种自觉推动沉睡的宇宙定向前进的力量。"主体的能动性"是宇宙自然长期孕育而成的杰作。

主体的能动性也可以叫作主观能动性，它是大脑神经系统的意识功能的本质特征。个体意识不满于自己在大脑之中的"概念式"的存在，它要使自己这种主观抽象性变成客观现实性，即通过人的实践活动，使主观见之于客观，将头脑里构想的东西变成现实存在的东西。因此，个体意识之反映客观，不是消极的本能的客观反射活动，而是革命的能动的反映。它扬弃了单纯客观反射的被动性、

---

① 《马克思恩格斯全集》第3卷，人民出版社1960年版，第3页。

他动性、盲目性，而具有了自觉性、主动性、目的性。

　　海獭关于石块能砸开贝壳的"认识"是不自觉的本能活动。所谓"本能"是指物种的典型的、刻板的、遗传的、不学而能的内驱力所导致的行为。它有如下特点：（1）由遗传决定，（2）局限于求生繁衍，（3）受自然规律支配。而人的实践活动主要是社会性的，完全不同于海獭的本能活动，他是在使用和制造石器的过程中认识到石块的性质和作用的。主体的能动性不是绝对的，它并不排斥受动性。受动性表现为客体、对象、环境对主体的能动性的制约，并激励能动性的进一步发挥。主体是在特定的客观条件制约下，能动地反映并革命地改造客观的，并在不断的主客交互作用下，日益增强其能动性。

　　意识之能动地反映客观，并不是事无巨细一览无余的。"能动"的精髓之所在，便在于"择要"。这就是说，根据其目的，对客观资料进行筛选，择要而收之。

　　个体意识的"择要性"显示了主体的能动性的归趋与目标。意识对感性对象的捕捉具有内在决定性，其目标的选择受制于主体的目的，而与社会阅历、文化素质、心理水平、生理状态以及对象背景有关。这一状况，现代人类表现得尤为明显。对象背景的变化往往引起人们观感印象的变化，最明显的莫过于格式塔（Gestalt）现象了，一张图像，如以白为背景，你所见为"两人侧面对话"形象；若以黑为背景，你所见为"造型优美的花瓶"。由于生理需求的不同，客体同样有完全不同的主体反应，譬如饮水，渴则甜润，不渴则清淡。心理状况的不同，更使客体陡增"灵性"，感时花溅泪，恨别鸟惊心，花鸟也是多情种子了。文学家、诗人就擅于这种"移情易性"的手法。文化素养不同，所见则异，同是看一部《红楼梦》，反映可以大相径庭。鲁迅说，关于《红楼梦》的命意，"就因读者的眼光而有种种：经学家看见《易》，道学家看见淫，才子看见缠绵，革命家看见排满，流言家看见宫闱秘事……"①。至于社会阅历的影响也是特别显著的，黑格尔便曾说过，同样一句格言，无甚经验的青年与饱经忧患的老年的感受是完全不同的。这一切就说明主体的目的性支配着它对它所反映的对象的选择。

如此复杂的主体对客体的反映，固然社会影响是决定性的，但没有一个灵巧的头脑也是无济于事的。大脑皮质后部第三级区（或重叠区）和额前区，由于其神经元的多模式特性及复杂的神经回路而成为思维的主要物质基础，各个感觉区发出的神经纤维会聚于此，为其抽象概括提供感性信息。于是，思维将感官获取的材料，放在时间之流中去追溯过去、推测未来，放在空间关系之中去贯通上下、连接左右，从而去芜存菁、提要钩玄、窥其行止、有的放矢。个体意识的这种反映客观的"择要性"，随着人类意识水平的提高而日益精进。

个体意识的择要性可以分为三个层次，形成一个层次递进的辩证圆圈：

（1）生理择要性。在动物心理中，可以找到择要性的低级形态。动物的客观反射性，表现为生理的择要性。生理的需求是客观地决定了的事情，例如，太阳、空气、水为生存所必需。这些，生物本能地攫取之，无需意识的指挥。当其缺乏时，那种意识上的强烈渴求，也纯然是基于生理的自然需要。扩而言之，那种维护健康、延年祛病的要求，那种捍卫人类生存、保障生态平衡的考虑，只是本能的生理需要的引申，因为其目的，归根到底，是为了生命肌体的生存与延续，虽说已略有某种社会意义，但基本上还是属于生理方面的。

---

① 《鲁迅全集》第 7 卷，人民文学出版社 1981 年版，第 419 页。

（2）心理择要性。如果说生理择要性还更多地受外界的制约，它之所要，实客观所趋，那么，心理择要性就有更多的主观成分了。此时，主体力图指挥客体，使从属于主观需要。它对外界不是纯客观反射，而是带有强烈的主观倾向性，每每赋予客体本来没有的东西，或只择取主体所需要的东西。因此，心理择要性常使事物扭曲变形，但它同时又增强了机体的主动性和灵活性。而且它还为主体的独立自主准备了条件。

（3）自觉择要性。主体的独立自主，表现为个体意识的形成。自觉的择要性有更多的理性成分以平衡心理状态的偏颇，它力求在尊重客观状况的条件下，谋取主观愿望的实现；它既如实地反映外在世界，又善于因势利导地推动外界朝自己悬拟的目标前进；因此，自觉择要性达到了客观与主观的辩证的统一。如果说，生理择要性倾向于客观，心理择要性倾向于主观，那么，自觉择要性就是这种对立的扬弃、复归的统一。"生理择要性—心理择要性—自觉择要性"，这就是意识反映客观的"择要性"的辩证进程。

自觉择要性对生理择要性与心理择要性的对立的扬弃，并不表示完全抛弃它们，相反，恰好是将它们作为自己的内在的有机联系的环节，包容于自身之中。这一"哲理"为当代脑科学的发展与心理学的成就所证明。

对于不同的感官来说，有不同的"适应刺激"，也就是说，当其接受外界刺激时，是有不同选择的。视觉器官只接受光刺激，声波刺激对它不起作用，相反，听觉器官只接受声波刺激，光刺激与它无缘。"适应刺激"就是"择要性"的客观物质基础，它通过感官的转换作用，转化为神经冲动，这种冲动携带了外在刺激的信息。由于诸相关神经元之结构的多样性以及与其他神经元联系的差异性，决定了其对外在刺激信息接受和传递的选择性。例如，视觉皮层的

"单纯型"细胞对光刺激信息的反应表现出视野部位特异性、方位的特异性；到了"复杂型"细胞，就突出了方位的特异性，至于线段影响进入视野什么部位，以及其他相关刺激等都不予存储，只记录"方位"这一属性；"超复杂型"细胞，只有刺激物呈现"角"形特征时，放电才增多，它进行反应时，不受角度的大小、朝向、构成角度的线条的长短粗细、光线的强弱，以及背影光的明暗对比等的影响。还有另一些"超复杂型"细胞，对"方形"、"三角形"等图像产生反应。这些由生理结构规定的主体反映客体的选择性，即为生理择要性，它是形成心理择要性和自觉择要性的基础。

随着主体后天活动特别是社会实践活动的开展，脑结构内储存有大量关于外在事物的信息，它们在一定的层次系统中有序地存在着。在没有自我意识（动物）的调控，或自我意识一时失去调控的情况下，自在地影响主体对客体的感受和理解，这就表现出心理择要性。心理择要性对主体而言，具有内在必然性；对客体而言，则有一定的主观随意性。例如鸭兔图，熟知鸭者以为是鸭；常见兔者以为是兔。真是仁者见仁、智者见智，各以其主观感受为是。这就具体表现了人的心理择要性。

如果大脑的"自我意识"结构与"感知情意运动"结构，以信息为纽带，以目的为中心，形成现实的联结，并把知情意活动渗入意识过程之中，那么，主体反映客体就表现出自觉择要性。此时，主体不是无目的地将客体的某个层面或属性输入大脑，而是有目的地择其所要而输入之。主体对输入大脑的信息的处理，是在自我意识的调控下进行的，自觉地实现了合乎目的的外在信息的有序化，从而指导了生理择要性的归趋，扬弃了心理择要性的主观随意性，以利于达到主观反映客观的"主观择要与客观真理"的统一。

这样的自觉择要性与择优性是同义的。"优劣"关系到价值标准，"进化"也是一样。择要与择优、演化与进化有同样的制约关系。其实择优就是择要，进化就是演化。不过，前者包含了人类的"价值取向"，后者只是平直地阐明一种客观变化。关于人的价值取向，最根本的是看这种客观事态或变化是否有利于人类的生存与发展，而且随着人类社会生活、精神生活的逐步展开，愈来愈丰富、愈来愈影响人类的主观抉择。历史上的民族英雄，杀身成仁、舍生取义，这是为了捍卫民族整体的生存与发展而甘愿牺牲自己的生命，对个体生命的生理择要性完全不顾及，对心理择要性进行严格的自我调控，而自觉择要性则做出了不同凡响的抉择。因此，关于"优劣"的价值取向，除生理方面与心理方面有其相对的标准外，它主要取决于民族、伦理、政治、哲学的标准。因此，严格讲来，只能是自觉择要性与择优性是等值的。

关于意识的"择要性"的研究，已不单纯是一个生命科学的问题，它更多地涉及政治、伦理、美学问题，归根到底，是宇宙人生观问题，是哲学的最重要的问题。这些，将是本书的续编《精神哲学》的主题。

二、适应性与目的性

适应性是生命个体在争取生存与发展中自发地产生的，这一生命的普遍特征为世所公认。但是，如何解释与运用，则莫衷一是。我们认为"适应性"可以有两方面的意义：生命肌体为了自己的生存与发展，对改变了的外在环境之中的不利于自己的生存与发展的因素，采取生命肌体的结构与功能作相应变化的办法以适应之，并以同样的办法充分利用有利的因素。另一方面，则是利用生命肌体的内在的力量，改变或改善外在环境，抑制与芟除外在不利于生存与发展的因子，使外在环境适应于自己的生存与发展。简单讲来，人类终其一生所作所为无非是如何调处"适应与不适应"的矛盾。

　　生命肌体的这种"适应性"的客观机制，可以在生命肌体的结构中找到。在这种结构中，有一种有机联系的"因果环"，它可以将某种已有的特定结果作为原因，从而推动过程进展达到预定的结果。这样的因果环便是生命肌体适应性的客观机制。

　　蜘蛛织网捕虫，宛如一位技艺高超的猎手。但比较心理学家却告诉我们：蜘蛛的这种行为根本不是有意识的、有自觉目的的，而是由遗传决定的一种本能活动，蜘蛛躯体中的触感受器及其传导神经是这种活动的物质承担者。当蜘蛛织网时，触感受器作为中介不断地传入和反馈关于"网"的信息，使"网"的信息在织网行为中既充当原因又充当结果，最后织成精巧别致的适合于粘捕飞虫的"网"来，那精巧的"工艺"与巧妙的"构思"以及对称而均匀的"图案"，真令人叹为观止。

　　生物的适应性，是生物发展的必然性与因果性的客观产物，为生物的生存与发展所必需，是生物成其为生物的一种"本能"。这种本能是自然而然符合其生存与发展的需要的。在这方面，鱼类、爬行类、哺乳类（高级灵长类动物除外）和以蜘蛛为代表的节肢动物没有质的差别。

　　类人猿的"活动性想象"出现，才是动物的需要可以从其一般的活动和行为中游离出来的标志。它的外在活动内化于脑，并以它为中心进行行为的重排序，形成以需要为中心的动作系统，预先以主观形式出现。这种直接的、朦胧的"预见"乃是人类的主观目的性的前提。因此，它们的演进程序是："适应性—活动性想象—主观目的性"。因此，活动性想象的出现，是适应性转化为目的性、客观被动状态转化为主动能动状态的一项关键性的生理性的进步。它可以视为一种内在目的性机制的基础。

由于适应性主要由遗传所决定，受自然律支配，其作用仅限于维护生命肌体的生存与发展，因此属于本能性质的。而主观目的性则主要由社会实践所决定，不但受自然律的支配，还受社会规律的支配，其作用远远超过生息繁衍的范围，而带有社会文化、精神生活的特征。它是一种建立在知识的基础之上、针对特定需要的主动力量。

主观目的性固然是主体的一种自觉的有明确意识的内在需求，但它并不是凭空出现的。主体必须在与外部现实的相关中，才能引发出某种需求。由于主体对他所面临的某种现实不满足，因而意欲扬弃其所在的这个环境的客观现实性，把它视为一个业已丧失必然性的行将幻灭的存在，并要求通过意识反映的中介，建立既符合主体的需要又实际可行的"蓝图"，通过努力拼搏促其实现。这样就构成主观目的与客观存在的矛盾、理想与现状的矛盾。于是不单是主观的善良愿望问题，而是客观的有效行动问题。

主观目的有大有小，大而至于宇宙人生目标的不懈的追求，如对共产主义理想的追求，这是需要千百万人前仆后继的努力，经过世代的相传才能实现的远大目标；小而至于个人某种特定的欲求，如升学就业、"参与意识"即所谓当官的强烈愿望、"万元户的梦"即对金钱物质享受的无限贪欲，这些是一些平凡的有的甚至是卑劣的主观欲望，但也有不少具有远大理想与高尚情操的人，他们脚踏实地、竭尽所能，赤诚地为社会、为人民无私地做出奉献，他们的主观目的性融合到社会人类整体的发展与进化中去了。于是那种对理想的执着的追求，表现出来的竟是它的"否定形态"，诚如林则徐所讲的："人到无求品自高！"一个人若心中有大目标，对个人那些砫砫以为自得的平凡而浅陋的追求就无动于衷了，也就是无所求了。具有这种伟大无私的心志的人，"人品"自然高尚了。

我们这样来论述主观目的性已非常高远，但是不论怎样高远，它仍然有其生理的与心理的基础。也就是说，它有一个主观的内在建构过程。这个过程并不是孤立的，而是一个以产生"动机"的心理过程为前提的思维过程。所谓关于"动机"的心理过程，就是客观因素刺激了主体的需要，从而唤起了这种需要，立即为主体所意识到而产生的一种愿望。当这种需要未被主体所意识到的时候，它只是潜在地、静止地存在于主体之中，当相关的客观刺激唤起了这种需要，便产生"动机"，形成"愿望"。所谓愿望"是人对他的需要的一种经验形式，它总是指向未来的能够满足他的需要的某种事物或行为"[①]。

动机与愿望基本上是同一的，但有时候在使用上也做出某种区别，究其实质而言，这些区别都是非原则的。例如，愿望不一定马上引发为行动，它只是在思想上希望能满足其需要；而动机则有满足需要、促其实现的考虑，不过动机仍然停留在思虑之中，因此，本质上仍然还是愿望，或者可以叫作"强化了的愿望"。至于如何行动起来，则进入了目的性范围，因此，愿望或动机是目的性建立的前提。

动机，作为关于行为的意识，是对主体的第二度刺激，这是一种有指向性的刺激，在它的影响下，主体有意识地将动机所指向的满足需要的目标，逐步厘清其性质、确定其范围、考虑其可行性、分析其相关因素、评估主体的条件、计算客观的得失，从而研究规划、规定行动方案。这样一来，目的明确了，目的的实现有把握了。主观目的性及其如何实现的过程，就客观地形成了。

主观目的性的起点是动机，起点阶段主体对客体的认识是轮廓式的，主体的要求是不确定的，主体的愿望是试探性的，主体的行

---

① 曹日昌：《普通心理学》下册，人民教育出版社 1987 年版，第 93 页。

动是迟疑的。但在动机的驱使下，主体集中了满足需要的客观材料，调动了相关的主观经验，进行了主客相关性的研究，从而明确了目标，积累了相关知识，达到了主客相关系统的有序化，得出了具有指令性的程序。由此，就使主体有了"使主观见之于客观"的能力。这种能力的具备是人类的"殊荣"，从远古的智人便基本上有这样的本领了，只是现代人本领更大一些罢了。例如，远古智人对单居穴处与从事相对稳定的农业生产的不适应，而有改变居住条件的愿望，因而产生构造"房屋"的动机。在他们的大脑中，由于社会劳动实践获得有关木材、土坯、枝条等等特定信息。这些零散的不相干的信息，在构造"房屋"的动机的驱使下联系起来。主体提取有关信息，围绕"房屋"构思、选择、加工、改组，形成特定的房屋蓝图，然后据此将头脑的主观设计变成客观造成的现实的房屋。

主观目的性的形成也是有它的物质基础的，它位于大脑额前区。大脑额前区整个地由小颗粒状神经细胞组成，这些细胞具有短的突触，具有联络的功能；此外，该区还有广泛的联系系统，它不仅与脑的下部的内侧核、腹侧核、丘脑核等以及网状组织的相应部分存在着双向纤维联系，而且与皮层的其他部位，如颞叶、顶叶、枕叶存在双向纤维联系，并同时接受来自同侧大脑半球联合纤维和来自对侧大脑半球联合纤维的双重投射。因此，大脑额前区可以获取脑的所有部位的认识信息，并使之得到会聚与综合，制定主体行动的程序与计划，即形成主观目的及其实现方案。近年来，科学家运用区域脑血流量测量技术进行人体观察，为此提供了新的证据：当要求被试者按事前给予的指示进行思考，处理信息，做出决定，正确地进行一系列动作，这时大脑血流量增多。[①] 这就说明进行目的性思

---

① 参见刘觐龙：《大脑前额叶与思维》，《自然杂志》1986 年第 10 期。

考时，主要活动区在"大脑额前区"，因此，正是它成了生命肌体的"目的性机制"。

人的主观目的性，包含着主体实现自己目的的趋向，想在客观世界中通过自己给自己提供客观性的趋向。于是，主体便使用自己的天然器官以及特制的工具，作用于客观世界，使其主观目的对象化。在目的对象化过程中，既对客观世界有所增损与改变，又每每促使目的进一步完善化，从而摒除其幻想成分、补充其料所不及部分。这样就同时扬弃了客观世界的本然性以及目的自身的主观性，使客观与主观达到了辩证的统一。

主观目的性是主观能动性与行为目的性的综合，是主体性从客体之中独立出来的标志。它也是"目的性"自身的显现，其进一步展开，就是自然目的性与社会目的性。

三、自然目的性与社会目的性

通常我们总把目的性与人们自觉的有意识的行为联系起来，认为自然界无所谓目的性。当人尚完全处于自然状态时，和其他动物一样，也只有出自本能的适应性。这样一来，进入人类社会就突然出现了"目的性"，它仿佛完全与自然界脱节，是无源无根的。

我们认为，"目的性"在自然界中特别在生命机体形成与发展的过程之中，是潜在地逐渐地成长壮大的，进入人类社会，在社会进化之中，它才完全地成为现实。目的性的潜在状态就是自然目的性。我们也可以把"自然目的性"叫作生命机体的内在性目的性机制。人类的生理功能与心理功能如何孕育自然目的性成长，前面已有详细论述了。我们提出自然目的性的意义在于：（1）证明自然与社会的一体性，社会目的性不是凭空突然产生的，而是自然生命长期发展的结果；（2）从自然适应性跨越到社会目的性应有其中介过渡环节；（3）自组织理论的提出，揭示了目的性的自然性质。因此，我们提出"自然目的性"不单是理论的需要，也是客观进化的事实所揭示的结果。

从自然适应性到社会目的性的辩证圆圈运动是："自然适应性—自然目的性—社会目的性"，自然目的性是过程的中介，因为它既是生命肌体的生理、心理机制的产物，又是社会实践对生命肌体深刻影响的结果。这个由自然到社会的大圆圈又是由两个"小圆圈"组成的，这就是说，从自然适应性到自然目的性之间也有其中介过渡环节，从自然目的性到社会目的性之间也有其中介过渡环节。

（1）第一个小圆圈是："自然适应性—活动想象性—自然目的性"。活动想像性或谓活动性想象作为中介，上节已经介绍过了。活动性想象作为前意识的萌芽形态，是本能的"适应性"向意识的"目的性"转化的中介，它开始离开本能的束缚而有了一种不确定的朦胧的目的倾向性，但又未能达到人类的自由的想象，它的某种"创造性"只是一种仍然带有本能性的偶发行为，并无自觉的社会创造性与目的性。它继续前进，便形成自然目的性。自然目的性，首先是"意识"的内在的生理、心理机制综合升华的结晶，是社会目的性成为可能的客观基础；其次，自然目的性要发展到社会目的性，还有其自身的外化过程，即自然目的性作为主体的一种内在的目的性机能，必须与外在世界相结合，这样，它才具有现实的社会内容。于是，生命内在的目的性机能，外化为目的性的追求。

（2）这样就过渡到第二个小圆圈："自然目的性—外在目的性—社会目的性"。外在目的性是作为内在目的性机能的自然目的性的外化，它是向社会目的性转化的中介。个体意识形成的关键，就是通过生理心理结构功能与自然社会环境的交互作用而建立起来。如前所述，此时主体有了"目的性机制"或"自然目的性"。主体的这种目的性功能引而未发时，尚属某种可能性。当它"向外驰骛"时，就是"外在目的性"，即追求目的性的实现的过程。在追求目的实现的过程中，它必然受到自然社会环境的种种考验，以及其他人的目的性追求的支持或干扰。譬如航天计划为气候所阻未能如期升空；两队球战，队友配合默契，顺利破网中的，对方围堵拦截，未能如愿夺标；如此等等。可见外在目的性力图实现自身时，要经过若干次主客观的修正才能如愿以偿。有时，不但不能如愿以偿，甚至根本不能实现，或得出与预期相反的结果。

因此，在外在目的性的追求过程中，有四种可能，即"一举成功"、"修正成功"、"完全失败"、"适得其反"。后两种情况是目的性的否定形式，它是外在目的性在现实社会中的消极表现，即意欲达到目的但又未能达到目的的无效行为。这就是主观能动性、行为目的性中的"盲目性"。

盲目性不是完全消极的东西，中国有句俗话：失败为成功之母。天下事一举成功是少有的，而是吃一堑长一智，逐步取得成功。完全失败或适得其反的后果也是屡见不鲜的。重要的是总结经验教训，及时改弦更张。

那些完全不顾社会整体需要、危害人类长远利益的个别外在目的性，也许机缘附会可以得逞于一时，但迟早是要彻底失败的。个别的外在目的，必须审时度势，通晓自然之底蕴、洞察社会之风情、融利害于全民、舍身家于整体，只有这样才能克服盲目性，达到目的的实现。

个别的外在目的性的扬弃，便达到了普遍的社会目的性。"社会目的性"意味着个别意向融会到一个社会前进的总的目标之中，达到个体与社会的统一。社会目的的实现，也就是个体愿望的实现。

但是，在现实社会中，个人目的与社会目的总是有矛盾的。这种矛盾表现为两个相反的方面：（1）当社会目的符合社会发展的前进方向，合乎历史的发展规律，这时目的的实现，不管经历如何艰难曲折的道路，它总是会成功的。人们顺应这一趋势，不但加速实现的进程，而且个人的愿望也得到了高度的满足。（2）当社会目的与客观规律抵触，违背广大人民群众的合理愿望，而靠外在的强制手段，硬性推行其既定方针时，终究会彻底失败。

　　社会目的性的形成与发展，是人类社会进步的原动力。但是社会目的性本身也是一个发展过程，它随着主体与客体的进化，不断更新其内容。社会目的性这种综合发展的性质，使个别的外在目的性，经过筛选，成为其发展过程的内在环节，使人类社会文化信息得到交流与整合，从而产生新质，导致社会文化的增生与创新，推动技术与生产的发展，促使社会结构的改组与变化，于是，社会整体的有序化、系统化的程度不断提高。

　　社会目的性的客观表现为"社会实践"。它是维系人类社会生存与发展的主观能动的合乎客观规律的有目的的活动。这种活动的集中表现就是"生产活动"。生产活动的初期表现基本上是适应性的，在生产活动的前进运动中，由于经验的积累、智能的发达，产生了"工艺技术"。工艺技术的精进，显示了社会目的性的客观化的巨大成果。它成了人类社会物质基础的核心。因此，"技术"的出现是生命活动的高潮，是人类最终彻底摆脱动物界的见证，是自然的演化从自在的宇宙到自为的宇宙的关键。

　　"技术"是生命这朵宇宙之花所结出的丰硕的果实。

第四篇

技术论

生命是宇宙自然发展的最高层次，是物质进化序列的最后转化环节。用恩格斯的话来讲就是：生命是宇宙演化的最美丽的花朵。

　　生命的基质——自调节、自复制实体的出现，标志着自然界从自在状态走向自为状态。从此，自然界自身产生出与自己相对立的否定因素。这就是：生命现象高度发展，产生了人类及人类精神，产生了主体及主体意识。它不是简单的消极被动无所作为的派生物，而具有主观能动性、行为目的性。它反作用于自然界，使自然满足人类的需要，使客体服从主体的目的。这就是"技术"出现的前提。

第十章 生命与技术

生命的本质在于对自身的否定，在自我扬弃过程中不断自我更新。这就是说，生命是一个矛盾的实体，是自我保持过程中的持续差异性。

生命的自我否定性、持续差异性所派生的自我不断更新的特征，通俗说来，就是机体的"新陈代谢"。从哲学上看，生命是典型的"辩证法"的现实原型。它的辩证性在于：

首先，表现为生命体与其生存环境的相互作用。生命体的产生、保持和延续，端赖适宜的环境。生命的对象化、客体化，有赖于外在环境的物质供应；而外在环境的内在化、主体化，有赖于生命体的有机的融合作用。这种相互作用，既表明了生命与环境的联系，又显示了它们的区分。

其次，表现为生命有别于自然界的无机物之处，在于它是一个开放系统。它吸收、消化外界提供的物质与能量，在消耗、灭绝这些物质与能量的过程中，"死里求生"！生命是真正的创造，生命在死的扬弃之中达到永恒。

关于生命现象这样的哲学阐述的现代科学的说明，就是自调节、自复制的"自组织理论"。这昭示了哲学与科学相互融合的趋势。

第一节 从适应到自适应

生命与环境的相互作用是一种适应过程。开初，适应是生命体的一种本能行为，当"适应"超越其本能状态而具有自觉能动性时，它就升华到一种"自适应"状态。

一、适应的本能状态

达尔文提出的物竞天择、适者生存的主张，正是对适应的本能状态的描述。人作为生命现象的高级形态，自觉能动性、主体性虽然有很大的发挥，但尚不能完全摆脱这种本能的适应过程。

人之初，也和其他生物体一样，和自然界浑然一体，不能自我辨识，物我不分，人兽无别。当生命还处于纯粹地与环境相互交换物质、能量、信息的过程时，生命与自然界没有完全分化，其时，就无所谓适应或不适应。

在这种原始综合的物我不分的相互作用中，生命体为了持续存在下去，不得不改变其自身的结构与机能以适应复杂多变的环境，否则它就无法存活。这样就本能地产生了一种自然的选择性。这种原始的本能的"选择性"有三种表现形式：

（1）是一种单纯感觉的一一对应关系，还不能将零星的感觉材料统摄为表象；但是，感官是具有选择性的，如眼之于光、耳之于声，各感官选择不同物理载体的信息加以感知，分别摄取。M.W.瓦托夫斯基说："我们普通的感觉，像一切动物的感觉一样，一直是抽象地起作用的；这就是说，它挑选出那些或许可以被说成是在某些方面相同或相似的不同情况的若干特征，而不是全部特征，加以注意、认识和概括。"当然，这种感官的选择性，仅仅与客观对象直接对应，还"没有被表示为不同于对环境刺激的直接反应的某种明确的符号"。[①]

（2）是一种适应环境的选择性，亦即达尔文所揭示的自然选择。这种选择，通过同化与异化，表现为物种的遗传与变异，从而既表现了生命之流的连续性与恒定性，又展示了生命个体的多样性与变幻性。实际上，如前篇所述，具有选择性的感觉器官与行为器官的形成与发展本身也是自然选择的结果。人类躯体之构架以及五官的性能，正是人类生存环境的物理、化学、气象、地质等特性以及人类社会群体的生产、交往、习俗、人情等方面所决定的。自然选择性是在生命之流的无限发展过程中，出现一系列生命个体，亦即生命之流的关节的总的导因。也就是说，无限的生命之流自身之中，产生了有限的生命个体，这种生命内在矛盾的形成，在于其自然选择性。

（3）是某种直接的、受动的应激性。在生命体的"刺激—反应"过程中，"适应"表现出某种受动性。植物，甚至动物，都单纯接受大自然的恩赐，动物虽说也能"主动"觅食，然而仍无法摆脱天然的食物链。只有从动物中脱颖而出的人类才有自身创造出来的饮食文化。这种应激性还是直接的，无须客体介入其中，这也是原始综合性的特点之一。这种仰给于自然界的赐与，归根到底是无法完全彻底地摆脱的。人类的超越之处，仅仅相对地有了一点自主性与变通性，他能根据自己有限的目的，在力所能及的范围内，遵循自然界固有的规律，改变自然界局部的自在状态，使其为我所用。

单纯感觉的——对应关系、适应环境的选择性、直接受动的应激性，是本能的适应性的内容。它说明生命的发展尚未突现"主体

---

① M. W. 瓦托夫斯基：《科学思想的概念基础——科学哲学导论》，求实出版社 1989 年版，第 45—46 页。

性"，尚不能为自然立法；它尚处于为本能所驱使的阶段，而未能达到自觉地能动地改造环境，并使主观见之于客观的状态。

二、自适应的能动状态

在漫长的自然与社会、必然与偶然交错的相互作用的行程中，生命的适应性的本能状态为自适应的能动状态所取代。适应性的这一质的飞跃，是技术出现的关键时刻。从此，生命对环境的适应有了自觉性、能动性、目的性。自觉的能动的行为目的性，是技术的内在实质。这种"自适应"的出现，标志着生命现象已不复是单纯的自然现象，而具有了复杂的社会性质。

在自适应中，生命体对环境的应激过程不再是受动的而是能动的了。生命具有更强的活力，更加显示出生命不同于自然界一般的有机、无机现象了。它与外在环境的物质、能量、信息的交换，幅度更大、频率更快。更重要的是，此时生命体能主动进击，形成主体，将他以外的客观环境，作为与之对立的客体。这就是说，作为主体的人，摆脱了动物界，成为自然界的对立面。人不仅从环境中接受信息，而且还输出信息，通过内外信息的交换，取得对环境的某种程度的控制与支配。这种控制与支配又能进一步作为信息反馈给人。在这个信息反馈控制闭环中，有人的创造性介入。因为人向环境输出信息，不是把接收来的信息原封不动地再反弹出去，而是在输出的信息上打上了自己的烙印。这就是人类活动高于动物的本能行为的地方。这种打上了主观烙印的信息，便是人类特有的构思，它既以自然界作为其构思的源泉，又经过自己的取舍，以主观形式保存在大脑之中。当它输出而见之于行动时，就成了一种技术操作过程，创造出不同于自然物的"人造物"。人类不但借助信息转移提高了自身的组织度，也提高了环境的组织度。于是，人成了一个"自组织系统"，而且人类和环境组合而成的"系统整体"也自组织化了。而且，在这里出现了一种并非天然出现的现象，即人的主观能动性、行为目的性改造了人类生存的环境，环境之中有了人的外化了的主观因素，因此，从某种角度来讲，人之适应环境，不过是自己适应自己。技术所反映的就是人的这种自适应。自适应是一个双向的应激过程，是人对其创造物及创造技术的适应过程。

在自适应过程中，选择性已为主体意识所支配，摆脱了单纯的直接感知的羁绊，透过了表象的外观，而进入到思维的抽象。"思维的抽象"是技术形成的主观条件，没有抽象概括的能力，任何技术创造活动都是不可能成功的。思维抽象所支配的"选择性"的主观意向性是十分明显的，它按需创造、择其所要，但创造物一旦形成，它又规定意向、左右选择。总之，人及其创造物，相互选择、相互规定。在这种相互作用中，技术的发展如同链式反应，技术连同其创造物满足了人的需要，又激发了新的需要，要求更多的特定技术以满足其需要。如此周而复始、层层推进，人类愈来愈聪明，技术愈来愈精进。

"自适应"是人的主观能动性的高度发挥，但并不等于说，它可以脱离客观自然任意创造。人类与其生存的环境的相互作用仍然是基本的，最终起决定作用的。但是，自适应阶段的"相互作用"与原始的相互作用不同。人与环境交互为用，不是直接的，它通过"中介"联系起来而发生相互作用。这个中介就是"工具"，那种受思维意识支配的选择性均受工具的影响。人类借助工具作为中介，了解环境、改造环境；同时又通过工具作为中介，达到外界适应、自我适应。工具是技术的结晶与外化，因此，技术就成了人与物之间的中介。所以，汤德尔认为："所谓技术，就是人在变革自然时，在自己的身体和与之相关的自然界局部之间，所设置的一种东西。"[①]
动物虽然也有通过中介与环境发生相互作用的情况，如使用木棒、
芒刺、石块等，但停留在使用天然物上，因而谈不上是"自适应"，
也就不能算是"技术"。

因此，自适应、技术是生命进化到出现了人类，人类成为与自
然客体相对立的主体时才形成的。这是蜜蜂、蜘蛛、猩猩等本能活
动与作业所无法比拟的。主体形成的客观物质基础是自然界在演化
过程中产生的自组织中心。在此基础上，主体能动地展开其自身，
从而表现为持续的差异性，即主体的自我扬弃、不断更新性；在持
续差异性更替前进中，它复归于其自身，即差异性的扬弃，从而表
现为自我保持、自我同一。这就是人类生命的能动的自为状态，也
就是自适应的能动状态。

三、技术活动的生理基础

生命现象、人类社会、人类精神是自然界自身发展的最高产物。
特别是生命的发展出现了人类社会与人类精神，客观自然界便产生
了否定其自身、与其相对立的主体性因素。"技术活动"便是主体性
的客观表现。

技术活动是人的主观能动性、行为目的性的集中表现，是人类
社会实践活动的核心部分。因此，它既受主体的生理机制的制约，
又受客观社会环境的控制。

原始技术，亦即简单工具的生产，必须具备如下条件：（1）创
造工具所须具有的生理机制，即高度发达的大脑神经系统及其相关

---

① Rapp (ed.), *Contributions to the Philosophy of Technology*, D. Reidel Publishing Company, 1974, pp. 5-6.

的信息感受器如五官，以及具有高度技能的灵巧的双手。（2）对客体的信息的感受性以及对客观规律的认知能力。（3）具有社会客观性的主观欲求、愿望与需要的形成。

自然界的客观变动，例如沧海桑田、星移斗换等均非人力所能企及，但这些却不是创造性的。人类技术活动的出现，才标志着自然界的独特的创造性。哪怕是一柄粗糙的石斧、一枚纤细的骨针，都胜过自然造化的奇峰异石、芒刺蟹钳。因为前者之中凝聚了人类的巧思与意志，而后者则是天然生成的。对这一原初的创造力，我们远未充分了解其全部特性。不过生命的这种伟大的创造性，作为技术活动的生理基础，我们已经有了初步认识。

"技术"只能在生命冲动凝聚十分强大而足以突破某一阈值的生物物种中出现。技术无疑地与人类这个物种的优异的生理状态有关，他的思维的大脑与灵巧的双手，正是那种生命冲动的特强的凝聚力的体现，它凝集大量能量，消耗大量能量，从事脑力与体力劳动。

有机体和无机物一样，是一个能量的容器，所不同的是它是一种周期性的能量流动过程。有机体有一种客观需要，它不断地从外界环境摄入物质、能量，并不断贮存起来。然而，物质能量的蓄集有其限度，随着这些外在因素的摄入，机体变得越来越不稳定，必须"宣泄"物质能量，以便再次获得平衡。于是，技术活动就成为有机物消耗物质、释放能量、恢复平衡与稳定的方式。啄木鸟衔着芒刺插入树洞挑出小虫，无疑要比单纯啄木消耗更多能量，但却更有利于机体平衡，而且它似乎获得了某种"技能"。人类在自觉的复杂的生产劳动中，储能与耗能的幅值就更大。

生命的冲动并不停留在单纯能量交换的层次上，它进而转化为一种征服的意向，或曰"攻击性"。由于客观的食物链，一物生存要以他物为刍狗，动物啮食植物，这一动物啖食另一动物，客观上形成了"生存斗争"现象。这一现象自发进行，形成糟蹋资源、某些物种濒临绝迹的危险。但这也非绝对坏的事情，人类就是在摸索如何摆脱生存困境中逐步成长的。恩格斯说："毫无疑义，这种滥用资源有力地促进了我们的祖先转变成人。"[1] 人由于食物的多样化，因而输入身体内的材料也日益复杂化，这就形成了人的生存的化学条件。人从食草类变成食肉类，捕鱼、打猎、熟食，加速了工具的发展及对火的功能的认识，于是也有力地促进了技术的发展。

当然，技术的生理基础，那种生命的本能冲动，并不是技术的本质与形成的决定因素。如上所述，高等动物也有类似的冲动或本能，但并未能形成"技术"。那种将技术的本质归结为"权力意志"的观点（F. 拉普），将技术的形成归结为生命本能受到压抑而升华，从而产生技术的观点（弗洛伊德），显然是不正确的。技术的本质与形成的决定性因素只能是生产劳动。

技术无论有多么大的进步，总是以人的生理机构作为基础的。最初的技术产生的工具，无非是人体器官的延长与改进，如原始人的木棒、石斧，就是到了近代，如望远镜、显微镜，不过是眼功能的延长与改进。更进一步，从一般工具进入古典机器时，就能取代人体器官的部分功能了。试比较一下技术的演进序列和人体器官的演进序列，就可发现其某种相关性。机器的发展是从工具机、动力机、测量器、自动机到信息机，这正好相应于人体有关器官。于是有人提出"器官投影说"，认为人类所发明的一切劳动手段，都是人体骨骼和体内器官向外界的投影而形成的结构，人类自身就是技术形态应有的原型。技术是人体自身的投影，是人体结构的自然置换。

---

[1] 《马克思恩格斯全集》第 20 卷，人民出版社 1971 年版，第 514 页。

近来，仿生学的兴起，使人类的眼光离开自身，瞩目于整个生物系统，各种生物的某些特化了的器官，有极其复杂精巧的结构，有各种各样的特异功能，我们可以对各种生物系统的结构、功能、作用进行分析，提取生物模型，使之能在技术发展中利用生物机理与生物模型，实现技术设计的革新，造出独特精良的器件，以满足人类的技术要求与生存需要。可见，工程技术的发展，不但与人类自身的生理结构密切相关，它的进一步发展还要乞灵于整个生物系统的解剖。

技术既有其客观的生理基础，又有其社会实践的根据，绝不是单纯主观自生的。而德国技术哲学家戴沙沃认为，技术来源于柏拉图式的理型世界，来源于康德所说的物自体。技术在理型的指导下，根据人类的判断力，选择一定的目的和方法，采用可能的原材料，在现实中形成。他将康德的三批判说成是："认识自然的王国"、"道德的王国"、"判断力的王国"。在这三王国之外，通过理型构成了所谓第四王国，即"技术创造的王国"。凭借第四王国的创造作用，把新事物带进经验世界，这就是理型的实在化。因此，技术发明实现的先决条件在于"理型"。一个完全与人类世界无关的高高在上的精神实体，居然能决定人类的技术活动，显然是不可思议的。当然，意识精神的创造活动对技术的影响是极其深刻、不能忽视的。但是，我们讲的"意识精神"是以大脑神经活动作为其物质基础的，是以社会实践活动作为其客观根据的，显然与柏拉图、康德的学说有原则区别。

人的生命本能、器官的生理结构，构成技术的生理基础。而意识精神则是生理基础之上的技术活动的心理根据。技术就成了人的主观能动性、行为目的性的现实形态。

第二节　技术是主观目的性转化为客观现实性的中介

主观目的性是主观能动性、行为目的性的概括。它是技术产生的主体性根据，没有主观能动性，就没有主体的行为；没有主体的欲求，就没有行为的目的。

主观目的受客观环境的制约，正因为如此，它才不是主观幻想，而是可能实现的。但是，实现的可能性不等于客观现实性。由可能到实现的中介环节是"技术"。

一、生命存在与持续的需求形成主观目的性

黑格尔说："有生命的东西应该被看作是按照目的进行活动的，这个基本定义早已被亚里士多德所掌握，但是近代几乎被人遗忘殆尽，直到康德才以他自己的方式，用内在合目的性又恢复了这个概念，认为有生命的东西应被看作是以自身为目的。"[1] 于此，黑格尔所宣称的"目的"，比我们所承认的目的要广泛得多。我们将目的局限于人类自觉的有意识的活动之中，而亚里士多德、黑格尔将一般动物的"本能活动"也包括在内。黑格尔指出：亚里士多德把这种按照目的进行无意识活动的东西叫作 φύσις（天赋）。而天赋与本能的意义相当，因此，黑格尔认为："本能是一种以无意识的方式发生作用的目的活动。"[2] 我们无意于跟踪亚里士多德与黑格尔的说法，而把人的活动与其他动物的活动加以区分：人的活动是自觉的有意识的活动，具有目的性；动物的活动是本能的无意识的活动，不具有目的性。而康德所谓的内在的合目的性，是一种潜在的目的性机能，

---

[1]　黑格尔：《自然哲学》，商务印书馆 1980 年版，第 541 页。
[2]　黑格尔：《自然哲学》，商务印书馆 1980 年版，第 541 页。

类似于我们讲的目的性机制或自然目的性。

我们认为人类的主观目的性是自觉的有意识的，而且业已越出单纯的自然界，主要从属于社会的发展。内在的合目的性，潜在的目的性机能、目的性机制、自然目的性，是主观目的性生成的自然的生理的客观条件。所以，目的性的发展可以分为三个层次：（1）本能适应性，（2）自然目的性，（3）主观目的性。主观目的性由于它的社会本性，我们也可以把它叫作"社会目的性"。

主观目的性的形成，并不是一开始就为思想意识所支配的，它首先从属于生命存在，生命存在产生欲求，欲求完全是生理性的。欲求的冲动，产生持续不断的需求，需求规定了目的。如果这种目的没有经过思想意识的筛选抉择，就是动物性的本能冲动，拿黑格尔的话来讲，这种无意识的冲动"并不是一种自觉的目的，所以动物还不知道它的目的就是目的"①。因此，主观目的性的"需求"是经过深思熟虑、审时度势、知己知彼而提出的。虽说实践中仍免不了误差，但绝不是盲目冲动的。

人类的需求是多层次的。人作为一个自然生命的实体，有衣、食、住、行等维系其生存的物质生理需要，也有延续其生存的生殖的需要。随着人类社会的发展，人类的需求愈来愈多样化、深层化，不单物质生理需要逐渐增加了文化感情因素，如锦衣、美食、殿宇、车舆、娇妻等已不完全是物质性的了，而转移到求得精神上的满足。此外，人类还有进一步精神生活的需求，出现经济、政治、文化的社会交往的需要，还有语言、文字、文艺、科学、哲学等精神上的需要。

人类对物质和精神的需求，促进了人类的全面发展。"需求"诱

---

① 黑格尔：《自然哲学》，商务印书馆 1980 年版，第 541 页。

发人类从事各种活动，在活动中增长才干，并进一步酝酿新的需求。如此互为因果，促进人类进化、社会进步。

需求的动机性质与动力作用是十分明显的，也是十分重要的．现代心理学具体地揭示了人的行为动机及动力作用对"需求"的激励作用。需要首先是人的本能。需求得不到满足时，激励人克服障碍以达目的；得到满足时，激发人的进一步追求。人的需要循序提升，从基本的需要，如生理需要，到复杂的需要，如自我成就的需要，逐步前进。当低层次需要未能满足时，高层次需要是谈不上的。所谓"仓廪实而后知礼义"，这就是说，先要吃饱肚子才说得上文明礼节问题。当然个别志行高洁的人可以例外，如中国的颜回、荷兰的斯宾诺莎。还有另一种例外，就是那些达官巨贾，物质生活得到无限的满足，但没有高尚的志趣，精神空虚，走上纵欲的道路。他们不是去"知礼义"，而是"饱暖思淫欲"了，其结果是堕落为衣冠禽兽了。

当然，人类的需求并不是任意产生的，它归根到底受其生存环境的制约。他向自然界索取，也就是对自然界的依赖。人对自然界的依赖是绝对的，但依赖的程度是相对的。随着适应性的提升，从本能的到自觉的，从适应到自适应，从适应性到目的性，依赖的程度就越来越少。

但是，需求又非完全被动的，它是主体自身所具备的一种功能。人类是其环境的产物，因而它们具有同一性，人类与环境有机联系形成一个整体系统。因此，需要是主客相互关系的反映，古猿人不会提出电视机的要求，现代文明人则无茹毛饮血的需要。可见人类需求与生存环境是协调一致的。环境唤起需求，但主体的触发性、选择性却能主动地做出不同的应答；面对美色，柳下惠与西门庆就有完全不同的反映，一个是坐怀不乱，一个是淫乱无度。因此，主体的需求又受其自身的特点的制约，不然就完全谈不上主观能动性了。可见需求并不是单纯的外界刺激的产物，而是深深扎根于主体之中的。主体通常包含需求与需求对象的集合，他为确定需求、物色对象，在多种目标与方案中进行选择，于此他有一定的自由。这种关于需求的主观选择性是目的性的萌芽状态，它必然导致目的性的确立。

但是，需求不能简单地归结为目的。它是一种不自觉其为目的的"目的"，仍然属于本能范围，因此，尚不能自觉地恰当地协调其与客观必然性的关系。

主观目的性与客观必然性的对立统一关系是应该认真加以研究的。不从二者的辩证联系出发，势将陷入唯意志论或机械论的泥坑。

唯意志论实际上带来的是盲目性。如单从自我的愿望出发，不管客观上有无可能，一意孤行，必然导致失败，若依恃强力，获得勉强的暂时"成功"，如希特勒席卷欧洲、日本军国主义者侵略中国，终归自己彻底覆灭。这种情况在现实生活中是难以避免的。譬如说，人们往往从孤立的片面需求出发，虽获得个别事件上的成功，但导致整体性的破坏。为了木材增产，滥砍滥伐，产生水土流失，破坏生态平衡，往往得不偿失。这就是无视客观必然性而主观上一意孤行、盲动蛮干的结果。

与唯意志论相反，机械论却完全漠视主体的需求，压抑主观能动性的发挥，片面强调必然性原则、因果决定性，认为自然界一切非人力所可更易的，人类只能听任自然界的摆布。

因此，主观目的性，如果完全摆脱客观必然性的约束，就流为唯意志论；如果完全屈从于客观必然性的压抑，就流为机械论。必须将主观目的性与客观必然性辩证地联系起来，才能克服上述两种片面性。主观目的性的自主性、能动性的发挥，在于顺应自然、利用自然，根据自然界自身的规律，结合主观意向，改变自然为我所用。

　　主观目的性是作为主体的人的内在秉性。"自我需求"则是主体确证自己有别于客体的基本特征。自我需求导致了意欲满足需求的若干次"盲目行动"，即未能成功的尝试，亦即缺乏足够根据的目的性行为。这样的尝试与行为的结果并非完全消极的，它逐步使人从失误中认识到客观必然性的存在，从而发展为人的真正的自觉性。

　　首先，这种目的性是人根据从客观实际出发的主客相互作用而提出的。其次，目虽有明确的主观性，但它必须凭借一定的物质手段才能实现，"技术"就是主观目的性向客观现实性转化的中介。有位西班牙哲学家指出：机器、技术是人追求其存在的实现的产物。他突出了技术在实现人的存在中的作用，虽说不太全面，却也抓住了要害。因为技术正是使人之主观见之于客观的中介环节。最后，人愈是全面而深入地掌握客观必然性，其主观目的性就愈加自觉地契合外界的法则。正如恩格斯所讲的："人离开狭义的动物愈远，就愈是有意识地自己创造自己的历史，不能预见的作用，不能控制的力量对这一历史的影响就愈小，历史的结果和预定的目的就愈加符合。"[①] 至此，"主观目的性"就发展为"科学预见性"。这意味着"意志"与"认知"的统一、主观与客观的统一。

　　但是，这种统一，还只达到主观目的性的客观合理性，尚未达到客观现实性。主观目的的实现，还必须通过"社会实践"。

二、社会实践是主观目的性的客观表现

　　社会实践也就是革命实践，这是马克思主义哲学的最基本的观点。他把实践看作是"掌握客观规律，能动改造世界"的有目的的自觉活动。关于这样的实践的理论内容，只能辩证地加以表述，才

---

① 《马克思恩格斯全集》第 20 卷，人民出版社 1971 年版，第 374 页。

能领会其要义。我曾经这样论述"实践"：

　　人，作为动物，和其他动物一样，有其本能活动。本能活动是一种无意识的活动，一种自然的活动。此时，人尚未从自然界分化出来。因此，人的活动，如同风驰电掣、虎啸猿啼、花开叶落、日月升沉一样，是纯客观活动。

　　人的进化，大脑高度发达，意识活动迅速发展，当他能意识到自己的存在，意识到自己的活动，抱着一定的目的自觉行动时，例如，进行驯养牲畜、定居种植等一类生产活动，这时，人从自然界分化出来，而与自然相对立，人有了"我之自觉"，人的活动就成了一种有意识的活动，产生于自然而有与自然相对立的活动，有目的、有意志、有感情参与其中的活动。这样的活动是本能的活动、纯客观的活动的否定，是人所特有的主观的活动。

　　人的生存与发展，绝不能脱离群体，从原始公社起，几十万年的生活经验，造成了这样一种几乎等于天性一样的合群性。离群索居是不可能的。狼孩离开了人群，实际上成了人形的狼，是野兽，而不是人；鲁滨逊是小说家的假想，即令那样，他还是要以破船上的人造物作为他开始孤独生活的基础。合群性就是社会性，因此，人的活动又是一种社会活动。社会活动意味着每一个人的主观活动在社会群体中，是互为客观的、相互制约的。每一个人怀抱既定目的而活动，但结果往往不是预期的，因而产生盲目性。盲目性是目的性的否定形式，是人的有意识的活动，绝不能与无意识的本能活动混同。人的活动的合群性、社会性，使人不能那样随心所欲、主观任性，在彼此相互制约之中，产生人类的不以个人意志为转移的必然的客观行动。于是，人的活动扬弃了它的主观性，复归于客观。这是一种社会客观运动，是纯客观的否定之否定。

人类的活动继续前进，经过多次盲目行动，碰了不少钉子，逐渐使自己的主观目的符合于自然社会的客观规律性，从而达到目的与目的实现的统一。这时，人的活动又成为主观活动，但与始初的主观活动不同，而是一种包含客观性于其中的主观活动。于是，从始初的主观活动，达到社会的客观活动，复归于合乎客观规律的主观活动，从而又形成一个否定之否定过程。这就是马克思主义的革命实践观点的辩证发展过程，革命实践的科学含义。[1]

关于实践范畴的这一辩证分析，比较简要地阐明和概括了上面的种种议论。这样的社会实践与主观目的性不是对立的，而是相通的。因为：

（1）主观目的性是实践活动的灵魂。没有主观目的性指引方向的"活动"，不是实践的而是本能的。恩格斯指出："在社会历史领域内进行活动的，全是具有意识的、经过思虑或凭激情行动的、追求某种目的的人；任何事情的发生都不是没有自觉意图，没有预期的目的的。"[2] 因此，实践活动之所以有别于本能活动，就在于有目的性贯穿于其中。

（2）在社会实践过程中，人们逐渐熟悉事态的进展，逐步掌握客观发展的规律性，从而审度自己的主观需求，做出符合外界的判定。在这样的主客相互协调的关系中，主观目的性就抛弃了它的片面性的偏执及感情意志的纠葛，变成了"科学预见性"。科学预见

---

[1] 萧焜焘：《关于辩证法科学形态的探索》，《中国社会科学》1980 年第 2 期。

[2] 《马克思恩格斯全集》第 21 卷，人民出版社 1965 年版，第 341 页。

性乃是主观目的性与社会实践性的统一。

（3）主观目的性与社会实践性其实是同一的。主观目的性是社会实践性的"潜在状态"，社会实践性是主观目的性的"现实状态"。主观目的性是"意欲"的表现，社会实践性是"行为"的结果。所以，它们之间是"想"与"做"的关系，二者在本质上是同一的。

三、实践中形成的技术手段完成主观目的性向客观现实性的转化

技术手段，固然需要主体的构思与设计，但这些构思与设计不是在脑子里凭空产生的，而是多次社会实践的经验积累引发出来的。传说鲁班是这样发明锯子的：鲁班一日穿越森林，林中茅草丛生，茅草的锋芒划破了鲁班的臂膀。这原是一桩平常的事，但引发了鲁班的思索，他仔细观察茅草边沿呈齿状，再联系到伐木，从而构思设计出"锯子"，沿用迄今。可见技术手段是在实践过程中形成的，思虑只有在实践经验的基础上才能发挥作用。在实践基础上形成的技术，有下列特征：

（1）技术具有二重性。技术既然是根据人的主观能动性、行为目的性，并通过社会实践而形成的，那么，它便既具有主观能动性的品格，又具有直接现实性的品格。因而，技术具有二重性。

首先，技术是自然规律性与社会规律性结合的产物。技术既是改造客观世界的工具，又是改造客观世界的成果。这种改造不是单纯的主观意志强加给自然界的，而是自然界的规律性为人所掌握，其后因势利导作用于自然界，加速或延缓客观事变的进程，并根据自然界本身所固有的机理，使之朝有利于人类生存的方向发展。工具是技术活动的物化；成果是技术活动的产品，它们完全服从于自然界的客观规律。

但是，技术活动的性质与水平，工具出现的历史时期，成果的品

种、数量、质量，又受社会特别是受到社会生产方式及其上层建筑的制约。因此，技术的产生与发展又必须服从社会的客观规律。只有在自然规律与社会规律的交会点上才能产生技术。而且，技术更多地从属于社会，甚至可以把技术科学视为社会科学的一个组成部分。

其次，技术是物的因素与人的因素结合的产物。技术工具与技术产品，是人的技术思想与技术活动的物化。技术必须附丽于物质资料才具有客观现实性。因此，技术必须有物的因素作基础。然而，这个物，不是天然物，而是人造物，因此，它的本质特征是人的因素。人的劳动生产活动与技术思维是"人造物"的灵魂。

再次，技术是主观与客观结合的产物。一方面，技术体现了主观目的性。它在使自然物改变形式的同时，又在自然物中实现自己的目的。这个目的制约着他的活动。在技术中凝结着两种目的：一种是直接目的，较为具体，通常表现为机器能代替人做什么，因而更多地与工艺方法及产品相关，更多地反映人与自然的关系。另一种可称为背景目的，较为抽象，它决定技术所由以产生的社会文化背景，尤其是占主导地位的价值观念。因此，它主要地反映人与人之间的关系，主要地与生产过程而不是产品、工艺方法有关。马克思便指出："机器成了缩短必要劳动时间的手段，同时机器成了资本的形式，成了资本驾驭劳动的权力，成了资本劳动追求独立的一切要求的手段。"[①] 在这里，他实际上揭示了技术的两重目的。有一种关于技术与文化相互关系的理论叫作"技术媒介论"。这种理论认为：技术作为文化产物之一，体现着该文化中所包含的占支配地位的价值观念。作为特定历史环境的产物，资本主义制度下发展起来的技术，体现着那种驾驭劳动、镇压劳动的，最大限度地获取利润

---

① 马克思：《机器。自然力和科学的应用》，人民出版社1978年版，第26页。

的主观目的性，工厂体系、泰勒制、万向照相术等都体现出这种对劳动的控制功能。另一方面，技术又是客观现实性的。技术服从客观规律，而且有其物化形态，并产生特定的后果。这种后果或有利于人类或不利于人类，其不利之处为人类起始难以预料。例如工业高度发达的结果，破坏生态平衡，引起气候反常，产生温室效应，导致臭氧层穿孔等等，这些后果都是不利于人类生存的。

从技术的二重性看来，单纯技术观点是非常狭隘片面的，技术专家必须深悟社会问题，才能端正技术的前进方向，避免无效劳动，避免事与愿违的后果。

（2）技术具有中介性。关于什么是"中介"，现在流行的一种常识性的见解认为，大与小的中介是相等、黑与白的中介是灰，如此等等。这种说法是把中介理解为一种中间状态。承认中间状态，常识上是容许的，在处理具体问题上是必要的。但哲学上的"中介"不是中间状态。

黑格尔对中介有十分精辟的寓意深刻的论述：他认为中介"只是运动着的自身同一，换句话说，它是自身反映，自由存在着的自我的环节，纯粹的否定性，或就其纯粹的抽象而言，它是单纯的形成过程"[1]。这段话，我们可作如下的解析：首先，自身同一如果是同一色的无内在差别性的，则是僵死的无运动的。事物有了中介就意味着差别性的产生和发展，因而产生内在的对立，从而形成矛盾，产生运动，于是成为"运动着的自身同一"。其次，中介作为矛盾运动过程的环节是其自身的反映，这意味着客观进程的自觉，即由无生气的自在状态开始向自为状态转化，变为自为存在着的自我，这个使客观进程生动起来的环节，就是"纯粹的否定性"，拿亚里士

---

① 黑格尔:《精神现象学》上卷，商务印书馆1962年版，第12页。

多德的生物学的语言来讲就是"生长"。因此，什么是"中介"？中介就是否定，就是生长。最后，黑格尔把中介归结为一个单纯的形成过程。中介作为自我、反映、否定，意味着事物在过程进行中形成着，但尚未瓜熟蒂落、完全成熟而达到真理显现的阶段。虽然如此，却不能把它排除在真理之外。黑格尔指出：正是由于有了这个中介，它作为积极环节，才"使真理成为发展出来的结果，而同时却又将结果与其形成过程之间的对立予以扬弃"[①]。

黑格尔关于中介的论述是可以借鉴的。简言之，中介是具体同一之中包含的差别性、纯粹否定的生长性、导致真理的过程性。[②]

主观目的性从其潜在状态向现实状态过渡，即由头脑中设想的东西变成具有真理性的现实的东西，其过渡的中介环节便是实践中形成的技术。因此，技术应具备上述中介的特征。技术作为一种技能是从属于主体的，是主体的能动性的一种具体形态，这种具体形态具备外化、物化的现实可能性。它外化为技术活动、物化为工具或人造物，这样就使主观目的性过渡到客观现实性，即由潜在状态转化为现实状态。因此，技术是主观目的性中否定其主观抽象性的因素，即主观中的客观性，抽象中的具体性，潜在中的现实性。技术的这种矛盾性格，便是它作为"中介"的实质。

这样的技术，在主观向客观过渡的进程中，具有下述的现实功能：①增益功能。它能增进手工操作的能力，强化大脑神经功能。人类生产劳动是体力与脑力的支出。掘土机、伐木机的效益便大大超过手工操作，计算机的运算速度便大大超过大脑的运算能力。总之，技术的运用不但节省了体力与脑力的支出，而且提高了它们的

---

① 黑格尔：《精神现象学》上卷，商务印书馆 1962 年版，第 13 页。

② 关于"中介"，参见萧焜焘：《精神世界掠影》，江苏人民出版社 1987 年版，第 33—34 页。

效率，改变了它们的性质。②变换功能。技术在自身发展过程中，逐渐表现出物质变换、动力变换、信息变换的特征。将这种变换纳入主客相互关系中，从而影响人类机体的新陈代谢，发生某种飞跃。生命体不断输入与输出，技术深入影响人的体能、技能、智能。一双有技术训练的眼睛，能辨极其细微的颜色差别；一双富有经验的手，一掂之间可以判别一扎瓷碗之中有几只破损。人类的生理功能，通过专业技术训练，产生一系列变换，从而在特定方面具备了前所未有的功能。③消费功能。技术开发生产领域，产品不断增进与更新。但生产的目的是消费，技术产品的消费是刺激与推动技术进步的动力。人的需要，原始时期主要地直接取之于自然。随着人类社会的进步，人的需要逐渐为技术加工物所代替，技术成了满足人的需要的重要手段。试观人类的衣食住行，哪一样能脱离技术？需要推动技术，技术满足消费，消费规定需要。"需要—技术—消费—需要"构成了一个循环因果环。因果环的运转，使人远离自然，驾驭自然，在自然界的基础上建立了自己的王国。这个王国的建筑师便是"技术"。

（3）技术具有过程性。技术过程就是主观目的性向客观现实性的转化过程，也就是主观目的性在自我保持中超越其主观抽象性，否定其自身而客观化的过程。为了考察这种转化过程，有必要了解技术生产的全过程。

技术生产的全过程，不是思辨哲学性的而是实证科学性的，它的实质是"科学技术实践"。过程从社会需求的分析开始，结合已有的技术理论和经验，导致"产品概念"的形成。对这种构思中的技术产品进行机理分析，这种分析一般从两个方面展开，即理论研究与实验论证。在机理分析的基础上，设计研制方案，选取技术路线。此时，还要从社会需要、技术最优、效益最大等方面对各种技术方案进行评估、选择，从而做出决策。然后，在实验室中进行元部件研制和总体研制，并进入中间试验，亦即将实验室产品模型"相似放大"，最后，投入正式生产，参加市场运转，从而进入下一个需求环节。

技术生产的这一典型的具体流程，正是从主观目的性向客观现实性转化过程的具体实施步骤。在技术生产流程中，从需求分析到技术决策，综合了认识判断、行为动机诸环节，形成技术的目的性；在实验研制、相似放大中，主观目的性逐渐转化为客观现实性。此后，定型投产、打入市场，乃其客观现实化的完成。因此，技术生产的全过程，可以简化为下述的一个三段式："技术目的—技术活动—技术产物"。

在实践中，首先形成技术目的。技术目的一旦形成，便开始进行技术活动。技术活动，一方面表现为目的实现的手段，包括工具、技能以及技术知识；另一方面表现为目的、手段与具体对象的结合，从而达到目的的实现，即获得技术产物。

技术的二重性、中介性、过程性，揭示了技术内在的丰富的辩证实质。技术之所以有如此深刻的理论因素，并不是先验的自生的，而是人类最基本的社会活动——生产劳动升华凝缩的结果。

生产劳动是人类的诞生、社会的形成、技术的进步、意识的发达的一个永恒的不可废弃的基础。因此，我们要反复提到生产劳动这一最高范畴。

第三节　生产劳动对技术的形成与发展的决定作用

生产劳动是人类社会生存与发展的基础，没有生产劳动就无所谓人类社会。在生产劳动过程中，经验的积累与智慧的启迪，产生了改进劳动方式、提高劳动效率的手段，这就是生产工具及使用工具的技能，即技术。

技术的产生与发展，不但是劳动方式的变更，而且是文化进步的标志。"石磨风车"是封建文化的标志，机械蒸汽是资本主义文化的标志。因此，对生产劳动与技术的关系的探讨，有助于我们全面了解人类社会的物质文化现象。

一、生产劳动是人类社会行为从本能到自觉的转变

人类社会超越动物界进入一个更高层次的表现之一是：人类社会行为从本能到自觉的转变。这一飞跃形成的决定性关键是"生产劳动"。

生产劳动源于一般动物的觅食谋生活动，而且仍然以"觅食谋生"作为其基本的驱动力，但又高于这种单纯的觅食谋生活动。因为动物的觅食行为是本能的，屈从于自然的。虎狼捕杀牛羊，啖肉吮血，这一切都是本能的天然的。野蛮人虽也茹毛饮血无异禽兽，但他们的行为与虎狼相比，逐渐出现了性质上的差异：（1）开始使用弓箭刀斧等捕猎工具；（2）捕猎活动是群体的，有谋略的；（3）已知道利用火进行熟食。这些差异的逐渐出现，就意味着从本能驱使向自觉行动过渡的萌芽。

及至人类知道豢养牲畜、栽培作物，就完全由单纯觅食的本能状态转化为生产劳动的自觉状态了。这一转化是人禽区分的决定步骤，是在自然界发展过程中形成人类社会的标志，是原始性技术活动出现的起点。

人类社会行为之所以不是"兽行"，就在于人的生理的本能冲动为社会行为规范所制约。人要满足其生存与生殖的需要，这一点与禽兽并无二致。但是，当人类结为群体互助互济共谋生存的时候，

为了协调他们的行动，维护群体的稳定，增强其行动的力量与有效性，就逐渐自觉不自觉地形成了他们之间行动协调一致的准则，最终形成不以个体意志为转移的社会客观规律性或必然性。构成社会规律性或必然性的核心的是"生产劳动"。马克思曾经讲过，社会停止生产劳动，哪怕是几天，也会濒于崩溃。

生产劳动是人类社会的本质与灵魂，它的最主要的特征是：人类自己意识到他自己的行为，也就是说，人类的行为不是本能的、自发的。生产劳动活动有明确的目的性，一定的计划性，必要的专业性，以及为了达到目的、服从计划、配合专业的相应的技术手段。这就是生产劳动赋予社会行为以自觉性的具体内容。

在这种生产劳动自觉性的基础上，其他人类社会行为也都逐渐自觉起来。人类社会进入共产主义的条件之一，就是人类社会行为的"完全自觉"。达到这一步，既是社会劳动生产以及其他一切社会行为高度协调发展的过程，也是人类精神状态高度圣洁化的过程。

二、技术对劳动的量的增长与质的变化的反馈作用

生产劳动的"自觉性"的内容是十分丰富的，但是最重要的是"技术的形成"。工具与技能是生产劳动的结晶，是生产劳动的物质化与智能化。生产劳动使人心灵手巧、才思横溢，这种巧思结集成形，从而创造出各种性能优越的工具。工具的形成，转过来又提高、改造人类的技能，增长人类的才干。人能熟练地掌握性能优越的工具，便大大地提高了劳动生产的质量。"工欲善其事，必先利其器"，这是技术对生产劳动的反馈作用的最简练的说明。

技术的改进，对生产劳动的量的增长的明显作用是毋庸置疑的。刀耕火种，显然不如铁犁牛耕；铁犁牛耕，又显然不如拖拉机耕。农业耕作技术的改进，使耕种速率飞跃增长。工业以及其他行业莫

不如此。由于技术的改进，大大提高了劳动生产率，资本家便热衷于技术的改进，从而获得高于社会平均利润的超额利润。但是，资本家从事生产活动是以攫取利润为目的的，当技术的引用不足以提高其利润率时，他们便对技术进步不感兴趣了。于是，他们转而封锁科技发明，宁愿采用落后技术，扩大对廉价劳动力的剥削。只有社会主义制度才是技术进步的可靠保证。因为它是从人民的根本利益出发的，而技术进步对改善劳动条件、增加劳动产品、丰富人民生活、促进社会繁荣，总是有利的。

技术引起社会生产劳动性质的变化，就更加显得重要. 它关系到人的素质的提高、社会文化的进步问题。印刷术是人类进步、文化发达的一项极其重要的发明。我们中国人是这项发明的首创者。约公元 600 年以后，中国出现木版印刷；900 年前后，中国出现铜版印刷；1050 年中国毕昇发明胶泥制作的活字版。印刷术传到西欧，直到 1435 年前后，古滕贝格（Gutenberg）才做出技术上的改进，找到了一种至今基本上还在使用的办法，即以浇铸的铅字印刷书籍。这是一种凸版印刷术，后来又发明了一种平版印刷。1796 年，A. 塞内费尔德（A. Senefelder）发明石版印刷，可以印制油画及精确的地图。1868 年，J. 阿尔贝特（J. Albert）改进了平版印刷，发明了感光胶版印刷，由于其色调范围广泛，尤宜复制油画或水彩画。现在的印刷术的进步，更是一日千里，电脑排印、磁盘保存等等，大大方便了文化交流以及信息的储存与传播，从而提高了社会文明的程度。

除了这个古老的印刷术以外，现代技术的文化性质、智能性质、仿生性质，日益显著。它大大增强与深化了人的技能，使人类利用与控制自然的本领迅速提高。

过去不少人片面了解劳动与人的关系，从劳动创造引申到劳动改造，以为那种原始的笨重的技术因素很少的旧式农业劳动，是改造人的唯一道路，这种想法是不够全面的。这样的劳动磨炼，对一个四体不勤、五谷不分的人是必要的也是有好处的。但是，真正能彻底改造人的，是劳动中的技术因素，因此，除一般劳动磨炼外，更重要的是技能训练。现在有些劳动教育单位，对劳教人员进行系统文化补课、技术培训，而不是成天进行强迫劳动，这一方向是十分正确的。

技术能增加社会财富，能改变人的素质，能促进文化的发展，总之，它对生产劳动的反馈作用是不能忽视的。这也说明，技术作为主观能动性的一种客观的物化的形态，成了人类改造世界同时改造自己的一种现实力量。

三、技术作为劳动方式与文化现象的双重作用

技术的操作性质，决定了它的本质是劳动，是一种劳动方式。它从属于社会生产力，随着时代的发展，它成为当代社会生产力的核心。就此而言，技术是人类社会的客观物质基础的组成因素。

作为劳动方式的技术，是没有国界、没有阶级分野的。它服从客观自然规律。技术的形成，必须有客观科学根据。例如，"飞行器"其飞行速度不达到宇宙第一速度（ $v_1 = 7.9 \text{km/s}$ ），便不能绕地球运转；不达到宇宙第二速度（ $v_2 = 11.2 \text{km/s}$ ），便不能逸出地球飞向其他天体；要想越出太阳系遨游于恒星之间，就必须达到宇宙第三速度（ $v_3 = 16.7 \text{km/s}$ ），技术的客观精确性可谓分毫不爽。

客观世界蕴藏的技术因素是十分繁复的，但是这些还只是潜在的可能性，它们能否实现，决定于生产的需要及经济的状况。因此，技术的实现，还要看社会生产经济发展的情况。于此，它又要服从

客观社会规律。一种技术，从自然规律看，是可能的。如社会生产无此需要，经济状况无法承担，便不能实现。

由此看来，作为劳动方式的技术，必须服从客观的自然与社会规律。

技术的这种客观地内蕴于物的性能，技术的这种不依人的意志为转移的必然性的机制，使它仿佛成了一种与人对立的异己力量。其实，这不过是技术的外在方面，技术归根到底却是从属于人的。世界上如果没有人，就绝不会有技术。技术，作为劳动的高级形态，同劳动一样，是人之所以为人的本质属性。

劳动创造人，技术改造人。技术由于人之故，显示出了它的精神的风采。于是，技术的形成与发展，也就成了一种人类社会的文化现象。它已不止于社会的物质基础的组成因素，而是社会意识形态、上层建筑的重要组成部分。

作为文化现象的技术，与人类同呼吸、共命运。它有其兴衰更替的历史变迁，也有其性质功能的急剧突变。

首先，技术作为人的内在品格，是构成与推动主体性变化与发展的根据。劳动创造人，随着劳动之中的技术因素的增长、分化、变更，不断推动主体性前进，从而改造与提高了人的素质。人类产生之后，并不是凝固不变的，而是处于不断变化更替之中。生理状态的变化也许是极为缓慢的，当代人与其"智人"祖先相比，遗传基因基本没有变化，但文化素养、精神状态却日新月异。"智人"与"现代人"有了天壤之别。促成这一巨大变化的因素很多，如经济的、政治的、伦理的、情理的、哲理的……但作为劳动的高级形态的技术因素却是最基本的。技术塑造人的习性、确定人的指向、凝炼人的精神，即塑造了人的社会胚胎形式。人刚出生，基本上没有性格上、倾向上的区别，但是由于劳动技术的培训不同，或根本缺乏必要的培训等，就形成了不同的"社会胚胎"，再加以其他各种不同因素的影响，便产生精神风貌迥异的"社会众生"。工、农、兵、学、商，就是由于技术训练不同而形成的不同的社会群体。

其次，技术的发展产生飞跃突变时，往往决定时代的变迁，标志着一代物质文明的特征。众所周知，从生产技术的发展来划分历史时期，有所谓石器时代、青铜时代、铁器时代、蒸汽时代、电气时代、原子能时代……人类每一个时代突出的技术成就，往往又决定人类社会制度的变化、意识形态的更新。总之，整个社会文化跃迁到一个新的台阶。

再次，技术作为一个"科学体系"，即作为一种意识形态，人们习惯上把它与自然科学结合在一起，把它看成是自然科学抽象原则的应用。这样看问题，即便不说是错误的也是不全面的。前已论述，技术有它的外在方面，也有它的内在方面。而决定其本性的是它的内在方面，即它的属人的本性。技术属于人，是人的合理的意志的外化与物化，因此，它更多地接近于人文科学。研究技术科学而排斥人文科学，是一种单纯外在的机械论倾向。对技术科学的全面研究，必须联系其自然科学的基础、社会经济的背景、调控管理的措施，然后归结到它的哲学理论根据的探讨。

技术，作为劳动方式与作为文化现象的统一，是技术的客体性与主体性的统一。这一个统一的载体就是"人"。

人通过其自身的技术性能改造世界以符合自己的生存目的，而且在改造世界的同时，自身也得到了改造。

技术，是生命的精灵，是生命的自适应、自调节的生理机能的"社会形态"。

技术，是劳动的结晶，是劳动的能动性、目的性的内在本质的

"物化形态"。

技术，是文化的表现，是文化的社会性、智能性的精神特征的"客观形态"。

因此，技术的本质及其发展，其内容是极其深邃而广阔的。

第十一章　技术的本质及其自身的发展

技术是社会生产活动的产物，转而又成为社会生产的组成部分。在现代的巨大的社会生产力中，技术竟成了它不可缺少的核心力量。以技术作为特征与核心的社会生产力，是现代社会经济发展的基石，是科学社会主义实现的物质前提。因此，技术在生产、经济、社会的发展中，起着举足轻重的作用。

技术，作为一种文化科学现象，在上层建筑、意识形态领域，似乎是处于被动状态。一般讲，文化形态、科学理论的发展，是技术进步的前提，在上层建筑领域，技术的地位是比较卑微的。所谓"雕虫小技不足道也"。它似乎是一种工匠技艺之学，在大学问家眼里，它无关乎天命人性，不足挂齿，不能登大雅之堂。特别在中国历史传统里受到严重的贬抑，这是很不正常的。

但是，现代文化形态、科学理论的发展证明：文化形态、科学理论的体系的构造与确立，不能单靠"思辨"（speculation），更为重要的是"实验"（experimentation）。实验就涉及到技术问题。李政道、杨振宁提出的在弱相互作用中宇称不守恒的新概念，无疑是理论物理学研究的一个重大突破，但它的确立却有待吴健雄用实验方法进行检验。这里实验技术起了决定作用。逻辑思辨的推导，只证明了"理论"的可能性；实验技术的应用，才证实了"理论"的真理性。因此，技术在上层建筑、意识形态领域，其作用也日益显著。

所以，从社会生产力、生产方式、上层建筑、意识形态，即整个社会结构中，都可以见到"技术"的不可或缺的作用。于此，"技术"这一概念已进入哲学的广泛背景之中。我们必须从哲学的意义上，探讨技术的本质及其自身的发展，才能了解其深意。

第一节　技术的本质

"技术"的形成源远流长，从人类开始制造工具时，便有了技术。古希腊时代，技艺并称，一个建筑师同时也是一个艺术家。我国古代，技术是百工的统称，所谓"凡执技以事上者，祝、史、射、御、医，下及百工"。这就是说，身有一技之长，如祭祀、编史、射击、驾驶、行医等等都称是技术之士。

但是，直到近代，技术才受到人们特别的重视，过去特别是在中国被认为是"雕虫小技"的技术，充分显示出它在改造世界方面的巨大的能动作用。这时，技术才得到了它应有的位置，得到了系统的研究。狄德罗在他编撰的《百科全书》中，首次将技术列为专门条目，并做出如下的规定：技术乃达到某一目标的工具和规则的体系。当代技术涉及范围就更加广泛，把很多原来不属于工程技术范围的东西也包括进来了，如德治工程、教育工程、知识工程等等也算作一种工程技术了。技术深入到社会生活各个领域，日益显示其不可或缺的作用。这个在当代涉及范围广泛的技术，可以概括为三个方面：（1）生产技术。如制造工具、机器，生产日用产品等，目前生产技术不但活跃在无机物范围之中，而且在有机物、生物系统中也日益发达，如人体器官移植、遗传工程等等。（2）管理技术。

当技术深入到人类社会体系之中，便产生了组织管理技术，如预测决策技术、系统分析技术等，这种技术一般没有有形的产品，但是由于管理科学化、理论化，可以出现生产的增益作用，如科学的预测，可以导致正确的决策，而正确的决策，可以避免失误所造成的各种损失，大大提高生产效益、经济效益、社会效益。（3）智能技术。人类的思维活动可以部分地为"智能机"所代替，于是产生思维活动的技术，如密码技术、图像识别技术等。

由此看来，当今"技术"已遍及自然、社会、精神三大领域。它不同于一般知识体系的地方是它贵在行动，是人类意志的集中表现。一般知识体系与技术的关系是"知和行"的关系。从某种意义上来讲，行动在先、认知在后。马克思主义特别强调"实践"的作用，而实践的要义就在于行动。因此，"技术"作为变换物质、协调关系、促进思维的一种能动力量，是可以与"实践"范畴相通的。实践是技术的哲学灵魂，技术是实践的现实表现。

一、人类生产劳动技能的结晶

人类的行动，首先是生产劳动。生产劳动是人类生存与发展的必要的行动。因此，技术以生产劳动作为它的最基本的实质。在生产劳动中，人类获得了各种生产劳动技能。"技能"是人类主观能动性的具体化，如种植、畜牧、纺织、驾驶等等，都是一些变革世界的具体的能动力量，随着生产劳动的扩大与深化，技能便日益加强与精进。

生产劳动技能是从制造和使用工具开始的，如前所述，它的伟大意义在于：人发挥了它的主体作用，与自然界相对立，把自然界作为自己的认识与改造的对象。人类对技术活动有比较明确的认识，可追溯到公元前4世纪古希腊时代，技术一词出自希腊文"techne"

（工艺、技能）与"logos"（词、讲话）的组合，意思是对造型艺术和应用技术进行论述。与古希腊差不多同时，中国春秋战国时期齐国人著《考工记》称"国有六职"百工位居第三，可见其社会地位相当重要，当时手工技艺已相当发达，多达 30 项专门生产部门："攻木之工七，攻金之工六，攻皮之工五，设色之工五，刮摩之工五，搏埴之工二"，每一项目之下又有更细微的分工。他们以"审曲面势，以饬五材，以辨民器"为己任。当时运输、工具、兵器、容器、玉器、皮革、染色、建筑等方面都产生了精巧的合乎科学原理的工艺。例如，车辆的制造，单"车轮"一项，便提出了 10 项技术规范，由此可见，技术要求是很严格的，考虑是十分周全的，处理又是十分合乎科学原理的。第一项技术标准就是要使滚动摩擦阻力降到最低限度的问题，即要求轮子必须是正圆形。看来，古希腊和古中国都在大致相同的年代认识到技术的地位和作用，而且技术的发达已到非常可观的程度。但是古代的"技术"主要表现为手工技艺性质，属于工匠的手艺。它是属于经验型的，工匠们的熟练的技巧是长期经验的积累，知其然而不知其所以然。

手工技艺是技术发展的原始形态，它除了明显的经验性质外，还有个体性的特征。一个技术高超的工匠心灵手巧，不亚于一个艺术家。固然其产品多属日用范围，但由于造型优美、工艺精绝，往往产生稀世的艺术珍品，例如流传迄今的宜兴紫砂壶，除一般使用的统货外，精品则价值连城，它已超出日常使用范围而专供赏玩了。手工技艺的经验性质、个人操作性质，作为劳动生产的手段，不管其技能如何高明，仍然是原始的。因为工匠技艺主要是凭个人的经验与禀赋直接作用于劳动对象，缺乏理论的论证与普适的严格的规范，因此，还不能与当代工程技术相提并论。

手工技艺的提高，必须经历一个理论化、系统化的过程。在手工技艺的实践基础上，几何、力学、物理、化学等基础理论研究日益深化，有了完备的理论体系。基础理论的出现表明人类从单纯经验的外在性与个别性中解放出来，上升到理性的领域了。手工技艺一般处于单纯的经验状态，缺乏内在联系，具有外在性、偶然性的色彩；它基于直接的事实、给予的材料、权宜的假设，因此，缺乏内在必然性。要想弥补这种缺陷达到真正的内在必然性，就有待理性的思维。

手工技艺是人类的目的性行为，目的性的活动是指向外部的，它必须利用工具以求达到目的的实现，从而达到主客观的统一。客观世界的机械力学、物理化学等外在的质材与性能为主观目的所支配，在这主客相互作用过程之中，客观事物互相消耗，互相扬弃，它既超脱于其自身，又复归于其自身，即客观事物经过主观目的之剪裁，达到主观见之于客观。这里需要的就不是单纯的经验，如黑格尔所讲的，而是"理性的机巧"(die List der Vernunft)。黑格尔解释道："理性是有机巧的，同时也是有威力的。理性的机巧，一般讲来，表现在一种利用工具的活动里。这种理性的活动一方面让事物按照它们自己的本性，彼此互相影响，互相削弱，而它自己并不直接干预其过程，但同时却正为实现了它自己的目的。"① 因此，"理性的机巧"导致经验性的目的行为的升华，即扬弃其外在性，深入到内在性；扬弃其偶然性，抓住了必然性，从而将可能性转化为现实性。如果说，在手工技艺阶段，理性的机巧只在工匠们头脑中自发地起作用，进入基础理论阶段，就以"理性的机巧"本身作为研究的对象了。它探讨人类认识自然、改造自然的一般法则，形成了数学以及物理、化学、天文、地学、生物等基础理论学科，这些学科，

———————

① 黑格尔：《小逻辑》，商务印书馆 1980 年版，第 394 页。

一般没有切近的目的，也无立竿见影的经济效益与社会效益，但从长远来看，对技术、生产与经济、社会的发展，有不可估量的作用。基础理论从理性的机巧、客观的必然引导技术纵深发展，形成当代涉及各个方面的"工程技术"。20 世纪的工程技术有点类似 17 世纪的"力"，它风靡一时，君临整个科技界了。

"工程"（engineering）是应用科学知识使自然资源最佳地为人类服务的一种专门技术。工程问题有明确的目的性，并综合考虑主观目的及其客观实现问题，创造性地进行设计，提出最佳解决方案，兼顾多方面的因素，采取最可靠和最经济的方法。因此，高级的工程技术人员不是一般的工匠技师，他必须具备广泛的数学、自然科学、社会科学、人文科学的知识，还必须具备一个善于分析综合的哲学头脑。工程技术的实质是"实现人的意志目的合乎规律的手段与行为"，"是人类的理智与意志在认识与改造世界的目的之上的统一"。工程技术的哲学灵魂就是革命实践。①

于是，手工技艺、基础理论、工程技术，形成了一个辩证的圆圈。工程技术是手工技艺与基础理论的辩证的统一。它是人类生产劳动技能的结晶。

作为人类生产劳动结晶的"技术"，它的特色首先在于以机器体系为基础的社会化的大生产代替以手工为主体的小作坊生产。这一变革引起了劳动技能的变化，工匠的手艺绝活无用武之地了，许多必要工序为机器所代替，工人只从事减少体力与脑力支出的简单操作。特别在当代自动化日益提高的进程中，工人可以身着洁白的工作服，看看仪表、按按电钮就行了。因此，随着机器和工业应用占据统治地位，技能便逐步变为制造和利用机器的过程。于是，关于

① 参见萧焜焘：《唯物主义与当代科学技术综合理论》，《社会科学战线》1987 年第 3 期。

机器体系的"技术操作"就变成了当代技能的特色。所谓技术操作是借助某种方法达到某种结果的人类活动,为了强调技术操作和制造过程的联系,而把它称作技能。当代操作技能的"简单化"并不意味着生产劳动技能的倒退,相反,对工人的文化、科学、技术的素质要求更高。他必须对他所掌握的自动机器有比较全面的知识,有比较敏锐的构思与判断能力。因此,操作技能的"简单化"背后有复杂的文化科技背景。村田富二郎便指出:"在生产现场中,直接或间接被充分利用的,只有经过特定训练的人所具备的特定能力",才是技术。[①]

其次,作为生产劳动技能的结晶的"技术",又不能简单地归结为"操作",它既包括动作的熟练化,又包括思维的敏捷化。当然,技术活动不能没有"动作"。这些技术性的动作是可以分解的,例如一道工序由几个必不可少的动作构成,便可在最少时间产生最大效益。这就表示这位生产劳动者的操作的熟练程度,显示出其动作的准确性、灵活性与有效性。另一方面就是思维的敏捷性,这属于技术活动的内在方面。它是动作熟练化的灵魂,心灵才能手巧;它又是技术设计、创新的动力,新的技术构思培育出新的操作技能。因此,动作的熟练化与思维的敏捷化是相互为用的,动作推动思维,思维改进动作。

一般讲来,行动在先,因此,操作技能是技能发展的第一阶段,"操作"是从属于感知的,它主要表现为外部的有形的动作,而概念活动与目的性行为是次要的。思维活动是技能发展的第二阶段,这时有形"操作"过渡到无形"思维"。它对动作方式的内涵、诀窍、优化等方面进行分析比较,对操作过程的内在规律性进行概括总结,

---

① 村田富二郎:《技术论和技术》,日本《金属》杂志,第51卷第1号。

对目的的主观性如何与操作的客观性相结合进行研究探索，这样就大大深化与促进了技能的发展。而"技巧"的形成则是技能发展的第三阶段，技巧是技能完善化的标志，是动作与思维高度的统一。所谓技巧，意味着动作与思维协调一致、默契无间、自动调节，即所谓"得心应手、巧夺天工"。

技术作为生产劳动的技能，主要是从主体的能动性而言。它表明了人所具备的科学技术素质以及社会实践所具有的科学技术内容。而科学技术的客观成果，通过人的实践与认识形成的知识体系，尚须进一步探讨，才能进一步揭示技术的本质。

二、生产劳动活动的知识体系

随着人类社会的进步，生产劳动活动日益多样化，从而产生多种多样的技术。由这些技术构成的庞大的知识体系是人类的宝贵的精神财富。这个知识体系是人类与自然之间相互作用的过程，亦即生产劳动过程的反映。这个过程可以概括为三个方面，即人类对物质的变革、对能量的变换以及对信息的利用。这三个方面贯穿于整个技术发展过程中，它们相互渗透、相互联系，从而体现了技术的自然与社会特征的统一。但是，在不同的历史时期，某一方面在整个社会技术活动中可以占据突出地位，从而规定某一阶段的技术发展的主流与趋向，并影响技术的其他方面的发展，构成社会生产力增长的主要技术基础。这类技术就构成"主导技术"。人类社会技术的历史发展，其阶段与形态的划分，一般以当时的主导技术作标志。

（1）第一个历史形态是"资源技术"。资源技术主要包含人类对物质变革的知识。关于火的使用，使人类对物质变革有了强大的手段。由天然火的使用，到制火技术的出现，人类由生食变为熟食，再加上制陶冶炼等项发明，这些改变了人类的生活方式，增强了抵御自然灾害的能力。从此，人类逐渐摆脱完全仰赖自然恩赐的消极无为的状态，加强了主动开发自然的能力。从人类第一次取得征服自然的手段而言，如恩格斯曾经讲过的：摩擦生火的世界性的解放意义超过蒸汽机的发明。

（2）第二个历史形态是"动力技术"。其实物质的变革，离不开动力。制火技术有效地导致物质形态的变换，但制火技术本身，又是动力技术的最初形态。"火"是一切能源的基础，工业革命以后，能源的研究取得了引人注目的发展。各种形式的能量资源，是物质生产劳动的动力因素。随着生产规模的扩大和生产能力的提高，迫切需要功能强大、使用方便的能源。能源的改进与创新，不但大大提高了社会生产力，而且导致生产关系的变革。马克思便说过："手工磨产生的是封建主为首的社会，蒸汽磨产生的是工业资本家为首的社会。"①

虽说火的使用享有能源首创者的荣誉，但蒸汽机的发明却结束了一个长期停滞不前的社会，导致生产的迅猛增长，迎来了近代的文明。蒸汽机是一种高效的热能驱动工作机，人类在人力、畜力、水力、风力等自然的动力之外，找到了一种足以使劳动方式、生活方式发生重大变化的强大动力。在蒸汽机的推动下，纺织、炼铁、机械加工等工业部门的生产规模和产业结构完全改观。在交通运输上，机车、轮船得到了蒸汽机的强大动力装备。蒸汽机在使用过程中不断得到技术改造，成了机器大工业的产业结构的技术基础。

在机器发展巨型化与微型化过程中，要求空间配置的灵活性，以解决蒸汽机与传动机之间日益尖锐的矛盾，迫切需要一种可以集

---

① 《马克思恩格斯全集》第4卷，人民出版社1958年版，第144页。

中大规模生产和远距离传输并灵活适应机器大小悬殊的要求的新型能源，于是，"电"动力技术得到了蓬勃的发展。在能源利用的历史上，人类第一次实现了机械能与电能之间的双向转换。"电能"的优越性在于转换的灵活多样，它可以转化为光、磁、化学等能量形式，而其他能量形式，如机械能、热能、原子能等也可以转化为电能。因此，电能得到极为广泛的利用，现代人类生活几乎不能缺电。电力技术是近代文明发展的主要技术基础。

20世纪初，在现代物理学的辉煌成就的推动下，从理论上与工艺上论证与实现了核能的利用。对"核能"的利用褒贬不一，首先它利用在军事上成了灭绝人类的恐怖手段，继而成为超级大国进行核讹诈的威慑手段，因而为全世界爱好和平的人士所诅咒。有识之士则提倡和平利用核能为人类造福。有巨大能量的"核电站"已在世界各地兴起。近年来，受控核聚变的研究，一直是人类探索新能源的尖端课题。这种研究一旦成功，地球上浩瀚无垠的海水，就将成为人类取之不尽、用之不竭的新能源。

动力技术从蒸汽技术、电力技术到核能技术，不但强有力地推动了社会化大生产的历史进程，而且为信息的控制与利用准备了充分的物质条件。

（3）第三个历史形态是"信息技术"。信息技术包含人类对信息的控制与利用的知识。对信息的普遍关注是最近几十年的事情，但其影响却迅速扩大，以致有些人将我们的时代称为"信息时代"。在社会组织日趋复杂、人类文明高度发展的情况下，信息的重要性越来越明显。第二次世界大战以来，有关信息的新学科、新技术相继出现，有如雨后春笋。根据对信息的利用和处理的着眼点不同，信息技术大体上可以分为控制技术、通信技术和计算技术三大类。

控制技术着眼于信息的收集、检测和处理，它的发展可以分为三个阶段，即由人工控制发展到经典自动控制最后达到现代自动控制。人工控制有很大的局限性，它不能应付高速复杂多变的受控对象。为了更好地了解和控制被控对象的状态，便由人工控制发展到经典的自动控制。它不仅需要方便地提取被控对象活动状态的有关信息，而且要有指挥命令的信号和控制操作之后的反馈信息，客观上有必要在控制者和被控对象之间加入一些中间环节，如测量仪器、操作工具等。现代自动控制技术与电子计算机相结合，在一定程度上实现了闭环的自动控制，即完全没有人参与的控制。这显示了机器的初步"智能化"。当然，智能机器问题尚未彻底解决，但研制进展迅速，前景是十分光明的。

通信技术即信息传输，是人类社会生产与生活中不可缺少的。在电气技术成熟的基础上建立起来的通信技术，实现了远距离的、准确可靠的和内容丰富的信息传输。通信工程的发展，大致是这样：有线通信—无线通信—网络通信。依据一般的通信理论，这是一个"由一点（信源）对一点（信宿）"、"由一点（信源）对多点（信宿）"最后到"由多点（信源）对多点（信宿）"的通信发展过程。特别是以计算机和人造卫星为依托的网络通信，综合使用有线通信技术和无线通信技术，就极大地加强了社会之间、国际之间的经济、政治、文化、生活诸方面的全面联系。

计算技术兴起，使控制技术与通信技术得到进一步发展。而控制技术与通信技术又作为计算技术确立的基础。因此，三者形成了一个技术整体，对当代社会的发展、科学技术的进步产生了决定性的影响。

作为知识体系的技术，具有客观性、科学性。它已从技能的主观形态进入到知识的理论形态，它所关注的是技术的内在本质与联系，及其客观规律性，它把技术的目的性作为其发展的导向。因此，关于技术的本质、联系、目的、导向等是技术知识体系的构成要素，实际上它已成为一门高于自然科学的、主体与客体相结合的、规律性与目的性统一的"技术科学"。

技术科学以自然科学的研究为基础，而以社会科学、人文科学的原则作为筛选自然科学研究成果的依据。因此，技术科学，首先要考虑的是技术符合自然规律的程度，其次要考虑的是社会的需要与可能实现的程度，再次还要考虑人类心理、生活、习惯上可接受的程度。必须有这三方面的考虑，技术科学才是完整的，才有真正的科学价值。

但是，技术科学这种高度的综合性质，还远远未被人们所理解。它的发展每每自发地向纯自然科学倾斜，而忽视其自身所固有的社会科学、人文科学性质。倾斜的结果，便出现种种弊害：有些技术创造，由于缺乏经济效益与社会效益，只能停留在实验室里，没有可能向社会推广；更有甚者，某些技术创造，或者违害人体健康，或者干扰社会发展，或者破坏自然生态平衡，从而完全违背了人类发展技术的初衷。因此，为了纠偏，我们应该更多地突出技术科学的内在的社会人文性质。作为一个技术科学家、技术专家，如没有深厚的社会人文科学的修养，不但是不称职的，而且有危害人类社会的可能。例如，那些搞灭绝人性的细菌战的人，我们说他是科学家还是刽子手呢？

三、物与人的交互作用的显现

我们说，技术的本质是人类生产劳动技能的结晶、生产劳动活动的知识体系，尚止于从知行两个方面对技术的本质做出的静态描述，还未完全揭示其内在的辩证实质。从哲学的意义上来讲，技术的最基本的特征是：物与人的交互作用的显现。黑格尔十分看重

"交互作用"，恩格斯也十分强调"交互作用"，他们认为"交互作用"乃辩证法的实质的表现。在常识范围内，物与人是截然划分的；从辩证法而言，二者是辩证联系的、交相作用的。

物与人的这种辩证相关、交互作用，可以归结为下列三点：

（1）自然世界的自在状态与人类社会的自为状态。自然世界的存在，既不是上帝的创造，也不是某种力量的自觉安排。古往今来许多哲人都想竭尽自己的智慧回答：宇宙自然从哪里来？其实这个问题是无法回答的，也是不能回答的。因为问题之中隐含了一个答案的前提，即必须有一个宇宙自然的创造者。这就是从宇宙自然之外找原因，势必要陷入神创论之类的泥坑之中。因此，问题的回答只能是取消这个问题，即宇宙自然不是从哪里来的，它亘古如斯地就是那样存在着的。这里一切是当然的、本然的、不可致诘的，只能如实地予以承认。这就是说：自然世界处于自在状态。

实证科学，例如现代宇宙学，也面临同样的困惑，以致假说丛生，很难定论。而且它所描述的也只是宇宙自然内部的局部演化过程，对宇宙自然整体从何而来并没有做出回答，也是回答不了的。

因此，自然世界的自在状态，无论哲学界或科学界只能作为一个既成的事实承认下来，然后观察分析其自身的演化。

关于自然世界的演化，前三篇已有详细的论述。自然界自身的发展，产生否定其自身的因素，即产生了人类世界及其精神世界，它以其主体性与自然的客体性相对立，以其非物质性与自然的物质性相对立。人类精神是宇宙自然的灵魂，是宇宙自然自觉地认识其存在，显示其存在的"自为状态"。

自然世界的这种自我分裂，形成了宇宙整体的内在的物质与精神的矛盾。这个矛盾推动宇宙自然的发展与更新。而人的因素、精神的因素，作为否定环节，起着能动作用。

自然世界的自在状态与人类社会的自为状态，是宇宙整体发展相互为用的两个环节。它们之间的交互作用，是客观辩证发展的显现。

（2）技术的主观形态与产品的客观形态。人类社会的自为状态集中表现为人的主观能动性、行为目的性。主观能动的目的性行为又集中表现为生产劳动，生产劳动的结晶便是"技术"。因此，技术是一种主观形态。技术必须作用于外界自然物质，改造制作出合乎人的目的与需要的"产品"。产品已不再是头脑里的构想物，而是具有客观形态的存在物。技术的实现为产品，产品的构思与形成是技术。它们是彼此交互作用的。

（3）物中人的因素与人中物的因素。从宇宙自然的大背景分析，以及从技术的主客相关的论证，可见其内在实质是"物与人的关系"问题。把物与人联结起来的是技术。技术使主观见之于客观，又使客观对主观进行制约。因此，技术是物与人联系的中介。由于技术的介入，完全没有人参与其中的自然物变成了"人造物"。这个物已丧失了它的淳朴天然的姿态，通过技术的改造，根据人的意志目的改变了自己的本来面貌与性能。因此，物中灌注了人的因素。另一方面，人在通过技术改造自然物的同时，他的思想、感情与倾向不能不受自然存在物的影响，作出针对性的反应。如何攻坚，如何制柔，如何分析，如何综合，如何校正目的，出奇制胜，如何掌握物性，一举成功，凡此种种，都说明人的主观能动性必须顺应客观规律性，人心之中深深打下了物的烙印。技术的形成就是人心之中这种物的烙印的表现，也就是物与人的交互作用的显现。

我们对技术的本质的分析，是从动态的层次、以递进的方式加以论述的。首先，我们从人类生产劳动技能的形成与演变出发，即从"行"的方面做出感性的常识描述；进而从生产劳动活动的知识体系的结构与功能出发，即从"知"的方面做出知性的科学分析；最后从物与人的交互作用的显现中论述技术的地位与特征，即从"辩证相关"做出理性的哲学综合。这样的论述，也许可能从过程性的角度把握技术的本质的全貌。

第二节　技术自身的发展

我们在探讨技术的本质时，事实上已接触到了它自身的发展问题。技术自身的发展，与生产、科学、哲学密切相关。首先，技术作为从事生产活动的一种劳动技能；接着，在总结生产经验的基础上形成科学体系；最后，技术自身理论化上升到哲学领域成为当代实践哲学的客观基础。从此，技术不但具有理论的普适性而且具有行动上的威力，成为人类社会向更高层次迈进的标志，而且也是人类自身素质提高的标志。

一、技术从属于生产阶段

人类的觅食求生活动，一开始就具有生产劳动性质，因为他不以自然界现成的供给为满足，而是利用自然、开发自然，使其能按人类的目的与需要提供人类加工过了的产品。这样的活动就是生产活动。生产活动意味着人类与自然之间的物质、能量、信息的交换过程，同时也是创造使用价值的过程。

最原始的生产活动，例如刀耕火种，也少不了"工具"，哪怕是最简单、最笨拙的。这就显示了生产活动与本能的觅食活动的原则区别，区别就在于使用了工具。工具是技术的物化，因此，生产活动正是以技术作为其本质的。工具是一种产品，一种生产产品的"产品"。它是人类自身的技能的客观化或物化，也是人类劳动经验的结晶。在人类的生产劳动活动中，技术处于从属地位，它在其中不断发展自己、丰富自己，从而在质与量两个方面提高生产劳动的水平。

技术从属于生产阶段，是技术发展的低级阶段，是技术的胚胎阶段。这时，由于技术尚未成形，处于一种经验性的操作状态，因此尚未真正掌握操作的规律性。人们在生产操作过程中，发觉其操作程序与操作样式等方面如做出某些改变，就能节省劳动时间，提高劳动效益，如有多次重复的经验，他就会逐渐把这些程序、样式固定下来，并传授下去。此时技术的传授方法多半是经验性的示范动作，绝少理论性的说明。古代工匠的手艺就属于这一类经验操作的技术，即在生产劳动过程中体现出来的一种操作行为。

这种技术的长处是它的直观性、针对性、自主性，但是，它缺乏客观规范，没有理论系统，难于普遍传授，迹近主观随意，而且深受生产活动中的偶然因素的影响，产品的数量与质量没有可靠的保证。再由于这样的技术，特别是当它达到炉火纯青以后，只为少数能工巧匠所掌握，以致一些绝技与秘方容易失传。因此技术的规范化、理论化、普及化就十分必要了。

技术的规范化、理论化、普及化，表明技术脱离具体的生产过程而独立的倾向。技术与生产相分离是一种进步。它表明技术开始扬弃它的外在经验性、手工操作性、个别示范性，进入到普遍的科学形态。这种抽象的形式，似乎失去了生动的直接形象的外观，但是抓住了技术的内在本质和规律性。

技术的独立过程，也就是生产的原始状态向科学状态的转化过程。标准化的大生产体系形成了，技术与生产的位置转换了：不是技术从属于生产，而是生产接受技术的指导了。

二、技术指导生产阶段

生产与技术的易位，是技术进步的表现。生产作为一种现实的活动必须接受具有科学形态的技术的指导。

前已论及，技术的前进，促使科学的发展；科学的发展，促使技术科学化。经过几千年的历史发展，技术与科学各自形成了自己的传统，但是彼此又互为因果、相互促进。

技术的历史发展进程与它的逻辑必然性是一致的，"技术—科学—技术"的圆圈形辩证复归运动，正是技术的历史演进的逻辑表述。技术作为这一过程的起点，说明发展的客观性和物质性，技术的客观物质性，成了这一逻辑序列的现实的必然前提，从而保证了它的每一个环节的可靠性。

这个三环节的圆圈形运动，可以区分为两个阶段，即"从技术到科学"与"从科学到技术"。前一阶段相应于它的历史发展的前期，后一阶段相应于它的历史发展的后期。

技术是人类器官和功能对象化的产物。古代技术具有原始的综合性，它包括作为客观实物的工具、器械、装备等，作为主体能力的技能、技巧、经验等，作为展开过程的设计、发明、运行等。这三个方面在古代技术中浑然一体没有划分，表现为生产劳动。因此，"生产劳动"是技术的原始综合形态。

原始综合形态分化的客观条件是劳动的分化，即随着生产劳动的发达，使得社会之中可以有少数人能脱离生产劳动，他们掌握文字工具，并且有足够的时间审视与分析生产劳动过程，这样一来，劳动便分化为体力劳动与脑力劳动。劳动的两分是社会飞跃的标志，是人类巨大的进步。由于奴隶社会时期从事脑力劳动的多半是奴隶主，我们批判其残酷的剥削性，而忽视部分奴隶主在脑力劳动方面的贡献。他们在生产劳动知识化的过程中，起了体力劳动者难以起到的作用。

生产劳动的知识化，意味着科学技术知识的产生，即技术由原始综合形态进化到科学形态。这一进化过程，古希腊亚里士多德是其代表。古希腊学者继承与发展了埃及、巴比伦文化，使人类知识中的科学成分逐渐增长，产生了以后的各种科学的胚胎形式。在古希腊的自然哲学中充满了科学内容：天文、地理、历法、几何、生物、物理等等都取得相当丰硕的成果。他们奠定了西欧科学与认识论的文化传统。中国古代科学技术也有过辉煌的成就。我国是天文学发达最早的国家之一，新石器时代中期，我们的祖先已开始观测天象，并据以定方位、定时间、定季节，发明了"观象授时"的方法。这些天文学上的科学成就与农业生产的发展是密切相关的。人们发现天象的周期变化与物候之间存在着一定的联系，生产上的要求推动了天文科学的发展。反过来，天文历法的研究，又科学地指导农业生产的进行。此外，古中国的数学、医药也获得了很大的发展。

我们钦佩古人的勤劳与智慧，珍视那些科学的萌芽形态，但是无论是中国或西方，生产水平在古代都是很低下的，技术的发展也局限于手工生产与匠人技艺，因此，古代的科学知识不能不是描述性的和经验性的，严格讲来，科学理论体系尚未形成。只有到了中世纪唯名论者大力倡导观察、实验，到了达·芬奇等人以其惊人的技术与艺术才能以及科学理论的创造，才为近代实证科学的兴起开辟了前进的道路。17世纪前后，我们才有了现代意义的科学。实证科学一旦得到蓬勃发展，"技术"的面貌便焕然一新。

中世纪的封建统治与宗教压迫，使得这个时期似乎变成了科学技术发展的断层，其实理性并未屈从于信仰，科学、技术并未臣服于宗教，它们仍然按其本性在悄悄地艰难地前进。当科学技术在欧洲处境不佳的时候，古希腊的学术却在阿拉伯地区繁荣起来。大约8世纪后半期，学术文化中心已由欧洲移到近东了。炼金术在阿拉伯人手里形成为化学，欧几里得的《几何原理》与托勒密的天文著作也翻译了过来。阿拉伯有了自己杰出的物理学家伊本·阿尔·黑森（Ibn al-Hytham，965—1020），还有具有世界声望的阿维森纳（Avicenna，980—1037），他涉猎了科学的所有领域，所著《医典》并不局限于医学方面，而是古代和穆斯林全部知识的总汇，他把阿拉伯文化推向了高峰。阿拉伯的学术著作已被公认具有权威性。欧洲的文化复兴是通过阿拉伯人保存下来的古希腊学术典籍的传播与研究开始的。

中世纪的经院哲学是一种毫无生气的烦琐的僵化体系，它支配着欧洲的思想界，压抑着科学技术的发展。然而就在这样一个看来纯然消极的体系之中却保留了科学的种子，经院哲学的大师托马斯·阿奎那使代表科学精神的"理性"传统，灌注到这个垂死的体系之中，正因为如此，经院哲学之中竟结下了近代科学的珠胎。

阿拉伯人提供的希腊营养，经院哲学透露的唯理精神，培养了一位划时代的学者，他就是罗吉尔·培根。罗吉尔·培根是一位托钵僧，但他并没有使自己纠缠在烦琐的教义的诠释与论证之中。他虽饱读希腊与阿拉伯典籍，但并未浸沉于其中无以自拔。他认为前人的言论与学说，不能深信不疑，而应通过观察、实验予以验证。只有实验的方法才能提供科学的确实性。罗吉尔·培根把"实验科学"抬高到十分突出的地位，认为它优于论证的科学。因为不管论证如何强而有力，逻辑推导如何周密不漏，如没有实验的结果的支持，科学的探讨只能是"假说"。

从愚昧走向文明，从宗教走向科学，这一历史转折关头，出现了一个时代巨人，他就是列奥纳多·达·芬奇，他是那一个时代最伟大的画家、科学家、工程师。这位驰名世界，以画"蒙娜丽莎"著称的画家，并不看重自己的绘画天才，而认为他在机械方面更为在行。他重视实践，精通技术，他构思的蓝图，不是那些不切实际的空想，而是切实可行的设计。他制造出当时能够设想得到的各种机械，显示出他在这方面的天才与绝技。但是，他又不止于能工巧匠，还是一位深邃的科学家。他将实践与理论、技术与科学紧密结合起来，在罗吉尔·培根大力倡导实验科学的基础上，以工艺技术的实践行动，推动了探求真理的运动。

在达·芬奇这位伟大的先驱的鼓舞下，培育了一代新人。哥白尼、哈维、弗朗西斯·培根、刻卜勒、伽利略、笛卡儿，这样一些科学巨人，在天文、数学、生理、物理等方面做出了划时代的贡献，弘扬了知性分析、科学实验、工艺技术的科学精神传统，为统治科学技术界200年的"牛顿时代"铺平了道路。（1）他们重视经验观察，认识到知识的力量；（2）他们强调知性分析，认识到数学的功能；（3）他们热衷于归纳实验，认识到归纳是演绎的前提，实验是理论的根据。这样就奠定了近代实证科学的基础。

实证科学重视事实、经验，强调实验、归纳，但它并不排斥知性分析，也不弃绝概念体系。正因为如此，它才够得上称为"科学"，否则只能是一堆杂乱无章的感性素材，彼此无必然联系、不能说明任何问题的数据。

实证科学经过20世纪科学的飞跃发展，虽然没有脱离观察、实验的出发点与论证手段，但是，逻辑的理论分析大大加强了，实验仪器日渐复杂了，并且开始具有"人工智能"的性质。因此，观察、实验手段不仅仅是感性的补充，而且参与知性分析与理论概括工作了。

实证科学的强大发展，推动了技术的进步，技术再也不是雕虫小技了，而是伟大的工程。由于科学理论的指导与参与，技术发展的系统化、综合化、整体化趋势日益加强。这就是科学技术统一的趋势，即科学技术化、技术科学化的趋势。这个趋势显示出以下几个特征：（1）科学与技术的相互融合，（2）科学与技术的同步发展，（3）科学与技术的辩证相关。因此，当代工程技术是通过科学理论在高层次上向起点的复归。今日的为科学装备了的工程技术已不可与古代的原始技术、手工技艺同日而语了。

这种科学的"技术体系"，就是技术科学，它所指导的生产活动就是"工程技术"。技术科学、工程技术不能简单地归结为基础的理论自然科学的应用，因此，把技术科学、工程技术叫作"应用科学"是不恰当的。因为它有其自身的独特的比理论自然科学更为复杂的规律，它必须考虑自然、社会、人文之间的规律性交叉状况，它必须抓住它们的"交点"，这并不是简单地应用理论的自然科学规律性所能解决的。因此，必须注意：（1）当代技术科学自身所包含的专业领域是复杂多样的，它们有其固有的特征与规律，其相互之间的差别性，可能比自然科学与技术科学之间的差异还要来得显著。（2）技术科学当然要借助基础的理论自然科学原理，但不是单纯的应用，而是将其纳入自己的体系之中，作为一个有机构成部分。（3）技术科学在发展系列上高于理论的自然科学，因为它不仅有普遍理论性的特征，而且有直接现实性的特征。

技术科学有非常明确的目的，它面向人生、面向社会、面向生产。（1）它以自然界以及人类行为，特别是生产行为作为原型，采用给定的要素，实现一定的行为综合，但这种综合不必拘泥其模拟的原型。技术的这种综合模拟性，不是单纯的照抄，而有很大的创造性。例如巢居穴处的自然生活状态发展到当代的高超建筑技术，显示了人类技术的非凡创造性。（2）由给定要素进行特定行为的综合的最佳方法与手段的研究，是技术科学指导活动实现的关键。
（3）进行这种综合的经济合理的优化条件的可能性的研究，是设计构思得以实现的前提。上述这样一些规定，显然更加与人生、社会、生产有关，而不像纯自然科学那样，基本上倾注于客观自然界演化的规律性。

三、技术自身的科学理论化阶段

　　科学的"技术体系"意味着技术从一种生产活动进入知性科学系统行列，电工学、无线电技术、机械学、计算机技术等等都是一些有专门对象的学科。它们研究一个专业领域内的理论与实际问题，有极强的针对性与实用价值。这样一些专业技术有其共性，那就是"一般技术"或"技术自身"。对技术的共性，即技术的一般科学理论的探讨属于"技术哲学"范围。技术哲学也可以叫作技术的理论科学。它将技术作为一个整体范畴，研究其本质及普遍的规律性。

　　技术理论的客观基础是"事实"。这个事实虽说源于人类认识对客观对象的经验把握，但不同于一般的经验认识。这个事实是一种特殊的经验，即作为技术理论的发端因素，它是主观见之于客观的因素，是行为目的性与客观规律性统一的产物。

　　"事实"作为技术理论的出发点，其可靠性问题的探索，表明它是一个从意见走向真理的发展过程，亦即行为目的性逐渐符合客观规律性的过程。技术既然是一种改造客观世界的能动性的表现，它首先是一种主观性很强的"意见"，意见之中有很多想象成分，而且有一种意志的偏执倾向。在意见付诸行动的过程中，失误是难免的。所谓失误，意即意见不符合客观规律性。在反复实践中，意见逐步得到修正或全部更新，从而符合了客观规律性，这时意见就成了真理。具有真理性的"事实"才是技术理论可靠的出发点。

作为技术理论的客观基础的"事实"，是从人的主观目的出发，根据客观规律创造出来的。它包括劳动工具、技术设备、技术设计等。设计的可行性与工具设备的配套性等，都应得到充分的科学论证，才能说技术理论的起步是正确的，据此施工是有保证的。

技术理论的客观基础只是它的出发点，它要成为真正的科学理论，就必须形成体系。"体系"，按一般的理解，它是一个演绎系统，由概念、定义、公理、定理等所组成。它的创造必须借助于概念分析与数学公式。技术理论体系的建立，除服从一般概念系统的建构原则外，也有其特殊原理，如作用原理、迫切性原理、工艺性原理、可靠性原理等。这些原理是相互贯通的，它们揭示了体系的客观性质、生产的社会历史关系、社会需要及满足需要的可能性。

技术不是漫无目的的"技术游戏"，它服从社会的迫切需要。恩格斯便讲过：如果有社会生产的需要，这种需要就比十个大学更能推动技术前进。迫切性原理表明了社会需求是技术理论体系建立的客观前提。它突出地表明了理论的可能性与社会的需求的一致性，揭示了技术理论的社会内容。

技术理论也不是空中楼阁式的，它必须使主观构思见诸行动，形成他物。因此，使"构思"物化的手段是至关重要的。这种手段就是"工艺"。工艺性原理是技术理论有别于自然科学的抽象理论的一大特色，我们往往看轻工艺的作用，其实它对人类社会的生存与发展是不可缺少的。它不但维系着人类社会，而且也是科学理论的建立与证实的基础。丁肇中要研究宇宙构造问题，没有那个庞大的地下实验基地，没有正负电子对撞，发出原始宇宙大爆炸时的那种高温（太阳表面温度的 4 亿倍，太阳表温为 6000℃），从而重演这一千亿分之一秒的天地初开状况，则宇宙大爆炸理论只能是思辨的、假设的。因此，要想证实这种理论，就需要正负电子对撞这类高技术，即极其尖端的复杂的工艺手段。所以，离开先进技术、工艺，现代自然科学也寸步难行。

技术理论当然也不是一种随意行为系统。它是建立在可靠性原理基础之上的。所谓可靠性，意谓在一定时间内、在给定条件下，系统完成指定工作的能力。技术系统的人为装置，它的最佳性、工艺性，以及工作能力的性质、大小与限度等是应当预先考虑的。可靠性原理是技术理论的真理性的保证，是技术活动成败的关键。

有了产生技术理论的前提，又洞悉了技术的社会需要，并掌握了实现技术目的的工艺手段，构造技术理论就有了充分的客观条件。这时便可以根据作用原理来建立技术理论体系了。

所谓"作用原理"，是在已形成的或者直观所掌握的规则的基础上，用试验的方法来鉴别，看如何才能使这些或那些规律在新的组合中相互起作用。如果这些相互作用暂时还不清楚，则可暂时采用经验性的方法来进行分析。

作用原理是从拟定"假说"开始的。所有的假说都是理论的推测，其真实性有待实践的检验。假说中包含着构成其基础的可靠知识和有待证明的判断，但判断也并非毫无根据的。假说是成熟的理论的试探形式，但技术假说不同于自然科学的假说。自然科学的假说具有公理的胚胎形式，它试图探索一个科学系统的出发点。而技术假说，把自然科学体系看成是一个给定了的事实，它的任务在于探测各种自然科学体系的结合，从而服务于技术目的的可能性，借以创造预先规定特性的物体。在技术理论形成期间，假说只是一种推测的、概率性的知识。因此，面对同一个目标可以有多种不同的假说，各种假说的可靠程度，必须通过实践加以比较鉴别。对于技术假说来讲，首先需要加以检验的是构成它有别于自然科学的特色的作用原理。

在技术假说的拟定中，理想对象的设置是极为重要的一环。理想化方法在技术科学中使用得更为广泛，因为技术科学不仅同描述和解释某些规律性紧密相关，而且同新系统的计算和设计紧密相关。设计过程包括某些思维情况的分析，数学模型和思想试验的采用，这些也加强了研究过程的理想化。

技术理论中的理想对象的特殊性在于：它应在实践活动中被利用，必须能在实践中重复再现。因为实践活动的具体性，这样就使得各种技术理论中的理想对象的共同性比自然科学中少得多。它们从抽象概念的领域回到实物世界，因而与自然科学中的理想对象相比，具有明显的直观性。为了说明这一点，我们可以比较一下无线电技术和物理学中关于磁场的概念。从技术的角度而言，它不但注意其物理性能，更重要的是要考虑它的社会目的。把电磁场应用于社会目的时，着重研究的是这一对象在新的讯号发射和接收条件下应该怎样进行。而物理学则不管这些，只单纯地考虑电磁场的基本属性，论述电磁的相互作用，以及它遵循的基本规律。

理想对象显然是与现实对象密切相关的，它在表现物体的客观特性的同时，也带来了现实对象的某种信息。但它又不是现实对象的简单的复制，而是扬弃了个别描述的普遍描述。因此，理想对象既反映了现实对象又扬弃了现实对象的个别性、偶然性、具体性，成了具体物的某些逻辑规定，因此，它具有逻辑抽象性、理想代表性。例如，卡诺的"理想热机"并不是真正的内燃发动机，它只是逻辑上可能存在的对象，而不是现实的存在。理想对象可以保留现实对象的基本特点，但它只是理想条件下的抽象，排除了某些事实上存在的偶然因素。

技术自身的科学理论化提出了建立技术体系的要求，即深入探讨它的哲学理论。近年来关于技术哲学的探讨，大都从社会学与管理学的角度出发，其中固然不乏切实有益的见解，但总觉得还不是哲学理论性的。那么，应如何对技术的"哲学体系"进行构思呢？

第三节　关于技术体系的构思

上面我们对建立技术的哲学体系的前提条件做了初步的说明，但还未能上升到哲学体系的高度。技术的实践给人以现实的利益，而哲学的沉思似乎是一种空洞的说教，二者好像是不搭界的，也没有必要纠合在一起的。技术专家认为哲学立论空疏，于事无补；哲学家认为技术是匠人所为，难登大雅。这样的看法都是一些偏执之词。其实，一旦技术的实践与哲学的沉思相互会通，技术就由单纯的务实活动上升到理论的领域，进入科学与哲学的殿堂；哲学则从技术实践中获得了充分的营养，使得智慧的光芒日益辉煌。

大约在 19 世纪下半叶开始有人探讨技术哲学。当时欧洲对于技术的研究的倾向，多半是从工艺学的角度，考察其历史的发展，因而出现了一批发明史、工艺史之类的著作，与此同时，人们也开始从经济与哲学的层次考虑技术问题。1877 年，德国地理学教授、黑格尔主义者卡普（E. Kapp）出版了《技术哲学纲要》一书。他认为技术发明是设想的物质的体现，并提出所谓"器官投影理论"，把机体器官视为一切人造物的模式和一切工具的原型。他还进一步分析了技术的文化、道德和知识的功能，认为技术是人类"自我拯救"的手段。[①] 卡普被认为是技术哲学的奠基人。卡普突出了技术的生理基础，分析了技术的社会功能，这些都是有积极意义的，但作为一种哲学理论却远非完整的。至于前面已经提到的戴沙沃（F.

---

① 参见《哲学事典》，1971 年日文版，"技术论"条目。

Dessauer, 1881—1963）的"第四王国理论"却渗透了柏拉图、康德的精神，对技术的起源做出了唯心的曲解。总之，西方技术哲学一开始就笼罩在唯心的神秘的迷雾与偏狭的见解之中，是不足取的。

20世纪20年代，日本唯物论研究会试图在马克思的唯物史观的指导下，开展技术论的研究，不管其成效如何，应该承认方向是对头的。他们把技术作为一个整体放在社会里加以研究，武谷三郎、星野劳郎等，就技术的本质、属性、规律及其社会功能与产生的自然与社会后果等方面统一予以考虑。应该讲这样的考虑是比较全面周到的。

西方与日本学者的研究，虽不一定完备、正确，但对我们的构思还是有借鉴作用的。

一、技术的社会性

技术的产生是物质生命现象的结晶，是生产劳动活动的成果，这些当然是应予充分肯定的。但是，把技术作为一个整体过程，它更多地应该属于社会人文现象。

马克思的唯物史观，在技术问题的研究上正是突出了它的社会人文性质。他把技术作为一种特殊的社会现象纳入社会生产方式之中。马克思在1850—1858年期间，对工艺学和技术史进行了广泛深入的研究，分析了技术的本质、规律、产生及其作用；揭示了技术和社会的联系；指出了技术的发展导致社会生产力的发展、生产关系的变革，从而引起社会生活方式的变更、社会意识形态的变化。马克思关于技术哲学深刻独到的系统见解，使许多技术哲学的研究者认为马克思才是真正的技术哲学家。

我们的思路正是沿着马克思指引的方向前进的。我们关于技术理论的出发点的分析，便特别强调了它所包含的社会因素。作为社会人文现象的技术，它与社会生产经济系统、政法伦理系统、文化意识系统密切相关。脱离这些相关性的研究，就不可能完整地实质性地了解社会技术现象。现在分别谈谈这些相关性。

（1）技术作为生产经济系统的内在因素。前已论及技术是生产劳动的产物，它从属于生产，进而指导生产，最终变成了社会生产力的核心。作为社会生产力的核心的技术，是技术的客观性的复归。从属于生产劳动的技术，与生产劳动尚无区分，它本身便是人的体力与脑力支出的一种生理的，同时又是社会的"客观性活动"。当技术从生产劳动活动中脱颖而出，形成概念性的知识体系，转而作用于生产劳动时，它本身变成为一种"主体性活动"，它有赖于生产劳动的客观行动将其物化，凝结于产品之中。当技术获得进一步的综合的全面的整体化的发展，它又复归于生产劳动之中，成为其组成的核心部分，从从属的性质变成了核心的性质，它本身便在更高层次上又成为一种"客观性活动"。这种客观性活动有别于第一个客观性活动的地方，在于它不但是社会性的而且是科学性的。这种以科学技术装备起来的社会生产力，作用于三大产业之中，便是社会主义制度的可靠的物质基础。要形成这样一种社会生产势态，科学技术是它的灵魂和动力。

作为社会生产力的技术，深刻影响社会经济的发展。而社会经济的形势，又决定技术的应用及普及的程度。重大的技术发明可以使社会经济的发展出现奇迹，例如蒸汽机、电能、核能、自动控制、计算机等的利用，都使社会经济顿然改观。但是，某项技术的利用，又与一个国家、一个地区的社会经济形势有关。有的国家或地区没有条件实施，有的则有充分的条件实施某项技术，有的虽勉强实施却不能充分发挥其威力。因此，技术的实施深受社会经济条件的制约。例如，在劳动密集型地区，它有极其丰富的人力劳动资源，若采用自动控制的高效的生产体系，便势必使富余的人力资源大量闲置，或造成一个人的工作由几个人或几十个人分担的状况，大大浪费了人力资源。因此，一项新技术的引进，必须认真考虑社会经济的各种制约因素。

还有社会的需要是技术发明的强大的推动力量，而且社会需要对技术发明起着调节筛选作用。任何客观上根据自然规律以及当时的科学水平可以形成的技术，它能否实现，就不是技术本身能自行决定的，它完全视具体的社会经济情况而定。如果它的造价是社会无法承受的，这些技术设计就将束之高阁；如果它是社会迫切需要的，实现它的种种客观困难就容易被克服，甚至社会可为之做出必要的牺牲。为了同一目的而出现的种种技术，则将根据社会的标准存优汰劣。总之，技术的兴衰存废，取决于社会的综合鉴定。在这些综合因素中，经济指标起着举足轻重的作用。选择"技术"的各种指标，例如耐久性、速度、效率、工作载荷等等，常常被追索到成本因素上，即归根到底都与经济系统相关。因此，"经济"是与技术相关最密切的因素。

（2）技术作为政法伦理系统的内在因素。政法与伦理是社会统治阶级的意志的表现，政法是硬性的压制手段，伦理为软性的舆论手段。它们为统治阶级服务，但其中也有一些反映社会整体利益的因素。统治阶级无疑地要使技术服务于自己的政治目的，它将利用其手中所掌握的权力，通过各种途径，如增加投资、提供原料、罗致人才等一系列行政手段，促进各种技术朝有利于实现自己的政治目的的方向发展。在这方面，经济因素往往退处次要地位。例如，军事技术工程便不大讲经济效益，它往往得到优先发展的地位。

伦理道德的舆论力量也可以影响技术的兴衰存废。严重破坏生态平衡、造成环境污染的工程技术，由于其危害人体健康，导致社会失调，虽说它也能积累资金，满足社会特殊需要，但从人类长远利益、社会整体利益看，它是有害的。这样的工程技术将受到舆论的谴责、社会的制裁，它便不得不采取治理措施，或关门停产。

因此，政法伦理与技术内在相关。政法伦理可以越过经济障碍，促进技术；也可以不顾经济利益，遏制技术。

（3）技术作为文化意识系统的内在因素。技术物化为工具、产品，它类似于所谓"硬件"；技术作为人类经验与智慧的凝聚，它类似于"软件"。软件型的技术属于文化意识系统。

技术作为一种文化现象是一个时代的标志，它反映一个社会的性质以及进步水平。石斧、骨针、刀耕、火种，这样的技术水平，是原始社会的状况；青铜时代是奴隶社会的特征；铁的冶炼意味着封建社会的到来；蒸汽机表现了技术的突飞猛进，迎来了财货涌流的资本主义社会，如此等等。因此，人类掌握技术的状况，测验他的经验与智慧发展的程度，成为不同时代文化水平的测量器。

技术作为一种意识形态是人类主观能动性、行为目的性的体现，是实践唯物主义的内在实质。技术上升到概念、范畴的高度，它就扬弃了它的物化形态，不计其社会功能，而深入到主体性之中。技术范畴的抽象性与精神性，使它具有更大的涵盖性与永恒性。技术的物化形态千变万化，技术的社会功能日新月异，技术的内在灵魂却是一个永恒的精神实体。

马克思曾经感叹过："所以，结果竟是这样，和唯物主义相反，能动的方面却被唯心主义发展了，但只是抽象地发展了，因为唯心主义当然是不知道真正现实的、感性的活动的。"[①]唯心主义者孤立地突出了人的主观能动性、行为目的性，把它视为一种脱离客观物质

---

① 《马克思恩格斯全集》第3卷，人民出版社1960年版，第3页。

活动的主观自生的力量，这当然是不对的。"人的感性活动"，"实践"，不是单纯的客观物质运动，而是主观见之于客观的活动，是主体与客体的统一运动。费尔巴哈只从客体的或直观的形式去理解，黑格尔只从主体的或抽象的形式去理解，这两种理解都是片面的。马克思则把人的活动本身理解为客观的（gegenständliche）活动。人的活动本身当然是主体性的活动，但这种活动有其自然与社会的客观依据，而且通过技术的中介，将主体的构想物变成客体的现实物。因此，人的活动本身的主体性中潜在地包含着客体性因素，而且在活动过程中即将变成客观存在的东西。在这一主观向客观转化的过程之中，技术像一根红线贯穿始终。首先，技术是主体性之中的客观因素，主体是技术的精神性的表现，技术是主体的物质性的表现。其次，技术作为主体否定其自身的潜在因素，就成了一种内在的驱动力，促成其转化。最后，主观见之于客观，技术物化为客观产品。

因此，技术作为内在于主体之中的否定因素，就是主观能动性、行为目的性。所谓永恒的精神实体，就是指主观能动性、行为目的性是一种客观必然。

技术的社会性的含义是异常丰富的，但主要的是上述三个方面，即它是社会生产经济、政法伦理、文化意识的内在因素。

二、技术构成因素的分析

技术既是客体与主体的统一、物质与精神的统一、规律性与目的性的统一，那么，构成因素大体可以分为两个方面，即服从自然规律的客观物质性的东西，服从社会目的的主观精神性的东西。

服从自然规律的客观物质性的东西，包括材料、能源、信息、工艺。这些是技术形成为现实的物质运动的基本要素。它们也是构成社会物质文明的基本要素。材料是技术加工的对象，能源是技术活动的动力，信息是技术设计的依据，工艺是技术改造的手段。它们的综合的动态的结构是客观技术运动的实体。

服从社会目的的主观精神性的东西，包括技能、经验、智慧、意志。这些是技术作为主体的能动性活动、目的性行为的内在要素，即人的基本素质的表现。它们也是构成社会精神文明的基础。技能是技术的主观状态、能动状态，是作用于客观世界的某种能力；经验是主观能力作用于客观世界的成败得失的知识的积累；智慧是技术设计构思的心灵活动；意志是技术实现改变既成事物的能力。它们的辩证联系的"智与力"的结合体，便是技术作为一个永恒的精神实体的表现，也是技术本身的整体性的主观形态。

作为人的感性活动和社会实践运动的技术现实活动过程，是客观因素与主观因素交互作用的结果。技术活动便成为主客因素协同作用的系统，这个主客综合的过程或系统，由下述几个环节或部分组成：技术的主体、受动的客体、主体需要与客体属性共同规定的目的、实现目的的手段、技术实现的结果。

技术过程的这五个环节协同动作，实现由主观向客观的转化。各个环节都不是单纯的，而是物质因素与精神因素不同配置的结果。

技术过程的主体是"人"，但不是随便什么人，而是经过专业培训的人。譬如说，在建造房屋过程中，建筑师、结构工程师、各类工种的建筑技术工人是主体，建筑师、结构工程师是建筑构思设计的主体，技术工人是现场施工的主体。这些作为主体的人都是经过不同性质不同层次的专业技术培训的。

在技术实施过程中，首先是个体作为主体发挥作用，但技术动作的协同性又使个体必须在社会整体中行动，才能有效地发挥其作用。建筑师的构图没有结构工程师的计算，就不能证实其现实可能性，施工过程中没有现场管理调度就将产生混乱以致窝工或停工。整个技术实施过程，没有过程外种种相关项目的配合，也将无法进行。因此，技术活动的"个人操作性"与"社会整体性"必须配合无间，才能使预期的技术流程得以圆满实现。

技术过程中的客体，不是整个客观世界，而是为主观目的所限定的局部客观对象。化工技术以化学现象作为其作用的对象，例如对石油原料进行化学的物质转换形成石化产品。因此，技术客体具有"物质的特定性"。

技术过程中的客体，不是任何时候都能够成为客体的。煤是一种燃料，它可以产生热能转化为电能，这是多年来大家熟知的老技术了。这时，绝不可能也没有想到，它可以作为纺织技术的客体，随着化工技术的进展，经过复杂的化学物质转换，可以以煤作为原料提取化学纤维，供纺织之用了。因此，早已存在的客体，什么时候能成为某一特定技术的客体是一个历史过程。当在历史上该技术尚未成熟以前，某些客体不能成为该技术的客体。因此，技术客体具有"历史的限定性"。

技术过程中的客体，是受社会导向的制约的。客体必须经过社会的筛选，即社会生产水平、生活水平、消费习惯等的选择，才能进入技术过程。例如，石器、青铜器、铁器等的采用与整个社会的状况密切相关，当社会既无需要又无可能时，客体虽然存在着，但不能成为技术活动的对象。原始时代没有冶炼技术，逐水草而居的游牧生活也无使用锋利工具的迫切需要，因此，铁就不能成为技术客体。因此，技术客体具有"社会的制约性"。

技术过程中的目的，是符合客观规律性的主观愿望。目的的形成不是单纯的主观欲求，不同的自然社会生活条件、不同的历史时代、不同的民族、不同的年龄性别，有不同的主观欲求，形成不同的目的。在自行车尚未问世的时代，就不可能产生购置自行车的欲求；深居山村的人也无购置自行车的需要。总之，主观目的的形成有其客观背景。目的要不流于幻想，必须深谙赖以实现目的的客体的属性及其规律性。一个建筑师极其美妙奇特的构图，如缺乏材料与结构力学上的科学依据，就始终是一幅永远不可实现的图画。因此，目的的设置不能不考虑目的的实现的客观可能性，并且要根据这种可能性的研究，修正甚至放弃主观目的。这里要考虑的关键之点，是技术的成熟程度、客体的理解程度、目的的合理程度。

技术过程中的物质手段，是主观向客观转化的中介。工欲善其事必先利其器，没有合适的配套的物质手段是很难理想地完成技术指标的。技术操作不管器械如何先进，总是以人的自然器官作基础的，最重要的人体器官为手与脑。在手与脑的控制与指挥下，针对各种不同的技术操作，产生一批具有各种不同性能的适合于各种专业特殊需要的配套的人工制造的物质手段。这些技术手段有下列通性：（1）它们是人的创造物，是人的技能与技术构思的物化形态；（2）它们是人与物的中介，人的主观意图通过物质手段传导给客观对象，客观物的性能通过物质手段使主体有所感受；（3）它们还是社会文明的客观标志，物质手段中的典型的具有代表性的手段是社会的本质与发展中有决定性意义的东西。

技术过程中的结果是产品。在技术过程中参与活动的物质的与精神的诸因素，在综合中扬弃了自己的特征与形式，创造了新的内容和形式。这就是说，在自然物质的基础上，通过技术活动，产生了具有客观性的"人造物"。人造物是人的"技术品质"的对象化，是人在自然世界之中留下的自己的印记。

从技术主体、客体、目的、手段、结果的分别分析来看，技术活动，亦即主观能动性、行为目的性，像一根红线贯穿于整个过程之中，说明它们不是彼此孤立的，而是相互联系、相互贯通的。这其中，体现技术的精华的"技术手段"起着诸环节之间的辩证联系的纽带作用。以手段作为中介，形成技术过程的两个相互联系的圆圈形运动。

第一个圆圈是："主体—手段—客体"。这个从主体转化为客体的运动，手段是中介。主体运用自己的体力与脑力，发动和控制物质手段，使其服从于主体的需要。在主体指挥下的物质手段，作用于客体，使客体获得改造，从而符合了主体的要求，达到主客体的统一。正是物质手段的力量，使主客体融合一致了。其中"主体"是主观的，"手段"是客观的，"客体"是刻下了主体的印记的主客统一体。这个圆圈说明了技术的客观演化过程。

第二个圆圈是："目的—手段—结果"。目的是主观愿望，结果是目的的实现。这个从目的到目的的实现的运动，手段又是中介。目的是头脑里构想的东西，没有现实性，人们想把它变成客观存在的东西，就需要通过物质手段作为桥梁，以达到自己的目的。这个圆圈表明技术本身作为主观能动性、行为目的性的作用的发挥过程。

两个圆圈从主客两方面描述了技术的辩证运动的全程。因此，技术系统是由物质因素与精神因素综合而成的五个环节、两个圆圈的主客辩证相关的发展过程。其中，技术手段是演化、发展的动力和关键环节。

三、技术发展趋向性的探讨

技术发展的趋向性，是属于技术的未来的预测问题。各种不同的技术各有其特定的趋向性，对它们的研究属于各门具体的技术科学。从哲学总体上，我们只能探讨其一般趋向。现有下列三个问题值得加以探讨：

（1）技术革新与技术革命的问题。技术自身的发展，遵循质量互变规律。技术史的研究表明，技术的发展是积累的结果，积累首先表现为量的增长，表现为发展的连续性。技术发展的连续性，不动摇技术的基本形态，只是进行局部的改进。当发展到临界点时，引起技术基本形态的根本改变，便产生质的飞跃，产生技术的新形态，即出现了新技术。这就意味着连续性的中断，量变引起质变。计算机的发展充分地说明了质量互变的原理。当今最新技术的计算机，不是凭空从天上掉下来的，而有一个历史的积累过程。从算筹、算盘、莱布尼茨加法器、巴比奇计算器直到真空管计算机，是历史上逐渐的技术革新的成果，反映了计算机发展的连续性。但是，根据固体物理学的原理开发的新技术，即晶体管技术的出现，就不是简单的改进，而是技术的质的飞跃，它与电子管技术相比，有了根本性的变化。庞大的机房为一个小型的整机代替了，它的功能更加复杂多样，耗能耗原材料则急剧减少。而集成电路的迅速更替，使计算机微型化、经济化成了可能。期望着的生物计算机的实现，又将产生一次计算机的根本性的革命。

技术发展的连续性，产生了变化的"渐进形式"，它意味着技术的革新；技术发展的中断性，产生变化的"飞跃形式"，它意味着技术革命。

技术革新是指在技术原理不变的情况下，通过一系列小的改进，使技术日趋于成熟与完善，这只是技术局部性的改良。技术革命是指技术原理的根本变革，在新原理指导下，产生全新的技术，与之相应的那种旧技术就处于被淘汰地位。新技术与旧技术相比，在于它的性能优化、经济合理、便于推广。

技术革新与技术革命，是互为因果、相互促进的，它们结合而形成的交互作用过程，有如级级上升的台阶，台阶的平面是技术革新，向上跨越一级为技术革命。"技术革新"的渐进发展是它的常规形态，技术在其生产应用过程中，在发挥其功能的情况下，逐渐突出了其优点，暴露了其弱点，随时适当调整、自我完善。"技术革命"的飞跃发展是它的突变形态，技术在原有的理论框架之内、工艺流程之中，几经改良，已无继续前进的余地，不得不求助于新的理论指导，并运用全新的工艺手段，从而取得技术上的重大突破，跨上新的台阶，于是高层次的新技术诞生了。技术革新与技术革命的统一，构成了技术纵向的辩证发展的基本趋向。

技术的局部性的改良，一般讲多数属于工艺性质的，例如个别部件的更新，局部线路的调整，装配方式的变换等等，这些大都属于高超的技工或技师长期操作的经验的产物。这些成果虽然缺乏系统理论性，但却是他们的实践智慧的流露。它们无疑地对理论的改造有很大的启迪作用。潜心于实践的科学家则能及时发现这些好的苗头，并以此检验理论的得失，在达到足够的技术经验的积累时，便出现理论的突破。理论的更新，便导致技术革命、飞跃发展的局面。

这种技术的纵向发展的论述是理想的情况。现实生活中技术的发展是异常错综复杂的。因为技术内容的多样性、技术发展的不平衡性以及社会对技术需要的多层次性，使得技术革新与技术革命的进程呈现迂回曲折、重叠交错的情况。例如，大型国营农场的技术已达到机械化、化学化、电气化水平，而个体农户尚处于老牛木犁情况，少数民族边远山区还有刀耕火种的原始技术的残存。这样就使得一个国家或地区的技术结构高度复杂化。

（2）技术层次与技术转移的问题。由于技术结构的高度复杂化，技术纵向发展的趋向的分析，必须以横向发展的趋向的分析作补充。前者重在对时间上的演进的追踪，后者重在空间上的层次结构的推移。

技术内容的多样性、技术需要的层次性以及技术品种之间的发展不平衡性，要求我们对技术的空间网络结构与层次进行必要的分析。在空间领域，多种技术同时并举，有的技术互为因果，一荣俱荣、一衰齐衰。这种荣衰与共的状态，就要求巩固发展带头行业，推动相关行业；或紧缩有关行业，以抑制某行业的过度发展。有的技术相互之间联系松散，由于牵制不多，可以加快独立发展；或由于孤单力薄，可因势利导，促其合成，造成杂交优势，以利于技术的改造，如此等等。因此，我们要研究不同结构、不同层次之间的分合关系。

技术的转移是克服发展不平衡的有效途径。技术转移可以以先进促落后，达到技术发展的平衡状态。平衡状态表示落后赶上先进，又迫使先进必须更先进，从而又产生新的不平衡。如此，平衡与不平衡交替发展，促使技术水平持续稳定上升。

关于技术转移问题，受到科学界的普遍重视。1966 年美国的布鲁克斯（H. Brooks）认为，技术转移是技术通过人类活动被传播的过程，即一些人或机构所开发的系统而合理的知识，被另一些人或机构应用于处理某事物的方法中。他还提出了技术转移的两种类型，即垂直转移与水平转移。前者指从一般到特殊的转移，即把技术转化为一种新工艺或新产品的过程；后者指将某种技术经修改后转做新的用途。这类说法是表层的，就事论事的，其实技术转移是技术的空间运动形态，它表明了技术的横向联系。这种横向联系，既受技术的纵向发展的制约，又受社会经济政治和科学文化的深刻影响。因此，它本身既是一个平面网络，又与纵向发展主体交叉；既是技术自身的结构的表现，又深深纳入复杂的各种社会层次之中。根据目前情况看，技术转移运动有两个方向：其一是空间上的双向传播，包括技术输出与技术引进；其二是实践领域中的单向扩散，包括从一般技术到特殊应用、不同技术部门的改造转移、传统产品改轨制造别的产品，例如军工厂制造民用产品等等。

技术转移的形式是多种多样的，不胜枚举。但概括讲来，可分三种：第一，有形的技术转移，主要指产品、设备的转移。如大型的成套设备的引进，这种引进难于消化，而且受控于提供设备一方，容易产生技术、经济的依赖性。第二，无形的技术转移，主要指技术知识、技术信息的转移。这种转移，可以节省技术摸索的时间，避免试制的误差损失，还可开发人们的技术头脑，赶超先进。第三，综合的技术转移。主要指技术创新能力的转移，它是在前两个转移的基础上，综合创新，推陈出新。它着重抓技术设计思想与关键工艺手段，彻底摸清引进的产品与设备，消化技术知识与信息，结合实情，走自己的独立的道路。

在技术转移的历史过程中，不同阶段有不同特点。一般讲，古代技术转移以人为媒介；近代技术转移不但以人为媒介，更多地以技术产品及设备为媒介，从技术物的剖析中发现其技术诀窍。现代技术转移，除人和物外，技术信息的掌握跃居主要地位。人、物和信息的综合媒介大大提高了技术转移的质量和速度。

在技术转移的历史过程中，还伴随了一个从不自觉到自觉的变化。一般讲，古代的技术转移是自发的、不自觉的。更有甚者，古代手工艺匠人每有教会了徒弟饿死了师傅的危机感，于是常以"技术保守"抵制"技术转移"。近代由于社会交往的频繁，技术保密难以成功，相反自觉促进技术转移的情况日益增加，这样就加速了技术进步。现代技术转移已成了国际现象，因此采取立法管理与控制的办法，使技术转移能有秩序地进行。不过，尖端技术、国防军事技术的保密仍然是严格的，因为它关系到一个国家的经济繁荣、政治稳定、国防安全等方面。因此，技术保密仍然有其必要性。

（3）技术发展的周期与速度的问题。现代技术发展的趋向是高速度加速发展。从纵向发展来看，进展速度愈来愈快，真是当它尚未凝固时，就已变得陈旧了。这种进程加快的趋向表现为变化周期明显缩短。具体讲，就是科学理论物化为技术措施、技术产品的周期缩短，技术产业化形成生产力的周期缩短，新技术、新产品的更新换代的周期缩短，传统产业部门设备更新的周期缩短等等。总之，技术进步的频率在加速。纵向的加速发展，必然影响横向转移的速度与社会的震荡。

技术的高速发展，主要是生产的需要与科学理论的推动。资本主义兴起以后，生产规模日益扩大，生产需求日益复杂，要求技术的高速发展与之相适应，再加以基础科学理论为技术的前进铺平了道路，才能使技术发展日新月异、高速前进。还有技术研究手段的改善，成了技术高速发展的"催化剂"。例如，受控试验的逐步完善。在技术目的与技术成果之间，"技术试验"是一个中介环节。这种试验不同于一般的科学实验，它是按照一定的技术原理、设计方案，在自然过程中表现得最确实、最少受干扰的地方进行的。因此，这样的准确无误的试验，便可保证技术目的的完全实现。

关于技术发展的趋向性探讨，有助于我们自觉地把握方向，使技术朝有利于人类的生存、社会的繁荣的方向发展。

技术的本质及其自身发展问题的研究，表明自然、物质、宇宙、生命的发展进入了一个重大的转折阶段。"技术"是从自然世界进入人类社会的中介环节。技术的客观物质性与主观精神性、自然规律性与社会目的性并存于一身，就体现了它的中介地位。因此，技术发展，从实质上讲，更加受控于社会运动。

第十二章　技术发展与社会运动

　　我们强调了社会对技术的深刻影响，认为技术不单纯是自然物质现象，更多地是社会人文现象。认识这一点，对技术的发展及其社会功能的探讨是至关重要的。技术的产生与发展有极为复杂的社会原因，但技术一旦出现，便以其强大的物质威力与变革社会的力量，反作用于社会。它可以为人类造福，也可以给人类带来灾害。"核能技术"提供了巨大的造福人类社会的能源，但核污染也给人类生存以威胁，至于核弹的爆炸更会带来区域性的甚至全球性的灭绝人类世界的后果。因此，技术对于人类绝不是中性的，它造福人类或者威胁人类。由此可见，技术对人类社会运动产生了巨大的影响。

　　技术的社会功能是一个历史范畴，它随着时代的变迁而有不同的表现。如果一项技术对社会不起什么作用，或起的完全是反作用、危害人类生存与发展的作用，它就将为人类弃置不用，或受到社会舆论的谴责，最终被毁灭。因此，社会功能的论述，主要就技术的积极方面而言。从这方面看，技术的社会功能主要表现为三个方面：（1）技术推动社会生产力的发展，并日益成为社会生产力的核心，特别是现代社会生产，没有技术便寸步难行。（2）技术进步与经济增长密切相关，它事实上已成为经济构成的一个要素，在实现经济预期目标中起着举足轻重的作用。（3）技术对社会风尚与习惯、哲学的世界观与人生观也有潜移默化的作用。前已论述，它决定与改变现代人的素质。有人把当今人类社会说成是"技术创造的王国"，其理论基础虽成问题，但突出了当今世界的"技术创造"的决定性影响，还是有道理的。

第一节　技术日益成为社会生产力发展的核心

社会运动的基础形式是社会生产运动，它有别于本能活动之处在于它的能动性、目的性、自觉性，这些正是技术因素的萌芽状态。因此，社会生产运动从其开始便潜在地包含了技术因素。但技术作为一个独立的自然社会现象，并以其强大的力量推动社会生产，最后成为现代社会生产力的核心，却是近来的事情。

技术渗透到社会生产力自身之中成为它的核心组成部分，并影响到其他要素，从而改变了社会生产力的结构与性质，使人提到社会生产力时，便立刻想到技术的力量。在这里，我们看到体力劳动如何日益为技术设备所代替，体力劳动者如何日益智能化，体力劳动如何日益由主体活动变为客体活动。

一、体力劳动日益为技术设备所代替

体力劳动是社会生产运动的基础，是永远不可完全废弃的，但是，体力的支出有其生理的局限性，它的负荷、速度以及可以施展能力的范围都是有限的。面对日益复杂的生产状况，单纯依靠体力劳动是不能胜任的。以体力作为原动力，通过锄头作为中介，顶多只能打下一个小小的木桩，而沉重的钢筋混凝土桩柱，人力是决无可能将其打入地下的，这就得依靠"打桩机"。因此，技术设备代替体力劳动是不可避免的必然趋势。

真正的技术设备是机器，它是从手工工具发展而来的。所有发达的机器，一般讲，都是由三个本质上不同的部件组成的，即发动机、传动机、工具机。机器的基本结构虽然如此，但其性能日趋复杂，衍生的形式种类繁多。机器最重要的进步，就是它日趋精确的自动化过程，以及工具机根据不同工件的加工要求日趋复杂的多样化过程。

工具机，也可以叫作工作机，它是由手工工具直接演变而来的，它由工具和安装工具的机件组成。不管机器形式有多大的变革，但基本上还是工场手工业时期的手工工具的再现。在机器中改变工件的材料及形状的那个工具机部分，大都是以前的相应的手工工具的仿品，如锭子、针、锯、刨、剪刀、刮刀、梳子等。尽管工具机的这些组成器件与手工工具有继承关系，但二者仍然有本质的区别。马克思说：“工具机是这样一种机构，它在取得适当的运动后，用自己的工具来完成过去工人用类似的工具所完成的那些操作。至于动力来自人还是来自另一台机器，这并不改变问题的实质。在真正的工具从人那里转移到机构上以后，机器就代替了单纯的工具。即使人本身仍然是原动力，机器和工具之间的区别也是一目了然的。”[1] 手工工具是受人体器官的限制的，人很难同时纺两根纱，而珍妮机一开始就能用 12—18 个纱锭。因此，作为机器的主要部件，工具机的诞生是一个飞跃。它不但在数量与速度方面大大超过了手工工具，提供了比手工操作高得多的劳动生产率，而且制造出手工工具无法生产的更为精巧的产品。第一次工业革命，以蒸汽机的发明与应用为主要标志，但它首先是从工具机的发明开始的。如英国在纺织业中发明了一系列的工具机：织布飞梭、珍妮机、水力机、自动纺纱

---

① 《马克思恩格斯全集》第 23 卷，人民出版社 1972 年版，第 411 页。

机、自动织布机等，由于这些机器的广泛使用，相应的配套机器：净棉机、梳棉机、印花机等一系列工具机，相继出现。工具机的发明，是机器生产的起点，也是机器生产的核心。但是它没有相应的动力机的配套，也是不能充分发挥其效能的。

由于工具机规模扩大、种类繁多，同时作业的工具数量增加，就需要较大的发动机构。工作机越是发展，所需动能就越大，机器操纵与动力供应的矛盾也就越来越尖锐。因此，强大的动力供应问题得不到解决，机器的优越性也就无从发挥。显然，人力是无法推动庞大的机器群的，于是人们把自然力的充分利用作为解决能源的方向。人们借助机器，可以占有和利用自然力，使它直接为推动工具机从事生产服务。于是，风力、水力、太阳能等相继得到应用。但是，自然力是不稳定的，风力有大小，水源有盈枯，人类无法稳定地均衡地控制使用它们。晚近利用太阳能聚热发电，也是小规模的、不稳定的。大规模机器生产要求动力强大、易于控制、性能稳定的能源，它们不受自然条件与生理条件的限制。"蒸汽机"的发明，便适应了这种要求。蒸汽机成了大规模工业机器生产的强有力的支柱，而且标志着资本主义彻底战胜封建主义。

随着大机器工业的迅猛发展，蒸汽机作为动力机构，逐渐暴露了它的弱点，远非绝对理想的。它不但体积庞大，而且传输方式十分复杂而不经济。蒸汽机必须通过曲柄、飞轮、天轴（或地轴）、皮带等组成的传动系统，才能把能量传输分配给每一台机器，而且传输过程中，本身耗能很大，无法实现能量的远距离输送，因而限制了机器工业的大规模发展。为了满足机器工业要求动力输送方便、分散供应，以及能量供应形式的多样化的要求，继蒸汽机之后，相继发明了发电机、电动机、内燃机等先进的动力设备。

工作机与动力机之间联系、传递、分配能量的纽带是传动机构。

传动机构的必要性在于：（1）作为工具机与动力机之间距离的弥合，使二者联系起来，动能得以驱动工具机。（2）将动力机简单的运动形式转化为多种多样的工具机所需要的特种形式。（3）调节动能的大小、转换动能的方向等功能。传动机随着工具机与动力机的发展与需要，不断调整结构，改变性能，相继制造出皮带轮传动机、机械传动机、液压传动机、气动传动机、电气传动机等。

机器生产以上述三个部分配套为基础，形成各种复杂的机器体系，它有效地取代了体力劳动。一个机器体系，"只要它由一个自动的原动机来推动，它本身就形成一个大自动机"①。因此，"当工作机不需要人的帮助就能完成加工原材料所必需的一切运动，而只需要人从旁照料时，我们就有了自动的机器体系"②。机器的自动化，就意味人的体力劳动得到了代替。现在的机器自动化自动控制的程度，远远超过马克思时代了，蓝领与白领的区分基本上消失了，很多生产活动全由机器代替，操纵人员有的只要注视屏幕、按按电钮便可以了。这就是说，机器系统除工具机、传动机、动力机之外，再加上一个控制机组，便成为现代的自动控制机器体系了。

机器体系发展到今天的自动控制机器体系是一个历史发展过程。最初是同种机器的协作，"这种协作首先表现为同种并同时共同发生作用的工作机在空间上的集结"③。例如同种织布机组成的织布厂。进一步是，"在劳动对象顺次通过一系列互相连结的不同的阶段过程，而这些过程是由一系列各不相同而又互为补充的工具机来完成的地方，真正的机器体系才代替了各个独立的机器"④。在这里，机器

---

① 《马克思恩格斯全集》第 23 卷，人民出版社 1972 年版，第 418 页。
② 《马克思恩格斯全集》第 23 卷，人民出版社 1972 年版，第 418 页。
③ 《马克思恩格斯全集》第 23 卷，人民出版社 1972 年版，第 416 页。
④ 《马克思恩格斯全集》第 23 卷，人民出版社 1972 年版，第 416 页。

的简单集结为机器的分工协作所代替。最后，就是机器自动化的出现，并且发展到当代自动控制的高度，这里最关键的部件是：整个机器体系的控制、操纵机构。

控制机的使用，就使机器从物质与能量系统，进化到以物质与能量为基础的，以电子计算机为中心的信息与控制系统。这样，机器就不但代替了体力劳动，而且开始部分代替了人的控制与管理职能。

技术设备的自动化的典型标志是机器人的诞生。机器人集工作机、动力机、传动机与控制机于一身，它具有拟人的性能，即它具有操纵和控制的能力，类似人的感觉与逻辑思维；它还具有类似人的动作的多自由度。总之，机器人的功能，是模拟人的部分手、脑机能而物化的结果。

机器体系的进步，已不满足于仅仅代替体力劳动，它开始向智能化进军，力图代替人的脑力劳动了。

二、体力劳动者日益智能化

技术是人的生产劳动的产物，但它一旦产生以后，又使人的生产劳动的性质及形式根本改观。机器代替手工工具，日益取代了人类的体力劳动，使人的肢体获得解放；电子计算机的使用，则取代了部分大脑的机能，使人的大脑获得解放。

劳动的第一次解放，发生在产业革命时期，那时完成了手工劳动向机器劳动的历史性转变。它的基本内容包括劳动工具的有既定程序的机械运动取代了手工工具的无常规的操作。由于机器是按照力学和物理学规律连续不断地运动的，工人的动作必须严格适应其节奏。在机器与人之间，一旦机器开动，人就必须无条件服从机器的运转，不能有任何疏忽。劳动者在生产劳动过程之中便丧失了他的主导地位。这种劳动方式，要求工人以最简练经济的动作与机器协同运转，工人完全从属于机器，变成了机器的一个"有机部件"。20世纪初，泰罗所制定的企业管理原则，就要求机器运转与工人动作之间、工人与劳动组织形式之间，有最佳协作关系。这种劳动方式的变革，产生了劳动在宏观与微观上的尖锐矛盾：在宏观整体上，机器的巨大生产力，显示了人类征服自然的能力；在微观操作上，劳动者在很大程度上屈从于客观的铁的法则，变成了机器的奴隶。

劳动的第二次解放，是在我们这个时代发生的。它的基本内容是，劳动工具运转趋向自动控制化，机器功能趋向智能化，从而彻底改变了工人的劳动方式与职能。工人由机器的操作者变成生产过程的管理者和监督者。整个社会劳动的内容日益科学化、技术化，而体力劳动者趋向于脑力劳动化。科学技术化劳动是社会生产运动的高级形式，它要求劳动者具备相应的科学文化素质，因此，劳动者的智能化是发展的必然趋势。如果初中程度是机器生产初期的要求，那么，大专程度是自控化机器生产对劳动者的要求。

体力劳动与脑力劳动的划分也不是绝对的。从来就没有绝对的体力劳动，这就是说，总有脑力劳动羼杂其中。因为劳动与本能活动不同，它是有意识、有目的的。有意识、有目的就表示人的思想意志活动，也就意味着只要劳动就一定有脑力活动参与其中。那么，体脑划分又是怎么一回事呢？在原始的简单劳动中，体力的支出是主要的，脑力活动是次要的。随着劳动的复杂化，脑力活动便越来越重要。当达到劳动科学化、技术化时，脑力劳动就擢升到主要的地位了。因此，体力劳动与脑力劳动的划分，不是它们彼此相外，只是它们主次易位。

体力劳动与脑力劳动的消长，导致劳动性质的变化。劳动性质变化的总的倾向是：笨重的体力劳动与无专门技能的劳动逐渐被淘汰或日益缩小其活动范围。我们曾经看到《悲惨世界》中，让·沃让用肩膀扛起翻倒了的马车的场面，现在就不必如此费力了，一个小小的并不太复杂的"千斤顶"便可轻而易举地把几吨重的汽车抬起。

体力劳动基本上是把人自己身上的"自然力"——臂和腿、头和手运动起来，作为原动力。人是一部天生的动力机。人的劳动逐渐向控制与操纵机器转移，也就是减轻体力劳动、增强脑力劳动的过程。当然，体力劳动并不能完全被废弃，它仍然是劳动的起点和基础。

脑力劳动的状况也不是凝固不动的。每一项重大的技术成就，都会给脑力劳动带来新的变化。这个变化的基本方面是：大脑的创造性活动日益加强。而那些属于机械记忆与单纯计算性质的低级脑力活动，是一些"笨重"的脑力劳动，它们将逐渐为机器所代替，使大脑有更多的时间进行创造性思考。例如，"四色问题"，人们直观地知道，在平面或地球面画地图使相邻地区有不同颜色，只需四种颜色便够了。但要证明它，就必须列举一切可能的图形组合，使用完全归纳法，为此需要研究 2000 多个组合构形，进行 200 亿次判断。进行这样的运算不知要花多少时间，因此，125 年未能给出证明。但是由于有了高速计算机，就给四色问题的证明提供了现实可能性。据 1976 年 9 月《美国数学会通报》第 82 卷第 3 期报道，美国数学家阿沛尔和哈肯用高速计算机运算了 1200 个小时证明了四色定理。如果一个科学家或专家一生纠缠在这样冗长的计算上，他势必一事无成。可见，机器代替了繁杂的低级脑力劳动后，人们创造性的聪明才智将得到进一步的发挥。当然，记忆与计算，虽然比较简单，缺乏创造性，但作为儿童的基本训练仍然是极端必要的，过早使用计算机代替人脑计算活动，对儿童的智力发育是有害无益的。

　　体力劳动与脑力劳动的融合，不单单是自然的体质的生理问题，它具有极其伟大的社会意义，即它是人类进入共产主义社会的三大前提之一。共产主义社会的到来，必须消灭工业与农业的差别、城市与乡村的差别、脑力劳动与体力劳动的差别。技术的发展对消灭三大差别有重大影响，特别是对消灭体脑差别起着决定性的作用。体力劳动者的智能化，便体现了技术的发展在体力劳动与脑力劳动相互融合中的作用。

三、体力劳动日益由主体活动变为客体活动

　　马克思说，劳动过程的简单要素是：有目的的活动或劳动本身、劳动对象和劳动资料。体力劳动就是这种有目的的活动或劳动本身的最初表现，它是主体活动。劳动对象，那些天然存在物，如原始森林、地下矿藏等，它们未经人的协助，就作为人类劳动的一般对象而存在。这些就是劳动过程中的客体。随着生产规模的扩大与复杂化，天然的劳动对象之外，有了更多的经过劳动加工过了的"原料"作为劳动的对象。所谓原料，就是已经通过劳动而发生变化的劳动对象，如正待冶炼的矿石，作为建筑用的木材。原料是劳动过程中的客体，但又不是完全的客体，因为它本身之中包含了主体劳动的物化形态，即矿石已不同于矿藏，木材已不同于原始森林。至于劳动资料，马克思说："是劳动者置于自己和劳动对象之间、用来把自己的活动传导到劳动对象上去的物或物的综合体。劳动者利用物的机械的、物理的和化学的属性，以便把这些物当作发挥力量的手段，依照自己的目的作用于其他的物。"[①] 所以，劳动资料就是劳动手段。劳动者的肢体是他自身具备的天然的劳动手段，而从自然物

---

① 《马克思恩格斯全集》第 23 卷，人民出版社 1972 年版，第 203 页。

加工的石器、铁器以及现代的技术装备，则是作为"物或物的综合体"的劳动手段。这种物或物的综合体的外在性质，说明它们是客体性的；但它们从属于主体目的性并改变自己使其适合于劳动的要求，又说明它们是主体性的。因此，劳动的全过程"劳动本身—劳动手段—劳动对象"是一个主体通过主客相兼的中介作用于客体的过程。马克思所论述的这个传统的自然劳动过程，是劳动的主体活动向客体的渗透过程，劳动手段从属于主体活动是十分明显的，它正是由于获得了主体性才使它与一般自然物分别开来。劳动对象也日益丧失了它的淳朴的自然的天真，作为打上了主体性印记的"原料"再被加工为成品。而"成品"是在自然物基础上经过多次劳动加工而成的"人造物"。人造物正是主观目的的实现。因此，在这样的自然劳动过程中，最终主体吞没了客体。劳动创造世界，人是自然界的主人，正是这样的主客体关系的写照！

但是，自然界并不是那样完全被动的。人在作用于他身外的自然并改变自然时，也就同时改变他自身的自然。也就是说，人的肌体在与自然交互作用中得到进化，日益变得聪明能干了。聪明能干的人类的最大成果就是技术日益精进。技术性的劳动过程有别于自然劳动过程之处，不是主体吞没客体，而是主体活动日益变成客体活动。这就是说，原来一些属于主体的动作与意图都由"客体"代劳了，即各种机器具有与主体活动某一方面相应的性能，就能有效地准确地代替主体这一部分活动，从而将主体活动变为客体活动。

主体活动变为客体活动的过程，有层次高低的不同，它取决于技术进步的程度，而且与社会历史的进化过程也是相应的。

一般讲，首先是人作为动力机的状况被取代。自然力的取代，还不是以客代主的活动，例如，利用畜力、风力、水力取代人力，这种取代，只是自然力的互换，人力与这些力是在同一个层次、同一个水平。那些自然力之中并没有人的主体性物化其中。"以客代主"真正开始是有了机器以后，即人创造了"动力机"。动力机是人的技术创造，它旨在用以代替人力。动力机之中凝结着人的劳动经验与技术构思，因此其构成因素中有人的主体性的物化因素。"机械力"的客体活动代替了人力的主体活动。各种能源技术，如蒸汽机、电动机、内燃机，以及核能装置等都是人力的客观代替物。它们的客观运转使人力的主体活动显得微不足道了。人要做的只是很少劳力支出的控制与操纵工作。

其次，人的技术操作活动逐步被取代，这就是各种工具机的发明。工具机的制造是以人的操作活动作为原型的。纺织机将人们手工操作的动作机械化，从而代替了人的纺织的主体活动。因此，人只要轮番巡视机器运转，做点辅助活动与检查工作便可以了。

最后，人的控制、操纵、检查与辅助活动也统统免了，控制机把这些主体活动也承包下来了。人只要发出指令、安排程序便可以了。这就是现代自动化技术。自动化技术的出现，不但代替了体力劳动，而且也部分取代了脑力劳动。

自动化技术以计算机科学与控制论为基础，它的兴起是近 40 年的事，大约在 20 世纪 50 年代初期，"工程控制论"诞生，大大推动了自动化技术的发展。它的发展推动了从机械自动化走向智能自动化。机械的和电力的自动化装置主要是取代比较复杂的体力劳动，实现局部生产过程自动化和一些专门操作自动化。例如用电子装置代替人进行加热炉的温度调节。

自从电子计算机出现以后，特别是 1965 年集成电路出现以后，机器愈做愈小，性能愈来愈好，成本愈来愈低。自动化技术使用计算机进行控制，取代了过去的自动化电子装置，而且显示了它取代人的脑力劳动的性能，对通常只有大脑才能完成的工作实现了自动化。于是，从机械自动化进入智能自动化阶段。大脑机能、智能是主体活动的高层，它也开始通过计算机而变成客体活动了。例如，可编程序数控机床，能把各种等待加工的零件图纸存入计算机中，由计算机来制定工艺程序，从而使整个加工过程自动化。于此，计算机代替了人的工艺设计的主体活动。具有初步智能的机器人已在国外广泛使用，例如有一种带有眼睛和手的机器人能够在总装线上搬动零件、组装产品、固定螺钉、包装成品等等。至于计算机识字、对话、下棋、翻译都已实现了。人的大脑机能事实上部分地可由计算机取代了。

还有利用计算机群，通过通讯网络联系起来协同活动，可以在大范围内进行自动化控制或管理。这种跨地区的自动化大系统，如铁路运输网的自动化调度和行车控制，大大提高了管理工作的效率和准确性，而且也节省了大量的人力。一个上千人的工厂，高度自动化以后只要十几个操纵管理人员，就能胜任全部工作。利用计算机及现代通讯理论的现代自动化技术，还在不断扩大其应用范围，它在经济计划、生产消费、资源利用、交通运输、人事管理、新闻情报、医疗卫生、人口控制等方面，都取得了巨大的成就。这就是说，整个社会管理可以由计算机组成一个庞大系统，代替人来发号施令了。至此，人的主体活动可以说基本上已让位于物的客体活动。于是，在漫长的历史发展过程中，人与物的关系经历了深刻的辩证转化："人屈从于物，物受人支配，人受物支配。"这里，前一个"物"是自然物，后一个"物"是人造物。当技术尚未高度发展时，人受控于自然物，仰赖自然的恩赐；当技术有所发展时，人有能力支配自然物为我所用；当技术全面发展时，人却受制于自己的产品。这一转化过程，同时也是人的主体活动逐步转化为物的客体活动的过程。"技术"是贯穿这一过程的红线，也是这一过程发展的内在动力。

现在值得思考的问题是：人的主体活动客体化以后，人还能做些什么？这里有一个对智能机的看法问题，智能机不管其性能如何优越，它总是利用力学、物理、化学机制模拟人的大脑神经活动，并不是真正的人的自由活动，即令将来出现了生物计算机，也止于模拟状态，而绝非人的活动。它只能机械地按给定程序活动，最终要服从人的指令，而且它归根到底是人造的。这就是说，最后还是人指挥物。还有，计算机广泛运用之后，人是否无所事事了呢？不是！这时人有充分的时间从事创造性的活动，使人的智力获得充分而自由的发挥，进一步改善物质生活条件，高度发展精神文明。"技术"改造了自然世界，同时也改造了精神世界，为实现共产主义铺平了道路。

第二节　技术实现的社会条件

关于技术对社会诸领域的影响，我们已有所论述，事实上已接触到技术实现的社会条件问题。我们认为技术活动是一种复杂的社会历史现象，不是自然物质条件下有了可能就可以实现的，它的实现主要取决于社会条件。

社会作为一个复杂的大系统，由若干的子系统组成，即由经济、政治、文化、思想等多种子系统组合，形成一个相互渗透、交叉发展、不可分割的整体系统。特别是现代社会整体系统，它的有机联系、彼此贯通的特点更加显著，"技术"就是实现这样的联系贯通的要素之一。

社会整体的诸子系统中，经济系统是核心，而且是决定性的力量。"技术"作为社会生产力的核心与经济系统发生直接联系，而且它们相互影响、彼此制约、协调发展，推动着社会前进。因此，技术实现的条件，首先是经济条件。技术的经济因素甚至比它的物质因素更为重要。

一、经济效益是技术能否实现的前提

技术的首要目的是改善社会物质生活条件。技术提供了改善的可能性，但能否实现取决于经济条件。一般讲，技术所提供的经济效益必须超过完成该项技术的投资，而技术投资的大小往往可以决定技术的实现与推广的程度。一项技术发明，如发明国财力不济，则很难实现，更不用说推广了。本来英国在原子能反应堆技术方面曾经领先，但美国却后来居上，并转而向英国出售轻水反应堆。其中原因，不得不追溯到经济条件。

技术发明有其科学物质条件，这些条件具备了才谈得到发明创造。从事一项技术发明创造，首先是在实验室进行，然后试制鉴定，如果达到了要求的技术指标、经济指标，才可以投产推广。在实验、试制阶段是无利可图的，相反，还要进行技术投资。投资是有风险的，一旦试验不成功，试制不理想，投资就算损耗了。即令投产推出，如果效益不佳，或有性能更好的同类产品面世，也将萎缩难以发展，最终不得不弃置不用。上述各个环节，都是"经济"在起抉择作用。

因此，从事技术发明创造工作的个人或团体，在着手研究实验以前，不能不预先仔细考虑该项发明创造的使用价值和价值。这就是说，该产品是否为社会所迫切需要，如各层次的消费者都殷切期望某种新技术，那么，前景是光明的；其次还要考虑社会各阶层的经济承受能力，在炎热地区，电扇、空调都是社会群众所欢迎的，但从经济承受能力来讲，空调费用是个体家庭一般难以承受的，机关学校也不是普遍使用的，电扇则能为大多数个体家庭所接受。因此，技术创造发明，首先应考虑的是它的使用价值与价值，即社会需求程度与经济承受程度。

技术发明创造者与生产经营的厂家公司的关系是荣戚与共的，技术发明创造如闲置不用，则等于做了废功；生产经营如无适销对路的新产品，势将无法维持其生存。因此，生产经营得法，盈利滚滚而来，便刺激技术发明创造不断更新，飞跃前进；而一种新技术、新产品，由于适合社会需求，并为消费者经济能力所能负担，则它可以救活一个厂家公司，有些厂家濒临倒闭，由于采用新技术、制造新产品，从而起死回生。

但是，对技术发明者与生产经营者有利的事业，对整个社会未必完全有利。例如，化工企业固为社会所必需，但同时又造成环境污染、破坏生态平衡等等。因此，从社会整体来看，技术发明、生产经营、社会控制三者之间的关系应予协调。

社会控制是从宏观方面来看技术与经济问题。任何技术发明不都是有利无害的，如何趋利避害、兴大利容小害，这都是社会控制的决策应予通盘考虑的问题。例如工业三废处理，不予处理或处理不当，就势将造成环境污染，危害人民生命健康；如处理得当，不但可以避免污染，还可以变废为宝，在经济上产生意想不到的效益。在社会整体利益上，决策者不能算经济小账，要从大处着眼。例如，国防军事需要，以及全面发展科学技术的需要，要求决策者有气魄拍板进行无偿巨额投资，发展尖端技术，如核技术、航天技术等，以及进行基础理论研究，如高能物理、哥德巴赫猜想等。这些短期是没有什么经济效益的，但长远来讲，是有影响深远的社会效益与文化效益的。这些效益转过来又全面促进了经济效益。有些尖端技术，如核电站、火箭运载系统，一旦转为民用，马上可以产生巨大的经济效益。

社会控制，还要运用手中的权力，通过客观的科学调查研究，制定科技政策和技术实施法规，颁布技术管理条例，达到扬抑有当、发展均衡、利多害少、赏罚分明的效果。

二、政治文化是技术实现的制约因素

政治是经济的集中表现，经济效益归根到底要受政治统治的调节。因此，科学技术必然直接或间接要受政治的制约。

但是，由于科学技术的基础的自然物质性质，使得它的研制活动似乎是中立的。核裂变与核聚变的研究、原子弹与氢弹的制造，无论在什么政治体制下，容或有研究深浅与制造高低的不同，但基本原理与基本技术没有什么不同。在这方面它是脱离政治也没有阶级色彩的。有些科学家、技术专家紧紧地偏执这一点，强调科学技术不过问政治的立场。1663 年胡克遗稿中有一段记述皇家学会的任务和目的的文字：通过实验增进关于一切自然事物的知识并改进一切有用的技艺、制造方法、机械操作、发动机和发明 ——（不涉及神学、形而上学、伦理学、政治学、语法、修辞学或者逻辑学）。A.V. 希尔教授据此发挥道："不过问伦理或政治：我认为这是文明国家计科学研究享受豁免和宽容的正常条件……如果科学要继续进步，它就必须坚持保持它传统的独立地位，它就必须拒绝介入或者受制于神学、伦理学、政治学或者修辞学。"[①] 希尔的这种想法在科学技术界不是个别的。他们不想介入政治活动，公开宣称：我完全不懂政治，也不想懂得政治，因为我如果置身局外，我想他们就不能对我怎么样了。这种独立于政治之外的中立态度，似乎成了不少科学家与技术专家的梦想。

---

① 贝尔纳：《科学的社会功能》，商务印书馆 1982 年版，第 525—526 页。

　　科学技术的自然规律性问题，当然与政治伦理无关；对个别政治事件采取不介入态度也可以办得到。但是科学技术，特别是技术活动作为一种社会现象，它就不能回避政治问题。布鲁诺、伽利略、哥白尼宣称客观的科学真理，在封建神权的统治下不能不被烧死、监禁，或生前缄默不语。政治统治只允许技术活动有利于巩固它的统治，否则它就难以得到发展。当垄断资本家认为发展技术已无利可图时，他们便要扼杀技术的发展，或者收买技术专利锁在保险柜里不让传播，而继续采用低劣技术，甚至摒弃技术，采用廉价的劳动力。因此，政治、阶级统治有力量阻止或削弱技术的发展。就是在开明的政治统治下，鼓励技术的发展，也不是随便什么技术都可以得到发展，它必须根据国情调控技术的发展。例如在一个发展中国家中，经济力量薄弱、工人素质较低、人口膨胀、劳动密集，就不宜让成套的大型的智力型的自动化设备体系普遍开花。而小型实用的，在知识水平与经济水平低下的情况下也可以接受的技术，便可以大规模推广。发展什么，不发展什么，优先发展什么，重点发展什么，这一切不是技术自身的自然条件所决定的，而为政治条件所决定。政治是社会的最高权威，技术活动不能不受到它的制约。它是无法完全独立于政治之外的。

　　伦理规范是政治统治的补充手段，它对社会起舆论的监督作用。技术发展与人们的生存与发展密切相关，它可造福人类，也可危害人类。造福人类的科学家与技术专家得到社会舆论的赞扬；反之，就受到社会舆论的谴责。因此，社会舆论、伦理规范可以鼓励或抑制技术的发展。譬如，"安乐死"问题是一个医疗措施问题，当病人得了不治之症，苟延残喘，等待死亡，在这要死未死之间，病人的痛苦已达到极点，家人的经济与精神负担也达到了极点，病人与家人均觉得早一点结束生命为好。医生能帮助他早一点脱离苦海、安然谢世吗？这里便遇到伦理道德问题。医生的职责在于救死扶伤，要充分发挥其医疗技术，延续病人的生命，只要病人一息尚存，你怎么可以武断他无救了呢？所谓"安乐死"就是"杀人"，医生能当杀人犯吗？这样一些技术活动与伦理道德的矛盾问题很难解决。技术活动不能游离于伦理道德之外，也就是说，它也受伦理道德的制约。

虽然社会生产对技术的发展起决定性的作用，但也不能忽视文化对技术实现的影响。劳动者文化程度的高低，社会文化性质的差异，都深刻影响技术的实现。资本家为什么赞成初中水平的义务教育？是他们关心劳动人民的文化福利吗？当然不是。主要是资本主义制度下的生产规模，由分散的手工作坊进入机器的大企业生产，工人没有相当于初中的文化程度，就不能有效地熟练地操纵机器、掌握生产诸环节之间的关系。由此可以看到，技术实现必须有相应的文化基础，在此基础上才可以接受相关的技术培训，然后才能结合有关技术设备，使技术活动变成现实的活动。至于更高级更复杂的技术活动就需要更高的文化技术素养。一个高级建筑师不但要精通建筑设计、结构设计等专业技术知识，还要具备绘画艺术、美学鉴赏、历史文物、风土人情、气象地理、政治经济等方面的高级文化科学素养。所以，不同层次、不同性质的技术的实现，有不同文化的要求。一个技工文化水平的人是难以承担法国罗浮宫的全面修复改建的设计的。

社会文化性质的差异，也是技术实现的一个制约因素。一个政治伦理学文化传统占主导地位的国家，高扬礼仪辞章，鄙视奇巧淫技，技术的实现必然受到阻碍。社会崇尚风雅清淡，轻蔑匠人所为，技术之士社会地位低下，技术的命运便可想而知。一个科学认识论文化传统占主导地位的社会，倡导理性思维，重视实证科学，技术的实现受到鼓舞。 社会崇尚观察实验，尊敬科技巨人，他们的业绩为世所公认，技术得以迅猛发展乃意中之事。 所以技术能否实现，还是要到文化背景中去寻根。

社会文化性质的差异，还对技术的实现有抉择作用。 文化熏陶与鉴赏趣味的不同，对技术的取舍也不同。 取舍之间便决定某种技术能否实现，这一点在工艺性技术中表现得尤为明显。

作为社会条件之一的政治文化条件，虽然不如经济条件那样直接而根本，但是，也是不可忽视的。 它的制约作用，有时对技术的发展是灾难性的。 过去，我国社会政治制度没有得到彻底变革时，有些热心实业救国的爱国人士的希望成为泡影，就说明落后的政治制度对技术实现的强大阻力。 现在，社会主义的中国突出了科学技术的地位，科学技术的进展在短短三四十年间得到史无前例的高速发展，就说明政治制度的变更对技术实现的促进作用。

三、工程技术对社会各领域的深刻影响

现代技术已不是单纯个体的操作，它已成为若干技术体系，组合为工程技术。 它渗透到社会领域的各个方面，成为推动社会生产的强有力的因素和组织社会生活的有效手段。 工程技术是一种综合性的社会客观运动，它对社会整体的影响是异常深刻的。

怎样评价或评估工程技术活动呢？ 实证科学研究的倾向是对它进行定量与定性的分析。 但是，由于它究竟不是单纯的自然物质运动，定量与定性的评估是很难精确无误的。 不过，它又不是纯粹的社会运动，其中蕴涵了物质运动，因此，又是可以进行定量与定性分析的。 这样看来，20 世纪 60 年代兴起的"技术评价或技术评估"（Technological Assessment，简称 TA），对工程技术的社会影响的研究，仍然有一定参考价值。 所谓技术评估，是通过系统地收集、调

查和分析有关技术及其可能产生的广泛影响，为人们进行技术开发工作乃至为国家制定科技政策提供信息。技术评估已从定性分析，进入到半定量或定量分析，为我们研究技术对社会各领域产生的影响，提供了具体确切的资料，大大提高了研究的科学性。

评估技术的进步，每人心目中总有一个标准，或做历史的纵向对比，或做各国的横向对比，如此等等。不同的标准便有不同的评价。一般从科学的角度评价技术进步，主要采用"先进性"作为评价标准。先进与落后是相对的，如何判断先进呢？一般认为技术的进步、水平与时间坐标成正比。但这种标准也不是绝对的，事实上某一特定时空之内的先进技术对另一时空未必适用，因而未必就是先进的。从经济的角度评价技术进步，主要采用"经济效益"作为评价标准。凡是能带来更大的经济效益的技术便是好技术，否则，便是不好的。这样的评价标准仍然是不完整的。在经济效益中有近期的、局部的，也有长远的、全局的。而且经济效益还要受政治决策与社会效益的制约。一项技术既先进又赚钱，但为当时政治状况所不容，就不足取。或者该项技术违反社会公德、破坏生态平衡、污染生活环境，仍然要受到抑制。所以，要全面评估一项工程技术，除科学标准与经济标准外，还要触及社会其他方面，技术与社会进步、技术与人类未来等都应予以考虑，从而做出技术的"社会评价"。这种评价，有三种影响较大的观点：

（1）认为现代工程技术的内在逻辑必然导致相同的社会后果，技术发展不取决于外部因素，不取决于外部社会经济条件，相反，技术决定并支配人类社会及精神世界。这就是所谓"技术决定论"（Technological Determinism，简称 TD）的观点。这种理论相信技术变革是社会变革的首要原因，社会的技术基础是影响各种社会存在的模式的基本条件。TD 又有硬软之分，"硬" TD 认为，技术是变革的必要而充分的条件；"软"TD 则认为，技术是变革的必要条件，但不是充分条件。例如，他们认为，在西北欧使用马镫和重犁，将加农炮引进航船，就使社会有机会走向封建主义以及尔后的商业资本主义。工程技术对社会的性质及进步的影响当然是不容否认的，但并不是唯一的，而且技术自身的形成与发展也有深刻的社会原因。只强调技术决定社会的一切显然是片面的，对这种技术决定论有两种截然相反的估价：其一是，技术是一切社会进步的动力，能切实解决大部分社会问题，有助于把个人从复杂的高度组织化了的工业社会的压抑中解放出来，相信人完全掌握技术设备和自己的命运；技术提供社会财富永不枯竭的源泉，将人类社会推向繁荣富强的未来。技术能造福人类社会当然是不容怀疑的，但产生的危害人类的后果也是有目共睹的。人类能够托庇技术的发展征服自然，控制社会，获得相对的自由，但当技术成为一个庞大的自动的客观体系以后，人类为自己的创造物所奴役，逐渐缩小其主体的自主活动，也是客观存在的事实。因此，一个劲地为技术叫好是片面的。另一种是，技术应当受到彻底的诅咒，对技术的社会功能采取全盘否定的态度。这样的观点，其实古已有之。老子的《道德经》中便有这样的话："人多利器，国家滋昏；人多伎巧，奇物滋起。"老子把工艺技巧认定为社会祸乱的原因，甚至认为盗贼蜂起也与工艺技巧发展有关，即所谓"绝巧弃利，盗贼无有"，可见老子对技术的发展是深恶痛绝的。现代的"技术否定论"与老子的"绝巧弃利"的观点有其相通之处。他们认为，技术的发展，夺去了人们的工作，滋长了人们的欲望，剥夺了人类的尊严。技术是一种无法控制的盲目的力量，它造成资源枯竭，环境污染，毒化自然，倾覆社会。他们只看到技术对社会危害的一面，完全无视技术的巨大的社会功能，这是一种更加危险的片面性。

"技术否定论"是"技术决定论"的消极表现，其实它们的根子是一个。它们都认为技术是唯一的基本的决定社会进步或退步的要素。把技术孤立地驾凌于社会之上，把技术的功过片面夸大，这些都是不对的。

（2）以人为尺度，衡量技术的决定取舍。技术的开发，必须从全球出发，以有利于人类生存为准绳，防止恶化环境、增加人的冷漠疏远感。产业系统不再是主导环节，服务于人类生活的消费系统，应该成为主体系统，这就要求生产、技术的质的提高能满足人类健康发展的各种需要。因此，判断技术的价值时，除先进性、经济性的标准外，应特别重视技术的人类性。技术本身的发展不是目的，为人类的生存与发展服务才是目的。这种观点当然是有益的。但技术的实现，其客观后果总是利害交织的。作为技术实现的副产物，例如废气、废水、废渣、噪音等等显然是对人类生存是有害的，工人长期从事某种生产技术，将产生职业病，如矽肺等等，这也是不利于人类生存的。那么，我们是否应该宣布取消或废弃机械技术、动力技术、化工技术、采矿技术、放射技术、核技术呢？这显然是因噎废食的做法。技术不可能绝对合乎人类的生存，我们只能发展有利于国计民生的一面，防止、缩小以至消灭它的有害的一面。目前的若干劳动保护措施以及生活福利措施，就是平衡技术对人类有害影响的防治手段。

（3）第三种观点可以叫作"技术中性论"。认为技术是客观现象，无所谓好坏，对它的好或坏的价值判断是从外面强加给它的。技术的社会功能，也不是它本身固有的，而是在社会应用中才显示出来的。例如原始时代的"火"，是一种自然现象，无所谓好坏。火烧掉了你的栖息的巢穴、烧伤了你，它就坏；给你取暖、熟食、陶冶，对你有利，它就好。因此，技术就其本身而言是中性的。这种看法并不正确。因为技术不但有客体的"物质性"，同时还具备主体的"目的性"和"社会性"。它具有内在的倾向性。

上述三种意见，我们可概括称之为："技术决定论"、"技术人性论"、"技术中性论"，虽各有所见，但也各有所偏。我们认为，社会结构与工程技术相互影响，互为因果，处于持续不断的交互作用过程之中。技术变化引起社会变化。那就是，新技术创造了新机会，也带来了新问题。通常情况是：技术进步为达到某种向往的目标创造了新机会；而要从新机会中获得益处，就需要社会组织作适应性的改变，这就意味对旧的社会结构的破坏和功能的调整。这种破坏与调整，引起了社会的动荡、秩序的失常、目标的落空，从而留下一系列问题有待解决。只有问题得到解决，技术提供的新机会才能使社会受益。

技术创造的新机会，使得原来认为根本不可能的事成为可能，如空间技术的发展，使登月与卫星通讯成为可能并成为现实，从而大大开发了人类的生存空间，提出了新的社会问题，改变了人们的价值观念。这种价值观念的改变在于：（1）在供选择的范围内增添了某些原先达不到的目标；（2）某些价值观的实现较以前容易，或使原先梦想的东西成了现实。当社会理想有了实现的可能时，社会不能采取相应的行动，就出现理想与现状之间的尖锐矛盾，这就要求我们冲破社会成规，充分利用技术提供的新机会，促进社会理想的实现。

技术变化引起社会变化，社会变化导致价值变化，从而涉及到全局性的政治问题。从一方面看，技术的发展和应用，要求社会组织化程度的加强，要求政治领导宏观协调的配合，要求网络遥控的建立，这样就导致了统一集中、社会权威的确立。另一方面，社会、政治日益依赖技术，技术的发展深刻影响社会进步与政治决策。从这个意义上来讲，技术科学主要不从属于自然科学，而变成了社会科学的一个新的分支。它是社会事件处理的科学化的依据，是政治上重大决策的先进手段。因此，技术目的性的展开，最终归结到政治目的性。

工程技术对社会各个领域的影响是十分深刻的，"20 世纪以来，'工程技术'概念所向披靡，其魔力有点类似 17、18 世纪的'力'的概念"[①]。因此，抓住技术这一中介环节，既可以推动自然科学实质性的进展，更能导致社会不断更新，飞速前进。

第三节 工程技术与实践唯物主义

自从马克思在 100 多年以前开创了实践唯物主义以来，它在经济、政治、军事斗争的实践中，取得了巨大的成功，理论上也得到了深入而迅速的发展。但是，在发展过程中，对它的自然科学的理论基础，以及工程技术的实践基础，没有进行应有的关注与充分的研究，致使西方学者借此否定实践唯物主义的科学性和现实性，把它看成是单纯的意识形态的教条、政治斗争的工具。其实，实践唯物主义的要义在于：不单是科学地认识世界，而且要革命地改造世界；不单是静态的认知，而且是动态的行为。因此，主观能动性、行为目的性是实践唯物主义的核心，而主观能动性、行为目的性正是工程技术的本质，所以工程技术是实践唯物主义的客观基础。

古代学者大都轻视技艺，鄙薄工匠，这种传统中西皆然，中国尤甚。中国古代墨家重视工艺、实践笃行，封建士大夫是藐视的，认为是"贱人之所为"，不足为训。直到现在，流风所及，哲学理论与工程技术仍然很难结合在一起。目前不是单方轻视，而是相互

---

① 参见萧焜焘：《唯物主义与当代科学技术综合理论》，《社会科学战线》1987 年第 3 期。

轻视。其实哲学与技术是可以结合而且也是应该结合的。特别是马克思主义实践哲学与工程技术是息息相关的。

虽然古今中外的哲学家们多数不大瞧得起工程技术，但工程技术以其现实的威力及客观的成效，震撼着哲学家的心灵。亚里士多德便看到了技术活动与自然演化的一致性，他说："技术活动一是完成自然所不能实现的东西，另一是模仿自然。因此，既然技术产物有目的，自然产物显然也有目的。"① 亚里士多德的这一段论述虽有其费解之处，但却表达了人的主体活动与自然的客体活动相统一的思想。"技术活动"既是主体的目的性、能动性的表现，又是以自然客体活动作为自己的依据的。"技术活动"根据自然的规律性进行创造，并以自然为原本而仿造，因此，技术产物与自然产物有本质上的同一性。亚里士多德关于技术的这样一些哲学论述，迄今仍有其理论意义。

17—18 世纪，牛顿的力学与机械技术的思想，奠定了机械唯物主义的基础，这说明近代哲学的产生直接以科学技术作为其基础了。当代科学技术综合理论的兴起，为实践唯物主义提供了客观的根据。由此看来，科学技术的发展一直影响着哲学，特别是到了现代，哲学与科学技术融为一体的趋势日益明显。

一、工程技术概念的普遍化

技术活动源远流长，从人类有了自觉的生产劳动开始，就有了技术活动。但是，直到 20 世纪，工程技术才得到空前规模的发展，它的科学性与社会性的特点日益显著，它已不是一般的手艺活了，也不是零星的个别技术活动，而是综合的整体的系统的工程。这时，

---

① 亚里士多德：《物理学》，199ᵃ15—20。

工程技术才更加显示出它的预期性、规划性，因而要求自身的理论化与哲学化。这也就是说，将关于工程技术的规定普遍化，上升为一个具有哲理性的范畴。

20 世纪 40—50 年代，第二次世界大战前后，出现了一系列崭新的科学技术综合理论，它不但超越了个别具体的技术部门，而且也越过了技术领域，与自然科学、人文科学有机地凝为一体了。这些综合性理论又超越了它们的实证科学性质而深入到哲学领域。科学技术的这些综合性的哲学理论，一般认为，包括控制论、信息论、系统论、耗散结构论、超循环论、协同学，还有运筹学、系统工程，而电子计算机则是它们的不能缺少的技术手段。它们相互渗透、综合交叉，逐步形成科学技术的综合理论体系。

40 年代，"控制论"的出现是引人注目的。它开创了自然科学、技术科学、人文科学有机结合的先河，导致了科学技术哲学化的倾向。而科学技术哲学化的核心，是"工程技术"的概念的普遍化。

现在我们具体考察一下控制概念的普遍化问题。列尔涅尔说：控制是"为了'改善'某个或某种对象的功能，需要获得并使用信息，以这种信息为基础而选出的，加于该对象上的作用"[①]。控制作为一种特定的作用，从技术上来讲，作用者是施控装置，被作用者是受控装置。"控制"便是施控装置对受控装置所施加的一种有导向的作用。抽象来讲，施控是因，受控是果，因此，这种作用是"因果关系"的具体表现，亦即控制乃因果关系的工程技术的表现，现实世界中的因果关系是十分错综复杂、多种多样的，众因出众果、单因出众果、众因出单果、单因出单果，如此等等。控制的作用便在于在这样一些复杂多样的可能性中，"定因定果"，即在主动干预下，

---

① 列尔涅尔：《控制论基础》，科学出版社 1980 年版，第 1 页。

控制某种原因，作用于变化过程之中，以实现预期的结果。因此，控制以因果关系为依据，能动地选择目标及达标的手段，并通过程序的制定，运用电子计算机以实现其构想。

"控制"在工程技术领域里得到广泛的发展，并逐渐渗透到传统工程技术内部，引起突破性的进展，形成一系列新技术，从而出现了"工程控制论"这一新兴学科。工程控制论诞生于50—60年代。由于空间技术的进展，如导弹、人造卫星的研制，对自动控制提出了高性能、高精度的要求。多输入、多输出的控制系统，参量随时间变化的时变系统以及非线性系统等都受到控制概念的影响。人们对控制概念的发展又有了进一步认识，提出了状态空间、能观测性、能控性等概念。在现代工程控制系统中列入"状态"概念，就是在分析复杂系统时，不再只考虑控制作用的输入、输出问题，而要进而考虑被控对象的系统的内部状态，即在因果相互作用之间，还应包括对象原有的特性、功能以及自身的作用。对于一个控制系统来说，如果已知其状态和输出，那么，在对输出经过一段时间的观测后，能否据此得知这一系统的状态？其次，我们得知了系统的状态，如加入适当的输入后，该系统能否达到我们所预期的状态？前一问题便是能观测性问题. 后一问题便是能控性问题。能观测性与能控性对于一个控制系统是十分重要的，它们关系到通过控制，使系统达到预定目标问题。

自适应系统是控制高度发展的结果。它具有两大功能：（1）自动测量和分析环境、对象的特性；（2）根据所识别的信息做出决策，改变调节规律，以便保持系统的稳定与最优控制。自适应系统进一步发展，出现了自学习系统。这种系统不必知道有关控制的确切算法，而只要给出达到这一算法的途径便够了，它能根据自己运转过程的积累，不断修改算法，使之达到最优或接近最优的程度。在此基础上，工程技术的发展，能将一些事先难以完全确定其控制的环境与对象，也不确知的算法与条件，通过其自身的运转，不断地积累，使这一切未知数逐渐明朗化，从而改进控制，达到最优或较优的程度，这样的系统，统称为"自组织系统"。

自组织系统得到广泛的运用：自繁殖系统、自修复系统、生物控制系统、经济控制系统等等，它已遍及自然与社会的很多领域，大大延伸与发展了人脑的活动。

由此看来，工程技术活动与人的心智机能关系日益密切，它物化了人的心智机能、大脑活动。工程技术概念的普遍化，最为重要之点是它进入了人的思维精神领域，这样就造成了"思维精神的客观化，工程技术的哲学化"。

二、当代科学技术综合理论的中介作用

"工程技术"升华为一个哲学范畴，首先要在实证科学范围将它抽象化为一般理论。上面我们从最基本的控制理论的发展中看到工程技术概念化的进展，这种进展更为全面的展开，就是当代科学技术综合理论体系，即从控制论到协同学的研究，这一研究还在继续深入开拓中，某些科学上的具体环节尚不完全清楚，而其理论的解释还只能说是试探性的，远远未能达到确定性的真理阶段。不过自其总体而言，它的基本性质与倾向是与100多年前马克思、恩格斯所奠定的哲学理论完全合拍的。因此，这个综合理论体系就成了工程技术向实践唯物主义过渡的一个中介环节。

现代科学技术的最高成就，人们往往瞩目于各种高效能的综合性的硬件的制备，而忽略它的"软件"的划时代的成就。科学技术的综合的理论概括，这才是我们不可以怠慢的。因此，特别引起我们关注的是：控制论、信息论、系统论、耗散结构论、超循环论和

协同学。它们表明了科学技术发展的整体化趋势，科学技术深化的哲理性倾向。

控制论是科学技术相互渗透的产物，它把人的行为、目的及其生理基础，即大脑与神经活动，与电子、机械运动联系起来；它突破了无机界与有机界，特别是生命与思维现象之间难以逾越的鸿沟，从整体、相互变迁、相互联系的角度来观察问题，这种整体化的综合的动态研究，是科学研究的一个飞跃。过去看来是彼此不相关的学科，现在却辩证相关了，生理的、心理的与机械的、物理的现象，再不是彼此对立的了。它们的运动规律有某种相似之处，使得低级的机械、物理运动规律有了表达与模拟高级的生理与心理活动的规律的可能性。它的意义不止于为创造一种高精密的自动机提供了理论的根据与实践的途径，更重要的是，为哲学上的物质统一性原理提供了新的深刻的论证。

从整体上把握这个世界，有赖于信息的传输。所谓信息，据维纳所言，乃是人们在适应外部世界的过程中，同外部世界进行交换的内容的名称。因此，他把人作用于外部世界的行为过程归结为信息和信息的反馈过程、信息及其反馈形成信息流。信息像一根红线贯穿于各部分之间将其粘合为一个有机整体。因此，信息是实行控制的根据，而其发展的趋势是整体化"系统"的形成。

什么叫作系统？系统是过程的复合体。具体讲来，如钱学森所规定的，即由相互作用和相互依赖的若干组成部分结合成的具有特定功能的有机整体。由于复合的程度不同，有简单的系统与复杂的系统，有大系统与小系统。系统具有整体性、变易性、层次性、目的性、能动性、择优性。系统论是控制论与信息论的归宿，因此，控制论与信息论统一于系统论。在系统论思想的指导下，或者说，各自在不同领域以不同方式从事探讨的理论家，进一步扩大与丰富了系统论的科学内容。

这里首先要加以介绍的是普利高津的耗散结构理论（Theory of dissipative structure）。普利高津（Prigogine）及其学派提出了远离热力学平衡态的耗散结构理论。他首先从平衡态热力学出发，研究了稍微偏离平衡态的热力学，从而得到处理一般不均匀物质中各种传递过程的理论，创立了非平衡态的热力学，并由此继续推进，发现远离平衡态的稳定结构，这就是他所称的"耗散结构"。耗散结构所处理的是一个开放系统，通过与外界交换物质与能量，在一定条件下可能形成新的稳定有序的结构，从而实现出无序向有序的转化。普利高津的这些思想无疑地是与系统论的基本思想合拍的。因为系统论所注重的也是整体性、联系性、有序性以及动态原则。不但如此，它还使冯·贝塔朗菲（L. von Bertalanffy）首倡的一段系统论提出的有序稳定性有了严密的理论根据。耗散结构由于论证了系统自身如何由无序走向有序而形成一个稳定结构，因此，钱学森说：这个理论也可称为系统的自组织理论。

近年以来，一般从探讨比较简单的系统的控制论，发展到所谓巨系统理论。它着重分析系统的层次结构。在这种思想指导下，艾根和休斯特提出了"超循环"（hypercycle）概念。他们把巨系统理论具体化到生命现象，从而建立生命现象的数学结构模型，并通过生物遗传信息传递过程，验证了他们的模型可以复现生命现象的特征。他们之所以将他们的理论命名为"超循环"，主要是他们观察到生命现象的层次结构。构成生命现象的酶催化作用所推动的各种循环，是分层次相类属的，下一级循环组成高层次循环，高层次循环又组成更高层次的循环，如此递进不已，便叫作"超循环"。它使达尔文的进化论立足于更可靠的科学理论基础上。艾根等人便说过："进化原理可理解为分子水平的自组织"，最终"从物质的已知性质来导出达尔文的原理"。[①]

如果说，耗散结构的出发点主要是热力学，超循环论则从有机生命现象出发，他们取得了基本相同的结果。这就证明从无序到有序、层层向前推进的观点有相当普遍的意义。

哈肯从 20 世纪 60 年代研究激光开始，到 70 年代形成"协同学"。这是一个进展迅速，尚在发展中的理论。协同学作为系统思想的最新发展，它具有更大的普适性。对于复杂系统中自组织的动态诸元素之间的相互作用的机制的探讨，在协同学中得到进一步发展。因此，协同学标志着开放系统中大量子系统之间的相互作用的整体效应。它力图阐明在具体性质极不相同的系统中产生新结构和自组织的某些共同规律。因此，哈肯将协同学规定为：关于系统中各子系统之间相互协同的科学。

从某种意义上来讲，协同学是耗散结构理论的突破与推广。这就是说，不一定在远离平衡态的情况下才产生有序结构。协同学进一步指明：一个系统从无序向有序转化，不一定非处于远离平衡态不可，而在于只要是由大量子系统构成的系统，在一定条件下，它的子系统之间通过非线性的相互作用，就能够产生协同现象和相干效应，这个系统在宏观上就能够产生时间结构、空间结构、时空结构，形成有一定功能的自组织系统，表现出新的有序状态。哈肯证明：某些平衡态，如超导现象、铁磁现象也是一种有序结构，甚至连液体、固体结构在一定程度上也是有序的。

如果说，远离平衡态不是稳定的有序结构形成的先决条件，那么，在各种具体性质极不相同的系统中，导致稳定的有序结构的因素又是什么呢？钱学森认为，哈肯的贡献在于具体解释相空间的

---

① 参见艾根:《物质的自组织和生物高分子的进化》,《自然科学哲学摘译》1974 年第 1 期。

"目的点"或"目的环"是怎么出现的。所谓目的，就是在给定的环境中，系统只有在目的点或目的环上才是稳定的，这也就是系统的自组织。这个目的点或目的环，看来有点类似哲学中讲的从量变到质变的"关节点"。现在问题在如何求出这个"点"或"环"。哈肯从相变理论中采用了序参量概念，在系统演化过程中，从众多变量中，找出起主导作用的序参量。在不同系统中，序参量的性质也不同。例如，磁化过程中的"磁化强度"，化学过程中的"粒子浓度"。这样一来，从无序到有序便不是不可捉摸的了，而是可以精确计算出来的。哈肯认为，他们的理论不但可以在自然科学、技术科学中得到广泛的应用，就是在经济学、社会学方面的应用也会获得成功。

控制论、信息论是系统论的基础，耗散结构论、超循环论从不同侧面发展了系统论的基本思想，而协同学则从整体上将系统论推向了一个新的高度。这真是当代科学技术综合发展中的科学家的天才杰作。

当代科学技术发展取得的如此重大的理论成就，不能不触动从事哲学探讨的人的思考。简单的比附是没有意义的，这样做，既不能增加哲学理论的深度，反而使特定的科学概念失去了凭借。望文生义的移植就更糟糕，这样做，不但造成哲学自身的混乱，而且使科学概念漫画化了。哈肯也对这种移植的做法不大赞成。他说："有人想用热力学方法来处理经济问题，因此，像熵这样的热力学概念也出现在经济学中了。但我对这种做法表示怀疑。"他还声明："我的协同学，我并不认为它能解决所有这些问题，因此，想把这种卓越的综合的科学技术理论转化为哲学原则是极不容易的。我认为，哲学的范畴与原则同科学的概念与规律相比，完全属于两个不同层次、不同领域。简单讲，前者是理性、智慧的表现，后者是知性、理解的表现。前者源于物，但离物而游弋于方寸之间；后者沉于物，剖物而思齐，明性而致用。"因此，以系统论为代表的当代科学技术综合理论，它的切近目标是，把一些过去不属于工程技术范围的领域，变成工程技术。它力图将事物发展过程定量化、网络化、模式化，从而达到工程技术的应用水平。钱学森列举的系统工程多达 14 项，连教育、行政、法治这些完全与工程技术不沾边的部门也囊括到工程技术领域中去了。最近第五代电脑兴起，日美竞相研制"智能机"，于是人类思维认识连同它的成果——知识也被工程化了，从而提出了所谓知识工程。循此前进，它造福人类，前程似锦。在这方面，并不需要哲学家插手就此发表一些不痛不痒的空论，更不要去讲那些贪天之功的大话，好像科学成果的取得，是由于科学的研究方法与思维方法符合哪一条哲学原则的结果似的。

无疑地，哲学的生长不能缺乏科学的营养。哲学如何吸收消化科学成果变成自己的血肉，关键是如何解决科学的定量化与哲学的辩证化问题。这就首先要求哲学界认真学习科学，特别是对当前迅速发展的科学技术综合理论，要认真搞懂，从而受到启发，摸清方向，掌握其精神实质。在此基础上与科学家长期真诚合作，切磋琢磨。只有这样，或许有可能达到豁然贯通的领悟。到了这个时候，新颖的深邃的哲学思想便将不可遏制地涌现。

三、革命实践是工程技术的哲学灵魂

当代科学技术综合理论尚在发展之中，但它的发展趋向是多学科综合，并从理论上接近哲学领域的。而且与哲学的最高形态——实践唯物主义的精神是一致的。

关于唯物主义的历史发展，我们可追溯到 17 世纪和 18 世纪。当时兴起的机械唯物主义是严格意义的唯物主义的第一个形态。它根植于当时在科学发展中占支配地位的机械力学。机械唯物主义有其历史的局限性、科学的片面性，但在那个时代，它摧毁了宗教信仰主义、神秘主义，使科学在客观现实的基础上得到飞跃的发展，其历史功绩是不可低估的。

但是，由于它的视野仅止于自然界的外部现象，而且多属于无机现象，因而不能正确解释有机现象、生命现象、精神现象，于是在这些领域，唯心主义反而能在其歪曲的形式下，阐明这些现象的现实内容。

到了 19 世纪，生物学、人类学有了相当的发展。人类作为自然界派生的而又与自然界相对立的一个物种，开始得到认真的研究。人连同自然界，成了科学研究的主题。在这一基础上产生了人本主义唯物主义。人本唯物主义不是机械唯物主义的简单重复，它确立了人在自然界中的地位，说明人不是机器，机器却是人的创造物。但是，人本主义只研究了人的自然属性，没有顾及到人之所以为人、人之所以是现实的，都有赖于它的社会属性。

人的社会群体性、主观能动性、行为目的性是它的社会属性的主要内容。人必须结成群体才能生存，而维系生存不能消极仰赖自然恩赐，必须发挥主观能动作用，变革世界使服务于人类生存的目的。这就是人类的革命实践活动，这就是作为现实的人应有的品格。因此，马克思哲学唯物主义就是现实的人及其历史发展的科学。简言之，就是实践的唯物主义。这个实践的唯物主义由于其深刻的历史辩证法，又可以叫作辩证唯物主义与历史唯物主义。

实践的唯物主义不但根植于自然科学的基础之上，而且也以技术科学与人文科学的成就作为基础。这样一种奠基于科学整体之上的唯物主义是否过时了呢？要不要为一种什么别的形式的"唯物主义"所取代呢？

西方便有人认为辩证唯物主义既笼统又不明确，且含有隐喻成分，没有使用精确的逻辑与数学语言，而是使用模糊的普通语言，再加以它的党派倾向性，因而就成了一种"被咒物"。于是，它理应被抛弃而代之以他们认为是"科学的"所谓唯物主义。近年来国内一种冷淡马克思主义哲学的倾向是与上述这种西方思潮相呼应的。

100多年，从漫长的无尽的历史行程来看，是十分短暂的。实践的唯物主义正由于它以人类的社会行为及目的作为核心，其任务就不止于科学地解释世界，更为重要的是革命地改造世界。它产生以来，在理论与实践两个方面都获得了长足的进步与巨大的成功，因此，它的先进性是不容否认的。它的发展前途方兴未艾，它的丰富的内涵尚有待进一步揭示。

人类社会、人类精神的根基是自然界，哲学如若完全脱离或不予重视自然界的问题的研究，人类社会及人类精神问题也不可能得到圆满正确的解决。我们的唯物主义原则在经济、政治、军事方面的运用所取得的巨大成功，固然为基本理论提供了新的因素，但如若仅止于此，那将使基本理论产生局限性。多年来，我们将哲学唯物主义原则理应覆盖的若干领域拱手送给别人去开拓了，哲学研究的狭隘片面性导致了研究的落后性。这种研究的落后性又使人模糊了哲学的先进性，从而使得辩证唯物主义的深刻的理论内容未能得到充分的展开。

当然，实践唯物主义着重研究经济、阶级与政治斗争是理所当然的，而理论只有为群众所掌握才能变为改造世界的物质力量，因此，准确而深入的通俗宣传也是必不可少的。但是自然科学中的哲学问题、社会人生问题，也是不可忽视的领域。这些问题的解决，绝不能一带而过，而必须认真地进行专门研究。西方哲学家认为我们不能解释现代科学技术所面临的新问题，不能对非物质的精神现象做出充分而合理的说明，倒是他们自 19 世纪以来，做了大量工作，并自以为可以借此傲视马克思主义哲学，这种态度近年在国内也得到了反响。

我们的出路何在呢？

第一个问题就是本书试图回答的，第二个问题是本书的续篇《精神哲学》试图回答的。我们要加深对马克思哲学的基本原理的具体而深入的理解，就必须研究自然哲学与精神哲学。关于自然哲学，在物质论原则的前提下，我们分三个方面展开，即宇宙论、生命论、技术论。技术论是自然与人类的统一，是客观规律性与主观目的性的统一，是认识世界与改造世界的统一。它集中体现到工程技术的客观与主观统一的运动之中。

工程技术是实现人的意志目的的合乎规律的手段与行为。它旨在变革世界以服从人的既定目的。因此，它不是纯客观的，而是使主观见之于客观的一种合理而有效的手段。它不但有科学的理论的意义，而且有行动的意义。工程技术的实质是人类的理智与意志在认识与改造世界的目的之上的统一。这个内在实质便透露出工程技术蕴涵的"哲学灵魂"。

工程技术的哲学灵魂是什么呢？就是革命实践。如果说，马克思、恩格斯关于实践范畴的提出，其理论渊源是黑格尔的"善的理念"、"目的及目的的实现"，以及被唯心主义者充分发挥了的"主观能动性"，那么，这一范畴的现实根据是什么呢？恩格斯曾经天才地提出是"工业"。工业使我们将自在之物变为自为之物，从而确证了客观真理。工程技术进一步揭示了工业的内在结构与科技内容，从而更加接近实践范畴。我们以工程技术作为"进路"（approach），也就更能窥探出实践的丰富的理论内容。这就说明以实践为特征的唯物主义，不但没有过时，而且在当代得到了强有力的工程技术力量的支持，从而焕发出青春的活力。这种科学地认识世界、革命地改造世界的冷静而刚毅的合理意志一旦渗入科学家的身心，他们的科学事业定将大放异彩。

工程技术概念不能代替革命实践范畴，但革命实践在工程技术蓬勃发展的基础上获得了新的活力，它的抽象思辨的灵魂有了一个更加硕壮、更加精力充沛的躯体。

实践唯物主义与将各个领域从应用上导向工程技术的当代科学技术综合理论，相互砥砺，并肩前进。这股从理论到实践、从哲学到科学汇合而成的洪流，势将加快我们走向共产主义的航程。

技术是生命活动的现实表现，是社会活动的内在实质，是从生命现象到社会现象的中介。技术的这种从自然到社会、从理论到行动的两栖特点，奠定了它在科学与哲学中的主导地位。当今科学与哲学的发展，工程技术活动将起决定性的作用。

自然哲学向精神哲学的过渡

本书是新的辩证圆圈运动的起点，它必须向社会精神领域过渡，本身才得以完成。

我们是唯物论者，"物质"是我们的哲学的出发点。什么是物质？好像是一目了然的，其实它的理论内容是难于叙述的。我们采取了历史地纵向追踪的方法。从物质的哲学范畴与科学的物质概念两条线的交会处来探索物质的奥义，这种动态的议论也许比静态的形式逻辑下的定义，更能帮助人全面领悟物质的含义。物质论是我们的自然哲学到精神哲学体系的总纲，它是哲学唯物论的"自在状态"。

从物质论出发，自然哲学分三个环节展开：即"宇宙论—生命论—技术论"。宇宙论主要论述自然物质的演化过程；生命论主要论述宇宙演化的突变，绽开了宇宙的花朵——生命，生命孕育了宇宙的灵魂——人类精神；技术论主要论述自然生命自身中产生的主观能动性、行为目的性，如何使主观见之于客观，在宇宙自然的基础上创建了人类世界。这三个环节表现了"宇宙的客体性"、"生命的主体性"、"技术的主客统一性"的对立统一或否定之否定过程。这是一个宇宙自然的大圆圈，这就是自然辩证法，也就是我们的"自然哲学"。

技术论是我们的自然哲学的终点，同时也是我们的精神哲学的起点。它必然要继续前进，向第二个大圆圈过渡。技术作为社会生产力的核心，决定生产关系的性质及其发展，它们的结合成为社会生产方式。生产方式作为核心与地理环境、社会人口构成"社会存在"。社会存在是"社会性的物质"，它是社会精神现象、意识形态的客观出发点。

从社会存在出发，精神哲学分三个环节展开，即"伦理篇—情理篇—哲理篇"。伦理篇主要论述"意志"的辩证发展，它由政法、伦理、道德三个环节组成；情理篇主要论述"情感"的辩证发展，它由宗教、文艺、历史三个环节组成；哲理篇主要论述"理性"的辩证发展，它由心理语言、逻辑数学、科学哲学三个环节组成。哲理篇是精神哲学发展的终结阶段，也是整个体系的真理性阶段。如果说物质论是哲理篇的"自在状态"，那么，哲理篇就是物质论的"自为状态"。因此，从自然哲学到精神哲学，整个哲学体系是一个物质的从自在到自为的发展过程。物质论不论述到哲理篇是没有完成的。

不过，自然哲学，从整个哲学体系而言，虽然尚未完成，但它却也自成起结。我们试图把握的是宇宙自然现象是如何联系过渡，如何成为一个辩证相关的整体的。我们的工作无非是在今天我们所感触、所认识的自然世界中，再次确认马克思、恩格斯关于自然界研究的原则性意见：

> 一切僵硬的东西溶化了，一切固定的东西消散了，一切被当作永久存在的特殊东西变成了转瞬即逝的东西，整个自然界被证明是在永恒的流动和循环中运动着。

　　整个自然界，从最小的东西到最大的东西，从沙粒到太阳，从原生物到人，都处于永恒的产生和消灭中，处于不断的流动中，处于无休止的运动和变化中。只有这样一个本质的差别：在希腊人那里是天才的直觉的东西，在我们这里是严格科学的以实验为依据的研究的结果，因而也就具有确定得多和明白得多的形式。[①]

---

① 《马克思恩格斯全集》第 20 卷，人民出版社 1971 年版，第 370 页。

第一版后记

《自然哲学》(原定名为《宇宙自然论》)是国家社会科学"七五"规划重点课题的系列研究之一。这个系列研究包括三本著作,即《自然哲学》、《精神哲学》(原定名《意识形态论》)、《科学认识史论》,预计 1992 年前后全部完成。我为课题组负责人。

大约 1984 年前后,我在探索自然辩证法的科学体系的时候,受到了黑格尔的《精神现象学》的影响,明确认识到自然辩证法必须发展到历史辩证法,否则自然辩证法便不能进入真理性阶段,而历史辩证法就没有可靠的客观物质基础。这样就萌发了从宇宙自然研究到意识形态研究的构思。

与此同时,我在讲授西欧哲学思想的发展与探索科学技术的历史中,深感哲学史失之玄虚,而科技史又流于板实,两者都不能恰当地显示哲学思想与科学技术的历史发展的真理。于是,在 1984 年发起成立江苏省哲学史与科学史研究会,开展这方面的研究,希望找到两史的结合道路。这样就萌发了关于科学认识史的构思。

两论一史并不是任意拼凑在一起的。自然哲学以精神哲学为归宿,精神哲学以自然哲学为前提,它们形成两个紧密衔接的圆圈,体现了从客观到主观、从物质到精神的整体圆圈运动。而科学认识史则是一种双螺旋形的进展,它是哲学与科学的"原始综合—科学分化—辩证综合"的历史发展过程，最终达到哲学与科学融为一体的高度综合的真理性阶段。这个阶段，我们认为就是我们的《自然哲学》与《精神哲学》所揭示的理论内容。因此，科学认识史就成了两论的历史论证。

　　我在东南大学从事教学工作，在江苏省社会科学院从事研究工作，我希望把这两个单位的中青年教学科研人员带动起来，因此，主要吸收这两个单位的人员参加课题组，从事研讨与写作，着重点考虑人才的培养，并在实战中进行培养。自然哲学与精神哲学的研讨便是根据这个方针进行的。科学认识史的研讨和写作因为部头较大，将另做考虑。

　　自然哲学与精神哲学的研讨是统筹进行的，先由我详细地多次阐明我的主导思想及框架结构设计，然后系统讲授黑格尔的《精神现象学》约半年，讲授的稿子于1987年出版，名为《精神世界掠影》，算是本课题的副产品，也是纪念黑格尔此书出版180周年的一部专著。它对课题组成员了解我的思想的依据，以及如何进入黑格尔而又脱离黑格尔，根据马克思、恩格斯的哲学精神进行独立发挥，是有所裨益的。

　　学习专著、统一思想是十分必要的。其次是资料的准备，两书编译、搜集资料约300万字，分工写出资料提要约20余万字。在此基础上，由我编写写作提纲初稿，交课题组成员研究提出修改意见，我考虑这些意见后，写出第二稿，召开为期三天的会议，进行认真讨论，确定提纲，然后分工执笔。

　　《自然哲学》一书草稿写成，由我通读，逐章提出修改意见，交执笔人修改，然后交我审读。1988年我尚住在疗养院中，兼程审读、修改、补充，突然昏厥，医生认为必须绝对休息，遂搁置下来，迄于年底，才审定完毕。我的原则是，力争多保留执笔人的论述，只作必要的改写和补充。1989 年初，书稿交到出版社，他们于 4 月交还，希望我再删改一下。延至 8 月，集中时间再行审改一遍，9 月交出版社。10 月，出版社同志审读后，提出了两个问题，一是文风不一，二是层次不一，作为专著有待大加工。我问怎么办为好？他们建议由我个人从头到尾重写一遍，并决定作为重点著作出版。这对我是一个艰巨任务，踌躇再三，决定重写一遍。奋战半年，终于脱稿。这个交付出版的书稿，虽然是我个人完成的，但没有各执笔人提供的初稿，我也是无能为力的。因此，它仍然是集体研究的成果。

参加《自然哲学》研讨并分别提供初稿的有：萧焜焘、苑金龙（第一章），王兵（第二章），方在农（第三章），徐启平（第四章），王卓君（第五、六章），薛晓东（第七章），金一虹（第八章），黄志斌（第九章），林啸宇（提供第十章部分资料），叶明（第十一、十二章），黄思群提供个别章节资料。

本系列著作，承江苏人民出版社领导关怀，列入出版计划，作为重点书出版，并由佘孟仁等同志担任编辑，我深致谢意。

萧焜焘

1990.5.25